Forest in Ancient City

古都の森を守り活かす

モデルフォレスト京都

kazuhiro tanaka
田中和博
［編］

京都大学学術出版会

本書は 財団法人日本生命財団の出版助成を
得て刊行された.

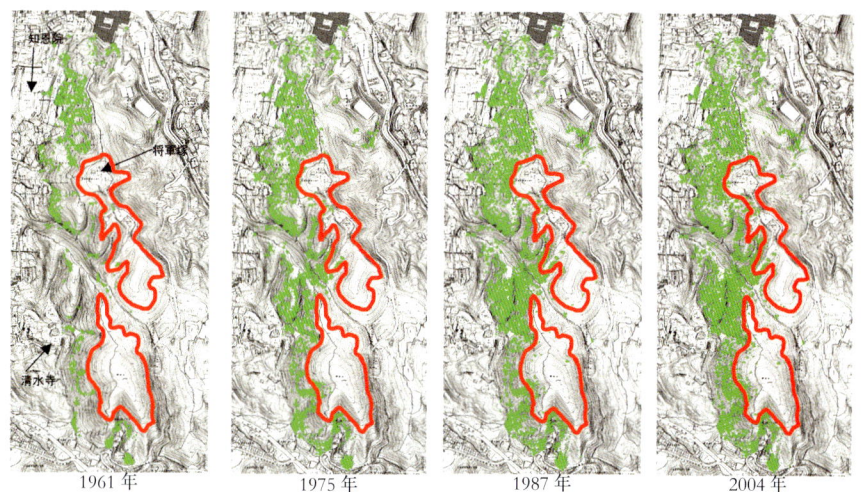

図 2-4-13　1961 年，1975 年，1987 年，2004 年におけるシイの分布域（東山国有林）緑色の部分がシイの分布域を示している．

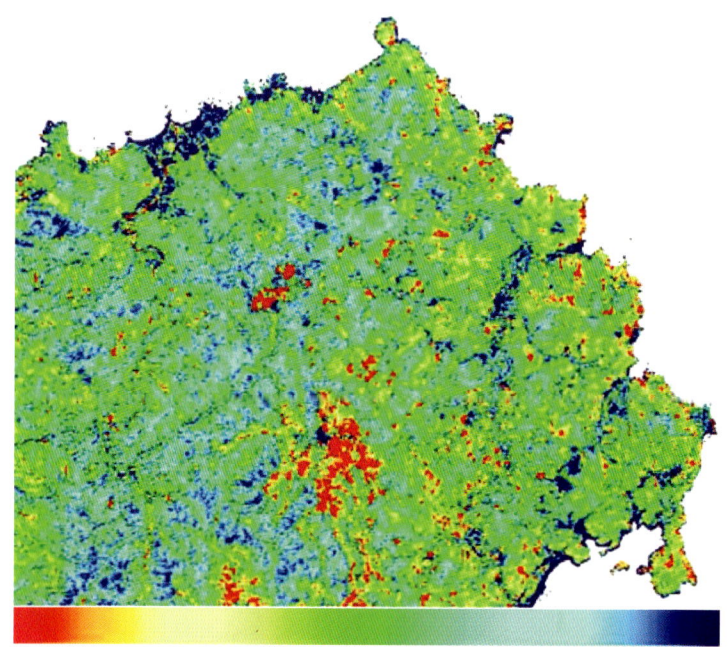

図 3-2-10　丹後半島における 2005 年と 2004 年の NDVI 値の差分

図 4-1-1　大文字山　シイの開花（2007 年 5 月上旬）

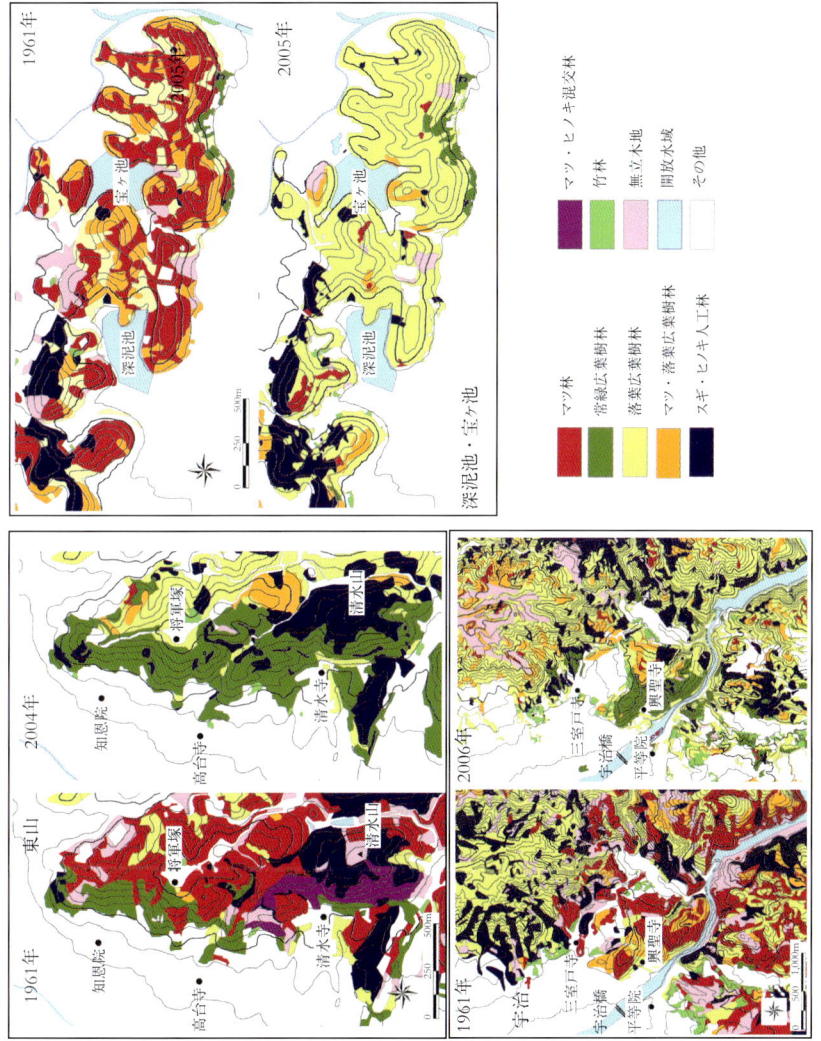

図 4-1-6 東山（左上）、深泥池・宝ヶ池（右）、宇治周辺（左下）における植生の変化

図 4-2-4　マツ材線虫病にかかったクロマツ
①：全身の針葉が褐変化し，枯れたマツ
②：前年の針葉が褐変化し，当年の針葉は緑が退色．この後，症状は①の状態に進行する．

図 4-3-4　集団枯死したミズナラ（2005 年撮影）
左下は，枯死木の根元に堆積したフラス．右下は，枯死木の幹の断面．

古都の森を守り活かす
モデルフォレスト京都

はじめに

　自然は尊いものであり大切にしなければならない．このことに異を唱える人はほとんどいないであろう．特に，最近は，地球温暖化の影響と思われる兆候が至るところで目に見える形で現れてきており，化石燃料に依存した現代社会のあり方そのものが問われるようになってきている．そのため，自然との共生が21世紀の人類の課題であるといっても過言ではない．

　温暖な気候と豊かな降水量に恵まれた我が国は，森林が成立しやすい条件にあり，自然といえば森林を思い浮かべる人が多い．周知のように，我が国は国土の約3分の2が森林によって占められており，日本は世界でも有数の森林国である．経済大国でありながら森林を残し，守り育ててきたことは特異なことであり大いに誇りにしてよいことである．しかしながら，日本の森林は大半が病んでおり，不健全な状態に陥っていることを知る人は意外に少ない．郊外に出ると，見た目には緑の森林が連綿と続いているが，一歩森林の中に入ってみると，人工林，天然林を問わず荒れた状態になっていることが多い．

　どうしてこのような事態になってしまったのであろうか．いろいろな理由が考えられるが，根本的な理由の一つとして，自然に対する人々の意識も関係しているのではないかと考えている．すなわち，我々は，暗黙のうちに，自然を守るには，何も手を加えないことが一番良いことだと思いこんでいるのではないだろうか．確かに，原生的な森林はそっとしておくのがよいであ

はじめに

ろう．それは，森林生態系として自立しているからである．しかしながら，この狭い国土の中では大半の森林は，長い歴史の中で，人間との関わりの中で形成されてきた森林であった．もっと踏み込んだ言い方をすれば，人間が介在することによってはじめて成立する森林であった．たとえば，近年，里山が注目されているが，里山の生態系は農業との関わりの中で形成されてきた二次的な自然である．そのような二次的な自然を，現代社会では無用なものとして急に手の裏を返すように放置したとすれば，はたしてその森林は健全な状態を保ち続けることができるのであろうか．自然に任せておけばよいという考え方は，経済の世界において市場（マーケット）に任せておけばよいという考え方と同じで，あまりにも楽観的すぎるし，無責任ではなかろうか．市場任せのままでは，寡占状態になったり，貧富の差が拡大するなどの弊害が現れるが，自然に任せきりの場合も，時にこれとよく似た現象が現れ，特定の生物種のみが繁殖することがある．したがって，悪循環に陥っている森林生態系を，より健全な状態へ誘導することも必要である．

実は，京都盆地を取り囲む三山の森林においても，森林は不健全な状態に陥っている．三山とは，京都盆地を取り囲む東山，北山，西山の山々のことであり，古都京都の借景としても重要な要素になっている．しかし，三山の森林が病んでいることに気づいている人は少ない．

本書では，古都京都を取り巻く森林の現状と歴史について報告するとともに，森を守り活かす方策や取り組みについて紹介し，あわせて，協働の森づくりを進める上で必要となる情報の共有について最近の研究成果を報告する．

本書は，日本生命財団環境問題研究助成の平成16年度および17年度の重点研究に採択された研究課題「古都京都をとりまく地域生態系の保全と生物資源の利活用に関する学際的実践研究ならびに地域住民・都市域市民との新たな連携」（代表：田中和博）の成果を取りまとめたものである．平成16年

はじめに

10月1日から平成18年9月30日に至る2年間にわたり過分の研究助成をしてくださいましたことに加え，本研究成果の出版についても助成をしてくださいました財団法人日本生命財団に心からお礼申し上げます．

　本研究の遂行に際しては，森林保全に係わる多くの方々からご協力とご助言をいただきました．厚く御礼申し上げます．

　また，本書の編集と出版に際しては，不慣れなこともあって原稿が遅れがちになり，ご関係者の皆様に多大のご迷惑をお掛けしましたことをお詫び申し上げます．本書の構成について幾度も相談に乗っていただき多大なるご指導とご助言を賜りました京都大学学術出版会の鈴木哲也氏，大変お世話になった同出版会の高垣重和氏，そして，最後まで温かく見守ってくださいました日本生命財団の吉川良夫氏に深く感謝申し上げます．

田中和博

目 次
CONTENTS

はじめに　　田中和博　　i

地図　　viii

第1章　なぜ古都京都の森の保護が急がれるのか ——————— 1

1-1　「古都の森」とは何か？　　田中和博／高田研一　3

1-2　京都の三山，特に東山の森林の成立基盤　　高田研一　7

1-3　「古都の森の変化」とは何か？　　高田研一　13

1-4　何が求められているのか？
　　　── 保全の課題と本書の構成 ──　　田中和博　23

第1部
古都の森の歴史

第2章　京都の森の変遷 ——————— 31

2-1　照葉樹林からマツ林へ
　　　── 平安時代まで ──　　高原　光　35

2-2　強烈な人間活動の圧力と森林の衰退
　　　── 室町後期から江戸末期 ──　　小椋純一　47

2-3　近代化の中での古都の森
　　　── 明治中期における京都周辺山地 ──　　小椋純一　71

2-4 室戸台風被害からの復旧，そして新たな構想へ
　　── 東山国有林風致計画書（昭和 11 年）とその後の展開 ──
　　　　　　　　　　　　　　　　　　　　　村上幸一郎　87

第 3 章　京都の森の災害史 ———————————————— 101

3-1 京都における土砂災害
　　── 歴史と現状 ──　　　松村和樹　103
3-2 京都における風倒木災害　　松村和樹　125
3-3 京都における地震災害　　　松村和樹　141

第 2 部
古都の森の現状

第 4 章　変わりゆく京都の森 ———————————————— 147

4-1 シイノキの分布拡大
　　── マツ林からシイ林へ ──　　高原　光・奥田　賢　149
4-2 マツ枯れ現象　　池田武文　165
4-3 ナラ枯れ現象　　小林正秀　175

第 5 章　景観保全の現状 ———————————————————— 197

5-1 植生の遷移と景観の保全　　池田武文　199
5-2 森林景観の歴史的な変遷に向き合う
　　── 嵐山における対策の方向性 ──　　深町加津枝　209
5-3 天橋立における景観保全の取り組み　　池田武文　219

第3部
活用による森の保護

第6章 木質系材料の利用技術 ———————————— 231

- 6-1 木材の基礎知識　　石丸 優　233
- 6-2 樹木及び木材中の物質移動　　飯田生穂　247
- 6-3 化学加工による木材用途の拡大　　湊 和也　259
- 6-4 国産スギ材の合板利用について　　古田裕三　269
- 6-5 高温熱処理によるスギ圧密単板製造技術開発　　古田裕三　277
- 6-6 スギ間伐材を活用した木製ガードレールの開発　　川添正伸　287
- 6-7 立木染色法の開発と実用化　　飯田生穂　297
- 6-8 化学処理木材の楽器への応用　　湊 和也　307
- 6-9 和紙に学ぶ　── 和紙の機能化と利用 ──　　湊 和也　317
- 6-10 新機能性材料としての炭　　石丸 優　327

第7章 流通と消費の革新 ———————————— 333

- 7-1 木材の地産地消の必要性　　田中和博　335
- 7-2 ウッドマイレージ　　田中和博／白石秀知／渕上佑樹　343
- 7-3 京都府における木材利用の取り組み　　古田裕三　359
- 7-4 生産と消費をつなげる森林バイオマス絵巻　　成田真澄　367

第4部 協働の森づくり

第8章 モデルフォレスト運動と森林情報の共有 ——— 377

- 8-1 バイオリージョンとモデルフォレスト　　田中和博　379
- 8-2 府民みんなで進める京都の森林づくり
  　　── 京都モデルフォレスト運動 ──　　今尾隆幸　393
- 8-3 流域森林情報の共有化　　松村和樹　399
- 8-4 京都府自然環境情報収集・発信システム　　田中和博　413

第9章 市民・企業参加による森づくり ——— 425

- 9-1 企業と地元が連携した森林整備
  　　── 長岡京市西山地域 ──　　藤下光伸　427
- 9-2 京都伝統文化の森推進協議会の取り組みについて
  　　　　　　　　　　　　　　　　高橋武博　437
- 9-3 森の健康診断　　田中和博　445
- 9-4 京都府における森林ボランティア活動の現状
  　　　　　　　　　　　　　　櫻井聖悟・田中和博　463
- 9-5 京都三山の変化に関する市民意識　　田中和博　479

おわりに　田中和博　489
引用文献　495
索　引　501

地　図

本書に出てくる京都府の市町村

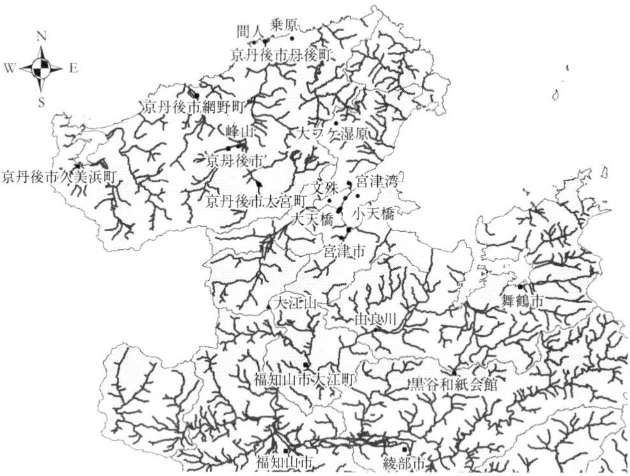

地 図

(A) 丹後半島ならびに中丹地域

(B) 天橋立地区

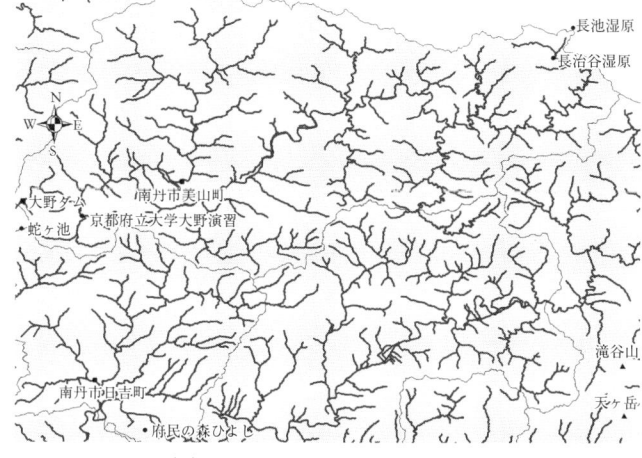

(C) 南丹市北部（美山町～日吉町）

ix

地　図

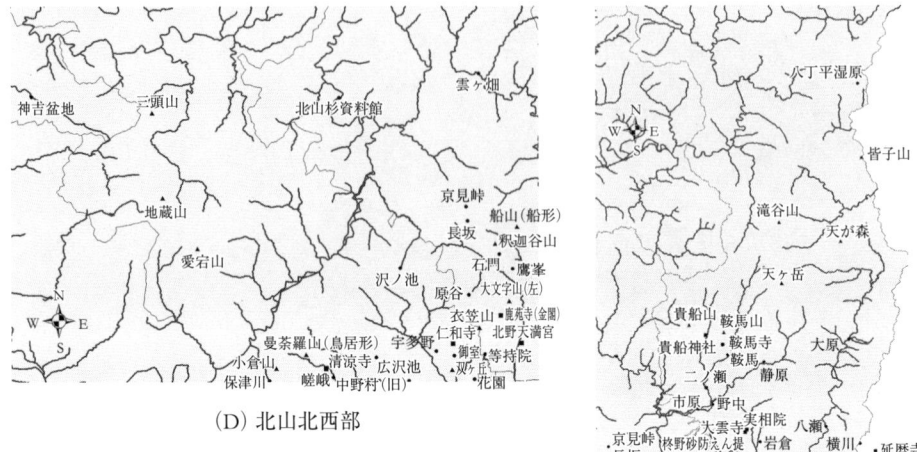

(D) 北山北西部

(E) 北山北部（八丁平〜貴船山・鞍馬山）

(F) 北山南部（双ヶ丘〜「妙」「法」）

地 図

(G) 東山北部（比叡山〜大日山）

(H) 東山南部（粟田山〜稲荷山）

(I) 西山（小倉山〜天王山）

地 図

(J) 京都盆地中心部

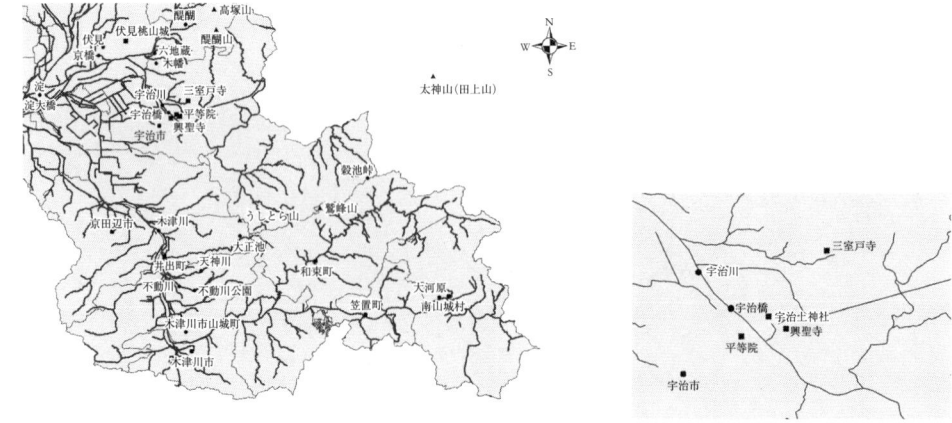

(K) 伏見・宇治・淀ならびに京都府南部

(L) 宇治地区拡大図

なぜ古都京都の森の保護が急がれるのか

「古都の森」とは何か？

1 はじめに

　1999年5月に，中国林学会の訪日団が京都に視察に来られた時のことである．連休明けの天気のよい日に，中国の研究者達を清水寺に案内したところ，異様な光景を目の当たりにした．清水寺の背景林に花を咲かせたシイノキの大木が何本も立っていたのである．一目見て，これはまずいなと感じた．なぜ「まずい」のか，については後に詳しく述べるとして，植生に人一倍関心のある中国の研究者達が，これが京都の風景であると感じたとしたら，日本文化に対して変な先入観を持ってしまうのではないかと心配したのである．清水寺の背景のヒノキ林の中に，シイノキの大木がまるでカリフラワーのように立ち並んでいる姿は，現代アートのようであり，京都近辺の日本の伝統的な風景とはまったく異なるものであって違和感を覚えたのである．それ以来，東山のシイノキに特に関心を持つようになり，折に触れて，いろいろな人に清水寺の背景林のシイノキの話をしたが，このことに気づいている人は意外に少なかった．

2 なぜ「古都の森」と呼ぶのか？

　京都盆地を取り囲む東山，北山，西山の三山は，京都市民にとっては都市近郊林であり，林学のオーソドックスな視点から見れば，歴史的にはいわゆる「里山林」であった．しかし，そうした森林を，わざわざ「古都の森」と呼ぶにはわけがある．

　京都は794年から1868年まで，千年以上の長きにわたって日本の首都であった．森を破壊した文明は滅びると言われているが，京都は市街地の周囲を取り囲む三山の森林を開発せずに保全してきたという特筆すべき歴史を持っている．「春はあけぼの，やうやう白くなりゆく山ぎは，微かに明かりて，」という，有名な「枕草子」の冒頭の一節を挙げるまでもなく，三山の森林景観は日本の都の風景として歴史を刻み，またその風景は，背景林や借景林として都人の中に溶け込んでいた．文学や和歌，絵画に取り上げられた三山は，時空を越えて，日本文化そのものと密接に関わり合ってきたと言ってよい．

　もちろん，歴史資料的な意味ばかりでなく，三山の森林は現在の京都の景観要素としても重要な役割を果たしている．京都は国際観光都市であり，和風文化の拠点都市として内外の客を集めるが，そこで観光客が求めるのは，当然のことながら「京都らしさ，日本らしさ」であり，背景林や借景林となる森林についても，京都らしさ，日本らしさが求められる．たとえば，よく言われることであるが，鹿苑寺の金閣は，鹿苑寺の境内の池の畔にあって，背景に山があるからこそ，その美しさが引き出されているのである．

　このように見てくると，京都の三山の森林は，単なる里山や都市近郊林ではない．三山の森林をどのように取り扱うかは，京都市民だけの問題ではなく，日本文化の問題であるがために日本国民の問題でもあり，また，京都に関心を持つ全世界の人々の問題でもある．本書で「古都の森」と呼ぶのは，まさしくこうした現代的，国際的な問題意識に基づくものである．

3 なぜ，古都の森の変貌を問題にするのか？

しかし，その古都の森に，見過ごすことの出来ない変化が起きている．冒頭に述べたシイノキの拡大もその一つであり，マツノザイセンチュウによるアカマツの大量枯死も大きな問題になっている．こうした問題はなにも京都の三山に限らないことなのだが，なぜ，私たちが特にそれを取り上げるのか．

冒頭に述べたように，京都の三山，特に東山は，全体としてみれば長年伐られることがなかったため，蓄積されてきた十分すぎるほどの森のボリューム＝「緑量」を持っている．したがって，わずかな変化があってもそれを実感させなかった．林床の稚樹や幼木が失われることがあっても，人が立ち入ることの少ない森では，気づかれることもほとんどなかったのである．しかし，この目立ちにくい緩やかな森の変化とともに，21世紀に入る頃から，樹木の集団枯死が見られるようになり，その他にも，様々な変化が目に見えるようになってきた．一言で言えば，変化の質と規模がただならぬ様相を見せ始めたのである．いよいよ森のあり方，地域生態系のあり方が問われるようになってきたのである．

しかも，これらの森の変化によって，古都京都のイメージの重要な構成要素である自然景観が変貌し，市民が気づかない間に風致の土台が失われるおそれが生まれるようになっている．この，「知らぬ間に」というのが，何より問題なのだ．「知らぬ間の森の変化」が「当たり前の森の姿」になってしまう前に，現象と予測のすべてを極力明らかにし，そのあり方について，多くの人々の意識の俎上に上げて，誰もが納得のいく古都の森の価値を守り育てていくことが大切であろう．私たちが，「古都の森」と題して一冊の本を纏めたのは，こうした理由からである．

(1, 2：田中和博，3：高田研一)

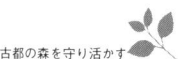
古都の森を守り活かす

京都の三山，特に東山の森林の成立基盤

1 東山の表層地質・風化と植生との関係

　本章の目的は，「古都の森」の変化を概観し保全の緊急性を論じることだが，そもそも古都京都の森とは，林学的に見たときにどのような森なのか？
　議論の前提としての基礎知識が必要になる．そこでこの章では，京都の三山の中でもとりわけ歴史的・文化的に重要な東山の植生について，その成立基盤となる表層地質とその風化状況と併せ概括しておきたい．

(1) 東山とはどこのことか

　「東山三十六峯」としばしば呼ばれるが，そもそも，東山をどの範囲からどの範囲までとするかについては，いくつかのとらえ方がある．たとえば送り火で知られる大文字山は，観光地としてポピュラーな祇園，八坂辺りを「京都」の中心にすえれば東山の北端に当たる．しかし，大正期から発展した市内北部の市街地辺りからみれば，大文字山はむしろ東山の中心となろう．ここでは一応，霊山として知られる比叡山を北の端に，南は東福寺辺りまでを考え，その表層地質と風化の状況を植生との関係を考えながらみてみる．
　東山の北のはずれ，最高峰の比叡山と次に高い如意ヶ岳の二つの山がもっ

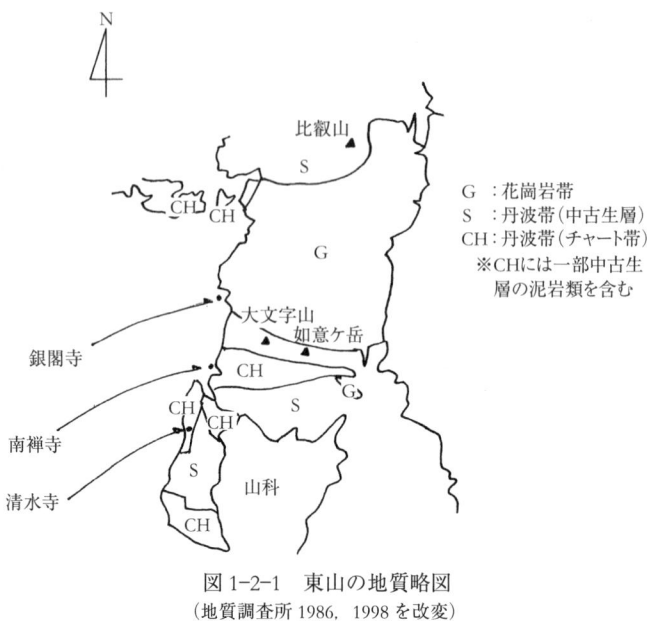

図 1-2-1　東山の地質略図
(地質調査所 1986, 1998 を改変)

とも明瞭に意識されるのは，今出川通りの賀茂大橋から，鴨川公園の西側（右岸）を北山大橋辺りまで散歩するときである．美しく，なだらかな山並みは，この大小二つのピークによって，その「山紫」と表現される美しさがより強調される．

　地質的にみると，この二つの峰の区間が，局所的な中古生層の分布域を除いて，花崗岩帯に属し，この区間より南の東山には丹波帯と呼ばれる古生代から中生代にかけて生成された古い時代の堆積岩類が主として分布している．（図 1-2-1）

(2) 花崗岩

　花崗岩は，地球表面の地殻が地下の熱によって溶けだし，再び地下で固まった火成岩であって，マントル近くの深い層にみられるような金属鉱物を多く含む比重の大きい玄武岩のような火成岩とは異なる．それには，石英や

第1章　なぜ古都京都の森の保護が急がれるのか

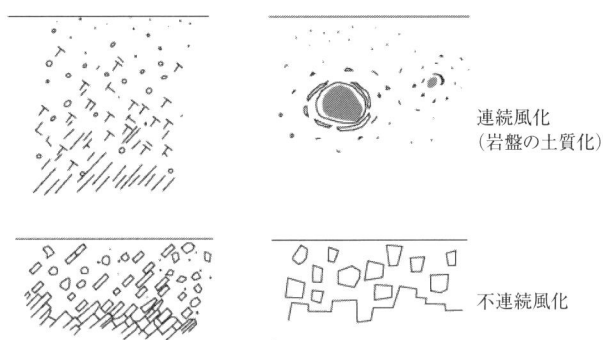

図1-2-2　連続風化（上）と不連続風化（下）

長石といった比重の軽いケイ酸分を主成分とした白色鉱物が多く含まれることから，山を歩くと，心なしかその土は白い．

　この花崗岩は地表に現れて，数百万年の時間を経過していることから，マサ化と呼ばれる風化を受け，岩盤は徐々に表土へと連続的に変化している．（図1-2-2）

　表土となった花崗岩中の長石成分は細粒化するために，降雨などによる侵食を受けて，濁水となって失われやすく，ガラス質の石英粒子が土壌の主たる成分となることが多い．その中でもとくに石英砂だけがよく残っているものが，造園で珍重される白河砂と呼ばれる白い砂である．

　花崗岩帯で発生する表層崩壊は，深層風化したマサ土の中・下部から発生し，頻繁に，かつ無方向的に起こるために，この区間の小さな谷の走行方向には，丹波帯堆積岩類の層状の亀裂＝層理構造がもたらすような大きな規則性がないが，それでも谷はやがて合わさって，西側へと走るいくつかの大きな侵食谷をつくり，そこで運ばれたマサ土は厚みのある扇状地形を生み出している．修学院，一乗寺，白川の扇状地形は，扇状地どうしが連結して，高野川へと傾く一つの傾斜台地を構成し，マサ土によって構成される水はけのよい立地環境となっている．

　この花崗岩の土は，ミネラルに乏しく，水をよく保つ細粒質分に乏しいという共通した性質をもっているために，バクテリアを主とする土壌微生物の

発達は悪く，そこで育つ植物は，とくにキノコ類などの外生菌根，特殊なカビであるエリコイド菌根など土壌表面の広い範囲からミネラル，リン分を集め，樹木に供給できる菌根と共生できるアカマツ，コバノミツバツツジ，コナラなどが多いのが特徴である．ただし，同じ外生菌根をもつシイ[*]は保水性の高い細粒質分のある場所を好み，また，堆積岩類の節理（亀裂）深くにまで根を下ろす性質があるため，花崗岩帯での分布は限られる．

このような東山の花崗岩帯では，後に述べる堆積岩類の一種，チャート帯と同じように，古来長く，商業的薪炭材生産の場となってきたが，その利用が放棄されても，常緑高木が発達しにくく，比較的多くの種類の落葉広葉樹を残す植生となっている．ナツツバキ，ザイフリボク，ホツツジなどはその代表的なものである．

こういった花崗岩帯の潜在自然植生としては，外生菌根性のものを中心として，多くの樹種にとって生育が可能となるポテンシャルがあって，ツクバネガシ，シラカシ，イチイガシ，アラカシ，コナラ，イヌシデ，モミなどがその林冠の中心となる可能性がある．保水性に欠ける土壌は，逆に土壌の通気性を向上させ，そのことが紅葉の美しいモミジ類などにとって適した環境を生み出していて，これらの落葉広葉樹もこの潜在自然植生に加わるであろう．また，斜面上部，尾根筋には，アラカシ，モチノキ，アセビなどの常緑広葉樹とともに，タカノツメ，ヒノキなどが混じる常落混交林が想定できる．

（3） 中古生層堆積岩類

これに対し，丹波帯中古生層の分布する大文字山以南の東山の表層地質は，さらにより多様な植生の成立環境を生み出している．

大文字山の中腹部の花崗岩帯との境界付近では，花崗岩の貫入時に受けた熱によって変成を受けたホルンフェルスなどがみられ，侵食を受けにくい固い岩盤をもっている．一部ではこの固い岩盤が亀裂風化によって破砕礫を生み出し，この破砕礫が埋まる谷あいでは，スギ植栽林とともに，ムクノキや

---

[*]シイにはコジイとスダジイがあり，東山のシイは大部分がコジイであるが，一部植栽起源のスダジイが混じっており，ここではこの両方を区別せずシイと呼ぶこととする．

イヌシデなどの高樹高の自然林が成立している．また，斜面中下部では，モミを交える発達したイヌシデ自然林がみられる．

花崗岩の貫入にともなう変成作用を受けた堆積岩類は，硬く，侵食を受けにくくなって，花崗岩帯の両側の二つのピーク，比叡山と如意ヶ岳をつくり上げたと思われるが，この堆積岩中には，チャートと呼ばれるケイ酸ガラス質の硬い岩がまとまって分布する箇所がみられる．

京都盆地の前山ともいえる松ヶ崎，上賀茂，鷹峯，衣笠など円みを帯びた斜面形状をもつ低山帯は，大部分がこのチャートを主とする堆積岩類からなっており，礫化した岩盤がつくり出す，浅く，乾燥した土壌がみられる．こういう条件の下で良質のシバ材（コバノミツバツツジ）が生産されてきたが，これが東山においても部分的にみられる．ただし，東山では，社寺がその土地を所有していたために，松ヶ崎などのように商業的に生産されることはなく，どちらかといえば粗放的な管理によって，ツツジも多いが，リョウブ，ネジキ，ヒサカキなどの他種も交じり合って，全体としてはアカマツ林と認識されるような群落をつくってきたと考えられる．

このような東山におけるチャートは，大文字山中腹部，南禅寺山頂部，将軍塚付近，清水山頂部付近などにまとまり，あるいは局所的に小さな層状分布としてみられる．そこでは，チャートは礫化した基盤をつくるばかりではなく，粘土化して緻密な固い土壌基盤となっている．

植生のありようは，かつてはいずれも上述したようなアカマツ林であったが，アカマツが退行した現在では，礫化したチャートの下では，コナラ，シイ，ヒノキが，粘土化したチャートの下では，ソヨゴ，クロバイ，シイがそれぞれ場を占めていることが多い．

東山でみられるチャート以外の堆積岩類の大部分は泥岩と総称される砂泥質の岩盤で，風化程度のさまざまな砂岩，頁岩である．この泥岩は，場所によって異なる層理の構造や，さまざまな風化を受けて，硬軟の差はあるものの，多くはチャートよりも軟らかく，よく土壌化が進んでいる．これに重ねて，山腹斜面の微地形や土壌の厚さ，斜面に対する層理の向きなどの違いがもたらす性状は，植物の生育にとって多様な環境を生み出している．

砂岩とも呼ばれる砂質泥岩は，風化して比較的透水性のよい土壌基盤をつ

くり，深根性樹種などさまざまな樹木の生育を許す傾向があるが，頁岩質の泥岩は，礫化しない場合は逆に透水性が乏しく，チャートと同様に，風化しても土壌深部では十分な根系の発達を許さないため，浅根性の樹木の生育が凌駕する．

　また，生育基盤の基本構造をつくる風化は，緩やかに岩盤からの土壌化が進む連続風化と，断層破砕作用などによる短期間の物理的な力が加わってできる礫質化を促す風化，長い歳月の中で徐々に比較的大きな亀裂となる層理を発達させる風化となって，浅根性，粘性土耐性の大きな樹木や十分な根系の呼吸を要求する深根性樹木など多くの異なる生育特性をもつ樹木の成立基盤となる．

　さらに，地質年代レベルの長い歳月の内に斜面で経験した大小の規模の斜面侵食，山腹崩壊は，土層厚，斜面傾斜などの点で，生育基盤性状の差をもたらせていることを付け加えねばならない．

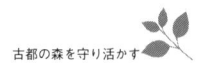
古都の森を守り活かす

「古都の森の変化」とは何か？

本章，冒頭で紹介した，清水寺の背景林にシイノキが散在することは，なぜ問題になるのか，「古都の森」の変化について概観する前に，この理由について少し説明しておこう．

1 生物，自然，そして人，里山

生物，この命あるものは自らを守り，自らの遺伝子を残すために生きる．ダーウィンはこれを struggle for existence と呼んだ．これは生存努力と訳される場合が多いが，英語のニュアンスで言うと，一生懸命あがいて生きる意味を含んでいる．

自分のための生きる行為が，しかし，思わぬ結果をもたらすことがある．ススキの株は，外へ外へと新たな茎葉を出していく．株はますます大きくなって立派になるが，最初に茎があった中央部は使われることなく，枯れたままに残り，それがやがて多くの小さな動物や微生物によって分解されるため，そこは樹木の種子が落ちると良い発芽床となる．

ススキの株のど真ん中で芽生えた樹木の実生が育っていくと，やがてススキよりはるかに高い位置で枝葉を展開するようになる．その結果，樹木の日

陰となって，ススキは枯れていく宿命を迎える．

　その点，日本人はかしこく自然を利用してきたといえるかもしれない．わが生活のために資源を収穫するが，その収穫は一代限りのものではなく，子々孫々に至るまで利用できるように，ある意味で自然をしつらえてきた．海の利用も山の利用も，水の利用もかつてそうであった．

　里山の自然をみると，人々が日々暮らしていくための燃料となる木が多くの場を占めていたとともに，養分の収奪が激しい田畑の土を再び肥やすための「木肥」や「草肥」となる植物たちがあった．ときどきは，木材資源として活用されるアカマツの存在は，良質の炊飯材となるツツジ科低木の育つ土壌条件の維持に役立っていた．

　激しすぎる収奪は，時として森を禿山に変えることもあるが，たいていの里山では，孫の代の取り分をきちんと考えた施業によって里山があり続けてきたと言えるだろう．

　ところが，化石燃料によって安価なエネルギーが供給されるようになると，生活様式は一変し，それに応じて，里山の利用放棄＝放置が始まった．

　自然は人が関わろうと関わるまいと存在し続ける．人の関わりがみられない森は原生林と呼ばれる．わが国では，濃淡はあってもどこも人の介在があるため，原生林と呼べる森はそれほど多くないが，里山とは異なる自然の姿がある．

　そこでは，地震や激しい降雨によって，ときどき森の立地そのものが壊されることも織り込み済みになっていて，森が壊れた場所では，異なる植物によって再生が始まり，やがて元の立地の持つ多様さごとに，寿命の長い植物たちが中心となってつくる群落の場へと移り変わっていく．

　この寿命の長い植物たちがつくりあげる森は極相林と呼ばれてきた．植物どうしの競争がそれ以上進まず，生態系構成種どうしの関係性として安定な群落となるためである．

　里山の自然は，この地域生態系の一部として，人がストレッサーとして介在することによって成立してきたある意味で安定な森の姿であった．

　問題は，このストレスから解放された里山が，人の景観に対する要求や自然そのものに対する期待像から大きくかけ離れたものになっているのではな

いかという疑念である．

　人というストレッサーが退場して，今ある自然が本当に大丈夫かどうかが問われているのである．

2 〈森の変化1〉 松くい虫被害によるアカマツの枯死衰退

　さて，本題に入ろう．この数十年の東山の変化で，最も話題になったのは，マツノマダラカミキリが媒介するマツノザイセンチュウによる松の枯死，つまり松くい虫被害であろう．松くい虫被害がわが国で初めて認められたのは，1905年とされるが，それが本格的になるのは，1960年代に入ってからである．

　東山におけるアカマツの枯死が目立つようになるのも，その頃からであるとされる．薪炭を長い間供給してきた東山は，このために古絵図などでは，少数のアカマツらしき樹木を除いてほとんど禿山状に描かれている（小椋1992b）．こういった点から，京都の東山はアカマツ林が歴史的自然景観であると指摘される場合も多い．

　しかし，アカマツが安定して生育できる条件は，共生する酸性土壌型の外生菌根が健全な状態で生存できるミネラルに乏しいチャート礫，花崗岩マサ土などが表層を占め，かつ尾根筋などの排水的な地形環境である．つまり，アカマツは，乾燥し，養分の乏しい場所で，広い範囲に広がる菌根にミネラルやリンを集める作業を手伝わせているということになる．

　人為によって，落葉落枝の採取，枝伐りが盛んに行われて，土壌の養分補給が制限されていた時代は，このような共生性の外生菌根はどこにでも広がっていたが，いまや，そういう場所は，きわめて限られたところにしかなくなった．アカマツ林は，人の手が入らなくなるとともに，落葉層が蓄積し，やがてその落葉層が分解され，これが土壌微生物などにより養分として土壌へと還元されて富栄養型とすすむ．そうすると，マツを助ける共生する菌根が衰えていき，こうして，いずれにしても，アカマツは，マツノザイセンチュウなしでも衰退する宿命にあったともいえる．

　しかし，この松くい虫被害は，アカマツの衰退を加速するとともに，本来，

健全な生育環境であったはずの痩せた尾根筋にみられる貧栄養型，排水的な土壌条件の下でも，被害を及ぼすようになった．

1970年代にはアカマツ林復元のための，松くい虫被害林分の枯損木伐倒，広葉樹皆伐試験が大文字山中腹の国有林で行われ，ただちにアカマツ林が天然更新によって80%程度の被度をもつアカマツ幼齢林として復旧したが，1990年代に入ると，この若いアカマツ林にも松くい虫被害が目立つようになり，2000年代に入ると，健全なアカマツ株は，30%程度の被度に低下するようになった．

2000年代に入って，東山ではところどころにアカマツは残っているが，まとまったアカマツ林としては，銀閣寺背後の大文字山中腹，修学院付近の一部など限られた箇所に留まっており，こういった場所もすでに林内下層には，ソヨゴ，サカキなどの常緑広葉樹が高い被度を占めているため，現況を放置することは，さらなるアカマツの衰退につながる可能性がある．

一方，アカマツ林の衰退は，どのような立地においても景観的な退行効果や地域生態系に及ぼす影響があるわけではなく，立地の性質によって，その影響に差がある．

この影響の差には，人々に見られやすい場所かどうかなどの社会的インパクトもあるが，その場所の自然自体の性質によってもたらされる地域生態系への影響の差もある．

松くい虫によって，アカマツが消失した森を訪れると，東山に限らず，そこには二つのタイプの森の形があるように思われる．

一つはコナラ林タイプで，もう一つはソヨゴ林タイプである．

東山では，コナラ林タイプとして，コナラ林，シイ林，ヒノキ（植栽）林となり，ソヨゴ林タイプとして，ソヨゴ林，ヒノキ（植栽）林が典型的なものである．

一般的には，コナラ林タイプでは，土層ないしは岩盤風化が発達しており，アカマツの集団枯死が発生しても，アカマツが占めていた高木層の補完がコナラなどによって進むために，ただちに群落の崩壊として認識されるような種組成の単純化も景観的変化は起こりにくい．

一方，ソヨゴ林タイプでは，ソヨゴが上層を高い被度で占めるようになり，

種組成の単純化を招いている例が南禅寺山上部や大文字山中腹の一部で観察される．

3 〈森の変化2〉 カシノナガキクイムシ被害によるコナラ，アベマキ，シイの枯死

　コナラは幹を伐採しても，萌芽によりよく回復をするので，アベマキなどとともに一般的には15年から20年おきにその生長を待って，定期的に薪炭材として利用されてきた．これが利用されなくなって，40年以上が経過し，樹高20mをはるかに超えるような大径木となった．このコナラとともに，例えば，将軍塚辺りで昭和9年の植栽以降，大きく生長したシイも，ある日，木の根元にフラスと呼ばれる木の粉が見つかる．そうこうする内に，樹冠をつくる葉が茶色く変色し，突然死に至ってしまう事例が観察されている．このような被害が東山においても2003年以降に散見されるようになり，2005年には看過できないレベルにまで拡大するようになった．

　アカマツの枯死，衰退の直接的な原因は松くい虫＝マツノザイセンチュウにその原因があり，その誘因あるいは主たる原因は土壌微生物の変化による養分吸収の阻害に求めることができるが，東山で急速に認められるようになったコナラやシイの枯死は，アカマツの場合とは異なり，カシノナガキクイムシの攻撃がもたらせたものである．

　穿孔性昆虫であるカシノナガキクイムシは，菌食性の昆虫で，カビの一種（アンブロシア菌の仲間：*Raffaelea quercivora*）を樹体内で感染増殖させ，これを餌として爆発的に増える．この菌による通導性阻害により，この虫の大量侵入を許した樹木は枯死に至ることが多い．被害は，ブナ科に属するアカガシ，ウラジロガシ，マテバジイ，シイなどの常緑性のシイ，カシ類で古くから知られていたが，1970年代以降の被害は，兵庫県，京都府，福井県，滋賀県などで大量のミズナラを枯らせ，その後，福島県まで日本海側を北上しつつ，一方では，コナラ，アベマキ，シイなどの多い里山での被害も急速に拡大するようになってきた．

　しかし，この昆虫はわが国の地域生態系に含まれる在来種であろうと推定

され（小林・上田 2005），生物的調節作用により，周期的に大発生をみることがあっても，本来は，これほどの長期にわたる爆発的増加をするものであるとは考えられないものである．

この理由は，小林も指摘するように明らかであって，生活領域に含まれる森林をきわめて長い歳月をかけて人々は燃料・農業用の落葉広葉樹人工林に変えてきたのであり，これを放置することにより，自然界のバランスを超えてブナ科の樹木が増大してきたことに主たる原因を求めることができる．

ただし，だからといって枯れるに任せ，カシノナガキクイムシ被害を放置すればよいという単純な議論とはならない．

東山の場合，現況を含め今後被害を受けるだろうコナラ林，シイ林で大量の林冠木（森の上層を占める高木）の枯死が発生したとき，森林には大小のギャップが出現する．このとき，被害木が集中して発生した結果生まれる大きなギャップでは，長年の人為的な森林管理の中で多様性の高い地域生態系が失われており，失われた林冠の後継木となる樹木種子供給源がすでに近傍から失われ，長期にわたって荒廃群落形成といった景観的な問題が発生したり，場合によっては山腹表土が侵食するおそれがある．また，下層にサカキ，ネズミモチ，ソヨゴなどの亜高木性の常緑広葉樹が比較的高い被度を持っているときには，これまでの群落高よりも一段と背丈の低いこれらの単純な樹種組成からなる亜高木群落へと退行遷移していく可能性も否定できない．

したがって，東山の景観的価値を高めていく方向に逆行する事態が生まれる可能性に対して，何らかの対策が考えられてもよいのではないかと思われる．

4 〈森の変化3〉 シイ分布域の拡大

東山のシイには，もともと社寺境内付近で自然分布していたと推定されるコジイ，古い時代に植栽したことが疑われる社寺境内から拡がったと思われるスダジイ，昭和9年の室戸台風後に植栽されたコジイ，スダジイがあるが，その大部分はコジイである．これらを本章では総称してシイと呼んできた．

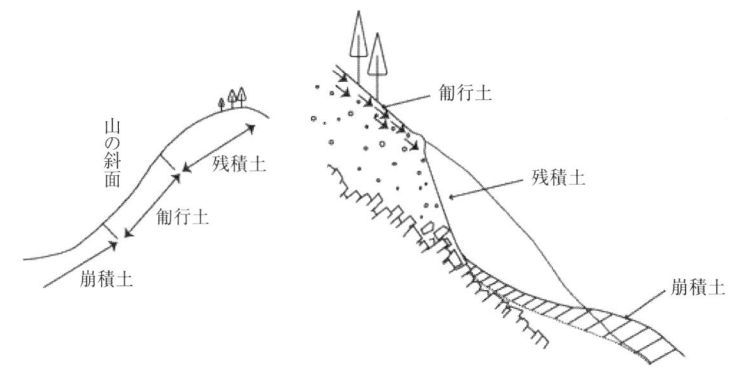

図 1-3-1　山の地形と土の区分

　銀閣寺，法然院，南禅寺などの社寺境内近くのシイは1980年頃から徐々に中腹部へと分布域を広げつつある．一方，室戸台風後に植栽されたものが起源とされる清水山，高台寺山，将軍塚付近のシイは1960年代には林冠の優占種となり，その後も被度を高めている．

　人間が育って欲しいと植えたシイが順調に育っていることや，植生遷移後期種，あるいは極相種と位置づけられるシイが場を占めることに，一般的には何の問題もないはずである．

　しかし，このシイの発達，増加は，地域生態系的にみても，京都東山の景観を考えても問題がある．

　つまり，シイの生態を特徴づけする性質が森の構成の上で問題となると考えられる．

① 根の性質：生育場所の耐性域が広く，とくに土壌が緻密な残積土や粘性土基盤でもよく育つ根系をもち，この根系は岩盤内の亀裂へもよく侵入する．（図1-3-1）

② 葉の性質：耐陰性がきわめて高く，葉層は密となる．新緑は茶褐色で5月中旬に盛りとなる．

③ 樹形の性質：400年以上の寿命を持ち，最大樹冠面積400㎡以上の場を占める大高木となる．

林冠

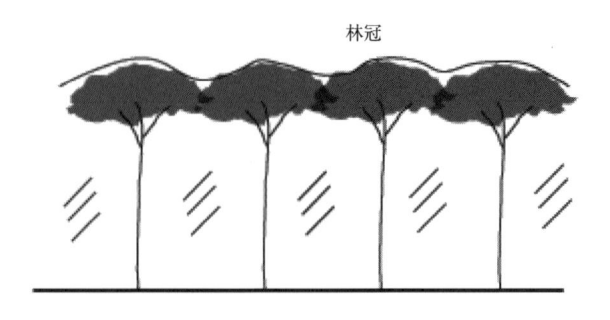

林冠が揃うと林床の多様性は下がる
図 1-3-2　植栽林にみられる一斉林の模式図

④　実の性質：小さめのドングリを大量に散布し，落葉層の堆積環境の下でも大量の実生を発生させることができる．

　これらの特徴は，言い換えれば，シイは谷あいの崩積土から尾根筋の残積土まで，強い日射さえなければ，どこにでも育つ性質，その樹冠下に育つ植物をほとんどみないほど，群落内の光を，他種を排除して独占的に利用する性質，放置された森林内の高木として分布を拡大していく能力，これらに加え，人の感性をうつ黄緑色を成す新緑のみずみずしさとは程遠い，黄土色系の新緑色などをもっていると言うことができるであろう．

　実際，東山高台寺山国有林にみるシイ林の構造は，横からのこもれびが射し込みにくい緩斜面では，シイの樹冠直下には下層木はほとんどなく，比較的光条件に恵まれるところに，下層低木としてサカキ，シロバイなどが生育しているに過ぎない．さらに光条件が良くなると，タカノツメ，アラカシ，アセビ，カナメモチ，クロバイ，リョウブなどをみることができるが，きわめて構成種数の少ない森であることに変わりがない．（図 1-3-2）

　それでも東山の森は，かつての禿山と称された時代から，長きをかけてようやくこれほどまでの緑を発達させてきたと喜ぶ人は多いかもしれない．しかし一方では，この林内下層で育つ樹種が少ない単純なシイ林は，渡り鳥が羽を休めることができる液果植物が少なく，カシノナガキクイムシ被害のおそれを常に抱かせる不安定な群落であって，しかも景観的には四季の彩りを

感じさせることが少ないのが実情である．

　誤解のないように付け加えれば，シイの存在が暖温帯性の常緑広葉樹林が凌駕する京都の自然にとって問題であるということでは決してない．

　シイがみられる原生的な森林を伊勢神宮内宮林や宮崎県綾町などでみると，シイは大高木として林冠を占める一つの樹種とはなっているが，東山のように森林内で優占する単一の樹種とは決してなっていない．

　東山での問題は，シイが林冠を優占する単一の高木として，年々広い場を占有しつつあることであり，このことが生態系としての脆弱さを示すと同時に，景観資源的問題を生み出していることであろう．

5 〈森の変化4〉　ヒノキ，スギ林の間伐未実施による過剰密度化

　わが国の人工林で間伐などの管理の手が行き届かなくなったところは多い．間伐の必要性については森林のCO_2吸収効果を促進する立場や有用材の確保，林地の保全などの観点から，あちこちで強調されることが多いが，とくに問題となるのはヒノキの間伐である．

　ヒノキの場合もスギと同じように，造林後，苗木の生長にともない過剰密度となっていき，生長した苗木の優劣が生まれる．ただし，スギ林における優勢木と劣勢木の差は樹高差をともない，劣勢木はやがて消失していくが，ヒノキ林の場合は必ずしもそうはならない．

　ヒノキの場合は，優勢木と劣勢木は幹直径や，樹冠の発達の差は生まれるが，樹高差が比較的出にくいのが特徴である．この結果，過剰密度となった手入れされないヒノキ人工林は，樹冠部の競合が長く続くため，優勢木も葉つきが悪くなり，生長が著しく鈍化する．また，その根系は放射状に浅く広がる浅根性形状をもつために，根系間の競合も著しい．このためもあってか，急傾斜面では表土の流亡が起こりやすく，土壌侵食から，表層崩壊にまで進むおそれもある．

　東山でも方々にスギやヒノキの人工林があるが，とりわけチャート基盤のように，乾燥しやすい立地や土層の浅い地形の下では，ヒノキが造林されて

きた．南禅寺山上部西向き斜面などはこのような例で，今後の間伐等の手入れがなければ，林床の土壌流亡と材としての利用困難になるおそれがある．

6 〈森の変化 5〉 シカによる食害の影響が深刻な森林の増加

　シカによる食害は，関東地方以南の日本の自然環境保全上の重大な問題となっていて，森林の後継樹を夥しく食うために，広範な地域で森林の世代交代を著しく妨げる可能性が高くなっている．

　京都で被害が注目され始めたのは1990年代の北山八丁平の湿地周辺部での被害発生からであるが，その後，東山を，比叡山，修学院，一乗寺へと南下し，現在は大文字山から，蹴上以北において被害が認められる．2000年代に入っても，京都市の中では，小塩山，松尾山，嵐山，小倉山などの西山や，貴船，鞍馬，雲が畑などの北山での被害が顕著であり，いっぽう，東山では，比叡山を除き，森林の更新を妨げる危惧を持たせるレベルにまでは至っていない．

　被害対象となる樹木は，シカの食害頻度が比較的低い場合には，アオキ，ヤブニッケイ，リョウブなどを選択的に食うが，頻度が高くなると，ヒノキ，モミ稚樹の樹皮剥ぎから葉の硬いカシ類や有毒性といわれるアセビまで，きわめて少数の忌避性植物以外のすべての植物を食い尽くす．

　シカによる食害の結果，表土がむき出しとなって，急斜面地では，熊本県，三重県，東京都などで表層崩壊が引き起こされるという事態にまで至っており，地域生態系の壊滅的な被害とともに治山上の問題ともなっている．

　比叡山を除く東山においては，2007年度現在では，リョウブ，アオキなどの嗜好性植物の被害の段階であって，今後も関心を継続していくことが重要であるが，比叡山においては，土地所有者とも協力しながら，何らかの対策を講じるべきときにきていると思われる．

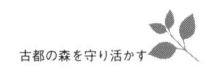

何が求められているのか？
― 保全の課題と本書の構成 ―

　ここで，少しの間「古都の森」を離れ，地球規模での森と人の関係について考えよう．

　今日，世界各地で生じている様々な環境問題は，化石資源に極端に依存し過ぎた社会を構築し，経済成長を追い求め続けて来たことに由来していると言っても過言ではない．特に，最近の地球温暖化にかかわると思われる諸現象は，大気の循環から生態系の維持に至るまでの様々な地球システムそのものが狂い始めたことを示唆するものであり，我々は，20世紀型の社会システムを根本的に見直し，可及的速やかに持続可能な社会へと切り替えていく必要に迫られている．

　ところで，植物は光合成によって二酸化炭素を吸収・固定することから，たとえその植物を燃やしたり分解したりして二酸化炭素を発生させたとしても，長期的なサイクルで捉えれば，二酸化炭素を増やしも減らしもしていないので，カーボンニュートラルな生物資源であるといわれている．特に森林は二酸化炭素の固定量が大きく，かつ，木材として長期間に渡って二酸化炭素を貯蔵することができるので，代表的な生物資源として注目されている．

　したがって，地球温暖化対策や省エネ対策の一つとして，カーボンニュートラルな生物資源の有効利用や自然エネルギーの環境保全型利用が推奨されており，持続可能な社会の構築にあたっては，それぞれの地域が持つ風土，歴史，文化を背景として，地域ごとに生物資源の持続的有効利用に関するシ

ナリオや処方箋を作成し，地産地消により地域自身が自立していくことが求められている．

しかしながら，森林資源の利活用に目を転じてみると，日本の現状は何ともしがたい膠着状態に陥っている．すなわち，日本は国土の3分の2が森林であり，さらに，その4割が人工林であるのに，すなわち，日本には人工林が約1000万 ha もあるというのに，木材の自給率は約 20％ にとどまり，国内の人工林の大半は手入れが行き届かず，なかば放置された状態にある．まったくもったいない話である．こうなってしまった理由として，主に次の2つのことが考えられる．第一の理由は，安価な外材の大量輸入により木材価格が低落し，国内では多くの林業地で林業が採算に合わなくなり，その結果，木材の伐採量が減り，国産材が利用されなくなったためである．これは，純粋に経済活動としての理由であり，今日の市場経済型社会の中では，ある程度やむを得ないことと思われる．もうひとつの理由は，森林は放置しておいても自然だから構わないという意識が，国民全体に暗黙の内に作用しているのではないかと思われることである．気候が温暖で降水量にも恵まれた我が国では，森林であることが自然の状態であり，そのことから，森林は放置しておいても構わないという意識が定着しているのではないだろうか．自然のままが良いと考えること自体は基本的には間違いではないのだが，問題なのは，そうした意識の結果，いつのまにかに，自然に対して無関心になっていたり，自然を無視するようになっていることである．

20世紀型の社会システムは，大量生産，大量消費，大量廃棄に代表されるように，資源やエネルギーの無駄遣いを引き起こし，地球環境に多大の負荷を掛けてきた．そうした原因は，市場経済型社会の考え方そのものの中にあるのかもしれない．市場経済のもとでは何事も効率が優先され，特に，B／Cといって，便益（Benefit）の費用（Cost）に対する比で経済活動が評価される．日本の林業の場合は，多くの林業地でB／Cが1以下であるので，林業生産活動が行われないのである．すなわち，B／Cの値が低い場合は，その事業に着手しないことが当たり前になっている．しかし，この考え方の中に，20世紀型社会システムの欠陥があると思われる．

何もしないということは，何も生み出さない，何も変化させないというこ

とではない．人間が何もしなくても，自然や環境が変化し，その結果，人間が影響を受けたり，不利益を被ったりすることは当然起こりうることである．森林の場合について説明すると，森林には水土保全機能をはじめとする様々な公益的な機能があるが，間伐が手遅れになるとそうした機能が低下し，今まで森林とは直接の関係が無かった人々にまで影響が及ぶことになるのである．間伐をしないことは，費用が発生せず，また，間伐行為に伴う便益も発生しないので，個々の林業事業体の帳簿の上では何事も無かったように処理されてしまうのであるが，実際には，間伐をしないことによる社会的な不利益が発生するのである．したがって，便益 (Benefit) だけに目を向けた経済活動の指標は不適切であって，何もしないことによる公益的な損失 (Loss) についても評価できる指標が必要である．

　自然との共生を目指した持続可能な社会を構築するには，まず，第一に，劣化し続けている自然や環境を修復・再生し，生態系として健全化することが必要である．次に，グローバルスタンダード化した経済価値とは異なる視点から，各地域の持てる力を評価し，それらの内発的な地域力を上手くデザインすることによって地域の振興を図る必要がある．そして，第三に，地域としての目標を住民参加のもとに形成していく必要があり，そのためには，利害関係者間で情報を共有するシステムを確立することが必須である．

　少し話が一般論になってしまったので，古都京都の森林のことに話を戻そう．前節で述べられているように，東山の森林も変化を続けており，その内容について，我々は危惧しているところである．特に，問題と考えていることは，東山が変貌し続けている実態がほとんど知られていないことにある．

　森林は植生の遷移によって，クライマックスと呼ばれる極相林に向かって，何世代にも渡って少しずつ変化していく．しかし，植生遷移の方向は必ずしも一方向ではなく，台風などの自然災害にあったり，病虫害にあったりすると，遷移が停滞したり，逆戻りすることもある．また，人間の活動により，大きく影響されることもある．近年注目されている里山は，村落周辺において，農林業の営みの中で形成されてきた景観であり，人為の影響を大きく受けることによって成立するものである．したがって，自然環境に対する農林業的な関わりが減少すれば，里山的な景観が崩れ，里山に生息・生育してい

た動植物が減少するのは当然のことである．

　京都盆地を取り囲む三山においても，様々な森林利用がなされ，それに応じた森林が形成されてきた．そして，その森林や森林景観が京都の文化の基盤を支え，ひいては日本の文化の基盤を支えてきたのである．日本らしい，京都らしい景観とは，元々あったものではなく，千年の都の期間を経て形成されてきたものである．そして，いま，三山の森林がなかば放置され続けていることにより，森林植生が変化し，京都らしさが失われようとしている．三山の森林に京都らしさを維持すべきかどうかについては，賛否両論があると思われるが，事態が深刻化していることに気がついている人は少ないと思われる．京都らしさを維持しようとしまいと，三山の森林を修復・再生し，生態系として健全化することは必要なことである．まずは，この事実を知っていただき，日本文化の基になった森林の行く末について考えていただきたいと願う．本書は，そうした意図のもとに，企画された．

　本書では，古都京都を取り巻く森林の歴史と現状について報告するとともに，木を活用する技術，森を守り活かす方策や取り組みについても紹介し，あわせて，協働の森づくりを進める上で必要となる情報の共有について最近の研究成果を報告し，最後に，市民・企業参加による森づくりを紹介する．本書は，以下の通り，4部から構成されている．

　第1部では，古都の森の歴史を概観する．第2章では，様々な手がかりをもとに，古都京都の森の歴史について，過去13万年前から現代までを概観する．京都の本来の森林は何であったのか，千年の都を支えてきた森林，日本文化を育んできた森林とはどのような内容のものであったのか，そして，明治以降どのように変遷し今日の森林に至っているのかを見ていくことにする．約70年前の東山国有林を巡る議論は興味深いものである．第3章では，京都の森の災害史について概説する．昔から暮らしの安心と安全は重要な政策課題であり，治山治水は一大事業であった．今日においても，森林の取り扱いにおいて，治山治水的な視点は欠かせない．今後の京都の森林のあり方を防災面から考える上で，京都における自然災害の歴史を理解しておく必要がある．本書では古都京都の森の歴史をすべて網羅することはできなかったし，到底できる筈もなかったが，主要な部分は取り上げたので，それらの断

片を繋ぎ合わせることによって歴史の流れを追っていただきたい．

　第2部では，古都の森の現状を紹介する．第4章では，変わりゆく京都の森について報告する．植生遷移の流れとしてシイの分布拡大が続いているが，一つの樹種のみが繁茂することは生物多様性の観点からも好ましいことではない．一方，マツ枯れは相変わらず続いており，日本的な風景美を構成するマツ林は壊滅に近い状態にある．また，近年はナラ枯れが猛威を振るっており，これにどのように対処するかは政策上の重要課題でもある．なお，京都南部および西山における竹林の分布拡大問題，そして，京都北部の北山林業地帯における人工林の美的景観の消失問題については残念ながら本書では取り上げる余裕がなかった．第5章では，森林景観保全の現状について報告する．嵐山の景観保全にかかわる試行錯誤の歴史は教訓に満ちている．また，天橋立における景観保全の取り組みは，マツ枯れ対策の成功事例を物語るものであり，示唆に富む．

　森林に限らず，「利用しながらの保全」ということを考えるとき一つのキーワードとなるのが「地産地消」である．ある地域で生産されたものをその地域で消費するということは，輸送コストの削減（化石燃料消費の削減であり，温室効果ガスの抑制でもある）や，地域経済の活性化，外来種（たとえばマツノザイセンチュウももとをたどればそうであった）侵入リスクの軽減などにつながり，うまくいけば一石二鳥にも三鳥にもなる．そのためには，さまざまな製品化・利用法の工夫を凝らすと同時に，それを経済的に引き合うものにしなければならない．第3部では，まず第6章で，木質系材料の利用技術について紹介する．木材は太古の昔から使われており，あまりにも身近な素材でありすぎるので，木材のことは知っているようで知らないことも多い．木材の性質についての固定観念により木材の使用をはなから諦めてしまっていることもある．たとえば，スギはヒノキに比べて材質が柔らかいため用途が限られていた．しかし，最近では技術開発が進み，スギも多方面に応用されるようになってきている．第7章では，木材の地産地消を経済的に成り立たせる試みとして，京都で展開されている先駆的な取り組みを紹介する．このような運動において，京都は全国に先駆けてウッドマイレージ制度を導入している．また，森林バイオマスの利用に向けた運動も活発である．

第 4 部では，モデルフォレスト運動とその運動にもとづく市民・企業参加による協働の森づくりについて報告する．第 8 章ではバイオリージョン（生命地域）の考え方とモデルフォレスト運動の理念について紹介するとともに，モデルフォレスト運動における GIS（地理情報システム）の役割について報告する．モデルフォレストとは世界各地で取り組まれている協働の森づくり事業のことであり，カナダが発祥の地である．日本では 2006 年に社団法人京都モデルフォレスト協会が設立され活動を開始した．モデルフォレスト運動ではすべての参加者が森林情報を共有することが基本的に重要であるとされており，そのためのシステムを構築する必要があるが，最近では，インターネットを利用した森林情報の共有化が可能になってきている．本章では，モデルフォレストの概要を紹介したのち，森林情報の共有化に向けた最近の研究成果について報告するとともに，モデルフォレスト運動において GIS が果たす役割に焦点をあてながら応用事例を紹介する．第 9 章では，西山ならびに東山における協働の森づくりに向けた取り組みを紹介するとともに，アンケート調査結果に基づいて，モデルフォレストに関連する市民活動の現状，ならびに，東山におけるシイノキの分布拡大問題に対する市民の意識について報告し，協働の森づくりに向けた今後の課題を整理する．

　本書が，古都京都の森の現状を知る契機となり，さらには，森の将来像を考えることに繋がっていくことになれば幸いである．

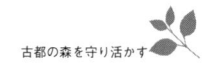

第 1 部
古都の森の歴史

Chapter 2

京都の森の変遷

　京都は千年以上もの長きにわたって都でありながら，その周辺に森林を残してきた都市であり，世界的に見ても希有な存在である．今日，自然環境と調和した持続可能な社会の構築を目指して，世界各地で様々な試みが行われているが，生活と密着した形でのモデルとなる事例が少ないため，具体的な将来像が描きにくい状況にある．その点，古都京都における都市と森林との共生の歴史を振り返ることは，今後の持続可能な社会について考えていくうえで大いに参考になる．本章では，約13万年前の最終間氷期から現代までの京都およびその周辺地域の植生史を概観することにする．

　もちろん，千年以上，森林と共生し森林を存続させてきたと言っても，その間の森林の樹種構成や内容は決して一律なものではない．むしろ，時代を経るに従って森林は極限に近い状態にまで衰退していったと言っても過言ではないだろう．警告の意味を込めて逆説的に言えば，今日，日本の森林が，京都周辺も含めて豊かな緑に覆われているのは，実のところ，石油や石炭といった地下資源の消費や原子力エネルギーの消費によるところが大きいことは明白である．

　それはさておき，森の歴史を遡るといっても，資料や記録の少ない昔について当時の森林の様子を知ることは容易ではない．しかしながら，僅かではあるが手がかりは残されている．

まず，有史以前の状態については，花粉分析を利用することができる．後掲のコラムに述べられているように，湖沼の底には植物の花粉化石が年代順に層を成して堆積していることが多いことから，それらの花粉の化石を分析することにより，植物種ごとの花粉量の増減の移り変わりを調べることができ，太古の森の様子を復元することができる．本章の第1節では，化石花粉から見た京都盆地における最終氷期以降の植生史について，とくに，平安時代以降の照葉樹林からマツ林への変化について報告する．

時代が下り歴史時代に入ると，絵図などの古文書が利用できるようになる．京都は長く都であったことから，文献や絵図類が他地域よりも多く残っており，そうした資料を利用した研究ができることは，「古都の森」ならではの特徴でもある．しかしながら，森林の様子がどこまで写実的に描かれているかについては，当然，信憑性が問われる問題である．この点，京都は，各時代ごとに複数の絵図類が残っており，それらを相互に比較することにより，推察することが可能となる．第2節では，絵図類の考察から見た室町後期から江戸末期にかけての森林の衰退について報告する．

さらに近代になると，絵図類に加えて，地形図や写真が利用できるようになる．情報の信憑性という点では，公的に整備された近代的な地形図は絵図類よりもはるかに信頼できるものである．第3節では，明治中期における京都周辺山地の植生景観を，参謀本部測量部によって作成された仮製地形図の植生記号から読みとった結果について報告する．当時の文献や写真などとの比較により，近代化の中での古都の森林の様子を明らかにする．

第4節では，昭和11年に策定された「東山国有林風致計画書」の記載内容に基づいて当時の森林の様子を推し量るとともに，計画書に記載されている将来像と現在の森林の様子を比較考察する．「東山国有林風致計画書」は，期せずして，昭和9年に襲来した室戸台風による森林被害の復旧計画書という位置づけになってしまったが，そこに書かれている内容は現在の森林の状態を見事に予測している．

古都京都の森林の歴史を概観すると，時代の変遷に伴い森林植生も変化してきたことがわかる．森林は生命体であるので，植生遷移の方向に従い徐々にではあるが絶えず変化していく．しかし，一方では，人間活動の影響によ

り，その植生遷移が停滞したり，あるいは，逆行したりもする．特に，京都周辺の森林は，他地域に先駆けて人間の影響を長年に渡って受けてきた地域である．また，台風を始めとする自然災害により，植生遷移が逆行することもある．このように見てくると，京都周辺地域の森林の植生遷移の方向性を見据えることにより，我々は，どの遷移段階の森林を望ましいとするのについて判断を迫られることになるであろう．したがって，自分たちが住まう地域の森林の歴史を知ることは重要である．森林の歴史に関する情報と知識を共有することにより，望ましい森林像についてお互いに語ることができるようになるからである．

（編者）

照葉樹林からマツ林へ
— 平安時代まで —

1 「古都の森」以前の京都 — 最終間氷期以降の植生史

　過去数十万年間には，地球と太陽の位置関係や地球の自転の周期的変化によって生ずる日射量の変化などの要因によって，地球はおよそ十万年の長期間にわたる寒冷な氷期と数万年の比較的短期間で温暖な間氷期を繰り返してきた（図2-1-1）．このような氷期・間氷期の気候変動に伴って，植生も大きく変化してきた．植生変遷を解明する手法の一つに花粉分析法が（コラム「花粉分析」）ある．この方法は，堆積物中に保存されている化石花粉を抽出し，その情報から過去の植生を明らかにしようという方法だ*．

　京都盆地およびその周辺地域には，花粉分析による植生変遷の研究に適した泥炭地が多く分布している．それらのうち半数以上が，最終氷期に達する堆積物を含み，ほぼ現在まで連続している．代表的な地点は，深泥池（京都市北区），八丁平湿原（京都市左京区），大フケ湿原（宮津市上世屋），神吉盆地（南丹市八木町），乗原（京丹後市丹後町），蛇ヶ池（南丹市日吉町），長治谷湿原（南丹市美山町）などである（図2-1-2）．これらの中でも，厚さ60mにも達する神吉盆地の堆積物は，約45万年間の長期の気候変動と植生変遷を記録して

---

*本稿は，高原　光（2002）「京都府における最終氷期以降の植生史」を元に加筆，修正したものである．

第 1 部　古都の森の歴史

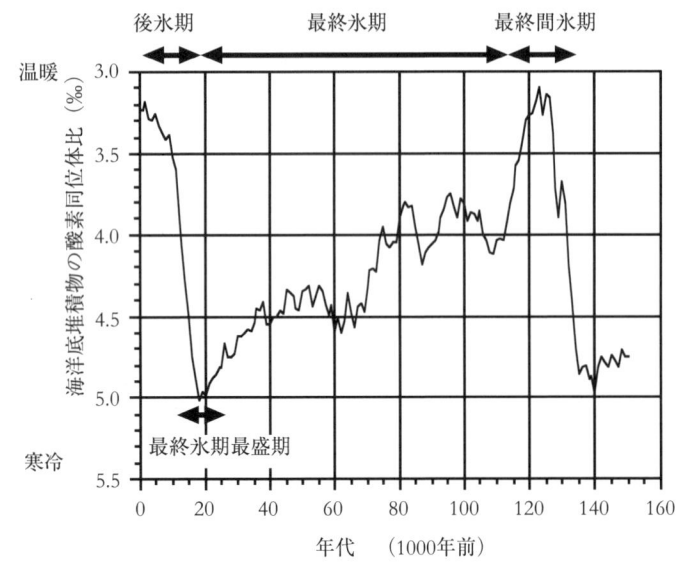

図 2-1-1　最終間氷期以降の気候変動
Lisiecki and Raymo（2005）から作成

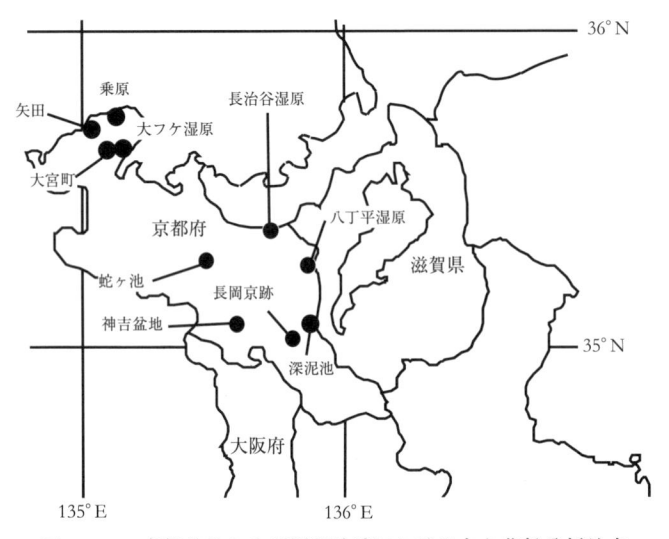

図 2-1-2　京都盆地および周辺地域における主な花粉分析地点

コラム　花粉分析

京都府立大学　高原　光

　植物から散布された花粉は，風や水に運ばれ，湖や湿原など酸素の少ない環境下で半永久的に保存され堆積物となる．また，火山の噴出によって放出された火山灰，植物群落の火事によって作り出された微小な炭片（微粒炭）も湖や湿原に堆積する．このような堆積物は様々な有機物，無機物を含んでいる．この堆積物をボーリングによって柱状に採取し，この堆積物コアを実験室へ持ち帰り，物理的，化学的な処理によって花粉や微粒炭を抽出し，顕微鏡を用いて，花粉の種類や量，微粒炭量の時間的な変化を調べることによって，植生の変化や山火事などの自然攪乱を復元することができる．また，火山灰は噴出源の違いによって火山ガラスの屈折率などが異なるため，どこから噴出した火山灰なのか，噴出年代はいつであるかなどを知ることができる．また，コラム「年代測定」に示したように，堆積物に含まれる植物遺体に含まれる放射性炭素（^{14}C）の量から，年代を知ることもできる（図及び文章は，杉田・高原（2001）を改訂）．

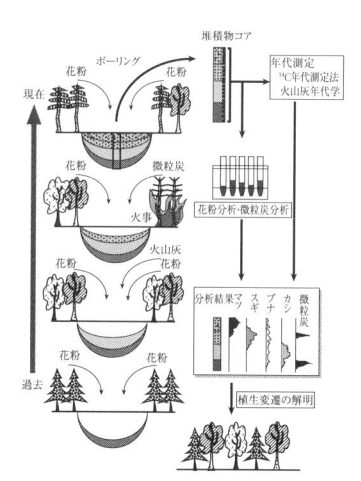

花粉分析　花粉写真　作成

いる貴重なものである．

ここでは，これらの各地点の堆積物から得られた花粉分析資料に基づき，京都盆地に焦点をあてて植生変遷について述べる．図2-1-3には，京都盆地および周辺地域における主な花粉分析結果の対比を，また，図2-1-4には，京都盆地における3万年前以降の植生変遷の模式図を示した．なお，ここで用いる年代は，放射性炭素年代である*．

(1) 最終間氷期における植生

温暖であった約12～13万年前頃の最終間氷期における京都の植生は，南丹市八木町神吉盆地から採取された45万年間の堆積物の分析によって詳細に解明されている（Takaharaほか2000；Hayashiほか2007，および未発表）．また京都近辺では，琵琶湖（Miyoshiほか1999；林・高原ほか未発表）や大阪層群と呼ばれる地層においても，この最終間氷期の植生が記録されている．カシ類，スギの優勢な植生であったが，現在，天然分布の北限が屋久島にあるサルスベリ属が認められる．このように温暖であった間氷期の植生を解明する研究は，現在の間氷期（完新世）の植生や今後の予測をする上で注目されている．

(2) 最終氷期における植生変遷

■最終氷期初期から中期（約12～3万年前）

神吉盆地や若狭湾沿岸の黒田低地堆積物の花粉分析結果は，最終氷期初期から中期にかけての植生変遷を示している．これらによると，最終氷期初期（10～7万年前）には，スギ，コウヤマキ，ヒノキ科（種までは同定できない）などの温帯性針葉樹が優占する森林が発達した．さらに，地球規模で寒冷化する7～6万年前には，ツガ属，トウヒ属，マツ属などからなるマツ科針葉樹林が発達し，続いて，ブナ，コナラ亜属などの冷温帯性落葉広葉樹林が

---

*近年，測定された放射性炭素年代は暦年代に換算することが可能であるが，従来からの議論を混乱させないために放射性炭素年代を用いることにする．

第2章　京都の森の変遷

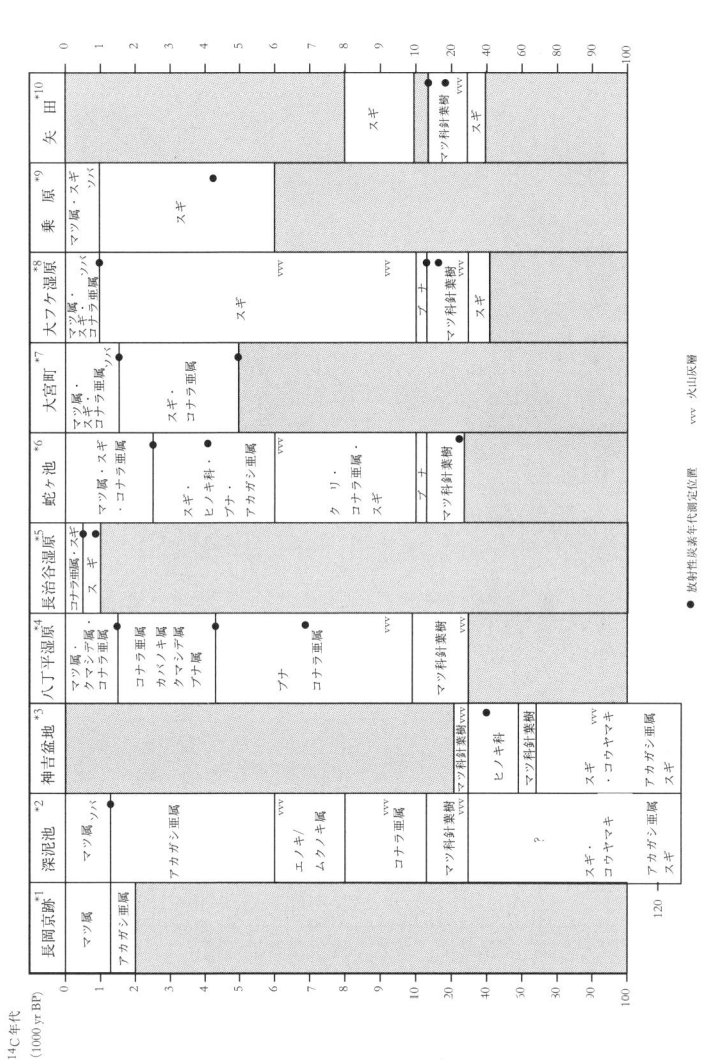

図 2-1-3　京都盆地および周辺地域における主な花粉分析結果の対比

*1：稙村・松原 (1997)，*2：中堀 (1981, 1994)，*3：Takahara et al. (2000)，*4：高原・竹岡 (1986)，*5：高原ほか (未発表)，*6：高原ほか (2002)，佐々木ほか (2002)，*7：中村・高原 (ほか) (1999)，*8：高原 (未発表)，*9：高原・竹岡 (1987)，*10：杉山ほか (1986)

● 放射性炭素年代測定位置　　vvv 火山灰層

第 1 部　古都の森の歴史

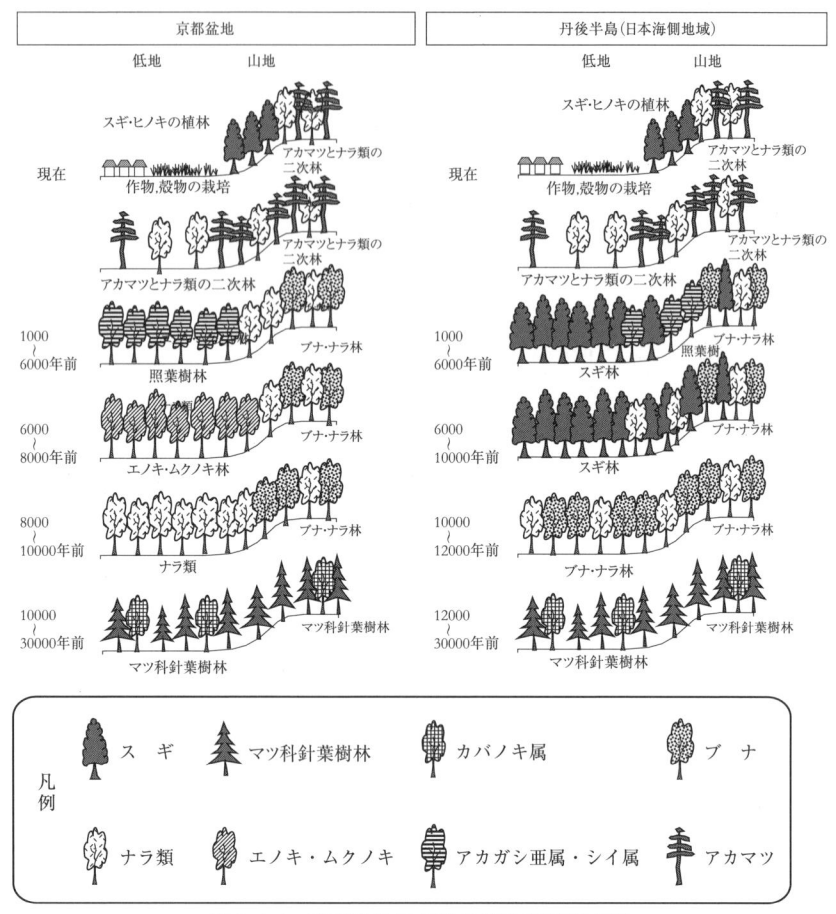

図 2-1-4　京都盆地における植生変遷模式図

6 万年前に形成された．6～3 万年前にはヒノキ科の樹木が増加し，ツガ属，マツ属，コウヤマキ，スギ，コナラ亜属を伴う温帯性針葉樹林が発達した．神吉盆地は，やや内陸に位置しているが，日本海側に位置する丹後半島の大フケ湿原や若狭湾沿岸の黒田低地の花粉分析結果は，この時代，スギの優勢な植生を示している．このように，6～3 万年前には，温帯性針葉樹林であったが，内陸部でヒノキ科，日本海側でスギが優占していた．

■最終氷期後期（約3～1万年前）

約3万年前からさらに寒冷化が進み，マツ科針葉樹が増加し始める．神吉盆地における断層調査のトレンチ（高原・植村　未発表）から採取した堆積物は約2.5万年前に降灰した姶良Tn火山灰（AT）から約3万年前までを含んでいる．この堆積物の花粉分析は，この時代は，モミ属，ツガ属，トウヒ属，マツ属のマツ科針葉樹が優勢で，ブナ，コナラ亜属の冷温帯性落葉広葉樹花粉が伴う植生であったことを示している．この堆積物は，トウヒ属の球果，チョウセンゴヨウの種子，材化石などの植物遺体を多く含んでおり（植村ほか1998；高原ほか　未発表），今後，詳細な植生復元が期待される．

上記のAT火山灰降灰後には，気候はさらに寒冷化しかつ乾燥した．約2万年前から1.5万年前には最終氷期最盛期とよばれる最も寒冷で乾燥した時期が認められている．また，海水準も低下し，現在よりも100mは低かったと言われている．この時期の植生は，大フケ湿原（図2-1-5），蛇ヶ池，深泥池，八丁平など堆積物の花粉分析結果によって明らかにされている．この時期には，丹後半島，丹波山地から京都盆地まで，モミ属，ツガ属，トウヒ属，マツ属を中心とするマツ科針葉樹林が発達していた．落葉広葉樹はカバノキ属以外は非常に低率であった．

優勢であったマツ科針葉樹は約1.5万年前から減少し始める．1.2万年前（晩氷期）には，丹後半島など日本海側地域では，ブナが急増し，マツ科針葉樹は衰退する．京都盆地のような内陸では，ブナが伴っているが，コナラ亜属が最も優勢になる．

（3）後氷期（完新世）における植生変遷

丹後半島など日本海側地域では，ブナが優勢となった後，約1万年前の後氷期のはじめからスギが優勢となる．特に若狭湾沿岸域では，急速にスギが増加し，低地から山地までスギの優勢な森林が発達した．約6千年前以降に，照葉樹林が増加するが，日本海側地域におけるスギの優勢は，人間活動が極めて強くなるまで続いた．現在，水田が広がる低地帯では，スギの埋没木が出土し（京都では丹後半島乗原など），このような立地にはスギ林が形成され

第1部 古都の森の歴史

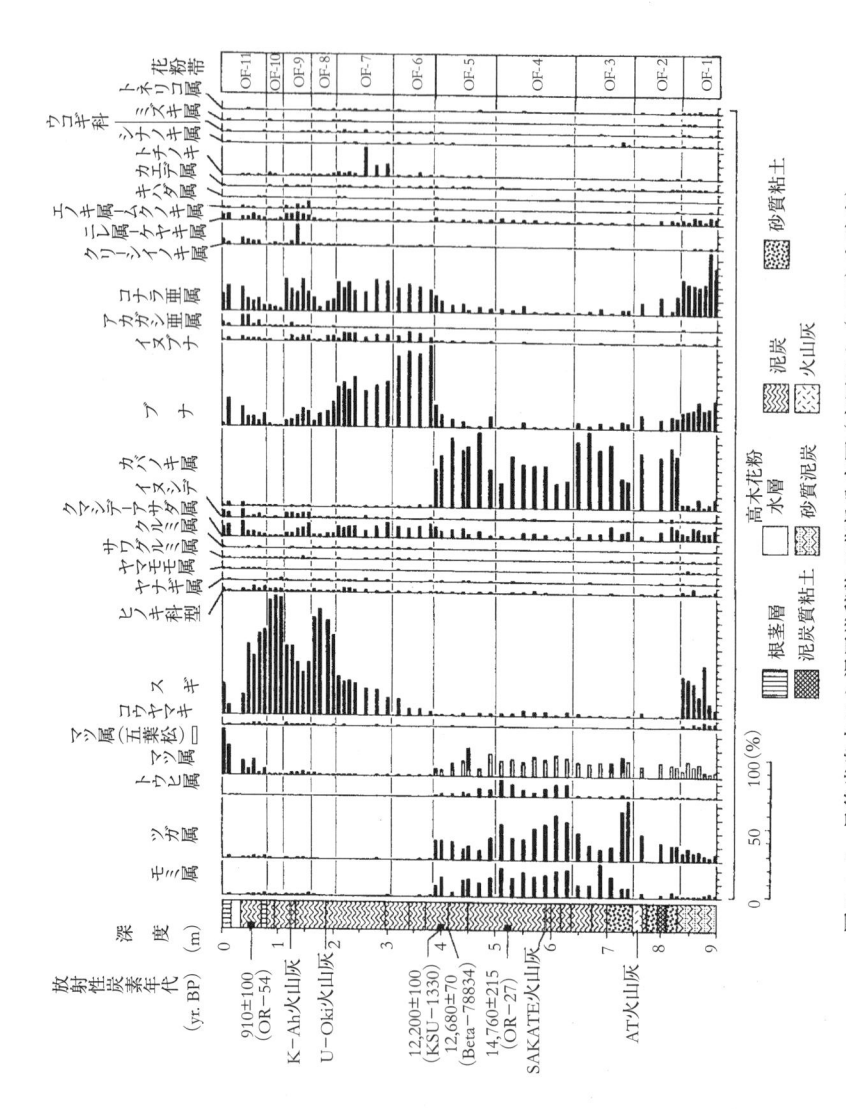

図2-1-5 丹後半島大フケ湿原堆積物の花粉分布図（高原ほか（1999）を改変）
高木花粉の出現率のみ示した。出現率は高木花粉総数に対する百分率で示されている。
K-Ah 火山灰：6300年前、U-Oki 火山灰：9300年前、AT 火山灰：25000年前

ていたことを示している．

　京都盆地などの内陸部での，後氷期の植生変遷は深泥池の堆積物によく記録されている．晩氷期に優勢となったコナラ亜属は9千年前頃から次第に減少し，8千〜6千年前の期間に，エノキ属・ムクノキ属の暖温帯性落葉広葉樹が優勢となる．この時代における，暖温帯性落葉広葉樹林の増加は，西日本各地で認められている．約6300年前に，鬼界アカホヤ火山灰（K-Ah）が降灰する．K-Ah降灰以後にアカガシ亜属を中心とした照葉樹林が形成される．

　後氷期以降，約600から700m以上の丹波山地では，ブナ，コナラ亜属（ミズナラなど）を中心とする冷温帯林が形成されたが，上記のように日本海側に近いほど，スギが優勢であった．

　後氷期における森林変遷は，従来，歴史時代までは，人間活動の影響は少なかったと考えられてきたが，近年，後氷期のかなり早い時期から，人間活動によって植生が改変されていた可能性が，指摘されている．

　約13万年間の琵琶湖の堆積物に含まれる微粒炭（微小な炭化片）の分析によると，後氷期の初期に微粒炭が高い値をしめしている（井上ほか2001）．また，大野ダムに近い日吉町蛇ヶ池では，後氷期の初期の1万年から6千年前に微粒炭が急増し，火事の影響でクリを中心とする広葉樹林が形成されたと考えられる（高原ほか2002）．さらに，2500年前には，再び微小炭化片が増加し，スギを中心とする森林が，落葉広葉樹の二次林へ変化していった（佐々木ほか2002）．前述の深泥池堆積物の微粒炭分析の結果は，晩氷期および後氷期初期に多量の微小炭化片が認められている（小椋2002a）．後氷期初期の増加期にはマツ属，イネ科などの花粉が一時的に増加し，火事が植生に影響を及ぼしたことを示している．このような，後氷期初期における微小炭化片の増加が示す火事が，人為によるものか直ちに判断することは難しいが，今後，多地点での資料を増やして検討してゆく必要がある．

2 歴史時代における植生変遷 ── 照葉樹林からマツ林へ

　前述の京都府下のほとんどの花粉分析地点において，堆積物の上層部で，

マツ属花粉の増加が示されている．このマツ属花粉の増加は，人間活動が活発になり，自然植生を破壊したため主にアカマツが増加したことによるものと考えられている．このマツ属の増加し始める年代は，近畿地方各地でも異なっており，京都府下では，山地と京都盆地では異なっている．

京都府の山間部や北部の丹後半島では，いくつかの地点で，人間活動が植生に与えた影響を解明するための研究が進んでいる．丹後半島では，大フケ湿原周辺や大宮町などの花粉分析資料（高原ほか1999；未発表資料）によると，スギが優勢で，ブナ，コナラ亜属などを伴う森林が，約900～1100年前以降に，マツ属，コナラ亜属，クリなどの二次林となり，さらにソバ花粉が認められた．この変化が起こる以前から火事を示す微粒炭が多量に認められ，人によると考えられる火事が度々起こっていたと考えられる．また，現在，原生林が残る京都大学芦生研究林に位置する長治谷湿原と同研究林に接する長池湿原の花粉分析結果は，約600年前から火事が頻繁におこり，スギを中心とする森林が二次林化していったことを示している（高原ほか　未発表）．

京都盆地では，いくつかの遺跡調査に伴う花粉分析資料（植村・松原1997；パリノ・サーベイ株式会社1991，1993）によると（図2-1-6参照），古墳

コラム　年代測定

京都府立大学　高原　光

放射性炭素（^{14}C）の量が約5730年で半減することを利用して，堆積物に含まれる種子，葉などの植物遺体に含まれる放射性炭素の量を測ることによって，その植物などが生きていた時の年代を知ることができる．しかし，この方法は，いつの時代も大気中の放射性炭素の量が一定であったとの仮定に基づいている．現在では，1万年以上前までもさかのぼることができる樹木の年輪内の放射性炭素量が測定されており，これを使って，放射性炭素によって測定された年代を暦年代に換算することが可能となっている．年代測定については，北川浩之訳（シェリダン・ボウマン著）(1998)にわかりやすく解説されている．

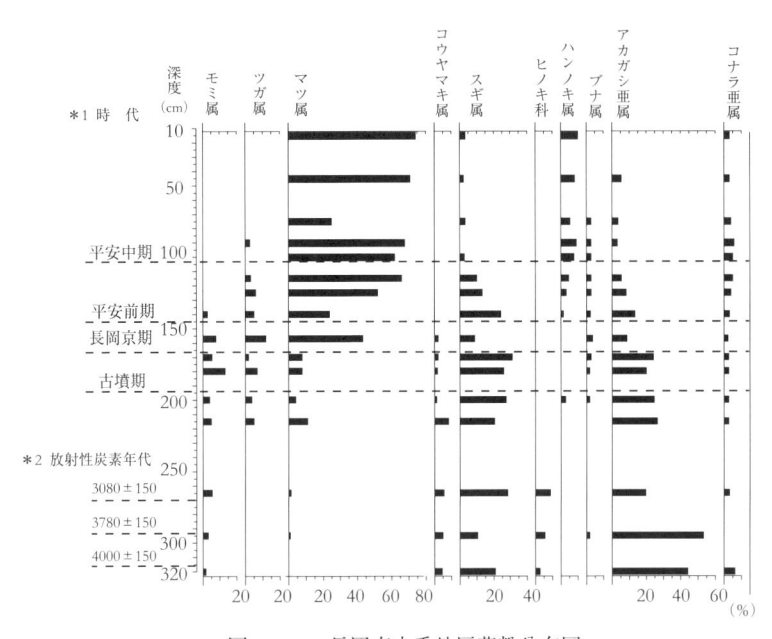

図 2-1-6 長岡京水垂地区花粉分布図
植村・松原（1997）の一部を描きなおした
＊1 時代は遺構および遺物包含状況から認定
＊2 放射性炭素年代は半減期 5730 年として計算されている．
（測定番号は上から，N-5942, 5943, 5945）

時代にはアカガシ亜属やスギなどからなる照葉樹林が認められ，長岡京期から平安時代前期には，アカガシ亜属やスギは減少傾向にあり，マツ属花粉が増加する．平安時代中期にはマツ属花粉が急増し，鎌倉時代末期にはマツ属花粉がもっとも優勢となる．上述の深泥池では，連続した堆積物の花粉分析が報告されているが，これまで，マツ属の増加する年代は，測定されていなかった（深泥池団体研究グループ 1976；中堀 1981）．そこで，深泥池において新たに堆積物を採取し，マツ属花粉が増加し，大きく植生が変化する年代を，種子などの植物遺体を使って放射性炭素年代測定法によって測定した．その結果，少なくとも京都盆地北部では，次のような森林の変化が認められた．本来，アカガシ亜属を中心とする照葉樹林が広がっていたが，西暦 794 年の平安京造営に先だって，7 世紀にはアカマツが増加し始めた．11 世紀には，

照葉樹林はアカマツとコナラ亜属を中心とする二次林へ変化した（佐々木・高原　未発表）．

　以上のように，京都盆地においては，長岡京期から平安時代前期には，人の影響が強くなり，カシ類やスギなどからなる本来の植生が，アカマツ林やコナラ，シデ類などの落葉広葉樹林へ変化していった．

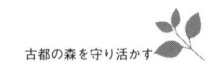

強烈な人間活動の圧力と森林の衰退
── 室町後期から江戸末期 ──

1 絵図類の考察から見た森林史

　前節で述べられたように，湿地の泥炭などに含まれる植物の花粉を調べる花粉分析は，地上の植生変遷の概要を知る有力な手法の一つである．しかし，花粉分析では，植物種ごとの花粉の増減についての概要はわかったとしても，たとえば，樹木の大きさや密度までもわかるわけではない．また，花粉分析を行うことができる地点が限られていることなど，さまざまな限界もある．その限界を埋めるために，人が残した様々な文書類を利用することが考えられるが，一般に，文字で記された古い文献には植生に関する記述が少なく，また断片的であることから，近代以前の文字による記録からその時代の植生景観を明らかにすることは容易ではない．

　そこで期待されるのが，絵図類の利用である．京都の場合，応仁の乱後の室町時代後期以降については多くの絵図類が記され，今日まで残されている．しかし，絵図類には実際にはないものが描かれることもある一方，実在するものが描かれないこともよくあるため，絵図の背景のように描かれていることも多い山地などの植生景観の描写については，その写実性をとくに慎重に検討する必要がある．

　絵図類の写実性を明らかにすることは難しいことも多いが，何らかの方法

によってそれを示すことができるならば，多くの視覚的情報が含まれる絵図類は，かつての植生景観や禿山の存在などを知る上でたいへん貴重な資料となるはずである．ある絵図を資料とするには，その制作時期がわかる必要があることはもちろんだが，絵図には，制作された時代や作者により画風の異なるさまざまなものがあり，それらの写実性を考察するには，それぞれの絵図ごとに方法を模索せねばならず，必ずしも一様な方法とはならない．ここでは詳細は省略するが，絵図の写実性を明らかにするための方法としては，「同時代の絵図や文献との比較考察」，「山や谷などの地形描写の分析的考察」，「岩や滝などの特徴的なものの描写と現況との比較」，「絵図の彩色の検討」などの方法がある（小椋 1992b）．

2　室町後期における京都近郊山地：初期洛中洛外図から

　初期の代表的洛中洛外図である国立歴史民俗博物館蔵の洛中洛外図（甲本，以下簡略に歴博甲本とする）と山形県米沢市蔵の洛中洛外図（上杉家旧蔵，以下簡略に上杉本とする）の山地描写の比較や，そこに描かれている特徴的な山地の描写を現況と比較検討することなどにより，室町後期における京都近郊山地の植生景観が見えてくる（小椋 1990a）．

(1)　歴博甲本と上杉本について

　歴博甲本（図 2-2-1）は，現存する洛中洛外図の中で最古と考えられるもので，その制作年代は，これまでは描かれた建物などから，1520 年代後半から 1530 年代と推測されてきた（武田 1964；高橋 1988）．また，最近では，そこに描かれた人物の考察から，その制作年代を 1525 年とする説が提唱されている（小島 2007）．図は六曲一双の屏風で，図の上方には洛外，下方には洛中の景観が描かれている．図中には，季節の景物を豊富に見ることができ，左隻には秋と冬，右隻には春と夏の様子が描かれている．

　一方，上杉本の景観年代にも諸説があるが，歴博甲本よりも十数年から

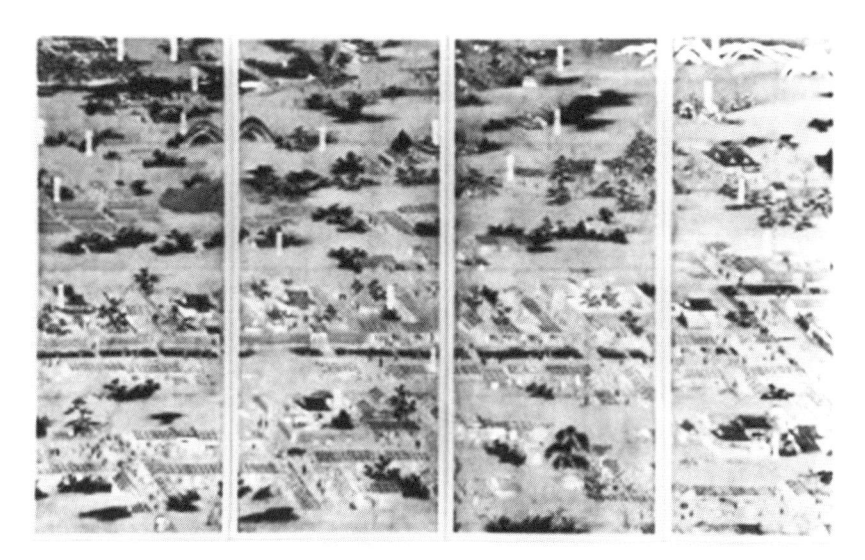

図 2-2-1　歴博甲本洛中洛外図(左隻，部分)

二十数年後の室町時代後期の景観を主に描いたものである可能性が高いと考えられる．図の大まかな景観構成は，歴博甲本と類似した点が多いが，左隻の右端上方には鞍馬寺，また右隻の右上端には稲荷山が描かれるなど，より広範な洛中洛外が描かれている．また，山地にも人物描写がしばしば見られるなどの相異点も見られる．

　歴博甲本と上杉本の景観年代，あるいは制作年代は十数年以上異なるものと考えられる．そのため，ここでそれら二種類の絵図を比較することにより，過去の植生景観を考察するというのは本来適当ではないかもしれない．それは，植生景観は樹木の生長や伐採や焼失などを考えればわかるように，短期間に大きく変化することがあるからである．しかし両図に描かれている京都近郊の山地を比較検討してみると，一般に類似性が高く，それらの図が描かれた頃，大きな植生景観の変化がなかった可能性が見えてくる．また，両図には山地に人物や岩や滝などの特徴的な描写が見られ，それらは当時の植生景観を知る手がかりとなる．

図 2-2-2　歴博甲本洛中洛外図（比叡山）　　図 2-2-3　上杉本洛中洛外図（比叡山）

(2)　歴博甲本／上杉本の山地植生の描写を比較する

■比叡山

　京都の北東にそびえる比叡山は，京都近郊の山地を考える上で，重要で忘れてはならない山の一つである．その比叡山は，歴博甲本では図 2-2-2 のように，また上杉本では図 2-2-3 のように描かれている．

　図 2-2-2 と図 2-2-3 を比較すると，山地を描く手法が少し異なる点もあるようにも思われるが，ともに山地に樹木の描写は少なく，図 2-2-3 ではその左端の延暦寺の一角とみられる建物の周辺にスギのような樹形の木立ちが見られるのと，図の右端と中央よりやや右手の「いまみちたうげ（今道峠）」と記された所にわずかなマツタイプの樹木が描かれているだけである．一方，図 2-2-2 でもそれと同様に山地に樹木はわずかしか見られず，はっきりと確認できるのは峠付近と思われる所に見えるわずかなマツタイプの木々だけである．ただ，図の左端のよ川（横川）と記された部分には，林を表現している可能性もある描写が見られる．

■如意ケ嶽・大文字山付近

　如意ケ嶽・大文字山付近の山は，歴博甲本では図 2-2-4，上杉本では図 2-2-5 のように描かれている．比叡山と同様に，ここでも山地には明確に認識できる植生は少ない．はっきりとわかる山地の植生は，図 2-2-4 では如意ケ嶽の右方の山地の上部にいくらか描かれているマツタイプの樹木のみであり，図 2-2-5 では如意ケ嶽の左方の山地の上部に描かれた十数本のマツタイプの木々と滝口付近に描かれた数本の広葉樹と思われる樹木だけである．

第 2 章　京都の森の変遷

図 2-2-4　歴博甲本洛中洛外図（如意ケ嶽付近）

図 2-2-5　上杉本洛中洛外図（如意ケ嶽付近）

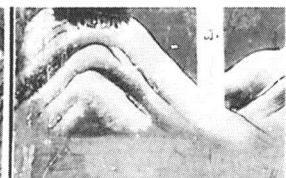

図 2-2-6　歴博甲本洛中洛外図（愛宕山）

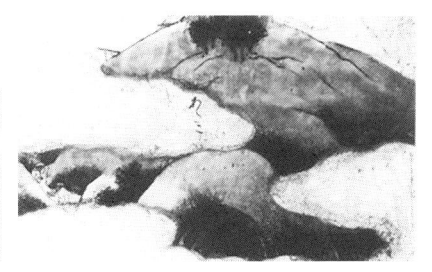

図 2-2-7　上杉本洛中洛外図（愛宕山）

■愛宕山

　京都の西方にそびえる愛宕山も，洛外では忘れてはならない重要な山である．歴博甲本には，愛宕山は図 2-2-6 のように描かれている．そこに見える「ふし（富士）」との書き入れは，かつての愛宕山の呼称と思われる．ちなみに，江戸時代には愛宕山が手白山とも呼ばれていたようである（黒川 1686）．一方，上杉本には，はっきりと「あたこ（愛宕）」の記述が見られ，愛宕山は図 2-2-7 のように描かれている．図 2-2-6，図 2-2-7 ともに，愛宕山は雪山として描かれ，その最上部はわずかに途切れて描かれていない部分がある．両図において，ともにはっきりと確認できる植生は，山の頂上付近のスギかヒノキのような直立する常緑針葉樹と見える木々の木立だけである．

(3)　歴博甲本／上杉本の特徴的描写と植生

　上に示した例はわずかであるが，歴博甲本と上杉本における山地の植生描

第1部　古都の森の歴史

図 2-2-8　上杉本洛中洛外図（柴を持ち帰る人々，如意ケ嶽付近）

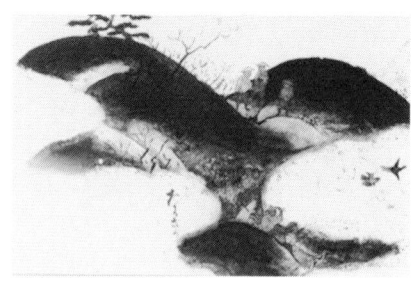

図 2-2-9　上杉本洛中洛外図（鷹狩りをする人々，長坂付近）

写を比較検討すると，一般にある程度の相異点のある部分もあるものの，十数年から二十数年程度と考えられる景観年代の隔たりがあるとは思えないほど，類似した点が多く見られる．その類似点の一つとして，両図ともに，山地部にはっきりとした植生描写が少ないことがある．それは，山地を描く当時の手法で，実際には山地の大部分は森林で覆われていたのだろうか．あるいは，実際に当時の京都近郊の山地には目立った高木の樹木は少なかったのだろうか．両図の比較だけではその答は出てこないが，両図の山地の部分に描かれた特徴的な描写は，そのことを考える手がかりになるように思われる．そうした，特徴的な描写としては，山地の人物描写，山肌の岩的描写，滝の描写などがある．

■山地の人物描写

上杉本には，山地に人物の描写が多く見られる．そこに描かれているのは，たとえば，山道を往きかう人々，柴を刈りに行く人々とそれを持ち帰る人々（図 2-2-8），鷹狩りをする人々（図 2-2-9）などである．それらの山地の人物描写と山地の植生の関係も，それをすぐに明確に述べることはなかなか容易ではなさそうであるが，その描写をよく検討することから，かつての京都近郊山地の植生の状況をある程度考えることができるように思われる．

たとえば，図 2-2-8 には柴を山から持ち帰る二人の姿が描かれているが，

その柴は小さな樹木を刈って束ねたもののように見える．これは上杉本の中で，山から木を運んでいる唯一の図であり，当時の人々が京都近郊の山地から柴を運ぶ光景としては，一般的であったものと思われる．このことからは，京都近郊の山には樹高の低い柴木の山がかなりあったことが考えられる．

あるいは，上杉本には鷹狩りを描く図2-2-9があるが，鷹狩りに適した山の植生はどのような状態のものであろうか．それは，決して鬱蒼とした森林ではなく，かなり見通しのききやすい植生の状態であろうと思われる．図中，鷹が追う雉が，草原や低木林や林縁に棲息する鳥であることを考えれば，図で描かれている長坂付近は，実際に高木林が決して多くはない見通しの良い所が多い山地であった可能性が高いと思われる．

■岩的描写

歴博甲本と上杉本の山地部には，しばしば岩か岩に似た描写を見ることができる．そうした描写は，歴博甲本では比叡山（図2-2-2），如意ケ嶽（図2-2-4）のほかに，吉田山や舟岡山などの一部にも見られる．また，上杉本でも，同様な描写が如意ケ嶽（図2-2-5），舟岡山，吉田山などの一部に見られる．

そのような岩的描写の部分には，実際には岩ではなく，崩壊などによってごつごつとした状態になっている裸地のような所も含まれているものと思われるが，そのような描写の部分が両洛中洛外図で共通した部分に見られる傾向が大きいことは，実際にその付近に植生自体ほとんどない岩的な地表の状態が存在していた可能性が大きいことを意味しているように考えられる．なお，図中，如意ケ嶽や舟岡山で岩的描写が見られる付近の一部には，今日でも大きな岩を確認することができる．

■如意ケ嶽の滝

歴博甲本（図2-2-4），上杉本（図2-2-5）に描かれている如意ケ嶽の滝は，今日ではほとんど知る人もない小さな滝である．ただ，かつてはその滝が大雨の後は大きな滝となって，ふもとからもよく見えていたことは，江戸初期の京都の名所案内などに多く記されている．両洛中洛外図にその滝が大きく描かれているのは，室町後期においても，実際に山の下方からその滝が見え，

如意ケ嶽の大きなポイントになっていたためである可能性が大きいように思われる．もし，そうであれば，滝の周辺は，今日とは異なり広く滝を隠すものはないような，すなわち高木の森林のないような状態であったものと考えられる．

3 江戸後期（文化年間）の京都近郊山地
——「帝都雅景一覧」と「華洛一覧図」から

　上述の洛中洛外図など，江戸初期の頃までの絵図類は，山地の地形描写などは今日的な写実性で描かれてはいないが，江戸中期以降の絵図類には，山地の地形描写もかなり写実的なものが現れるようになる．文化年間に京都一円の名所等の景観を数多く描いた「帝都雅景一覧」，またそれと近い時期に制作された一枚摺の絵図「華洛一覧図」も，そのような図である．

　それら2種類の絵図類の山地描写を互いに比較検討するとともに，それらの図に描かれた山地描写を現況や地形図をもとにしたモデルと比較することなどによりその写実性を検討し，その時代の京都近郊山地の植生景観を明らかにすることができる（小椋 1989；小椋 1990b）．

(1)　「帝都雅景一覧」と「華洛一覧図」について

　「帝都雅景一覧」は前編（東山之部，西山之部）と後編（南山之部，北山之部）の2編，4巻からなる．それは，京都の一連の名所図会の一つとしてとらえることができるものであり，かつての京都周辺の名所を中心にした風景が描かれている．

　その刊行年は，前編が文化6年（1809），後編が文化13年（1816）であり，図は文化年間における京都周辺の景観を描いたものと考えられる．図は岸派の代表的画家の一人である河村文鳳によるもので，全部で84ケ所の風景が描かれており，そのうち30以上の図には，背景として京都周辺の山地が大なり小なり描かれている．

　一方，「華洛一覧図」は，文化5年（1808）に刊行された多色刷の絵図で，

縦が約42cm，横が約65cmの大きさのものである．その作者も，岸派の別の代表的画家の一人，横山華山である．その図は，当時いくつも出版されていた京都の案内図と共通した面もあるが，その描写は他の京都案内図と比べると格段に写実的である．図は，西方から京都を一望したような風景となっているが，細かく見ると，それは多くの視点から描いたいくつもの図をもとにして構成されたものであることがわかる．

(2) 「華洛一覧図」と「帝都雅景一覧」の比較考察から見た植生景観

「華洛一覧図」は「帝都雅景一覧」の前編と刊行時期がかなり近いものである．そのため，それらの絵図類における共通描写部分の比較検討により，当時の京都近郊山地の植生景観がわかる部分がある．以下はその例である．

■東山中央部

東山中央部は，京都の市街のすぐ東方に位置し，北は粟田山から南は清水山に至る山なみである．京都市街に面した部分は，明治初期までは知恩院や清水寺などの寺社の山であったところである．その付近は，「華洛一覧図」では図2-2-10のように描かれている．一方，「帝都雅景一覧」では，その山なみの断片が図2-2-11のように描かれている．そのうち，図2-2-11のAとBは図2-2-10の中心部よりやや右手上方のあたりを，また図2-2-11のCは図2-2-10の左方の山並みの部分を描いている．両図の比較は，視点の違いもあり，必ずしも容易ではないが，両図を比較することにより，この時代の東山中央部は，すべての部分が高木の林で覆われてはおらず，かなり低い植生の部分も少なくなかったものと考えられる．すなわち，「華洛一覧図」の図2-2-10の部分には，ややはっきりとしない植生描写もあるものの，比較的高木の林もある程度は確認できる一方，かなり低い植生と思われる描写の部分も多く見られ，その描写は図2-2-11のそれと矛盾しない．なお，時代は少しだけさかのぼるが，「都林泉名勝図会」（寛政11年1799）にも，当該地の一部を比較的細かく描いた図があるが，そこにも，高木の林とともに，かなり低い植生の部分も広く描かれている．

図 2-2-10　華洛一覧図（東山中央部付近）

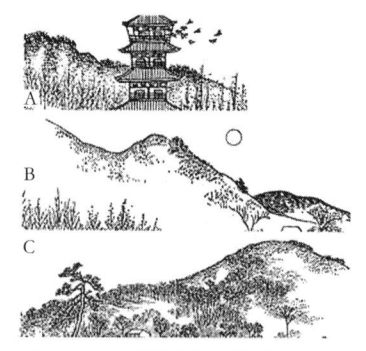

図 2-2-11　帝都雅景一覧（A：八坂晴鳩，B：双林暮月，C：葛原菸花，それぞれ部分）

図 2-2-12　華洛一覧図（広沢池付近） 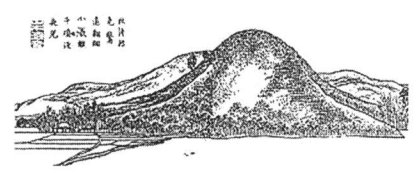　　図 2-2-13　帝都雅景一覧（広沢月波，部分）

■広沢池付近

「華洛一覧図」では，広沢池付近は図 2-2-12 のように描かれており，一方，「帝都雅景一覧」では図 2-2-13 のように描かれている．両図の視点は大きく異なってはいるが，図 2-2-12 では，池のすぐ北側（左方）の山には，その中腹の一部や下方に，ある程度の高さの林も見られるものの，その山頂などには広く低い植生の部分があるように見える．また，山地には，全般的に高木の樹木はあまり描かれていない．また，図 2-2-13 では，池の北側（背後）の山の麓のあたりには，図の左方に見える民家の高さかそれよりもやや高い程度の林が描かれているが，山の中腹以上には樹木らしい樹木はほとんど描かれていない．図の左手の民家周辺だけは，やや高い樹木がまとまって描かれている．

両図で共通に描かれている部分を比較すると，池のすぐ北側の山の麓の林

は，図 2-2-12 の方が図 2-2-13 よりも幾分大きいようにも見えるが，両図の植生描写は比較的似たものとなっている．こうして，文化年間の初期頃，広沢池付近には高木の樹木は池の北側の山裾などの一部にしかなかった可能性が大きいものと思われる．

(3) 山地描写の分析

「華洛一覧図」と「帝都雅景一覧」の共通描写部分の比較検討により，文化年間初期の京都近郊山地の植生をある程度確認できるが，その比較可能な部分は限られている．一方，「華洛一覧図」の山地の描写を現況や地形図をもとにしたモデルと比較検討することにより，より広範に当時の京都近郊山地の植生を考えることができる．以下には，その例を示す．

なお，ここで示す地形図をもとにした山地の稜線の形状予測図は，植生高 0 の場合のものを基本としている．また，その作成には，京都市計画局による 2500 分の 1，および 1 万分の 1 の地形図を適宜用いた．

■「帝都雅景一覧」の石門

「帝都雅景一覧」の挿図には，山地部に何らかの植生があるように描かれているものが多いが，その高さは図を一見するだけでは分かりにくい．しかし，石門（いわもん）を描いた挿図のように，そのことを考えやすいものもある．

石門は，京都市の北西，釈迦谷山の南南東約 340m，標高約 190m の小さな谷の両側にある一対の巨岩であるが，今日ではその存在はほとんど知られていない．石門の手前（南）から見た背後の山の景観は，「帝都雅景一覧」では図 2-2-14 のように描かれている．一方，今日の石門付近には様々な樹木が茂り，落葉樹に葉がある間は，そこから背後の山を見ることは難しいが，晩秋から早春には，それをかなり見ることができる（図 2-2-15）．写真では確認しにくいが，その山の稜線はおおよそ実線のような形状となる．しかし，それは図 2-2-14 の稜線の形とは大きく異なっている．なお，図 2-2-15 中の矢印は左右の岩の位置を示している．

第 1 部　古都の森の歴史

図 2-2-14　帝都雅景一覧（石門，部分）

図 2-2-15　石門の裏山（実線が山の植生も含む形状を示す）

第 2 章　京都の森の変遷

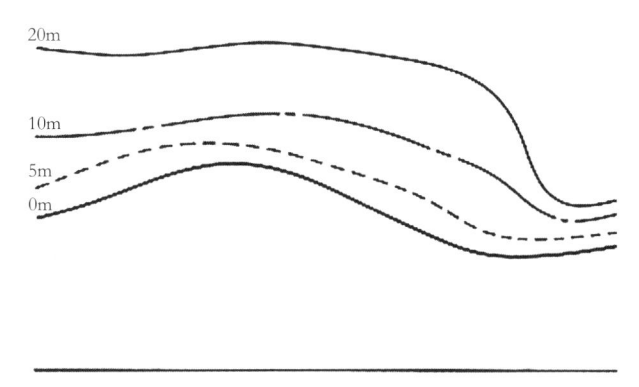

図 2-2-16　植生高の違いによる石門裏山の稜線の形状

「帝都雅景一覧」に描かれている山地の稜線の形状は，一般に実際に似た形で描かれていることから，この二つの稜線の形状の大きな違いは，背後の山地の植生高が文化年間と今日とでは大きく異なっているためであることが考えられる．それは，この場合のように，山の稜線をつくる樹木と視点との距離が，近いところでは 50m 程度とかなり近いとき，植生高によって山地の稜線の形状が大きく変化しやすくなるからである．

そこで，地形図をもとにして植生高が 0m，5m，10m，20m の場合の稜線を描くと図 2-2-16 のようになる（下から順に 0m，5m，10m，20m の場合のもの）．なお，図 2-2-16 の視点は右手の岩の手前 7m，標高 193m とした．

図 2-2-14 と図 2-2-16 を比較すると，図 2-2-14 の山の稜線の形状に最も近いのは，図 2-2-16 の植生高 0m の場合の予測稜線であることがわかる．そして，何らかの植生が描かれていると見られる石門の背後の山の植生高は，かなり低いものであった可能性が高いことがわかる．

■「華洛一覧図」の比叡山

「華洛一覧図」には，比叡山は図 2-2-17 のように描かれている（図中のアルファベット等は説明のために加えたもの）．一方，その山を描いた視点に近いと思われる場所（賀茂川と高野川の合流地点の南方約 500m，標高 50m の鴨川右岸）から今日の比叡山を見ると図 2-2-18 のように見える．

第1部　古都の森の歴史

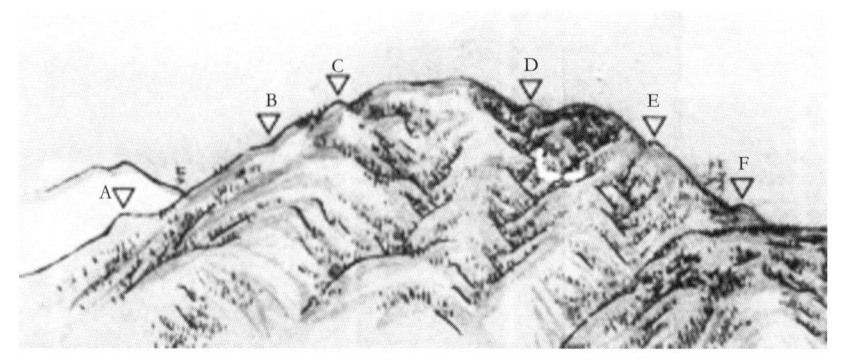

図 2-2-17　華洛一覧図（比叡山，A〜F 等付加）

図 2-2-18　今日の比叡山

　図 2-2-17 と現況を比べてみると，図は水平方向に少し圧縮された形とはなっているものの，山の稜線の形状は，かなりよく似ていることがわかる．一方，詳しい地形図をもとにして同じ視点からの稜線を描くと図 2-2-19 のようになる．それと図 2-2-17 とを比較すると，G と A，H と B，I と C，K と E，L と F の部分の特徴的な稜線の起伏がよく対応していることがわかる．ただ，図 2-2-17 の D の部分の稜線の盛り上がった部分は，図 2-2-19 や現況では見ることができない．しかし，その付近には，今日では元の地形を変えて大きな駐車場が造られており，そこにかつては図 2-2-17 にあるような小さな盛り上がった地形があった可能性もある．ただ，その付近の過去の詳しい地形図が見つからず，そのことは確認できていない．それはともかく，

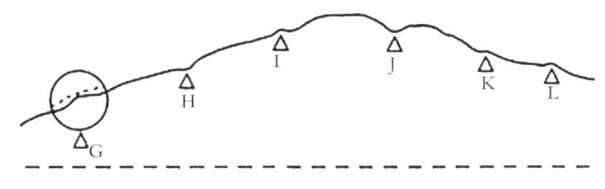

図 2-2-19　地形図をもとにした比叡山の稜線

　以上のことから，図 2-2-17 の比叡山の稜線部は，概してかなり写実的であり，その付近の植生高は概して均一なものであったと考えられる．
　ところで，図 2-2-19 の G の部分の盛り上がりが，現在でははっきりと見えないのは，図の視点付近から比叡山を見ると，植生高の違いによって互いに見えたり見えなくなったりする二つの稜線があるためである．詳しい地形図をもとにして，植生高が 15m の場合の稜線を描くと図 2-2-19 の円内上方の点線のようになり，植生高が低い場合には目立つその部分の盛り上がりは，植生高が高くなることによって，目立たないものとなることが確認できる．
　一方，「華洛一覧図」と現況には，大きな違いも見ることができる．図 2-2-17 では比叡山の山肌に数多くの谷をはっきりと見ることができるが，現況では，空気の澄んだ条件の良い時でさえ，大きな谷についてはある程度確認できても，図 2-2-17 に見えるような小さな谷は全く見ることはできない．
　「華洛一覧図」に描かれているいくつもの谷は，その稜線の形状の写実性から考えると，実際にそのように見えていた可能性があるように思われる．そして，「華洛一覧図」の比叡山の描写と現況との違いの理由の可能性として，文化年間の頃と現在とでは，その付近の植生高に大きな違いがあることが考えられる．そのことは，模型による実験からも確かめることができる．
　上述の稜線の形状の考察から，「華洛一覧図」が描かれた頃，図に描かれている部分の比叡山の植生高は概して均一だった可能性が高いことと，そうした実験結果などを合わせて考えると，比叡山の植生は，その頃，全般にかなり低いものであったと考えられる．また，彩色なども考慮すると一部には植生のないところもあった可能性が高い．

4 江戸末期の京都近郊山地：「再撰花洛名勝図会」の考察から

　江戸時代後期を中心に，日本各地でいくつもの名所図会が刊行されている．名所図会の挿図には，社寺などの名所の背景として，山などの自然景観も広く描かれているものも多いが，そのような部分の植生等の描写までも写実的に詳しく描かれているように見えるものは決して多くはない．

　ここに取り上げる「再撰花洛名勝図会」は，いくつかの京都の名所図会の中でも，最も細かく描かれているものである．その描写は，ほとんど東山方面に限られるが，同じ場所を描いた挿図も多いため，そうした挿図の比較考察により，同名所図会は幕末の京都近郊山地の植生景観を考える絶好の資料である．

(1) 「再撰花洛名勝図会」について

　幕末の元治元年（1864）に刊行された「再撰花洛名勝図会」は，平塚瓢斎の草稿をもとに木村明啓と川喜多真彦が分担して執筆したもので，挿図は横山華渓，松川半山，井上左水，梅川東居らによるものである．当初は，洛陽の部，東山の部，北山の部，西山の部など6篇が予定されていたが，実際に刊行されたのは第2篇の東山の部のみであった．

　挿図が綿密に描かれていることは一見すればわかるが，同図会中の東山名所図会序には「……安永のむかし，秋里某があらはした都名所図会の，絵のようの，事そぎすぐして，しちに似ぬが，おほかるをうれへ，音羽山の，おとに聞こえたるすみがきの上手に，かき改めさせ……」と，また例言には「……其本原たる都名所の沿革異同あるのみならず，図作の粗漏之を他邦に比すれば恥づる事多し．余是を慨歎するの余り……」とあるように，過去の京都の名所図会を批判しつつ挿図の写実性を意図的に高めようとしていたことがわかる．ただ，同じ例言の中には「絵図は其地に画者を招きて真を写すといへども，斜直横肆位置を立つるの遠近に随ふて違ふ所無きことを得ず……」とあるように，多少不正確な部分があることも断っている．

(2) 「再撰花洛名勝図会」に見る幕末の東山

　しかし，実際に「再撰花洛名勝図会」において，それぞれの挿図に植生景観までもきわめて写実的に描かれているかどうかは，なんらかの方法で検証する必要がある．その点，「再撰花洛名勝図会」の描写はほとんど東山方面に限られるものの，そこには同じ場所を描いた挿図も多いことから，それらの挿図の比較考察により，図の描写の写実性をある程度考えることができる．

　「再撰花洛名勝図会」には，その最初の挿図として東山全図が見開き3枚にわたって描かれている（図2-2-20～22）．南は伏見稲荷付近から北は比叡山にわたって描かれたその図には，主な社寺などの名所も描かれている．一方，同図会中には，それらの名所をより近くから描いた挿図も多く収められているため，両者を比較することにより，東山全図とその他の挿図の大凡の写実性がわかる．また，比較的近景の図にも，山地などの同一部分がその背景となっているものも少なくないことから，そうした比較的近景の図同士の比較考察が可能なものもある．そのような手法により，幕末における京都東山の植生景観の概要が見えてくる．たとえば，一例として清水寺付近の植生景観を考えてみたい．清水寺の比較的近景の図（図2-2-23～24）では，その本堂の舞台の下方や西門周辺などにサクラタイプの木が多数見られる．また，図2-2-23の三重塔の後方，成就院の右手にはタケタイプの林と共にスギタイプの木も10数本見える．スギタイプの木は，図2-2-24の奥ノ院の右手にも2本見える．また，寺の周辺にはサクラ以外の広葉樹も多く描かれている．また，背後の山の部分はマツタイプの林でよく覆われている．また，図の下部にはタケタイプの林が3～4ケ所ある．

　一方，東山全図（図2-2-25は部分的に拡大したもの）では，本堂の周辺には多くのサクラタイプの木が描かれていて，他のタイプの木はほとんどないが，寺の周辺にはその他の広葉樹タイプの木も見られる．また，三重塔の左手にはスギタイプの木が2本，奥の院の右手にもスギタイプの木が少なくとも2本は描かれている．また，寺の下方にはタケタイプの林が3ケ所ある．また，背後の山はマツタイプの林でよく覆われている．

　これらの絵図の比較検討から，広域を描いた東山全図にはある程度の省略

第1部　古都の森の歴史

図 2-2-20　再撰花洛名勝図会（東山全図, その一）

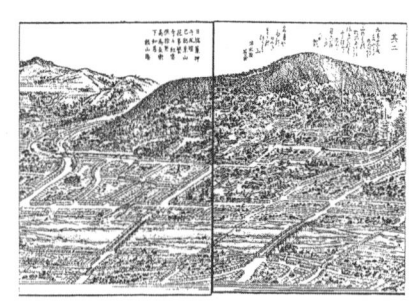

図 2-2-21　再撰花洛名勝図会（東山全図, その二）

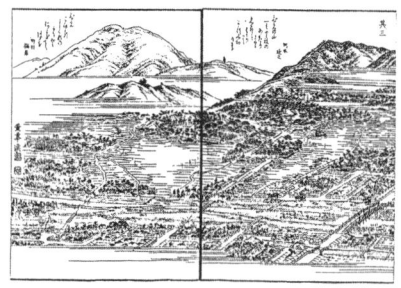

図 2-2-22　再撰花洛名勝図会（東山全図, その三）

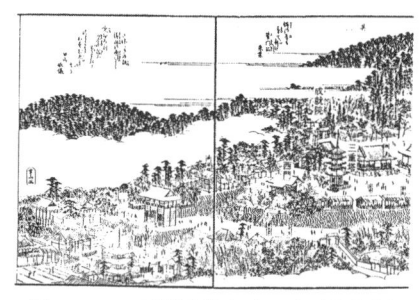

図 2-2-23　再撰花洛名勝図会（清水寺）

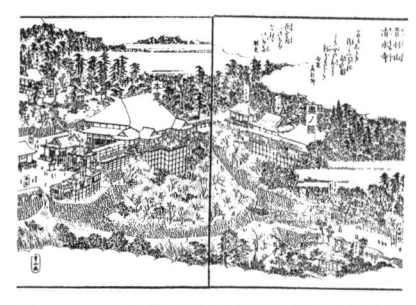

図 2-2-24　再撰花洛名勝図会（清水寺, 上図の続き）

図 2-2-25　再撰花洛名勝図会（東山全図, 清水寺付近）

があると見られる部分があるとはいえ，それらの図は幕末の頃の植生景観を考える上で十分資料的に参考になるものであり，その植生景観の描写は概ね写実的であると考えることができる．そして，幕末の頃，清水寺のすぐ近くにはサクラやスギやタケなどの見られるところもあったが，清水山の大部分はマツの高木で覆われていたものと考えられる．

東山全図では，清水山を含む東山中央部は，マツと思われる高木の林で覆われた描写となっているが，それは他のより近景の図でも同様である．たとえば，図2-2-26には松原河原より見た阿弥陀ヶ峰から現在の円山公園東方の華頂山に至る山々が描かれているが，この図でもその付近の山は高木のマツタイプの林でよく覆われた描写となっている．また，図2-2-27も東山中央部の北部，華頂山から知恩院裏山のあたりを描いたものであるが，この図も同様に山は主に高木のマツタイプの林でよく覆われている．

これらのことから，幕末の頃，華頂山付近から阿弥陀ヶ峰にかけての山々には，高木のマツ林がほとんどとぎれることなく続いていたものと考えられる．ただ，その山々の中腹から麓にかけて，社寺などの周辺には，スギやサクラやカエデなどの林も所々に見られた．

しかし，東山中央部よりも南方と北方の植生景観は，中央部とは大きく異なっていたと考えられる．すなわち，東山全図（その一，その三）では，阿弥陀ヶ峰の南側と，三条通りの北側の山々には高木の樹木はわずかしか描かれておらず，それは比較的近景の図でも同様である．たとえば，図2-2-28は三十三間堂の背後に阿弥陀ヶ峰（左手）などを描いたものであるが，阿弥陀ヶ峰の南方（右手）の山には高木の林はわずかにしか描かれていない．その付近の山には柴草地のような低植生地と思われる所が少なくなかったものと考えられる．

また，東山中央部の北方，三条通りより北側の大日山から比叡山に至る山なみにも，東山全図（その三）では大きな木はほとんど描かれていない．とくに比叡山のあたりには，ほとんど何も描かれていない部分もあり，その部分はかなり低い植生の部分か，あるいは，ほとんど植生のない所のように見える．他の挿図で，それらの部分が見えるのは図2-2-29，図2-2-30などであるが，それらの図に描かれた山の様子は東山全図のそれとかなりよく一致

第 1 部　古都の森の歴史

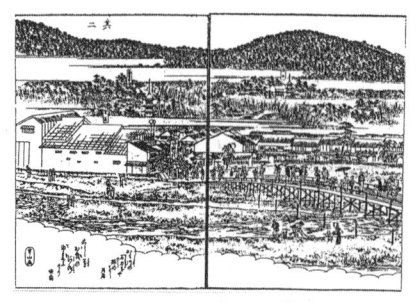

図 2-2-26　再撰花洛名勝図会（松原河原より東山方面を望む）

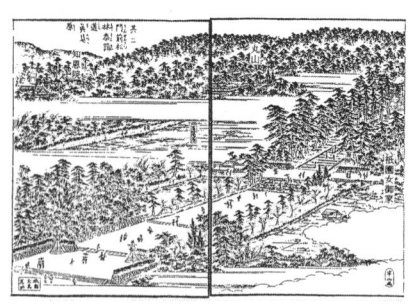

図 2-2-27　再撰花洛名勝図会（東大谷参道と東山中央部）

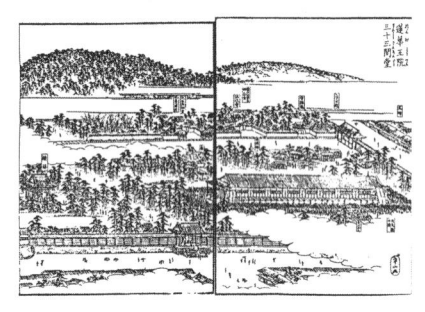

図 2-2-28　再撰花洛名勝図会（三十三間堂と阿弥陀ヶ峰など）

図 2-2-29　再撰花洛名勝図会（大文字送火）

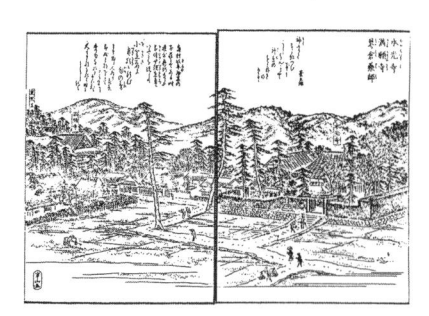

図 2-2-30　再撰花洛名勝図会（岡崎付近，背後に比叡山など）

している.

すなわち,図2-2-29には大文字山が大きく描かれているが,山の中腹以下には一部にマツ林の描かれているところもあるものの,山の上部にはマツが単木的にわずかに描かれているだけであり,山の植生は全般にかなり低いところが多いと思われる描写となっている.また,図2-2-30は岡崎の寺などを描いたものであるが,その背後には比叡山などの東山北部の山並みが見える.その東山北部の山並みには,東山全図と同様,高木の樹木はわずかしか描かれていない.こうして,比叡山から大文字山を通り大日山に至る山々も,大きな樹木は少なく,おそらく柴草の採取に利用されていたと思われる低い植生景観が広く見られたものと考えられる.

5 酷使された里山
—— 絵図から見える林野の資源の利用と山地景観

以上で例示したような絵図類の考察から,室町後期から幕末期における京都近郊山地の植生景観が明らかになってくる.

すなわち,室町後期の京都近郊山地の植生景観は,おおよそ次のようなものであったと考えられる.応仁の乱後の室町後期には,高木の林は少なく,低い柴や草の植生の部分が広く見られた.また,部分的には,何の草木もないような禿山もあったものと思われる.山地で高木の林があったところは,愛宕山や比叡山の上部などの社寺周辺以外は特定しにくいが,今道峠付近(比叡山)や長坂峠付近には,いずれもいくらかの木立の描写が見られることから,それらの峠付近にも実際にある程度の高木の林があったものと考えられる.社寺周辺の森林には,スギかヒノキのような樹種が含まれていることが多かったと思われるが,そのような特別な場所以外の山地の高木としては,図の描写から考えるとマツの割合が大きかった可能性が高い.なお,室町後期における京都近郊山地の植生景観が,後の江戸初期の頃も比較的近いものであったことは,洛外だけを事細かに描いた「洛外図」(万治年間・1658〜1661)の考察などからもわかるところである(小椋1986).

江戸後期,文化年間初期頃の京都近郊山地の植生景観は,室町後期から江

戸初期の頃の状態と，比較的近いものであったと考えられる．東山中央部や嵐山などの社寺林は，一般の山地に比べると比較的高木のよい林の見られる所が少なくなかったとはいえ，それらの森林にしても，高木からなる大面積の林は稀であった．そうした社寺林は，江戸初期の「洛外図」の描写などとの比較から，江戸初期頃よりも高木の割合が減っている可能性があると考えられる．

一方，如意ケ嶽の滝が描かれなくなったことなどから，その滝の周辺の植生が茂り，大雨の時でもその滝が遠方からは見えにくくなっていた可能性がうかがえる．そのことは，18世紀はじめの役所の文書に，その滝に近いところの山が「山ハ百姓持山ニ候得共，先年従公儀木苗植候様被仰付，林山ニ成候」(『京都御役所向大概覚書』〈岩生監修1973〉所収)と記されていることからも窺える．

また，幕末期の「再撰花洛名勝図会」の考察からは，文化年間の頃から幕末にかけて東山中央部の社寺林は高木化が大きく進んだことがわかる．しかし，同名勝図会の考察から，そのほかの東山の植生景観は，文化年間初期から江戸末期にかけて大きく変わっていない可能性が高いと考えられる．

ところで，かつて京都近郊の里山が酷使され，禿山さえも珍しくなかった背景には，大きな都市の近郊ということもあり，燃料や肥料などとしての草木の需要がたいへん大きかったためと思われる．京都近郊の山地は，室町後期にはすでに大きな人為的影響を受けていたと考えられる（千葉1973；タットマン1998）が，そもそも薪炭や雑草の需要のために，どの程度の林野が必要だったのだろうか．

それについて，たとえば『近世林業史の研究』では，信濃国松本藩領の村々における近世中期（享保～安永期）における村明細帳の記載をもとに，苅敷・秣確保のために田畑の10～12倍の林野面積が必要であったことが推定されている（所1980）．その林野とは，苅敷・秣確保のためということから，草地あるいは柴草地・柴地であったものと考えられる．なお，同じ村の明細帳の記載などから，その他に燃料用の木柴取得地として刈敷取得用地の四分の一程度が必要であったと推定されている（水本2003）．

これらのことから，苅敷などをすべて林野から賄うとすれば，かつて必要

とされた柴草地は田畑の 10 倍以上だったものと考えられる．それに対して，京都近郊の村々が利用できた林野はたいへんわずかなものであった．京都近郊では，林野のない村も珍しくなかったし，林野が近くにある村でも，それが農地の 10 倍以上もあるところは稀であった．こうしたことから，京都近郊では，京都の町の薪炭需要も加わり，基本的に林野面積が大きく不足していたものと考えられる．江戸時代の頃の京都近郊農村では，肥料として市街地からの人糞尿を多く用いていた（京都市 1972）のは，そのような背景があったものと考えられる．

そうした林野の不足から，林野をめぐる村々の争い（山論）が頻発した．『看聞御記』には，応永年間（1394～1428）に伏見と木幡の草刈相論があったことが記されていることなどから，そうした林野をめぐる争いは江戸時代よりもかなり前から少なくなかったものと思われる．

また，重要な資源であった林野の資源を求めて，社寺所有の山林での盗みも少なくなかったようである．たとえば，上賀茂神社では，貞享元年（1684）に山林での盗みに対して下記のような過料を定めていることがその日記（『日本林制史資料　第二　江戸時代皇室御料，公家領，社寺領』（農林省編 1971）所収）からわかる．

「五斗　立木，三斗五升　根起，八升　柴，五升　木葉，五升　手折，八升　松葉」

過料は米の量と考えられるが，過料が比較的少ない松葉でさえ八升もあり，それは一人 1 日 3 合として計算すれば，大人一人が約 1 ヶ月間に食べる米の量に当たる．また，最も過料の大きい立木では，それは実に約半年分の米の量になる．当時，米の価値が今日よりもはるかに高かったことを考えれば，それは相当大きな過料であったと考えられる．このことは，かつての森林が落ち葉までも含め，たいへん貴重な資源として見られていたことを示している．

こうした京都近郊のかつての林野をめぐる状況により，京都の町で使われた薪炭や木材は，かなり遠方からも運ばれていた．貞享元年（1684）の頃，材木は比較的京都に近い丹波の他に大和（奈良県），安芸（広島県），信濃（長

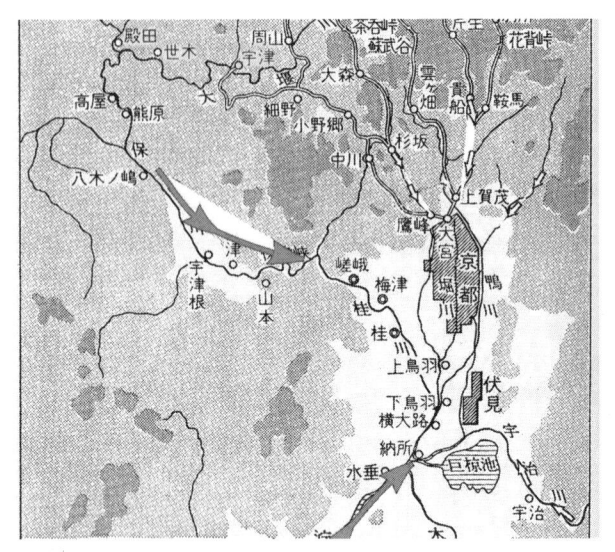

図 2-2-31　江戸時代における京都への薪炭・木材の流れ

野県）からも運ばれていた．炭も桂川上流の丹波地方の他に摂津（大阪府）からも運ばれていた（京都市 1972）．また，日向（宮崎県）や土佐（高知県）からも多量の炭が運ばれていたものと考えられる（樋口 1993）．

『京都の歴史　第 5 巻』（京都市 1972）にある江戸時代における京都の名産品の図（同書図-185）からは，京都近郊で薪炭が名産品として町に供給する余裕があったのは，八瀬や鞍馬以北の一部に過ぎなかったものと思われる．京都で使われた薪炭や木材は，京都から遠く離れた地からも，桂川や淀川などの河川を利用して大量に運ばれていた（図 2-2-31）．

室町後期から江戸末期にかけての京都近郊山地における植生景観の背景には，このような林野の資源をめぐる状況があったものと考えられる．

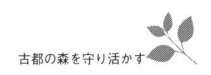

近代化の中での古都の森
―― 明治中期における京都周辺山地 ――

1 仮製地形図の利用

　明治以降，京都周辺の植生景観は大きく変化することになるが，明治期にはその時代の植生景観を考えるためのよい資料が，それまでの時代に比べ大幅に増えてくる．その中には，幕末に日本に入ってきた写真も含まれる．たとえば，図2-3-1は明治期のもので嵐山上流の保津川とその付近を写したものである．写真左手の山の中腹以下には柴草地かと思われる低い植生の部分が広く見られる．また，その上方の山の部分や写真右手の山の森林も，樹高はさほど高くないように見える．しかし，明治期にこのような写真が撮影され，今もそれを見ることができる場所は，名所等の一部に限られる．

　一方，欧米を手本とした詳しい近代的地形図は，当時の広域にわたる植生景観の概要を知るたいへん貴重な資料である．近畿地方主要部を明治10年代後期から20年代初期にかけて測図された仮製地形図には，0.1haに満たない竹林や茶園も数多く記され，また，松林の他にも杉や檜の林の分布も詳しく読み取ることができる．

　しかし，仮製地形図には，植生記号に関して不明な部分がいくつかあり，仮製地形図から当時の里山などの植生景観をより詳しくとらえるためには，そのような不明な点を何らかの方法で明らかにする必要がある．この節では，

第 1 部　古都の森の歴史

図 2-3-1　明治期の保津峡 (長崎大学附属図書館蔵)

仮製地形図の植生に関する記号の不明な部分を，当時の文献や写真などとの比較から明らかにした考察 (小椋 1992a) の要点を記すとともに，その考察結果を踏まえて明治中期における京都周辺山地の植生景観の概要を述べる．

2 仮製地形図における植生表現の特徴と問題点

　参謀本部測量局は，明治 17 年 (1884) から明治 23 年 (1890) にかけて，大阪や京都や神戸など近畿地方主要部分の測図を行った．その 2 万分の 1 の地形図は，正規の三角測量や水準測量の成果に基づかないものであることから，「京阪地方仮製 2 万分 1 地形図」と名付けられ，一般に仮製地形図あるいは仮製地図と呼ばれている．
　この地形図は，近畿地方を広範囲に測図した本格的な地形図としては最古

第 2 章　京都の森の変遷

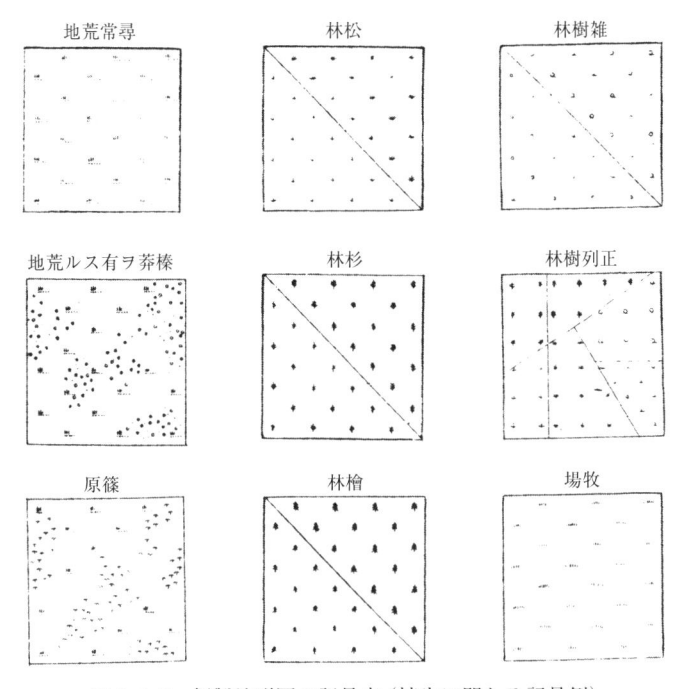

尋常荒地	松林	雑樹林
榛莽ヲ有ルス荒地	杉林	正列樹林
篠原	檜林	牧場

図 2-3-2　仮製地形図の記号表（植生に関わる記号例）

のものであり，京都付近は，主に明治 22 年 (1889) に測図されている．そこで用いられた記号数は 293 (測量・地図百年史編集委員会 1970) にも及ぶ．とくに植生については，森林を松林，杉林，檜林，楢林，椚林，雑樹林に分け，またその樹林の大小や正列か否かも区別されているなど，これまで日本で作られてきた地形図の中では最も細かく分類されている（図 2-3-2）．そのように植生が細かく分類されているのは，当時のいくつかの測量関係文献から考えると，仮製地形図が軍用地図的性格の強いものであったためと考えられる．また，当時の軍用地図において，森林等の植生も少なからず重要なものとして認識されていたことから，仮製地形図が当時の植生を考える上で貴重な資料となる可能性を見ることができる．

　ただ，仮製地形図には比叡山付近などのように，記号表からはどのような

73

第1部　古都の森の歴史

図 2-3-3　仮製地形図の比叡山付近

植生の状態を表しているのかすぐに分からない記号が見られる部分もある（図 2-3-3）．また，記号表では森林が大小に区分されているように見えるが，大（木）の森林（以下「某林〈大〉」とする）はどのようなもので，一方，小（木）の森林（以下「某林〈小〉」とする）とはどのようなものかも明確でない．あるいは，山地には松林の記号がかなり広く見られるところが多いが，その樹木密度や他の樹種の有無など，それがどのような松林だったのかも分からない．また，図上にしばしば見られる「尋常荒地」とは一体どのような状態の所だったのだろうか．また，仮製地形図は，実際にどの程度正確に植生が記載されているのだろうか．仮製地形図から，それが作られた頃の植生景観をより明らかなものとするためには，そのような不明な点を明らかにする必要がある．

3　仮製地形図の植生表現の検討

　いくつかの仮製地形図の植生に関する記号の不明な部分，またその記号の記載の正確さなどについては，当時の文献や写真などをもとにそのことを考えることができる．以下は，そのために参考とした主な文献と写真である．

■『京都府地誌』

仮製地形図の測図よりも何年か溯る明治10年代の中頃，太政官の全国的な地誌編纂事業の一環としてすすめられていた『皇国地誌』の稿本が，府県ごとにまとめられ中央に提出された．それ自体は，関東大震災の際に焼失したが，京都府では『京都府地誌』（京都府）と題されてその一部が今日まで残っている．明治14年（1881）から明治17年（1884）にかけてまとめられた（京都府立総合資料館歴史資料課1985）というその地誌には，京都付近の各郡と各村の山の植生に関しても，簡単ではあるが多くの記載がある．そのため，それらの記述とそれに対応する仮製地形図の各部を比較検討することにより，仮製地形図の植生記載精度や植生表現に関する不明な部分について，ある程度考えることができる．

■『地形測図法式』（陸地測量部1900）
明治33年式図式についての解説書．明治期の地形図記号の概念を考える上で参考になる．

■『測図学教程』（教育総監部1900）
明治後期の測図学のテキスト．これも，明治期の地形図記号の概念を考える上で参考になる．

■大阪大林区署文書

大阪大林区署文書の中には，明治23年（1890）1月28日に，比叡山南方山中の山中村の人々が，比叡山上部の京都府と滋賀県の府県境の西方部分（京都府愛宕郡修学院村大字一乗寺の一部）の官林21町余りの下柴の払い下げを大阪大林区署長に求めた関連の文書などがある．

■『琵琶湖疏水工事写真帖』

明治の仮製地形図が作られたのとほぼ同じ頃，当時の大事業であった琵琶湖疏水の工事が行われていた．明治18年（1885）に着工され，明治23年（1890）4月に完成したその工事の過程や完成間もない頃の様子を撮影した写真が，

第1部　古都の森の歴史

図 2-3-4　琵琶湖疏水第三隧道東口付近（明治 22 年頃・『琵琶湖疏水工事写真帖』より）
琵琶湖疏水第三隧道は明治 20 年 3 月に着工され，明治 22 年 3 月に落成している．写真は，その第三隧道落成間もない頃に撮影されたと見られる．仮製地形図では，その付近の山地には，「松林〈小〉」とともに「土沙崩落山」の記号が見られる．写真では，一部に数 m 程度と見られる単木や小さな木立も確認できるが，山地の大部分に見られる植生はかなり低く，かつまばらであり，全体的には禿山の景観を呈している．

いくらか今日まで残されている．琵琶湖疏水は，数箇所で山を貫き，その他の部分も山裾や山の中腹に水路を築く部分がほとんどであったため，それらの写真には付近の山地部がはっきりと写されているものも多い．京都府立総合資料館所蔵の『琵琶湖疏水工事写真帖』には，そうした琵琶湖疏水工事関係の写真が多く収められている（図 2-3-4）．

なお，はじめにも述べたように，その当時，山地部までも明瞭に写したものはあまり残されていない．しかし，数は少なくても，仮製地形図で測図された山地部をはっきりと見ることのできる同時代の写真があれば，仮製地形図において，ある記号が記された場所が，具体的にどのような状態であったのかを考えることができる．琵琶湖疏水工事関係写真は，そのような目的で使うことのできる貴重な写真である．

4 仮製地形図の植生記号概念

　上記の文献や写真などをもとにした考察から，いくつかの場所における明治期の具体的な植生景観の詳細とともに，仮製地形図の植生記号についての不明部分，また，その植生記載の信頼性などが明らかになってくる．それらをまとめると，次のようになる．

1. 比叡山付近などに見られる仮製地形図の記号表にはない植生記号は，矮小な雑木を中心とした榛莽地（矮生雑木地）であり，その高さはおおよそ5尺（約1.5m）程度までのものであったものと考えられる．
2. 仮製地形図で「尋常荒地」の記号の部分は，人的管理の度合いの低い多様な雑草地であり，そこには矮小な樹木を混生することや裸地の見られることも珍しくなかったものと考えられる．ススキ草原は，その一つの代表的な植生景観であったものと思われる．
3. 仮製地形図で「草地」の記号の部分は，人的管理の度合いの高い，概して均質かつ植生高のかなり低い草地と考えられる．シバ草原は，その一つの典型的な植生景観であったものと思われる．
4. 「松林〈小〉」は，おおよそ3間（約5.4m）または5m程度までのマツを主体とした林であったが，その大部分は1間半（約2.7m）程度以下であった．また，そこには裸地などが見られることも珍しくなく，禿山的な景観を呈していた所もあった．また，そこには他の樹木やススキなどが混生していることも多かったものと考えられる．とくに，その比較的高木の林には，他の樹種が含まれていることが普通であった．
5. 「松林〈大〉」は，おおよそ3間（約5.4m）または5m以上のマツを主体とした林で，そこには他の樹種も含まれていることが普通であった．
6. 松林以外の森林においても，おおよそ3間（約5.4m）または5m以上の森林は「某林〈大〉」とされ，それよりも低いものは「某林〈小〉」とされたものと考えられる．
7. 図中で流土記号が多く記されているところは，たとえそこに「松林

〈小〉」などの記号がある程度記されていても，概して植生が少なく禿山的景観を呈しているところである．
8　仮製地形図の植生の記載は，概して正確なものであるが，山地部の1ha程度以下の森林などは，省略されることが普通であった．

以上のことを踏まえることにより，仮製地形図から，広く明治中期における京都近郊山地などの植生景観をより詳しくとらえることができる．次に，具体的な例を少し示してみたい．

5　仮製地形図に見る明治中期における京都近郊山地の植生景観

仮製地形図における植生記号の概念の考察を踏まえ，仮製地形図から当時の京都府南部の植生図を部分的に作成した（小椋 1992b；2002b）．そのうち，京都市のすぐ周辺では下記の部分がある．

■比叡山から大文字山付近（図 2-3-5）
図 2-3-5 の北東端が比叡山の山頂近く，南西端が大文字山麓の鹿谷町で，その東やや北方約 1km のところに大文字山がある．また図の西側には，北から高野村，修学院村，一乗寺村，白川村，浄土寺町などがある．また，図の中央より少し東方に山中村がある．この図全体の位置は，現在の京都市北東部にあたり，山中村付近など，図の東方の一部は滋賀県に属する．
この区域の植生としては，マツ林〈小〉が図の大部分を占める．山麓や山中の村や町に近いところの山地部では，マツ林〈小〉のところがとくに多いように見える．山麓部の一部には，修学院村の東方や浄土寺村の東方など，5ヶ所にマツ林〈大〉が見られるが，その面積はいずれもさほど大きくはない．それらのマツ林〈大〉は，修学院離宮の裏山や銀閣寺や法然院の裏山などで，修学院離宮裏山の他は，いずれも社寺林および明治初期に上地された旧社寺林である．また，図の北西，高野村東方の山裾にはナラ・クヌギ林〈小〉が一部に見られる．

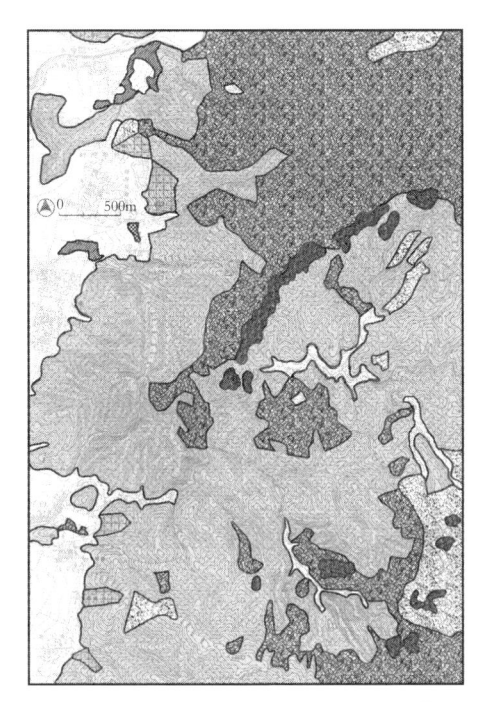

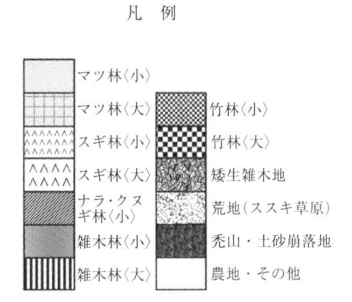

図 2-3-5　明治中期の植生①　比叡山から大文字山付近

凡　例
- マツ林〈小〉
- マツ林〈大〉
- スギ林〈小〉
- スギ林〈大〉
- ナラ・クヌギ林〈小〉
- 雑木林〈小〉
- 雑木林〈大〉
- 竹林〈小〉
- 竹林〈大〉
- 矮生雑木地
- 荒地(ススキ草原)
- 禿山・土砂崩落地
- 農地・その他

　一方，図の北東の比叡山には，村から少し離れたところを中心に矮生雑木地がかなり広範囲に見られる．また，他にも比較的広い面積の矮生雑木地が，山中村の南側や図の南東端付近にも見られる．小面積の矮生雑木地は，他にも10ヶ所近く見られる．

　比叡山の最上部は，ススキ草原の可能性が大きいと思われる荒地となっている．同様な荒地は，図の右下方（南東）に比較的広く見られる．また小面積のものとしては，修学院村の北方，山中村の北東から東部にかけてのところ，鹿ヶ谷の北東に計数カ所見られる．

　また，比叡山中腹の尾根筋の一部（図の中央付近からその北東）には長く禿山の見えるところがある．その近くには，他にも数カ所の小面積の禿山がある．また，小面積の禿山は，図の南東部にも数カ所見ることができる．

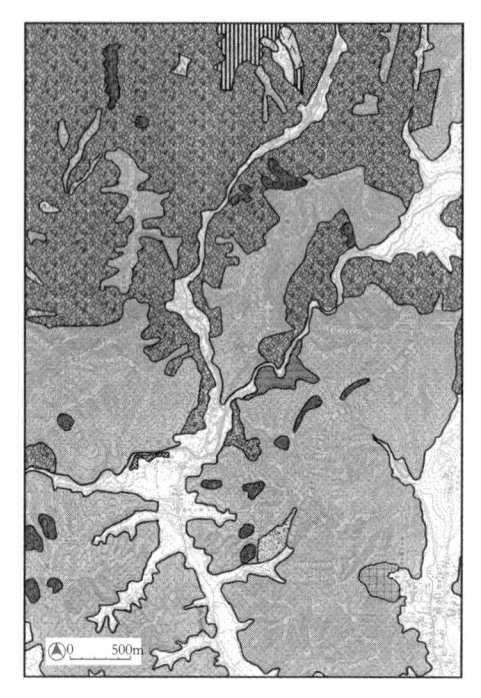

図2-3-6　明治中期の植生②　鞍馬から岩倉西部付近

■鞍馬から岩倉西部付近（図2-3-6）

　図2-3-6の北端に近いところに鞍馬寺，図の南東端のあたりに岩倉村がある．図の中央のあたりを北から南に至る谷部には，北から鞍馬村，二ノ瀬村，野中村，市原村がある．また，図の最南部中央のあたりは幡枝村，図の北東部に農地の広がる部分は静原村の一部である．この図全体の位置は，現在の京都市北部にあたる．

　この区域の植生は，中部から南ではマツ林〈小〉が図の大部分を占める．北部でも山の尾根筋のあたりなどにマツ林〈小〉の見えるところがある．そのうち二ノ瀬村と静原村の間の山地では，マツ林〈小〉の割合が大きく，静原村の北側の山でもその割合の大きいところがある．マツ林〈大〉は，岩倉村の西方に1ヶ所見られるだけであり，その面積はさほど大きなものではな

い．その林は，実相院や大雲寺などの寺社の裏山で，それらの境内林と明治初期に上地された旧社寺林である．

一方，図の北では鞍馬村の周辺などに矮生雑木地がかなり広範囲に見られる．鞍馬村では，村のすぐ近くはすべて矮生雑木地であり，二ノ瀬村，野中村，静原村でも村の近くに矮生雑木地の見られるところが多い．

鞍馬寺の近くでは上記のマツ林〈小〉の他に雑木林〈大〉，スギ林〈大〉，スギ林〈小〉の見られるところがある．スギ林〈大〉とスギ林〈小〉は，他にも数カ所北部の谷部に小面積のものが見られる．

市原村の南東には，ススキ草原の可能性が大きいと思われる荒地が少し見られるところがある．また，比較的小面積の禿山は，図の北部から南部にかけて十数カ所見ることができる．

野中村の北西の山裾には，ナラ・クヌギ林〈小〉の見られるところがある．また，市原村には川沿いに帯状の竹林が見られるところがある．

■宇多野周辺（図2-3-7）

図2-3-7の南西に広沢池があり，その東方に中野村，宇多野村，御室村，花園村，等持院村などがある．御室村の南には双ケ丘がある．図の北西にある池は沢ノ池，図の東方の山中に少し農地の見られるところは原谷である．この図全体の位置は，現在の京都市北西部にあたる．

この区域の山地の植生は，マツ林〈小〉が大部分を占める．マツ林〈小〉ではない植生としては，双ケ丘と宇多野村北東の山麓部に少しマツ林〈大〉が見える．それらは，仁和寺の旧寺領で明治初期に上地されたところである．なお，双ケ丘の植生については，『京都府地誌』では「壱丈弐尺以下ノ杉及ヒ雑木ヲ生ス」と記されており，仮製地形図の植生記載とは一致していない．

一方，図の中部から北部にかけて，数ヘクタールから十数haの矮生雑木地と荒地がそれぞれ4か所に散在している．また，沢ノ池の南方や北方などには，山地の尾根などの一部に禿山の見られるところが10か所余りある．原谷のすぐ北側には10ha近いナラ・クヌギ林〈小〉が見られる．ナラ・クヌギ林〈小〉は，広沢池の南東，宇多野村の北西，等持院村東部にも見られる．それらは平地や山裾のかなり平坦なところにあるもので，面積は2〜3haに

81

第 1 部　古都の森の歴史と現状

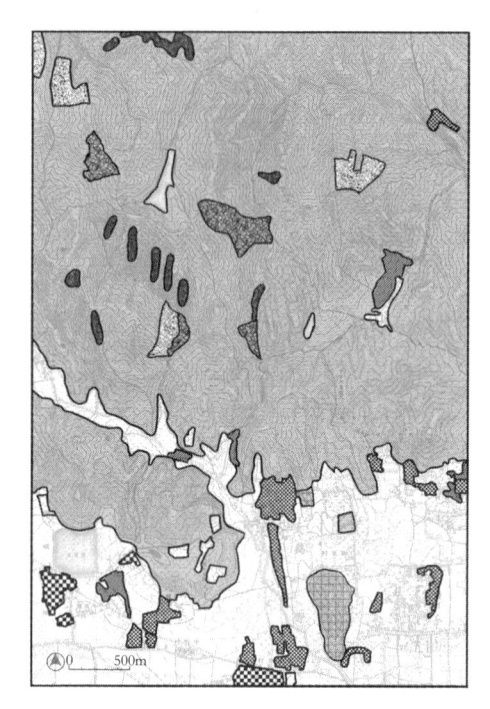

図 2-3-7　明治中期の植生③　宇多野周辺

も満たない小さなものが多い．

　図の南部の平地部には，点々と竹林が見える．その多くは竹林〈小〉であるが，広沢池の南方と東方，常磐谷村の南西には竹林〈大〉が見える．それらの竹林の面積は 10ha 程度までのものである．また，図の北東部の山地にも 3ha ほどの竹林〈小〉がある．なお，広沢池東方の丘陵部や平地部には，茶畑や桑畑が所々に見られる．それらは「農地・その他」に含まれる．

■大原野西部（図 2-3-8）
　この区域では東部に農地・村落が多く見えるところがあり，図の北東端に近いところに沓掛村，その南に大原野村，小塩村などがある．この図全体の位置は，現在の京都市の南西部，洛西ニュータウンの西方にあたる区域である．

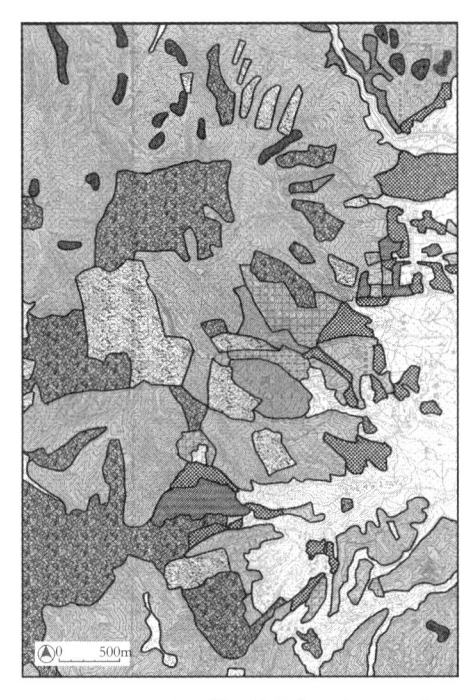

図 2-3-8　明治中期の植生④　大原野西部

　この区域の植生は，他の区域に比べるとやや複雑な植生のパターンが見られるが，この区域でも，最大の割合を占める植生はマツ林〈小〉である．マツ林〈小〉は，図の北から南まで山地・丘陵部の大部分を占めるところが多い．なお，マツ林〈大〉は，里に近いところを中心に計9か所に見られる．その中には1ha余りの小さなものも多いが，大原野村北西には約10haと約30haのマツ林〈大〉もある．また，その南西にもやや広い面積のマツ林〈大〉がある．それらの比較的大きな面積のマツ林〈大〉は，社寺林および明治初期に上地された旧社寺林である．

　マツ林〈小〉に次いで山地で大きな割合を占める植生は，矮生雑木地である．矮生雑木地は里からやや離れたところに多く，とくにまとまった面積のものは大原野村の北西と西方，それぞれ約2km余りのところ，また小塩村西方に2か所見られる．他にススキ草原の可能性が大きいと思われる荒地も

比較的多く，大原野村西方には，かなりまとまった面積の荒地がある．

　大原野村の西方には，やや広い面積の雑木林〈小〉が2か所ある．また，大原野村の南西（小塩村の北西）の山地には，ナラ・クヌギ林〈小〉のやや大面積のものが見られる．ナラ・クヌギ林〈小〉は，沓掛村の北西や南方の山裾などにも見られる．

　図の北部には，山地の上部を中心に小面積の禿山が十数か所見られる．

　一方，図の東部には竹林〈小〉が多く見られる．それらは山裾で農地と森林に挟まれるような形で存在しているものが多く，中には10haを超える比較的大きなものもいくつかある．

6　砂防，火入れ制限，植林 ── 「森の近代化」の途上

　以上，いくつかの区域の例で見たように，明治中期の京都周辺の植生としては，マツ林〈小〉の割合がとくに大きく，山地の大部分を占めるところが多かった．それは，比叡山を含む東山北部や，岩倉から鞍馬付近にかけての区域で分かるように，京都の町に比較的近いところでは，より多い傾向が見られた．一方，比叡山の中腹以上や鞍馬付近などに多く見られる矮生雑木地は，里からやや離れたところに多く見られる傾向があった．

　社寺周辺ではマツ林〈大〉の見られるところが珍しくなかったが，その面積はさほど大きくない場合が多かった．雑木林〈小〉，ナラ・クヌギ林〈小〉は山裾を中心に所々に見られたが，それらも広い面積の林が見られるところは多くなかった．

　また，ススキ草原の可能性が大きいと思われる荒地の見られるところもあり，大原野村西方のように，まとまった面積の荒地の見られるところもあった．比叡山中腹の一部の尾根筋などのように，山地の上部を中心に草木のない禿山が見られる所も所々に見られた．また，京都の西部，大原野付近などのように，山裾や川沿いなどに竹林が多く見られるところもあった．

　このような明治中期の植生景観は，江戸時代の頃の名残をまだ強く残していたものと考えられる．その背景には，江戸時代と同様な人々のくらし，ま

た人間と植生との関わりがある面があった．たとえば，『京都府農業発達史』（京都府農村研究所編 1961）によると，明治期の京都近郊の農村では肥料として市街地からの人糞尿を多く用い，比較的町から遠い地域では油粕や魚肥などが多く施され，柴草の施用は一部に過ぎなかった．

また，薪炭も近隣の山地からの供給だけでは足りず，遠隔地から河川を利用して運ばれるものが多かった．伏見や嵯峨は，そうした薪炭等を京都の町に運ぶ経由地であった．明治17年（1884）の東高瀬川筋の組合加入の薪炭商は二百軒（京都市 1972），嵯峨には安正の頃薪炭商が80軒近くあった（嵐山学区郷土誌研究会 1979）．

一方，京都近郊の植生景観は，明治になりしだいに変化してゆく面も出てきていたものと思われる．『京都府百年の年表 3 農林水産編』（京都府立総合資料館編 1970）などから，たとえば，明治初期以降，砂防事業が強力に推進されたことも，植生景観を大きく変えてゆく背景の一つであったと考えられる．すなわち，明治4年（1871）以降に大々的な砂防事業が展開され，樹木の伐採や採草の制限・禁止などの措置がとられた．明治13年（1880）1月，内務卿伊藤博文が京都府へ出した「淀川流域諸山土砂扞止之爲諸作業取締」に関する文書もそれに関連したものである．

その文書は，淀川流域において樹木伐採，草根堀取り，石材切出し等の諸作業をする予定の者は，その作業予定日より6か月前に伺いを出すことなどを定めたものであり，淀川流域諸山の砂防を目的としたものであった．

また，山野への火入れが制限・禁止されたことも，植生景観を大きく変える要因になったものと考えられる．たとえば，明治7年（1874）3月，内務卿木戸孝允は京都府管内に対し，茅野や秣場などを維持するために枯れ草を冬季から春先にかけて燃やす野焼きが，しばしば官林や私有林の火災につながるため，火入れの際にはそれぞれの村の戸長へ届け出ることを強く求めた通達を出している．その布令にもかかわらず，無届けで火入れをする者があるため，その後繰り返しさまざまな火入れ制限・禁止の布令が出され，その規制は強化されていった．京都近郊山地には，その火入れ制限・禁止の対象となる草地がどの程度あったのか詳しくはわからないが，この明治期の火入れの制限・禁止により，森林が保護される一方，火入れにより維持されていた

草原が急速に消えていくことになったものと思われる.

　また，スギやヒノキなどの植林の推進も植生景観を変える要因であった．第二次世界大戦後の植林の急増についてはよく知られているが，植林の奨励は明治初期よりなされ，山野への火入れ制限・禁止などで支えられながら，明治期を通してしだいに盛んになっていった．

　仮製地形図からわかる明治中期における京都近郊山地の植生景観は，江戸時代の頃の名残をまだ強く残しながらも，そうした変化の途上にあるものでもあったと考えられる．

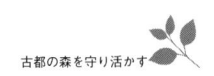

室戸台風被害からの復旧, そして新たな構想へ
── 東山国有林風致計画書(昭和11年)とその後の展開 ──

1 東山国有林風致計画書(昭和11年)

昭和9(1934)年9月21日,関西地方を未曾有の台風が襲った.死者185名を記録した室戸台風である.この台風は,東山国有林にも甚大な被害を及ぼした.特に清水山は一面の樹木が倒れる事態となり(図2-4-1),現在の景色(図2-4-2)からは想像もできない状況になった.こうした事態に対処するため,昭和11年(1936年)に林野庁は「東山国有林風致計画書」という台風被害からの復旧計画をまとめている.その骨子は以下のとおりである.

Ⅰ アカマツ,シイ,カシ類等の混有状態を被害前の程度に維持する
アカマツ林を維持することが大切であり,アカマツ以外の樹種を除去して,アカマツの保護を図る

Ⅱ 遠望を賛美するのみならず,林内も美しいものとする
マツ,スギ,ヒノキ,モミ,カシ,シイの混有した大径木の林を造る

Ⅲ 二段林を造ることも必要である
上層木が災害で倒れてしまっても,下層木があれば森林景観は保たれる

第1部　古都の森の歴史

図 2-4-1　室戸台風直後の清水山　　図 2-4-2　現在の清水山

Ⅳ　風倒害に強い丈夫な林木を育てる
　　間伐をしながら，丈夫でしっかりとした森林を造成する
Ⅴ　社寺林としての森の威厳を保つ
　　自然の姿，自然の雄大さを保つべきであり，工作物は避ける

　興味深いのは，林相別の被害割合が，常緑広葉樹林 (42%)，落葉広葉樹林 (31%)，ヒノキ林 (28%)，アカマツ・ヒノキ林 (23%)，アカマツ林 (11%) の順に高く，結果としてアカマツ林とヒノキ林が台風に強かったためこれらの林を復旧する計画としたことだ．最近では，台風に強いという理由で広葉樹の混植を視野に入れた森林整備をすることが多いのだが，百年に一度の巨大台風を前にしては，針葉樹と広葉樹との差など無いに等しいのかもしれない．
　こうした内容の東山風致計画なのだが，実際には，室戸台風が襲来する2年前の昭和7年 (1932年) に，東山の文化的背景，地形，地質及び気候，生物（植物，鳥類及び動物），林相の推移など，多岐にわたる調査が行われている．実は，東山風致計画は，当初は台風被害からの復旧を目的としたものではなかった．このことを示すものとして，三宅大阪営林局長の巻頭序言がある．抜粋すると，
「東山の大半約6割の林冠は清淡なる赤松にして，山裾，渓間に濃緑なる色彩を持つは椎（シイ），樫（カシ）等の潤葉樹（常緑樹）である．これら林木の調和と配合が東山森林美の本体をなしているのである．これを尊重するに急にして長らく禁伐至上の誤った方途を辿りしがために，大自然の推移に依っ

て次第に森林美は悪化の傾向をなすに至った．これが為に，この植生の変化と林相遷移の情勢を精査し，常に京都の景観に相応しき森林美を保持せしむるの策を樹立する必要を認めて，昭和七年これが改善調査に着手した.」

とあり，要するに，東山を大切にするが余りに伐採を禁止する施策を実施してきたが，それでは京都の景観にふさわしい森林美を保持することができないため，植生変化などの調査を開始したということだ．伐採を禁止することだけが森林保護ではないという考え方は現在の京都でも議論すべき考え方なのだが，今から70年も前にこのような一歩先の考え方があったのだ．このような森林景観という視点で積極的なアプローチを行おうとする調査は，同時期の嵐山風致計画と並んで全国でも最初のものだったと思われる．残念ながら，東山風致計画は，当初の思惑どおりとはならず台風の災害復旧計画になってしまった訳なのだが．

今となっては，どのような積極的な風致計画を作る予定だったのかは分からないが，調査結果は分厚い冊子 (図 2-4-3) にまとめられているので，その一部を紹介したいと思う．

2 林相の変化について

昭和 7 年 (1932 年) の調査開始当時の東山国有林の林相構成は，アカマツを主体とするものだった (図 2-4-4)．アカマツの純林と，アカマツの下にヒノキが生育してきたアカマツ・ヒノキ混交林の合計面積が全体の 71% を占めていた．明治維新当時，社寺有林が国有林に編入されると知って，伐採してしまった跡地がアカマツ林になった場所もあったようだ．アカマツの樹齢は 80 年生未満のものが多く，老大で成熟したアカマツの景色ではなかったようだ (図 2-4-5)．また，当時のアカマツ林には，後継樹が見あたらず，樹勢も衰退しているものが多いという記述がある．アカマツ・ヒノキ林でも，同じように，アカマツが衰弱の兆しがあるとされている (図 2-4-6)．

次に多かったのがヒノキ林 12% だ．このうち約半数が 80 年生を超える老

第1部　古都の森の歴史

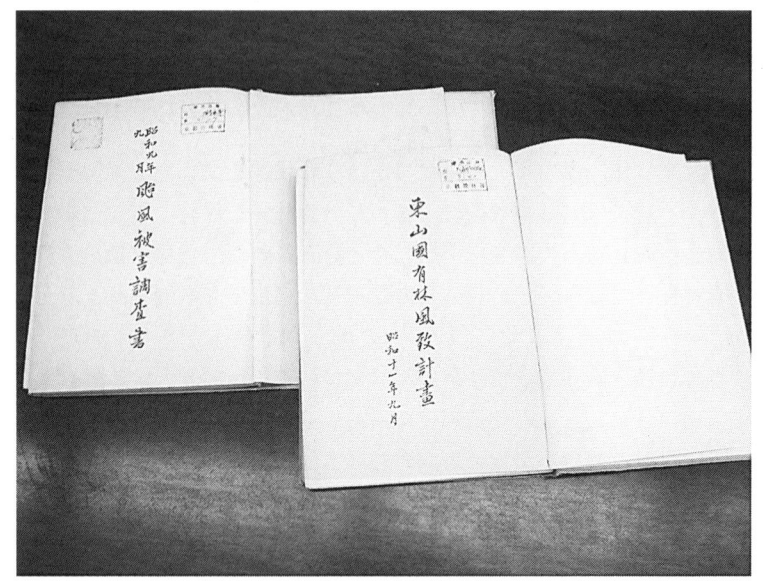

図 2-4-3　東山国有林風致計画書（1936 年）

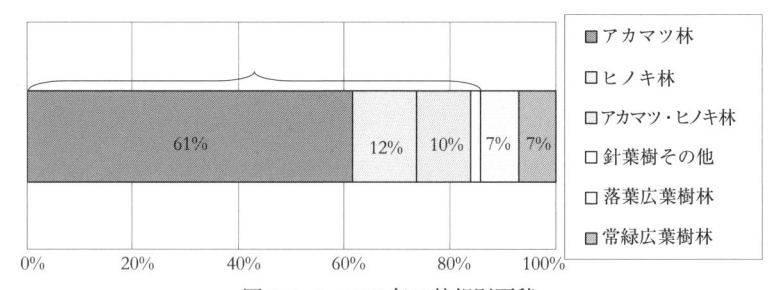

図 2-4-4　1932 年の林相別面積
・針葉樹林　85％　アカマツ林，アカマツ・ヒノキ林　で
・広葉樹林　14％　全体の 71％
・針広混交林　1％　東山は松林ばかりだった

第2章　京都の森の変遷

図 2-4-5　昭和初期の東山国有林のアカマツ林

図 2-4-6　昭和初期の東山国有林のアカ
　　　　　マツ・ヒノキ林

91

第 1 部　古都の森の歴史

図 2-4-7　昭和初期の東山国有林のヒノキ林

齢ヒノキ林であり，中には清水の舞台の正面にあった 350 年生を超えるようなヒノキ林もあったようだ．ヒノキはアカマツと並んで，東山国有林を代表とする樹種だったのだ（図 2-4-7）．ところが，銀閣寺山国有林では，伐倒調査の結果，150 年生を超えるヒノキが 90 年生のコジイに負け（被圧され）はじめているという記述が残っている．

　落葉広葉樹林は 7% だった．山麓から谷間にかけて成立し，コナラ，クヌギ，アベマキ，アカシデ，イヌシデを主に，ヤマザクラ，ケヤキ，タマミズキ，ネムノキが交わるとある（図 2-4-8）．針葉樹の濃緑色に対し，若草色，紅葉と対照の妙を現すとの記述もある．

　残る 7% は，近年京都市内で分布が拡大しているコジイをはじめとする常緑広葉樹林だ．青蓮院，知恩院の裏山と清水寺に目立っていたようであり，「シイノキは鬱蒼たる深林を形成し，初夏には雄花が濃い緑葉の上に黄色に萌え出て，素晴らしい色観を織出する．落葉樹の若葉と針葉樹の濃緑とを結合せると，この頃の東山景観が最上美である」と大絶賛されている．現在はシイノキが分布を拡大し，「まるで山に巨大なカリフラワーが出現したようで日本を代表する景観としてふさわしくない」という意見もあるのだが，10% 未満では森林景観のアクセントとして美しい存在であったようだ（図 2-4-9）．

図 2-4-8　昭和初期の東山国有林の落葉広葉樹林　　図 2-4-9　シイ林内のモミの大木

　このような，マツを中心に，ヒノキ，落葉広葉樹，常緑広葉樹で構成されていた東山国有林だが，今から 70 年前に，どのように変化していくと考えられていたのだろうか．
　林相変化の調査として，樹種別に木の太さごとの本数が調査されている．清水山で標高 200m を超える場所での調査結果では，太さ 30cm 以上の樹種はヒノキとアカマツだが，太さ 10cm 未満の樹種はヒノキが多く，これらは将来成長して太さ 30cm 以上になるとみなされ，将来的にはアカマツが減少してヒノキ林が安定的に成立するだろうと予測されている（図 2-4-10）．一方，清水山で標高 200m 以下の場所での調査結果では，太さ 30cm 以上の樹種は，先程と同じくヒノキが多いのだが，太さ 10cm 未満となると，シイノキや他の常緑広葉樹が多くなっている（図 2-4-11）．このことから，標高 200m 未満では，ヒノキに代わってシイノキなどの常緑樹が増加するだろうと予測されている．これらを総合すると，150 年くらいの時間をかけて，標高 200m を超える場所はヒノキ林に，標高 200m 以下の場所はシイノキ林に

第1部　古都の森の歴史

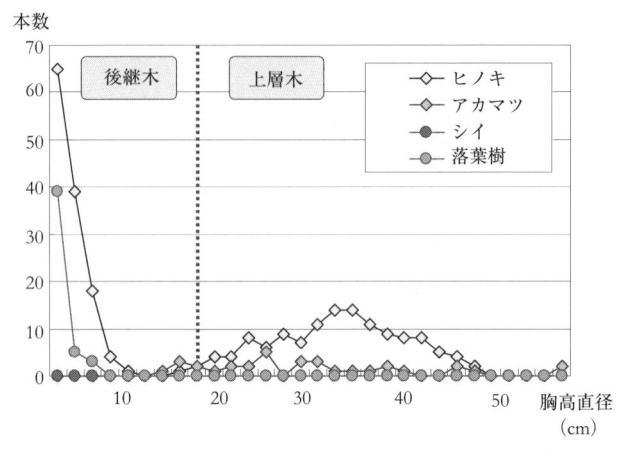

図 2-4-10　清水寺裏での樹種別直径別本数調査（1932年）
　　　　　標高 200m 以上

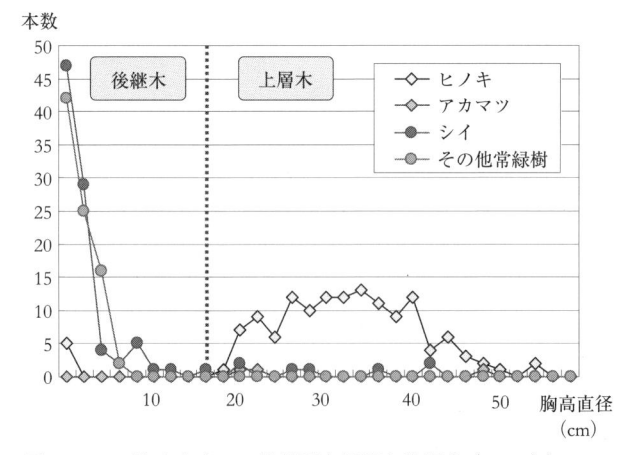

図 2-4-11　清水寺裏での樹種別直径別本数調査（1932年）
　　　　　標高 200m 以下

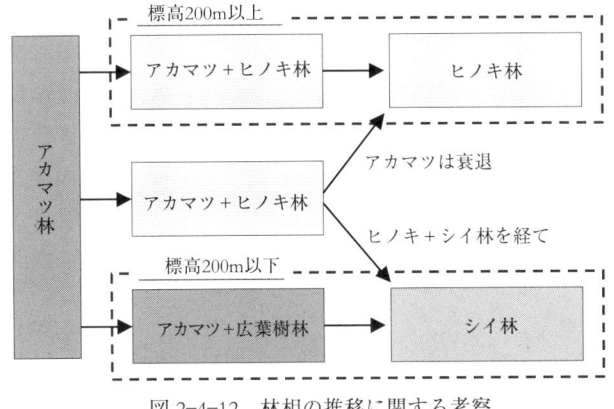

図 2-4-12 　林相の推移に関する考察

なるだろうと予測されていた（図2-4-12）．

　実際に，近年のシイノキの分布拡大に関する調査結果（2007年奥田ほか）と標高とを比べてみると，標高200mを境にシイノキの分布域がきれいに分かれている（図2-4-13）．暖かさの指数と寒さの指数を基準にすると，関西ではシイノキ（コジイ）は標高500mくらいまで生育可能なので，200mというラインは地形や地質と関係しているのかもしれない．とにかく，今から70年前に，東山国有林ではアカマツ林が減少して，シイノキ林が拡大するであろうと結論づけており，その予測は見事に的中したわけであるから，当時の林業技術者の現場を見る目の鋭さに舌を巻くばかりだ．アカマツ林が急激に減少したのは，海外から侵入したマツノザイセンチュウが蔓延したことが影響しているのだろう．しかし，マツ枯れが蔓延していなかった70年前に，アカマツ林が減少することが予測されていたのだ．伐採が行われなくなった林分では，土壌の富栄養化や広葉樹の侵入による被圧などによって，先駆植物であるアカマツが衰退することがこの報告書からも読み取れる．結果として，室戸台風の災害復旧計画書となってしまった東山風致計画書だが，当時の林業技術者はどのような東山の森林景観を思い描いていたのだろうか．おそらくシイノキをある程度活かそうと考えていたはずなのだが，それがどの程度だったのかは定かではない．

第1部　古都の森の歴史

1961年　　　　　1975年　　　　　1987年　　　　　2004年

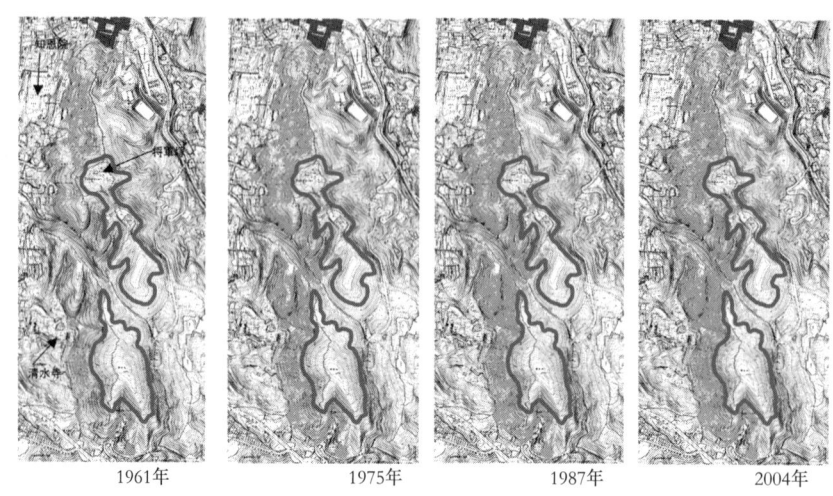

図 2-4-13　1961年，1975年，1987年，2004年におけるシイの分布域
緑色の部分（巻頭カラー参照）がシイの分布域を示している．

4　世界文化遺産貢献の森林

　室戸台風からおよそ75年余りが経過した．この間，東山は緑で覆われ，東山風致計画の台風被害からの復旧という第一の目的は達成されたと考えている．一方，マツ材線虫病によるマツ枯れの蔓延と，シイノキの分布拡大が進み，東山の景観は少し異質なものになってきたという声が上がるようになった．林野庁では，京都市内の社寺が世界文化遺産に登録されたことを契機に，その背景にあたる国有林で風致施業を行うことにした．平成15年（2003年）に，植生調査や専門家や社寺関係者との議論をもとに森林づくりの指針を作成している．例えば，銀閣寺山国有林ではアカマツ再生，南禅寺国有林では威厳性の高い森林の造成を目指した人工林の維持，高台寺山国有林（清水寺，高台寺，青蓮院の背景となる国有林）ではシイノキと色彩豊かな落葉広葉樹が混交する森林をめざし，嵐山国有林ではカエデ，サクラとアカマツが混交する森林を目指すという内容だ．

　指針作成後，それをベースにした森林づくりを実施している．中でも，最

図 2-4-14　銀閣寺山国有林

も力をいれて森林づくりを実施しているのが銀閣寺山国有林だ（図 2-4-14）．アカマツ林は富栄養化した土壌では生育しにくいと考え，アカマツ以外の樹種を伐採し，栄養分に富んだ土壌表層の地掻きも行っている（図 2-4-15）．その結果，アカマツのために伐採した他の樹木が可哀想といった意見が数多く寄せられた．樹木の伐採に良い印象を持たない人が増えているのだ．森林景観を形成するために樹木を伐採するという行為は，これまで禁伐至上主義であった京都市内で波紋を投げかけている．

5 「京都伝統文化の森推進協議会」構想

こうした取組を通じ，筆者自身いくつかの疑問を抱くようになった．いくつか例を挙げると「国（役人）の独善になっていないか？」「京都市民共通の

第 1 部　古都の森の歴史

図 2-4-15　アカマツ林内での地掻き

財産である東山の将来について市民の意見を含めたコンセンサスを得ているのか？」「地域の生態系とマッチした計画なのか？」「東山の価値は森林だけでなくもっと幅広いものではないのか？」「景観のためだけに樹木を伐採して良いのか？」「景観とは人々の生活を反映したものであるべきで，あえて創り出すものなのか？」といったものだ．そこで，さまざまな考えを持つ人が集まって話し合い，さらには行動する，そのような場をつくれないかと考え，京都市に相談をしたところ，立場が異なる人々が参画する協議会というかたちで実現できないだろうかということになった．第 9 章などで詳しく述べるように，この構想をもとに，平成 19 年（2007 年）12 月に京都市と林野庁は「京都伝統文化の森推進協議会」を立ち上げている．

　協議会では，病虫害被害木の位置，森林づくりのための基礎情報など，多くの関係者と情報を共有する必要があることから，京都府立大学と共同してWeb-GIS の構築を試みている（図 2-4-16）．

　この点に関わって，昭和 10 年（1935 年）1 月 30 日に行われた東山風致計画座談会での発言を紹介しよう．現代でいう，京都伝統文化の森推進協議会での発言に相当するものだ．

　　京都大学林学博士：余り禁伐を墨守したと云うことが，今度の被害にも影響があったと思われ，もう少し突き進んで，思い切って何とかしても良い．

　　伯爵：余り急がずにやって欲しい．これまで経済的にやっていた森林管

第 2 章　京都の森の変遷

Web—GISの例

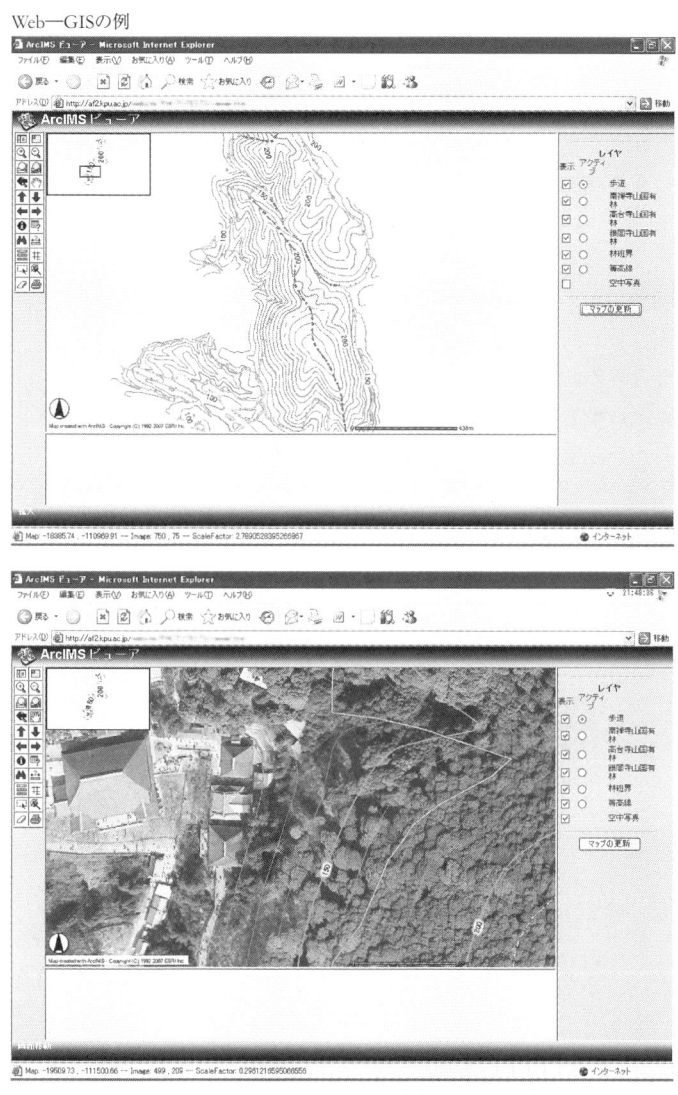

図 2-4-16　Web-GIS による森林情報の共有

理を，芸術的にやらねばならぬので，ご労心の程察しいたします．種子を撒くことも検討して欲しいし，種類の良いものをお願いしたい．海外では小鳥は簡単に捕ってはいけないが，日本では小鳥が乱獲されている．森林は見た目の美ばかりを追求するのではなく，耳で聞く美も考慮して欲しい．日本の森林は静かすぎて，まるで唖の美であります．

林学博士は，禁伐至上主義を改めるように指摘し，伯爵は森林管理を芸術的に実行する中で，見た目だけでなく小鳥のさえずりなどにも注意を払うように要求している．どちらの意見も含蓄のある内容である．このような発言を受けた当時の行政も苦悩したことだろうが，時代が変わっても，京都市周辺の森林に対する市民の期待は大きく，その価値は色あせることはない．新しいかたちでの森づくりが，全国に先駆けて京都で始まろうとしている．

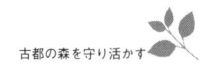

古都の森を守り活かす

Chapter 3

京都の森の災害史

　森林には水源涵養機能や木材生産機能など，我々の生活を豊かにしてくれる様々な機能がある．しかし，一方では，我々では到底制御できないような巨大な力も持っており，それが時々猛威を振るい災害を引き起こす．四大文明はいずれもたびたび氾濫を繰り返す大河のほとりに発祥したと伝え聞くが，人類はそうした猛威を振るう自然と上手くつきあうことによって，逆に，自然を利用してきたという歴史を持つ．京都も山河襟帯の要害の地に造られた都であって，東山，北山，西山の三山により守られてきたが，時には三山を源とする河川の氾濫に悩まされてきた．逆に言えば，それらの災害を乗り越えて千年の都が築かれてきたのである．災害の記録が数多く残っているのも，京都の特徴である．

　本章では，古都の森の歴史を災害の面から捉える．すなわち，土砂災害，風倒木災害，地震災害を取り上げ，京都におけるそれらの歴史を概観する．集中豪雨や台風等により，しばしば土砂災害が発生するが，そうした被害をいかに最小限にくい止められるかが重要な課題になる．治山治水は昔から政治の眼目のひとつであった．実際には，地形や地質などの違いにより，災害が起きやすい場所と起きにくい場所がある．したがって，過去の災害を教訓にして，場所毎に対策に取り組まねばならない．その場合，災害の発生予想確率に基づいて対応していくのが妥当な考え方であろう．

ところが，近年，地球の温暖化にも関係しているのであろうか，集中豪雨はゲリラ的になり，台風も巨大化しており，以前に求めていた確率があてはまらないことも懸念されている．そうしたことも勘案に入れて，古都京都の森の将来を考えてゆかねばならない．

土砂災害も風倒木災害も自然の営みのひとつであって，自然生態系としては必要な側面もある．たとえば，森林内の巨木が倒れたり，河川が氾濫したりすることで，生態系に攪乱が引き起こされ，生態系が更新されていく．また，土砂生産についても，山から海へ砂が運ばれることによって海岸線が維持されたり，沿岸生態系が保たれたりするのである．

このように見てくると，災害も地球が活動していることの現れのひとつであって，ただ規模が大きく制御ができないがゆえに厄介な問題になっているのである．こうしたことを念頭において，京都の森の災害史に目を通していただきたい．

（編者）

京都における土砂災害
—— 歴史と現状 ——

　京都盆地は三方を山地に囲まれており，平安時代中期～江戸時代まで，京都の市街地は盆地北部の扇状地上に位置していた．その一方，盆地西側や盆地中央～南部は，河川の氾濫源が広がる低湿地となっており，大規模な市街地が長い期間にわたり維持されることはなかった．

　京都の市街地は，平安建都以来の長きにわたる歴史の中で，大火や風水害など度重なる災害に見舞われ，応仁・文明の乱など数々の戦乱によって，幾度となく壊滅的な被害を受けてきた．京都及びその周辺では，風水害・土砂災害・飢饉・大火・落雷が数多く発生しており，地震被害も数度発生している．また，地震発生に伴う土砂崩れ（文安6年：1449年）や，地震後の大雨による土砂崩れ（文政13年：1830年）といった複合的な災害も起こっている．

1 降雨と土砂災害

(1) 土砂災害とは

　土砂災害として代表的なものは，毎年のように発生し人命や財産を奪う土石流[*1]，がけ崩れ[*2]，地すべり[*3]等である（図3-1-1，図3-1-2）．

　一方，山地を含む流域や河川を大きく見れば，上流から生産された土砂が

図 3-1-1　平成 15 年 (2003 年) 7 月に水俣市で発生した土石流

図 3-1-2　平成 11 年 (1999 年) 呉市で発生したがけ崩れ

貯水池に流入して貯水容量を減少させてその機能を消失させる貯水池堆砂の問題や過剰な土砂が堆積して河床を上昇させて川の断面を小さくし洪水の流下を妨げることも，土砂災害の範疇に入る．

(2)　土壌雨量指数と土砂災害

近年，大雨が予想されると各地の気象台から「土壌雨量指数」に基づいて土砂災害発生に関する危険性を発表するようになってきた．「土壌雨量指数」

[*1] 土石流とは山腹崩壊や渓床に堆積している土砂が豪雨時に水と一体となって流れ下る現象で，その速度は毎時 20〜40km と非常に速く，大きな破壊力を有している

[*2] がけ崩れとは斜面にしみ込んだ雨水で土の抵抗力を弱め，一気に崩落する現象で土砂災害の中では最も頻繁に発生する．地震でも発生することもある

[*3] 地すべりとは地下水の影響でゆっくりと斜面の一部もしくは全体がその形を保持しながら斜面下方に移動する現象で，勾配が 10 度程度の緩い斜面でも発生する

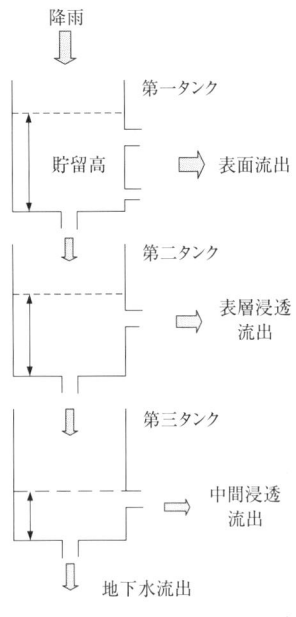

図 3-1-3 土壌雨量指数の概念

とは降った雨が土壌に浸透して，どれだけ土壌に雨水が蓄えられているかを表す指標である．具体的には，「レーダー・アメダス解析雨量」を用いて 5km×5km 格子で 30 分ごとに算出した降雨を用いている．「土壌雨量指数」のイメージは，図 3-1-3 のように三段の底と側面に穴をあけたタンクで雨を受けて，それぞれのタンクに溜まっている水の高さ（貯留高）を足し合わせて，その合計の高さがこれまで記録された高さと比較して算定される．

この考えが有効なのは，これまで降った雨量（総雨量）および雨の降り方（強度）と土砂災害が密接に関連しているからである．

2 斜面侵食と植生

さて，第 2 章で述べたように，古絵図を見ると東山にはハゲ地が多く見ら

れる．京都は平安時代から都が置かれ，社会・経済活動が他の地域より古くから活発であり，人口が集中していた．その経済活動の産物とした神社・仏閣，住居等の建築に木材が多量に使用されて，近傍山地からの樹木の伐採が行われ，さらに，生活に欠かせない燃料として薪炭も多量に採取され，近隣の山には低木も含め樹木が少なくなっていたのである．

このように樹木が無くなると雨などの侵食作用で本来山地を被っていた森林土壌が失われていくことになる．樹木が無くなるとその根系で山の表面の土壌を補強していた効果が失われ，山腹の崩壊が多く発生し，表面侵食が活発に生じていたものと推測できる．さらに侵食や崩壊で表層の土壌が失われると，土壌が持っている雨水の保持能力が低下するとともに，斜面表面の流れの速度が速くなり，同規模の降雨でも洪水の規模を大きくすることになり，また，洪水に含まれる土砂も多く流れ土砂災害の原因ともなる．このような洪水や土砂災害が頻発することで，耕作地に被害を及ぼし，田畑の開墾の進展はみられず，全国的な田畑の面積は8世紀のころと江戸時代でほとんど変わらないとも言われている（全国治水砂防協会1981）．

近年，海岸侵食や河床の低下が社会問題となっているが，このように，過去においては山地流域での土砂生産が恒常的に生じているので，河川や海岸には多くの土砂が供給されていたと推定される．昭和20年代から全国で積極的に人工林の植栽が行われ，今では山地に荒廃地は見られなくなっている．すなわち，植生の成立により土砂生産が非常に少なくなったため，海岸侵食や河床の低下が発生したと考えるのが妥当であろう．京都近傍の田上山で15年間の観測結果では，裸地からの土砂生産は年間 $4500m^3/km^2$ であり，山腹緑化工を施行したエリアでは $14.8m^3/km^2$ と約300倍の差異が認められている（武居1990）．

図3-1-4の昭和45年時にはまだまだ裸地が目立ち恒常的な土砂生産が活発であることが推測される．図3-1-5の平成5年時には山腹工の効果が上がり，一部裸地はあるもの植生が進入し土砂生産が抑えられている．

図 3-1-4　昭和 45 年当時の田上山　　図 3-1-5　平成 5 年時の田上山

3　京都における土砂災害の歴史

　そもそも災害とは，人や社会との関わりで発生するもので，人跡未踏の山奥でどのような大きな土砂の動きがあろうと，人家が無い場所でいくら川が氾濫しようと，それらは「災害」とはならない．一方，記録として残っていない古い時代にも，人の生活に影響を及ぼした自然災害が発生していたことは十分推測される．図 3-1-6 は京都大学構内で発見された，弥生時代前期から中期の間（約 2500 年前）の土砂流によって生じた土砂氾濫痕跡である．この土砂は京都大学の北東を比叡山から流下する「白川」が運んだものと推定できるが，この平坦な場所（少しは傾いているが）まで厚さ 1m の堆積が生じたことから，大規模な土砂が供給されたものと考えられる．
　京都盆地は周辺の山々で土砂が生産され鴨川に流れ込む支流が土砂を運んで扇状地を作ったものであるが，現在の白川や比叡山の状況からは，その様子は想像できない．さらに，この堆積物の主体は花崗岩の風化したマサであるが，途中に有機物の層を挟んでいないことから，植生の進入ができない極短期間で堆積が生じたものと推定できる．これも我々の想像外である（図 3-1-7）．

図 3-1-6　弥生時代の土砂堆積

(1) 奈良時代から江戸時代

桂川は古くからの暴れ川で，多くの洪水災害を起こし，特に 806 年の災害は大きく，そのため，時の朝廷は 806 年に「河畔林の伐採を禁止」の勅を発している．

鎌倉時代には土地の管理は個々の荘園主の管理に移り，中央政府の管理下から離れ，戦国時代へとつながっていく．戦国時代も個々の領主が土地や山林を管理していたが，武田信玄のように治水を国力の増加とからめて，積極的に治水事業を行った領主もいた．武田信玄が構築したと言われる堤防「信玄堤（霞堤）」や流水の勢いを減勢し方向を変化させる「将棋頭」は現在もその機能を発揮しており，治水対策に用いられている（図 3-1-8）．

江戸時代の幕府は重要な舟運路の確保のため，淀川河口の砂州や河川の掘削を積極的に行ったが上流からの土砂が流入してその効果はなかなか上がらなかった．そこで，上流の山地に植栽を行い土砂の生産抑制策として，1660

第3章 京都の森の災害史

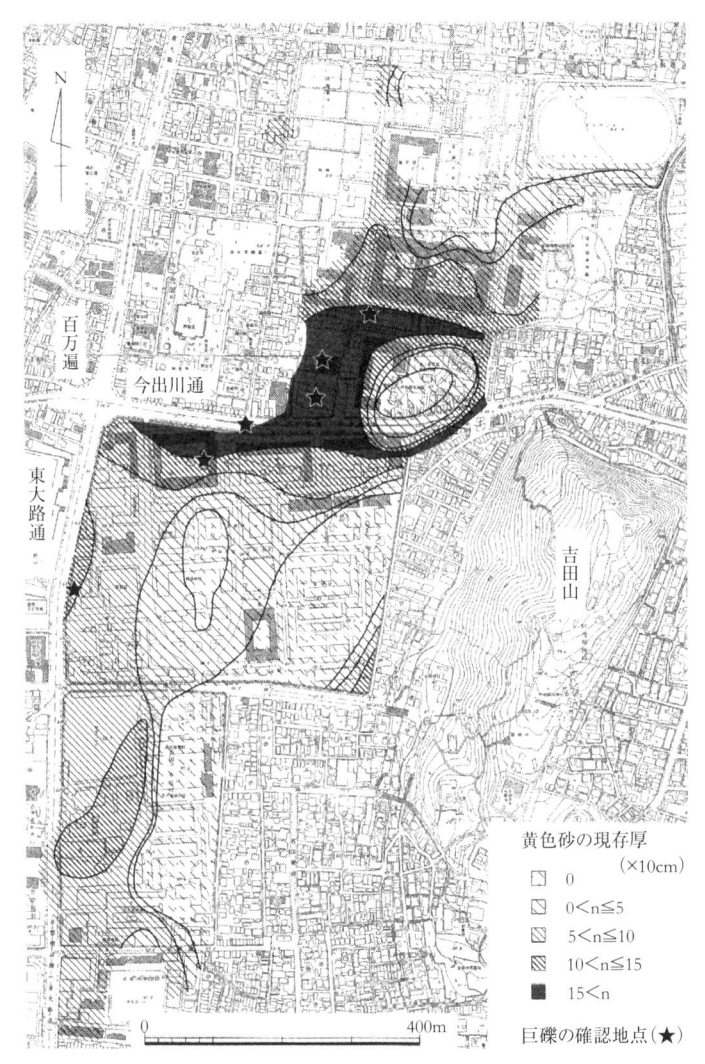

百万遍
今出川通
東大路通
吉田山

黄色砂の現存厚
(×10cm)
- 0
- 0＜n≦5
- 5＜n≦10
- 10＜n≦15
- 15＜n

巨礫の確認地点(★)

0   400m

図 3-1-7　京都大学周辺の土砂氾濫堆積等厚線（「京都大学構内遺跡調査研究年報，2000 年度」，より）

第1部　古都の森の歴史

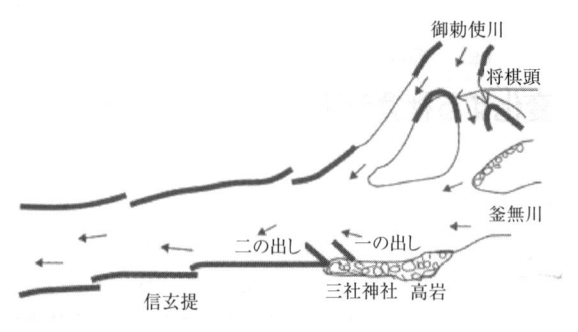

図 3-1-8　信玄堤と将棋頭の概略

年に幕府は山城・大和・伊賀の諸国に対して伐根堀取禁止令を布達し,「諸国山川の令」を発布した.

　京都の市街地は, 平安京建都以来, 市街地を流れる小河川や鴨川の氾濫によって, しばしば家屋への浸水や家屋・橋の流出といった被害を受けてきた. 16世紀末には, 豊臣秀吉による御土居の築造によって, 京都の市街地の東縁では鴨川の洪水対策が強化された. 江戸時代になっても, 鴨川の堤防は洪水によってたびたび破損・決壊しており, その都度, 修理が繰り返されてきた. 寛文9年〜10年 (1669〜1670) に, 鴨川の両岸に鴨川新堤が築かれて以後は, 洪水によって鴨川の堤防が決壊することは殆どなくなり, 京都の市街地が広範囲に浸水するような水害は減少したと考える.

　なお, 鴨川新堤は, 御土居の外側 (東側) に築造され, 洪水対策を目的とした堤防であり, 寛文9年 (1669) 7月に工事が開始され, 翌寛文10年に完成している. この鴨川新堤は, 大宮の渡し〜禁裏御所周辺 (今出川通辺り) までは公儀普請で負担し, 二条〜五条橋の東岸, 荒神口〜五条橋の西岸は町人役普請 (実際は銀納) によって石垣で築かれた. 以下に1600年代の京都における洪水災害の概略を示す.

■慶長十九年八月二十八日 (1614年10月1日) の水害 (『当代記』による)
　大洪水によって, 伏見の京橋では水が町に溢れ, 町中の家では五尺 (約1.5m) も水嵩があった. これは, 宇治川の洪水によって生じた被害と考える.

■寛永十二年八月十三日（1635年9月24日）の水害（『鹿苑日録』による）

大雨が降り，暮れになって鴨川の堤が壊れ，大水が市中に溢れた．鹿苑院の門前から水が溢れて，庭に溢れた水は板敷きの床下に浸水した．庭に溢れ流れた水は一尺（約30cm）溜まり，洪水は路地に溢れて川のようになった．このようなことから，鴨川の堤防決壊によって，鴨川の大水が京都市中に氾濫し，被害の生じた様子が分かる．

■寛永十二年八月十三日～十四日（1635年9月24日～25日）の水害（『資勝卿記』による）

賀茂川（鴨川）の上の堤が切れて，大水が禁裏や多くの公家屋敷に浸入し，六寸（約18cm）の床上浸水になった．京都市中にも賀茂川の大水が流れ込み，烏丸通や室町通を川のように流れた．また，十四日の賀茂川の大水によって，三条大橋の橋脚が3本倒れて橋が傾いたので，三条大橋では人を通行させなかった．建仁寺門前では水が深く，人の往来が困難であった．鴨川の上流の堤防が決壊して，京都市中に氾濫したこの洪水は，十三日の巳刻（午前9～11時頃）以後に風雨が甚だしく，特に巽・艮（南東～北東）の風が強かったことから，台風の通過による大雨・洪水であったと考えられる．

■慶応二年八月七日の（1866年9月15日）の水害（『平田職修日記』による）

平田家の知行地である吉祥院村では，八月七日夜の大風雨によって大洪水となり，建物や道具類が破損した．4～5日後に水は引いたが，田地の稲は全て見えなくなっていた．この吉祥院村での水害は，恐らく，村の西辺部をほぼ南北に流れる天神川（紙屋川）の氾濫によって生じたものであり，七日夜半に大雨・大風が起こっていたことから，台風の通過による大雨・洪水であったと考えられる．

京都および周辺で発生した奈良時代から江戸時代までの主な自然災害を時代に沿って示すと表3-1-1のようになる．図3-1-9は下鴨神社に保存されていたもので，江戸時代（文政12年　1829年）の記録である．この図では比叡山中腹部にあった神社（御蔭神社）の近くの山が大きく崩壊して土石流に襲

表 3-1-1　京都周辺の主な自然災害（明治以前）

災害発生年月日	災害名	備考
貞観 2.9.14 (860.10.6)	近畿諸国大風雨	平安初期，清和天皇の時代であった貞観 2 年 9 月 14 日，近畿地方各地が暴風雨に襲われた．鴨川や桂川などが洪水を起こした．
貞観 10.7.8 (868.8.3)	播磨・山城国地震 （M≧7）	京都では垣屋が崩れる．
貞観 16.8.24 (874.10.12)	京都大風雨	京都が暴風雨に見舞われ，鴨川の洪水によって溺死者多数．この前後から延喜初年（900 年頃）にかけて京都には長雨洪水が頻発．
仁和 3.7.30 (887.8.26)	五畿七道地震［仁和地震］（M=8〜8.5）	京都で民家・官舎の倒壊が多く，多数圧死者が出た．
延喜 17. 夏 (917.-)	京都・畿内各地干ばつ	京都およびその周辺各地は前年 9 月から雨が降らず，干ばつとなって農作物は不作．井戸水も枯れた上に炎天が続いたため，夏における庶民の飢渇甚だしく，京都では神泉苑の池水を汲ませて与えたという．
延喜 18.8.17 (918.9.23)	京都・畿内諸国大風雨	近畿地方が暴風雨に見舞われて京都・奈良など各地で水害が発生，淀川が氾濫して大洪水が起こり，溺死者多数が出た．
天慶 1.4.15 (938.5.22)	京都・紀伊国地震 （M=7）	近畿中部に地震があり，宮中の内膳司が崩れたほか，舎屋・堂塔・築垣・仏像多数が倒れ，死者 4．高野山の諸伽藍破壊．余震が多く 11 月末まで起こり，8 月 6 日には強震あり．
応和 2.8.30 (962.10.1)	畿内諸国大風雨	この年 5 月には鴨川の大洪水があり，伊勢神宮など諸社に止雨祈願の奉幣を行った．
貞元 1.6.18 (976.7.22)	山城・近江国地震 （M≧6.5）	山城・近江国に地震があり，京都の寺院・人家多数が倒壊，死者 50 以上が出る．
永祚 1.8.13 (989.9.15)	京都・畿内大風雨 ［永祚の風］	京都をはじめ畿内諸国が暴風雨に見舞われる．台風襲来によるものとみられ，京都では洛中の建物の倒潰激しく，圧死者が続出．皇居も被災し，鴨川は洪水を起こす．
長和 4.7.- (1015.8.-)	京都大雨・洪水	京都に大雨が降り，紙屋川・堀川などが氾濫．また，この年春から秋にかけては各地に疫病が流行して死者多数が出る．
治安 1.- (1021.-)	京都ほか干ばつ・飢饉	京都・奈良・常盤その他全国に長雨・暴風雨があり，翌治安元年夏は京都ほか各地が干ばつとなって飢饉が発生．
長元 1.9.3 (1028.9.28)	京都・畿内大風雨	近畿地方が暴風雨に襲われ，京都では洛中の家屋多数が倒壊するとともに，洪水により富小路以東が水没し，人畜の被害が大きかった．
長元 7.8.- (1034.9.-)	京都・畿内大風雨	京都・畿内が暴風雨に見舞われ，大風・洪水のため内裏の殿舎・社寺，家屋多数が倒壊するとともに，京都から淀・山崎までも洪水になった．
永長 1.11.24 (1096.12.17)	畿内・東海道地震 （M=8〜8.5）［永長地震］	近畿から東海地方にかけて大きな地震が起こり，京都の大極殿が破損した．余震多数．

元永 1.6.- (1118.7.-)	京都長雨・洪水・飢饉		京都に長雨が降り，洪水となる．このため飢饉が発生して餓死者多数が出たため8月9日には二条河原で飢民に米を支給する．
治承 4.～養和 1 (1180.～1181.)	京都・西国干ばつ，飢饉		治承4年4月京都に風雨・落雷・降雹があった後，夏は京都・西国で雨がほとんど降らず，大干ばつとなり，秋には西国に大風雨による洪水が起きるなど京都以西に災害が多発して，この地方が凶作飢饉となる．翌養和元年の夏も猛暑・炎天が連続して干ばつとなりそれに各地の兵乱が加わって諸国に飢饉が発生．翌2年にかけて京都では餓死者が4万2000余にのぼった．
文治 1.7.9 (1185.8.13)	山城・近江国地震 (M=7.4)		山城・近江および大和の3国にわたる大地震が発生，京都，特に白河あたりの被害が最大で，法勝寺の阿弥陀堂・金堂東西回廊その他社寺・民家の倒壊破損が多く，死者多数．宇治橋が落ちた．
安貞 2.7.20 (1228.8.28)	京都大風雨・洪水		京都が暴風雨に襲われ，鴨川などの洪水により家屋流出・溺死者多数．
正嘉 2.～文応 1 (1258～1260)	諸国飢饉 ［正嘉・正元の飢饉］		寛喜2年は天候不順で冷夏となり，8月には暴風雨があって大凶作になったため，秋から翌3年春にかけて京都や関東をはじめ諸国で深刻な飢饉が現出した．
文保 1.1.5 (1317.2.24)	京都地方地震 (M=6.5～7)		京都に強い地震があり，白河辺の人家がことごとく潰れて死者5人，法勝寺・法成寺の堂宇門楼が傾き倒れ，清水寺では出火により坊と鐘楼が焼けたと記録される．
正平 11.8.14 (1356.9.9)	近畿地方大風雨		近畿地方に長雨が降り，さらに8月14日には大風雨に見舞われて鴨川・宇治川が洪水を起こし，宇治橋が流出した．翌12年夏は干ばつとなり3年にわたり飢饉が続く．
正平 16.6.24 (1361.8.3)	畿内・土佐・阿波国地震 (M=8.3～8.5)		近畿地方中南部から四国地方にかけて大地震があり，山城東寺等が倒壊・破損または，傾斜した．
文安 5.7. (1448.8.)	京都・奈良長雨洪水		京都・奈良地方は梅雨の長雨が続き，諸河川が洪水を起こして，京都の五条大橋が流出した．
宝徳 1.4.12 (1449.5.13)	山城・大和国地震 (M=5.8～6.5)		近畿中部の山城・大和地方を中心とした地震が起きて仙洞御所傾き，嵯峨清涼寺の釈迦仏が転倒するなど洛中の堂塔に大きな被害が出る．西山・東山では所々に地裂けあり，淀大橋・桂橋が落下して人馬の死多数．
寛正 1.～2. (1460～1461)	京都ほか近畿諸国等飢饉 ［寛正の大飢饉］		1459年9月には大和・山城国が暴風雨に見舞われ，また翌寛正元年の6月には近畿地方などに大雨が降って各地に洪水が起こった．次の2年春には近畿諸国に飢饉が拡大．京都では死者が数万人にのぼり，疫病も流行して鴨川は死体で埋まった．
永正 17.3.7 (1520.4.4)	紀伊・京都地震 (M=7～7.8)		紀伊半島南部に地震があり，京都で禁中の築地の一部が破損するなどの小被害が出る．
天文 13.7.9 (1544.8.7)	近畿・東海諸国大風雨		近畿各地から美濃・尾張・三河などの諸国が暴風雨に襲われ，京都で死者多数が出た．

第1部　古都の森の歴史

年月日	事象	内容
天正 13.11.29 （1586.1.18）	畿内・東海・東山・北陸諸道地震（M=7.8）	京都では東寺の講堂などが破損し，三十三間堂の仏像600以上が倒れた．
慶長 1. 閏 7.13 （1596.9.5）	畿内地震［伏見地震］ （M=7.5）	大分地震の翌日閏7月13日，近畿中部で大地震があり，京都南部で被害大きく，豊臣秀吉の居城である伏見城天守閣が大破し，石垣が崩れて500人余が圧死．京都では民家・寺院の倒壊多く，死傷者多数．
慶長 17.5.23 （1612.6.22）	京畿・尾張・伊勢風雨，洪水	各地が風雨に見舞われて洪水発生．
慶長 17.10.25 （1614.11.26）	畿内・北陸地震	畿内諸国で揺れが強く，京都で家屋・社寺などが倒れて，死傷者370余という．
寛永 12.8.13 （1635.9.24）	京都大風雨	京都が大風雨に襲われ，鴨川・木津川が氾濫して，三条橋の柱が倒れ，淀大橋が流出するなどの被害．
万治 1.8.3 （1658.8.31）	近畿諸国大洪水	近畿諸国に大雨が降り，京都では鴨川の堤が決壊，淀・伏見も洪水．
寛文 2.5.1 （1662.6.16）	近畿・東海地方地震 （M=7.3～7.6）	近畿・東海から信濃の広範囲にわたる地震で，京都で死者200余，家屋の倒壊1000．六地蔵・鞍馬で山崩れあり．大規模な内陸地震で，比良断層系または花折断層の活動とみられる．
延宝 2.- （1674.-）	諸国大雨・洪水	6月の畿内大雨では鴨川・木津川・淀川が洪水を起こして枚方から大阪・堺にかけての一帯が泥海となった．
延宝 6.8.4～6 （1678.9.19～21）	九州・四国・近畿大風雨	京都・大阪で諸河川洪水．
宝暦 6.9.16 （1756.10.9）	畿内・東海道大風雨	近畿から東海地方にわたる各地が暴風雨に襲われ，淀川筋の大洪水により宇治橋が流出．
安永 3.6.23 （1774.7.31）	京坂地方大雨	中国地方から近畿・関東地方にかけての各地が暴風雨に見舞われ，京都の被害が大きかった．
安永 7.7.2 （1778.7.25）	畿内大雨・洪水	畿内に雷を伴った豪雨が降り，京都で河川の氾濫・洪水が起きた．
文政 13.7.2 （1830.8.19）	京都・畿内地震 （M=6.5）	畿内で地震があり，京都とその周辺で被害が大きく，二条城の本丸や御所に被害．土蔵の被害は多かったが，民家の倒壊は少数に止まる．京都の死者280．大津や丹波亀山で家屋倒壊・死者あり．余震が多く，翌年1月までに630回以上にのぼる．震源は丹波国南部．
嘉永 1.6.5 （1848.1.5）	京都大雨・洪水	山城国に大雨が降り，鴨川・宇治川が氾濫，醍醐などで山崩れが起きる．この後8月12日には京都で大風雨に見舞われて淀川の氾濫その他，各地に洪水発生．
慶応 2.8.6～8 （1866.9.14～16）	四国・近畿・東海・関東地方大風雨	四国以東の各地方が暴風雨に見舞われ，広範囲で大きな水害が発生．畿内の山城で被害が特に著しく，京都で支障100以上．

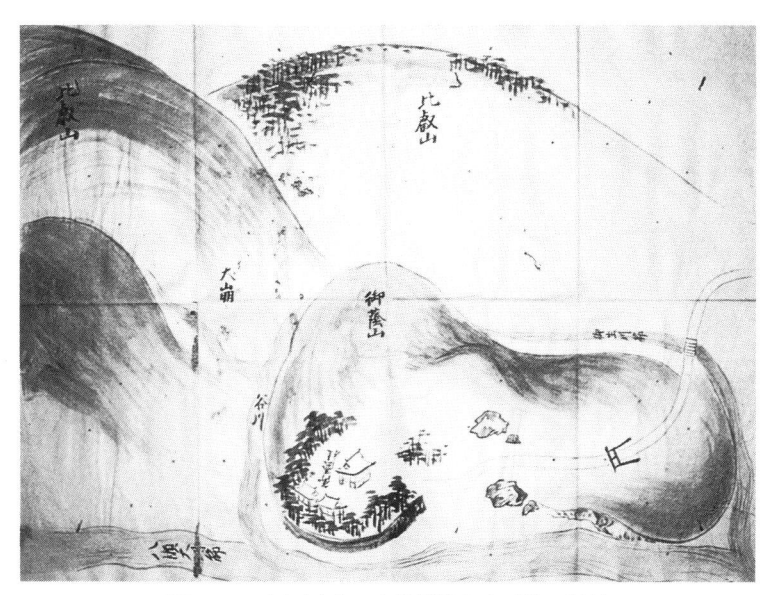

図 3-1-9　江戸時代の山腹崩壊と土石流の記録
（出典：京都の砂防と災害，京都府）

われた様子が描かれている．

(2) 明治時代から現代まで

　明治以降の自然災害を列挙すれば表 3-1-2 のようになる．

　明治政府はヨーロッパから河川や砂防の技術者を招聘し全国各地の河川改修や砂防事業の指導を行わせた．その中の一人として明治 6 年に来日して長く滞在して砂防・治山技術の指導を行ったオランダ人技師，ヨハネス・デ・レーケの功績は大きいものがある．デ・レーケは淀川とその河口の改修を手がけていた．当時，淀川は物流の主体である舟運の中心であったが，河床の上昇が舟運の妨げになることから浚渫を多々行うことを余儀なくされていた．デ・レーケは河床の上昇は上流山地の荒廃・裸地からの土砂侵食にあると考え，淀川や木津川の上流域で山腹工や土砂留め工を計画した．これが近代の砂防の始まりと言われている．

表 3-1-2 京都周辺の主な自然災害（明治から昭和 20 年）

年月日	災害名	被害状況
明治 1.5.9 ～ 30 （1868.6.28）	近畿・東海・中部 地方水害	岩手・新潟・山梨・長野・岐阜・愛知・京都・大阪・兵庫などの各地方に大雨による水害が生じた．
明治 10.7.10 （1877）	京都・岐阜地方 水害	梅雨末期の豪雨により京都および岐阜地方で水害発生，特に京都では 30 年来の洪水とされるが，被害の状況は不詳．
明治 17.9.15 （1884）	宮城・関東・ 中部・近畿水害	台風により静岡，京都で被害激甚．京都で死者 1992 名
明治 29.9.6 ～ 12 （1896）	北海道を除く全国 で水害	台風により栃木・群馬・東京・福井・山梨・岐阜・愛知・三重・滋賀・京都・和歌山・徳島・宮崎で被害甚大，京都で死者 336 名
明治 40.8.24 ～ 28 （1907）	関東・甲信越・東 北南部・近畿地方 風水害	台風と前線活動により 8 月 24 日からほぼ全国的に豪雨が降り，各地に水害が発生．京都府では死者 81，全壊家屋 85．
大正 13.6. ～ 8. （1924）	北陸・関東北部・ 近畿・中国・四国 地方干害	6 月から 8 月にかけての間ほぼ全国的に雨量少なく干ばつとなり，農作物に被害．京都では，平年比 6 月が － 140mm，7 月が － 165mm，8 月が － 52mm．
昭和 2.3.7 （1927）	京都府北西部地震 （M ＝ 7.3）［北丹後 地震］	18 時 27 分，京都府北西部奥丹後半島付近を震源とする強い地震が発生し，近畿地方一円から北陸・中国・四国各地方の一部の広い範囲で大きな被害あり．特に奥丹後半島部の震害が大きく，峰山・網野両町では地震後火災が発生して被害を拡大．京都で死者 2,992 名
昭和 9.1. ～ 2. （1934）	北陸・山陰地方 雪害	1 月から 2 月にわたり新潟県から北陸・山陰にかけての各地が豪雪に見舞われ，京都府丹波地方は十数年来の積雪となる．京都府宮津 91cm．
昭和 9.9.20 ～ 22 （1934）	本州・四国・九州 に被害	室戸台風で死者・行方不明者 3,066 名，建物被害 49 万 3,480 棟．京都では死者・行方不明者 238 名
昭和 10.6.27 ～ 30 （1935）	西日本・近畿・ 中部地方水害	6 月下旬，梅雨前線の活動で西日本から中部地方にかけて大雨が降り，特に 27 日から 30 日にかけては雨足が強まり，京都市で 364mm の記録的豪雨となって各地の河川の氾濫が続いた．鴨川ほか市内を流れる河川が氾濫して市の 27％，43.7 平方キロメートルが浸水，三条大橋など多数の橋が流出または破損．京都で死者 30 名

図 3-1-10　不動川の鎧積みえん堤
（デ・レーケえん堤）

図 3-1-11　デ・レーケの胸像
（不動川の砂防公園）

　図 3-1-10 は，デ・レーケが設計した木津川水系不動川に作られた「鎧積みえん堤」とよばれるもので，百年以上も経てその機能を維持している．不動川にはさらに同時期に作られた多数の石積みえん堤が存在している．

■昭和 10 年 6 月の鴨川の災害

　昭和 10 (1935) 年 6 月 29 日，豪雨で京都市内の河川が氾濫した．特に 27 日から 30 日にかけては雨足が強まり，京都市で 364mm の記録的豪雨となって各地の河川の氾濫が続いた．鴨川ほか市内を流れる河川が氾濫して市の 27%，43.7 平方キロメートルが浸水，三条大橋など多数の橋が流出または破損し，北大路橋・賀茂大橋・七条大橋のみがのこり，41 橋中 32 橋が流出した（図 3-1-12，図 3-1-13）．この災害は京都で死者 83 余名，家屋被害 43,289 戸を生じさせる大惨事になった．この橋の流出の原因は上流域で発生した崩壊や土石流によって生じた流木が橋に引っ掛かったためである．このように京都市北部でも土砂災害が頻発したため，この災害を契機に鴨川改修計画が立案され，その後の事業により現在の鴨川の姿ができあがり，災害が軽減された．鴨川の流路工の上流端には「柊野砂防えん堤」が構築され，今ではえん堤の堆砂域は公園として整備され，夏には子供達が水遊びをする姿が見られる（図 3-1-14，図 3-1-15）．

表 3-1-3　京都周辺の主な自然災害（昭和 20 年以降）

日付	被害地域	概要
昭和 20.10.10 〜 13 (1945)	九州・四国本州全域に被害	阿久根台風により全国で死者・行方不明者 877 名，京都では 12 名の死者
昭和 24.7.29 (1949)	京都府桂川・由良川で被害	ヘスター台風により洪水，京都で死者 11 名
昭和 25.9.3 〜 4 (1950)	四国・近畿・中部・東北・北海道に被害	ジェーン台風で全国的な被害，死者・行方不明者 509 名，京都で 11 名
昭和 26.7.5 〜 17 (1951)	関東以西各地方水害	5 日頃から 17 日までの間，関東地方以西に梅雨前線の活動による豪雨が降り，各地で水害が発生して死者・行方不明 306，負傷者 358，家屋損壊 1585，同浸水 10 万 3298，耕地被害 13 万 9821ha に及ぶ．特に 11・12 両日の京阪神地方の豪雨による亀岡町（現，亀岡町）の浸水や嵐山の山崩れなど京都府の被害が大きく，鴨川流域で 8 つの橋が流出．死者・行方不明者 336 名
昭和 28.8.14 〜 15 (1953)	東近畿地方水害［山城水害］	寒冷前線の影響で 14 日夜から 15 日未明にかけ，紀伊半島から近畿地方東部にかけての和歌山・三重・奈良・京都・滋賀の各府県一帯に局地的な豪雨が降り，京都府南部で特に雨量が多く，井手町で農業用溜池の大正池が決壊して家屋 700 戸余りが流出は倒壊し，住民 50 人が死亡，木津川の氾濫により大河原村（現，笠置町内）が水没．京都全域で死者行方不明者 117 名
昭和 34.8.12 〜 15 (1959)	関東・東海・近畿地方水害	南海上に停滞していた前線が台風 7 号の接近で刺激され，8 月 12 日から 13 日にかけて関東・東海・近畿各地方に豪雨を降らせ，河川の氾濫や山崩れなどが発生．続いて 14 日朝，台風 7 号が駿河湾から上陸して甲信越地方を縦断，この影響で近畿〜東北各地方が暴風に見舞われて，死者・行方不明 235，負傷者 1528，家屋倒壊 7 万 6199，同浸水 14 万 8607，耕地被害 7 万 4169ha，船舶損失 257 にのぼる．京都府亀岡市とその周辺で死者行方不明者 14 名，家屋浸水多数．

第 3 章　京都の森の災害史

昭和 35.8.28 〜 30 (1960)	中部地方以西風水害	29 日 14 時頃，台風 16 号が高知市西方に上陸し，岡山県・鳥取県を経て日本海へ抜けため，中部地方以西が暴風雨に見舞われ，特に京阪神地方で局所的な大雨が降って，亀岡市とその周辺で家屋の全半壊・流出・浸水が多数にのぼる．
昭和 36.6.24 〜 7.4 (1961)	九州から東福地方に至る各地に被害	梅雨前線による被害が各地で発生．死者行方不明者 354 名，京都では 7 名
昭和 40.7.9 〜 14 (1965)	京都府全域	台風 23 号で府内で死者 4 名
昭和 47.9.16 (1972)	京都府音羽川	台風 20 号で京都市内の音羽川で死者 1 名
昭和 51.9.8,9 (1976)	京都府全域	梅雨前線で死者 1 名
昭和 58.9.26 〜 29 (1976)	京都府三和町	台風 10 号で死者 1 名
昭和 61.7.20 〜 21	京都府全域	梅雨前線で死者 1 名
平成 7.1.17 (1995)	近畿地方地震	1 月 17 日 5 時 46 分，兵庫県淡路島北部を震源とする大規模な地震が発生して神戸・洲本で震度 6，京都・彦根などで震度 5 を観測した．
平成 16.10.20 (2004)	京都府宮津市	台風 23 号の被害は京都府・兵庫県・岡山県・香川県の 1 府 3 県に集中し，比較的降雨が少ない地域に大雨をもたらした．京都府宮津市滝馬で土石流が発生し，死者 1 名の被害が発生した．洪水被害では 14 名の死者を発生させている．

■昭和 28 年 8 月の災害（南山城災害）

　南山城地域は南と西は木津川により，東は滋賀県境で北は艮山（うしとら）（標高 433.8m），鷲峰山（標高 685.0m），穀池峠（標高 473.0m）で区切られる地域である．地質は領家帯に属し，秩父古生層の中に花崗岩が貫入して変成作用を起こしている．そのため，花崗岩の風化が著しく，土砂生産が多く木津川に流入する河川を天上川化させている．

　災害を発生させた原因は，8 月 14 日 8 時より 15 日 9 時の間オホーツク海にある低気圧から南西に延びる寒冷前線が近畿地方に停滞して短時間に豪雨をもたらしたものである．また，その範囲は狭く時間も集中した豪雨であっ

第1部　古都の森の歴史

図 3-1-12　三条大橋の流出

図 3-1-13　京阪国道上鳥羽付近の洪水氾濫

図 3-1-14　柊野えん堤（高さ 7.0m，長さ 90.0m）

図 3-1-15　現在の鴨川流路工

た．この豪雨は，大川原町役場で 12 時間に 560.0mm を記録し，少し離れた田辺土木工営所でも午前 1 時から 2 時までの 1 時間に 54mm を記録している（図 3-1-16）．

被害は井手町で大正池の決壊，和束町では洪水被害，南山城村では主に土石流被害，山城町では木津川に流入する天神川の決壊で死者・行方不明者 336 名，重傷者 1366 名，全壊・流出家屋 752 戸，半壊家屋 554 戸と甚大なものであった．

図 3-1-17 は当時の山腹崩壊状況を示すもので，流域の至る所で山が崩れていることが見られる．この崩壊土砂が土石流となって沢沿いを流下して民家を破壊し，道路を寸断した．

図 3-1-18 は土石流（土砂流）と流木が民家を襲い軒下まで土砂が堆積している状況で，このような土砂の流れが各所で発生した．

第 3 章　京都の森の災害史

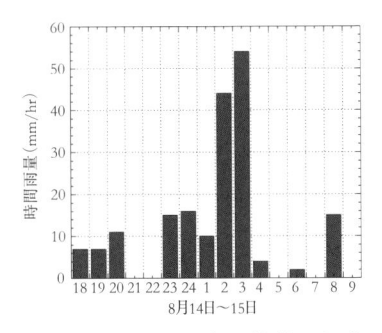

図 3-1-16　田辺土木工営所における時間雨量分布

図 3-1-17　南山城災害時の山腹崩壊状況

図 3-1-18　南山城災害の被災家屋

■平成18年間人(たいざ)の地すべり災害

　2006年7月の豪雨は日本各地で土砂災害が多発し，死者は8府県20で人を記録した．このうち，京都府京丹後市丹後町間人地区では住宅街の裏山において地すべりが発生し2人の命が奪われた．間人地区における災害発生時の気象庁間人地域気象観測所の雨量データを図3-1-19に示す．この観測所

121

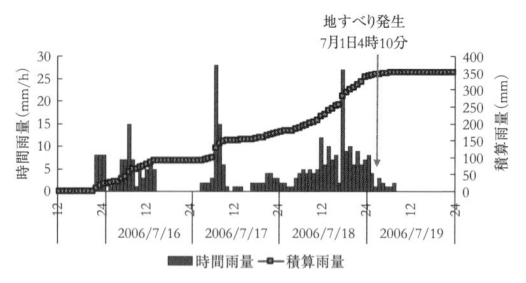

図 3-1-19　間人地域気象観測所の雨量の時間分布

図 3-1-20　地すべりの被害状況

は地すべりが発生した公園墓地内に設置されている．図 3-1-19 より雨が降り始めた 7 月 15 日から 19 日までの総雨量は 351mm が観測されているが，最大 1 時間雨量は 7 月 17 日 7 時の 28mm/h であり，豪雨と呼ぶにしては比較的弱い雨が長く続いた傾向がうかがえる．

地すべりは幅 30m，長さ 100m に渡って移動していた（図 3-1-20）．崩壊深は 3〜5m であることから，崩壊土砂量は約 10000m^3 であると推定される．

図 3-1-21　滑落崖の様子

形状は地すべりの典型的なものであり，全体として馬蹄形を呈し地すべりの頭部には明瞭な滑落崖が形成されている（図 3-1-21）．

　公園墓地造成前の裏山を，当時撮影された航空写真を用いて実体視を行ったところ，図 3-1-22 のようにいくつかの地すべり地形が当時から存在していたことが確認された．地すべりの兆候を示す土塊の挙動は長年続いていた．また，平成 16 年台風 23 号時には僅かではあるが斜面が崩壊していた．

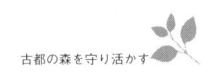

第 1 部　古都の森の歴史

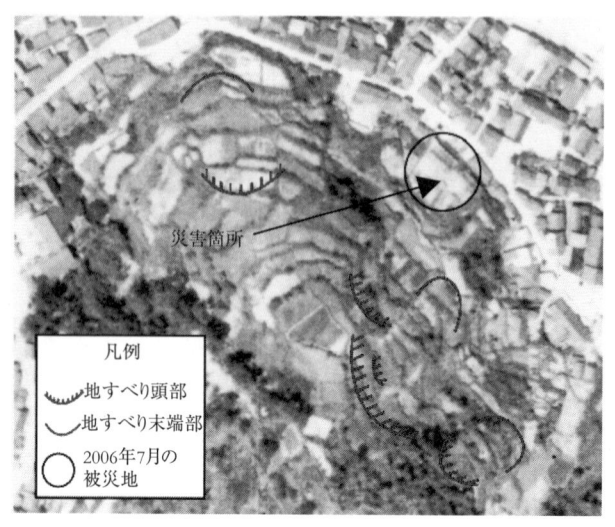

図 3-1-22　墓地造成以前の航空写真判読
（1964 年 5 月 15 日撮影）

京都における風倒木災害

　近年，人件費の上昇や安価な外国木材の輸入より，国内産の木材の需要が少なくなり，林業従事者が減少し，これに加え，林業従事者の高齢化により，除伐・間伐等の森林管理が行き届かなくなってきている．その結果，植林地の密植状態が続き，樹冠の成長がさまたげられ，樹幹が細い，いわゆる「モヤシ状」になっているものを多く見かける．さらに，個々の樹木根茎の発達が阻害され，根茎による表層土の補強力や樹木自体の支持力が小さくなってきている．この発育阻害や補強力等の低下は，樹木の強風に対する抵抗力の低下にもつながり，風倒被害を多く発生させる原因となっている．

　風倒木の発生は，山地に対して森林の喪失と等価，つまり荒廃地が出現したことと同様な影響を与え，次世代の成林が発現するまで表層崩壊発生の高いポテンシャルを有することになる．つまり，風倒木の発生により，山腹斜面の表層土は大きく擾乱を受け，さらに，枯死木の根茎の腐食で山地表層土自体の崩壊に対する抵抗力が低下していると推定される．このような状況下では，これまで，山腹崩壊が発生しないような少ない降雨量で，山腹崩壊・土石流の発生が生じる可能性が危惧されている．

1 風害

(1) 暴風害

　暴風被害は，地上 10m の風速が 20m/ 秒になると耐風性の低い森林に被害が起こり始め，風速 30m/ 秒を超えると耐風性の高い森林にも被害が発生する．風で生じる被害としては，常風害と暴風害があり，強風による森林樹木の被害は，倒壊，枝葉の折損等があり，樹木の風害形態としては，以下の表のようにまとめられている（川口 1960）(表 3-2-1)．

　また，森林以外に農地の土壌流出や果実の落下等，さらに農作物の被害，住宅の倒壊・破損，交通設備の破損，それに伴う交通遮断，送電線の切断や鉄塔倒壊による停電なども強風による被害に挙げられる．

　さらに，二次的なものとして森林樹木の風倒等により山腹斜面の強度低下が生じ，それに起因する崩壊・土石流による人的・家屋の被害がある．

表 3-2-1　暴風害の森林被害

樹体の部位	風害形態
梢頭	梢曲，梢折
主幹	割裂（立木のまま裂傷），幹折（挫折，裂断，剪断，捩折れ）
根	根返
枝	枝折
幹内部	年輪離れ（年輪に沿って材が割裂），繊維切断
総体	傾斜，湾曲

(2) 乾風害

　乾風害は乾熱風害またはフェーン風害とも言われ，乾燥した高温強風の被害を指す．強風と乾燥高温風による樹木の強制蒸散が相乗的に作用して樹木枯死等の被害が生じる．また，フェーン（乾風）現象の発生は，その乾いた高温の強風で森林火災や住宅火災を生じさせる．さらに森林の消失は，その後の土壌流亡の原因となる．

(3) 寒風害

　小雪寒冷地において冬期間に土壌凍結，根部凍結，幹部凍結などが生じると植物の水分吸収が阻害され，さらに強風により枝葉から強制的に水分が蒸散されると体内水分が減少し，落葉や枝条の枯死などの被害が生じる．

(4) 塩風害

　塩風害は，沿岸農地の作物に海水の飛塩粒子が樹木の葉などに付着し，塩分が樹体に進入し生理的傷害を生じさせる現象である．強風で樹木に傷が生じた場合，また塩分付着後に降雨が少ない場合には被害が拡大する．暴風時には海岸から10〜30kmまでの内陸部まで被害が及ぶ場合がある．

　また，送電線に飛塩粒子付着すれば，漏電により停電を生じさせる．1991年台風19号では，全国的に停電被害が生じた．

(5) その他

　強風は大きな波浪を起こし船舶の難破をおこす．1954年の洞爺丸事故がよく知られている．さらに，台風時の潮位が高いときに波浪が大きければ沿岸域に浸水被害が発生する．地吹雪は，乾いた積雪のある地域ではよく見られる現象であり，交通障害や事故の原因となっている．図3-2-1に強風による被害の関係を示す．

　以下の写真は典型的な風倒木の状態で，概略的には「根返り」と「曲がり」（図3-2-2），「幹折れ」（図3-2-3）に分類される．

第 1 部　古都の森の歴史

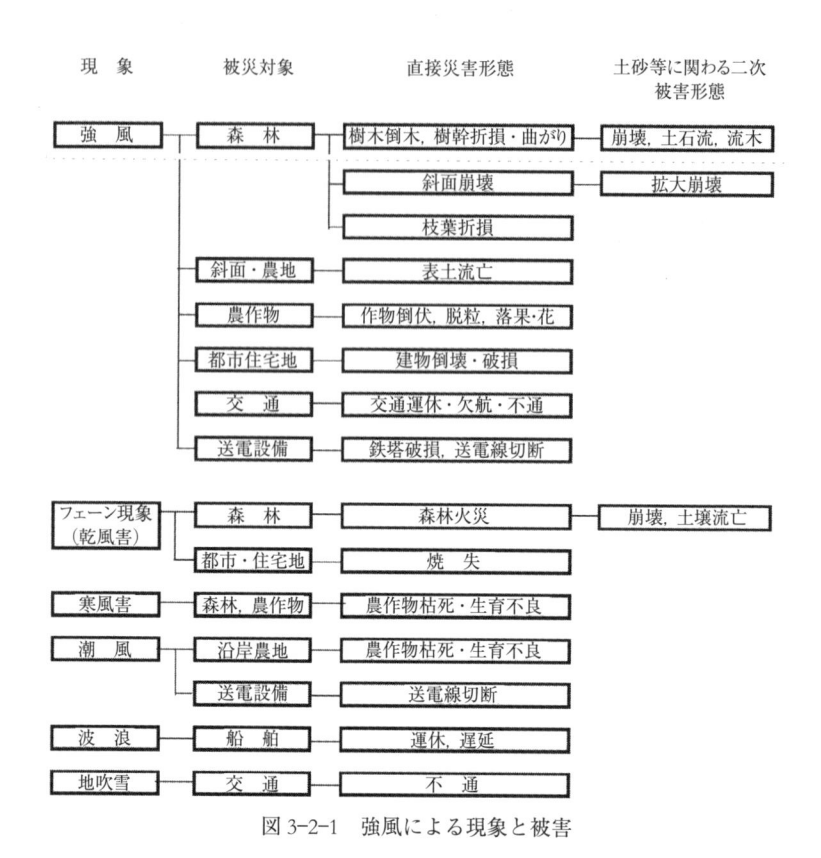

| 現　象 | 被災対象 | 直接災害形態 | 土砂等に関わる二次被害形態 |

- 強風
  - 森林 ─ 樹木倒木, 樹幹折損・曲がり ─ 崩壊, 土石流, 流木
  - 　　　 ─ 斜面崩壊 ─ 拡大崩壊
  - 　　　 ─ 枝葉折損
  - 斜面・農地 ─ 表土流亡
  - 農作物 ─ 作物倒伏, 脱粒, 落果・花
  - 都市住宅地 ─ 建物倒壊・破損
  - 交通 ─ 交通運休・欠航・不通
  - 送電設備 ─ 鉄塔破損, 送電線切断
- フェーン現象（乾風害）
  - 森林 ─ 森林火災 ─ 崩壊, 土壌流亡
  - 都市・住宅地 ─ 焼失
- 寒風害
  - 森林, 農作物 ─ 農作物枯死・生育不良
- 潮風
  - 沿岸農地 ─ 農作物枯死・生育不良
  - 送電設備 ─ 送電線切断
- 波浪
  - 船舶 ─ 運休, 遅延
- 地吹雪
  - 交通 ─ 不通

図 3-2-1　強風による現象と被害

図 3-2-2　根返りと曲がり（根元から倒伏, 一本の幹が曲がっている）

図 3-2-3　幹折れ（一部の樹木が樹冠を失っている）

写真 3-2-4 吉田神社手洗所の惨状
(出典：甲戌暴風水害誌)

3 過去の著名な風倒木災害

(1) 1934年室戸台風

　室戸台風に関する被害量等については文献により多少の差異があるので，ここでは『甲戌暴風水害誌（京都府）』のデータを用いることとする．同台風は，沖縄東方を通過した頃には 720mmHg（960hPa）内外であったものが，室戸岬では 684Hg（912hPa）という最低記録（それまでの陸上の最低気圧は明治 18 年 9 月 22 日にインドのフォルス・ポイント灯台で観測した 689mmHg 世界最低記録）を観測し，京都でも 718.4mmHg（958.7hPa）を示していた（図 3-2-4）．速度は約 75km で，当時の特急列車の時速 65km に彷彿する速度であると表現されており，天王山山系の東端から嵐山・松尾谷，花園，大徳寺を経て岩倉の南方を通り大原附近から琵琶湖に出るまでの時間は僅か 30 分に過ぎない

短時間であったと報告されている.

この間の最大風速28m/秒,瞬間最大風速は42.1m/秒(別の文献では大阪で60m/秒を記録)を記録している.また宮津では台風の影響を受けていた4時間の間に125mmの雨量を観測していた.

(2) 1954年洞爺丸台風

風台風の著名なものの一つとして「洞爺丸台風」が挙げられる.1954年9月の台風15号(洞爺丸台風)は風台風で,大隅半島に上陸し,瀬戸内海を斜めに横断し,能登半島沖を通過し津軽海峡の西に達した.この間の台風の速度は70〜100km/時と猛スピードであり,津軽海峡付近でも発達し,北海道付近でも中心気圧960hPa以下という強い勢力を持っていた.この台風は,鹿児島県から北海道北部まで日本を縦断したため,その被害も全国的に広がり,死者1327名,行方不明者371名,負傷者1387名(その内,洞爺丸沈没による死者1047名,行方不明92名)建物被害3万167建物浸水10万3533戸,田畑浸水8万2962町,船舶被害1752隻,北海道岩内町の大火で焼失3300戸,死者34名,行方不明29名,負傷者223名という大きな被害を被った.

また,この洞爺丸台風は北海道に大きな風倒災害をもたらしたことでも有名である.たとえば,帯広営林支局上士幌営林署管内では,面積1万7千ha,材積約106万m^{3}の風倒被害が発生している.その後,この風倒による被害の回復は,激害区で37年後に被害前蓄積の90%まで回腹した.

(3) 1959年伊勢湾台風

伊勢湾台風は,1959年9月26日に潮岬西方に上陸し,そのときの勢力は,最低気圧929.5hPa,最大風速50m/秒を記録するとともに暴風半径も500kmにおよぶ超大型の強い台風であった.上陸後は奈良・三重両県の境を平均速度65km/時で通り,1時過ぎに名古屋市の西を通過し,6時間あまりで本土を横断し,翌日0時過ぎには富山県から日本海に出て衰えながら北上し,秋田県に再上陸して東北地方北部を横断した.

この台風の被害は九州と北海道をのぞく全国各地におよんだが，特に伊勢湾では台風通過時刻が，満潮に重なったため，観測史上空前の高潮と烈風による波浪で海岸堤防を破壊し名古屋市南部とそのほかの湾岸沿いの低地帯を飲み込み，被害は死者・行方不明者の総数は5098名（うち愛知県3251名，三重県1273名）にのぼり，明治以降では最大の台風災害となった．その他の被害は，家屋全壊3万6135棟，家屋流出4703棟，家屋半壊11万3052棟，家屋浸水36万3616棟，山・崖崩れ7231か所であった．

　また，この台風でも多くの風倒災害が発生している．すなわち紀伊半島では，伊勢神宮鏡内で樹齢何百年という大木が強風によって多数倒壊したほか，奈良県内でも春日山原始林やその他で巨木の倒壊が多数発生した．また，長野・山梨・群馬各県においても強風による建物の損壊や倒木などの被害が大きかった．

　なお，この台風による長野営林局南木曽営林署管内（3500ha）における風倒は針広混交林や広葉樹林ではほとんど発生はなく，主として針葉樹林で発生し，樹齢別では40年未満の林地ではほとんど発生はなかった．

(4)　1991年台風19号

　1991年の台風19号は，9月27日16時過ぎに長崎県佐世保市に上陸した．その時の中心気圧は940hPa，中心付近の最大風速は50m/秒，暴風（25m/秒以上）半径が300km以上，強風（15m/秒以上）半径が600kmの勢力であった．

　風倒木の被害が大きかった大分県におけるこの台風19号の最大瞬間風速，最大風速の風向はともに南西から南南西であり，風倒木の倒れている方向とほぼ一致しているため，風倒木は，この台風の強風時に発生したと推定される．

　風倒木は，全国各地で発生したが，特に，九州北部の大分県，福岡県，熊本県，佐賀県の被害は激甚であった．その中で，特に被害の著しい大分・福岡・熊本県境の流域での風倒木地面積率は，山国川で12.7％と非常に大きく，全流域の平均は，9.7％である．このときの日田測候所で観測された降雨記録は，総降水量で74.0mm，最大日降水量で70.5mm，最大1時間降水量で

28.5mmとこのような被害を発生させた台風の降雨にしては少なく，風倒木発生と同時に生じたと推定される崩壊地は，風倒木の影響があったため，このような小さな降雨で発生したと考えられる（松村1999）．

(5) 1993年台風13号

9月3日午後4時ごろ薩摩半島に上陸した台風13号は，中心気圧930hPa，暴風域半径190km，中心付近の最大風速は，50m/秒で，大隅半島肝属郡大根占町で74m/秒の瞬間最大風速を記録し，薩摩半島南部，大隅半島南部で風倒木の被害が発生した．その被害区域面積は6500ha，被害額は66億円であった．

被害の特徴は，以下のようであった．

①スギの人工林の被害が多く見られる．
②被害は，20年生以上の林分に多い．
③被害の形態は，根返りが80%，折損が20%程度となっている．
④被害は，傾斜0〜10度の比較的緩やかな傾斜のところに多く見られる．
⑤被害は局所的で，0.1ha以下の小面積で発生している．

(6) 1998年台風7号

台風7号は，9月22日本州中央部に上陸し，近畿・中部地方，特に岐阜県下では大きな風倒災害を与えた．このときに奈良の室生寺では，国宝の五重搭が，強風で倒れた巨木で大きく損傷を受けた．この台風の局所的な最大風速は40m/秒以上と想定された．その2日後（9月24日）に秋雨前線を伴う降雨が53mmあり，9月25日に局地的な降雨（76mm）があり，飛騨川支川大洞谷では台風7号時に発生した風倒木箇所で多数の崩壊が発生し，これを引き金に土石流も多発した．

奈良県下での森林被害は，2579.35haにのぼり，被害面積では，とくに室

生村，吉野町，東吉野村で300haを超えている．一方，被害率では，明日香村（5.41％），菟田野町（4.88％），室生村（3.98％）吉野町（3.94％）で高い値を示している．

以上の風倒木の実態から以下のような事柄がまとめられる．

① 全国的な広がりをもつ風倒木被害は，強風を加速させる速度の非常に速い，大型の台風によるものが多い．
② 倒木は，スギ・ヒノキやカラマツなどの針葉樹に多く発生するが，伊勢湾台風では春日山原始林でも風倒は発生している．
③ 倒木は高齢林に多い．
④ 倒木の発生により，雨が少なくても同時に崩壊を発生させる．
⑤ 倒木の発生は，山腹斜面表層土の強度低下を招きその後の崩壊発生に対する抵抗力を小さくする．

4 平成16年台風23号で発生した京都府北部の風倒木災害

(1) 気象状況

平成16（2004）年度の上陸台風は10個となり，1990年と93年の各6個だった最多記録を更新した．

台風23号は2004年10月20日15時ごろ高知県室戸市に上陸し，同日18時に大阪府南部に再上陸した．この台風および北側にあった停滞前線の活動により，東北以南の各地に豪雨，強風，高波などがもたらされた．被害は，九州から中部の広い範囲に及び，特に近畿・中国・四国地方の被害が目立った．この台風は，広い範囲を暴風域に巻きこみ，風倒木も発生させている．その被害は，全国で計93名の死者と3名の行方不明者（消防庁調べ）を出すその年最悪の台風被害となった．京都府北部では由良川の氾濫や宮津市の土石流災害で15名の人命が奪われた（図3-2-5）．

風倒木は丹後半島を中心に広範囲で発生したが，北向き斜面での発生

第 1 部 古都の森の歴史

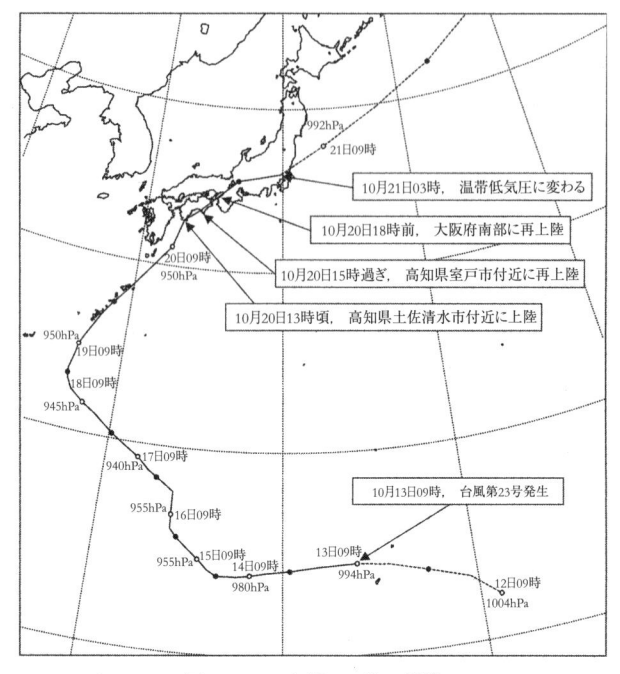

図 3-2-5 台風 23 号の経路

が多い．そのときの風速の時間的変化を図 3-2-6 に示す．最大瞬間風速は 51.9m/秒を記録した．風倒木の発生の原因として，主として台風による強風が挙げられるが，その前に強雨が続いており山腹の土壌が十分水を吸っており強度が低下したいたことも原因の一つに挙げられよう．

(2) 風倒木の発生と地形的特徴

風倒木の発生場所は図 3-2-7 のように風の集中，または風が加速され・乱れが生じる地形的特徴のある箇所での発生が多く認められる．その主な特徴を以下に示す（宮本等，1992）．

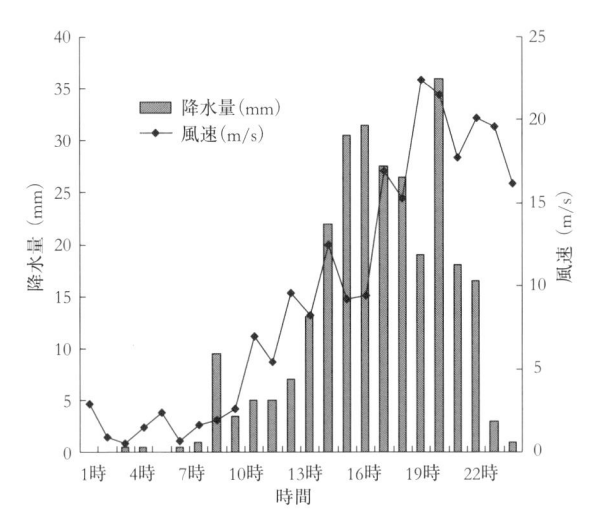

図 3-2-6　2004 年台風 23 号の降雨と風速-舞鶴気象観測所

(a) 風が直接当たる斜面

　風が直接当たる斜面における倒木の発生は，図 3-2-7 (a) に示すように風が尾根に駆けあがり，この風は，凸型の曲率をもつ物体の流れとなり，風速が加速される．山頂部がなだらかな台地では，台地の曲率が小さいので流れは加速されず，倒木は発生しにくくなる．

　また，風が山頂を過ぎるときに流れの剥離が生じる．この剥離点下部の流れは逆向きとなり，強いせん断力が作用するので，樹木の幹折れがみられる．この現象を慣性力の卓越した流れの場で考えると，加速された風が周囲の風速に戻るため減速され，乱流境界層に圧力が増加する．そのため，尾根部近傍に生じている境界層に剥離が生じ，剥離した点の下流部には逆流が生じるためと理解される．

(b) 風向きに開けている谷筋

　風が谷の下流から上流に向かって駆け上がる場合の谷筋，特に源頭部の斜面での風倒木の発生は，図 3-2-7 (b) 下部の図のように谷の断面の縮小によって流れが集中し，オリフィスの流れとなって風が加速されたためと考え

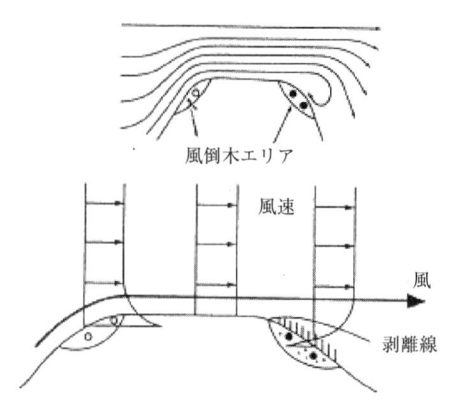

図 3-2-7(a)　風が直接当たる斜面

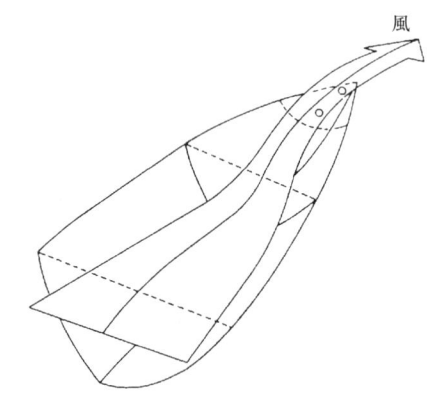

図 3-2-7(b)　風向きに開けている谷筋風が直接当たる斜面

られる．

(c) 孤独峰の側斜面

　図 3-2-7 (c) 示す孤立峰のような鈍い形状の物体を通過する風は，流体力学のポテンシャル流でみられるように，物体の両サイドで風が加速される．この現象で，孤立峰の中腹において風倒木が発生しやすいと考えられる．また，山頂や山腹を回り込んだ風が，風下の斜面に衝突する場合にも風倒木が

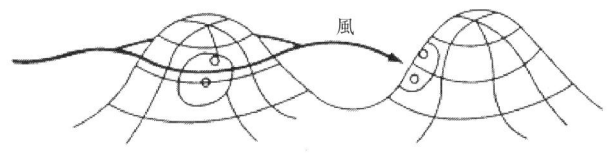

図 3-2-7(c)　孤独峰の側斜面

発生している．この場合の倒木の方向は，一様ではない．

　台風23号は雨，風とも非常に強いため風倒木の状況は根返りが多く発生している．また，台風の進路との関係で北から北東の風が卓越したため北向き斜面で風倒木が多く発生している（図 3-2-7 (a) ～ (c)，図 3-2-8）．

5　衛星データによる解析

　台風による風倒木はかなりの広範囲で発生するため，その箇所・面積の調査は一般に航空写真判読で行っているが，かなりの時間と人手を必要とする．これを効率的に実施する手段として衛星リモートセンシング技術を用いることが考えられ，これまでの実績も積まれてきている（松村等 2000）．ここでは，対象地域を丹後半島とした衛星リモートセンシング技術を用いた台風23号で発生した風倒木地の調査を紹介する（京都府 2005）．衛星データは比較的入手しやすく，台風の前後のほぼ同時期のデータが存在する「SPOT-5」を用いた．データとして2004年4月9日（台風前）と2005年4月8日のものを用いた．2005年のものは3月の気温が2004年に比べ低かったため，高標高の地域に残雪が見られた．写真の中央下に白く見られるのが残雪である（図 3-2-9）．

　風倒木が発生している箇所は樹木の活性が低下していると考えられ，衛星データからその地域を同定するには植生活性度を示すアルゴリズム（NDVI）を用いることとした．NDVI は以下の式で求められる．

$$\mathrm{NDVI} = \frac{\rho\mathrm{nir} - \rho\mathrm{red}}{\rho\mathrm{nir} + \rho\mathrm{red}}$$

第 1 部　古都の森の歴史

図 3-2-8　台風 23 号で発生した風倒木の状況

ここに ρnir：各ピクセルの近赤外の輝度値
　　　ρred：各ピクセルの赤の輝度値である．

　上のデータでは，直近の気温が異なるため植生の活性度もその影響を受けているので，解析には両年の NDVI 値の差を用いた．差を用いることで斜面の方向（太陽光の強さが異なる）で生じる NDVI 値の場所的変動も修正できる．
　図 3-2-10（巻頭カラー口絵も参照）に 2004 年と 2005 年の NDVI 値の差分を示す．赤から黄色に色づけしたピクセル（箇所）が風倒木の発生箇所と推定される．この傾向は航空写真判読やサンプリングで現地調査を行った結果とほぼ一致する．

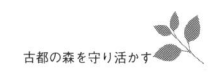

第 3 章　京都の森の災害史

2004年4月9日　　　　　　　　　2005年4月8日

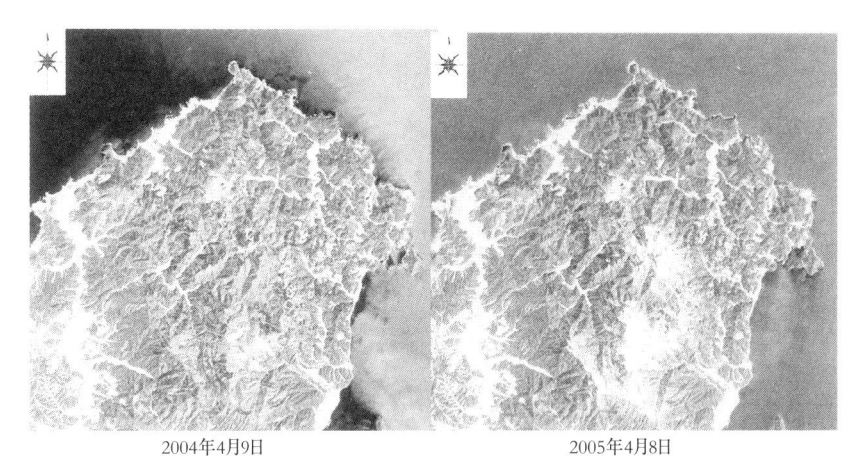

図 3-2-9　調査地域（丹後半島）の衛星データ

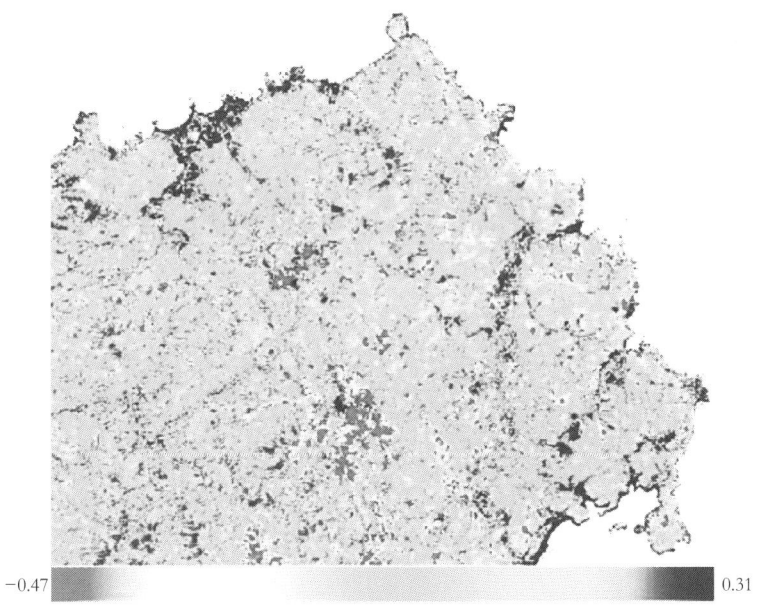

−0.47　　　　　　　　　　　　　　　　　　　　　0.31

図 3-2-10　2005 年と 2004 年の NDVI 値の差分（丹後半島，巻頭カラー口絵も参照）

京都における地震災害

　京都を襲った災害は，数十年ごとに発生する風水害や，人為的要因による大火や戦災だけではなかった．京都は，百数十年〜数百年と極めて稀にしか発生しないにもかかわらず，発生した際には大きな被害を及ぼす大地震にもしばしば遭遇した．

　8世紀末の平安京建都以降の京都での地震災害について概観すると，976年の地震，1185年の京都地震，1449年の京都地震，そして1596年の伏見地震などによって多大な被害を受けている．そのなかでも伏見地震は，16世紀末に急速に拡大した京都の下京地域や鴨川東岸地域，京都盆地中央部の新造の城下町であった伏見などに，多大な被害を及ぼした地震であった．

　その後，江戸時代になると，京都は4度の被害地震に遭遇している．それは，1662年5月1日に発生した近江・若狭地震，1751年2月29日の地震，1830年7月2日に発生した京都地震，そして，1854年6月15日の伊賀上野地震である．このうち，1751年の地震と1854年の伊賀上野地震における京都での被害は，寺社の築地塀や町家・土蔵の破損といった軽微なものであった．しかし，1662年の近江・若狭地震と1830年の京都地震の2つの地震は，近世都市京都に多大な被害をもたらした地震であった．

　こうした地震が京都周辺の森にどの程度の影響を与えたのか，詳細は明らかでない．それにしても，記録の中には山崩れなどの記述も見られ，また被害復旧に向けて多くの木材が必要となり，それが周辺の森に相当な伐採圧を

加えたことは容易に想像できる．以下，京都盆地とその周辺に大きな被害をもたらした地震を列挙しておく．

■976年の京都・近江の地震

この地震は，976年7月17日の申刻（午後3時～5時頃）に発生して，京都や近江国（滋賀県）南西部に被害を与えた内陸地震である．京都では，大内裏や内裏で数多くの建物が倒壊に及び，東寺・西寺・清水寺でも建物が倒壊して，清水寺では死者50人であった．また，近江国南西部では，国衙（国庁）などが倒壊し，国分寺や関寺でも被害が出た．

■1185年の京都地震

同年3月の平氏一門の滅亡後に発生したこの地震は，1185年8月6日の午刻（午前11時～午後1時頃）に発生し，当時の京都市街地を中心に，近江国南西部にも大きな被害を与えた内陸地震である．京都では特に，白河の六勝寺や東山の寺院群で，数多くの建造物が大破・倒壊した．また，左京でも多くの家屋が大破・倒壊して多数の死者が出ており，殆どの築地塀が破損・崩壊した．更に，近江国南西部の比叡山延暦寺では，多数の堂舎が大破・倒壊し，園城寺（三井寺）や坂本の日吉大社でも堂舎が倒壊した．

■1449年の京都地震

室町時代中期に発生したこの地震は，1449年5月4日の辰刻（午前7時～9時頃）に発生し，当時の京都市街地の建物や築地塀に被害を与えた内陸地震である．京都盆地北部の山間部では山崩れが発生し，淀大橋や桂橋も部分的に落橋した．

■1596年の伏見地震

文禄の役の講和交渉中に発生した伏見地震は，1596年9月5日の子刻（午後11時～午前1時頃）に発生し，畿内一円に大きな被害を及ぼした内陸地震である．特に，伏見城やその城下町での被害が甚大であり，伏見城の天守は大破，石垣は崩壊し，数百人の圧死者が出た．京都市街地でも家屋の倒壊に

よって多数の死傷者が発生した．また，大坂・堺・奈良でも建物や堂舎が倒壊して数多くの死者が出ており，兵庫では倒壊した家屋から出火して延焼した．

■ 1662 年の近江・若狭地震

寛文近江・若狭地震は，1662 年 6 月 16 日の巳刻〜午刻（午前 9 時〜午後 1 時頃）に発生して，近畿地方北部一帯に被害を及ぼした内陸地震である．この地震では，若狭湾沿岸や琵琶湖沿岸での津波の発生はなかったが，地震に伴う火災，大規模土砂崩れ，地盤の隆起，土地の液状化，都市部での被災など，様々な形態の災害が発生した．地震被害は近畿地方北部に限らず周辺地域にも及んでおり，文献史料の記述からは少なくみても，被災地域全体で死者約 700〜900 人，倒壊家屋約 4000〜4800 軒であったことが確認できる．京都盆地北部に位置する京都の市街地で多発した被害は，地震の揺れが大きかったためではなく，被害を受ける建造物が狭い地域に密集した大都市であったことが主因であったと考える．一方，伏見や淀では大きな被害が多発しており，京都盆地中央部〜南部の軟弱地盤地域では，同北部に比べて建造物に被害を与える地震動が大きかったと考えられる．

■ 1751 年の地震

この地震は，1751 年 3 月 26 日の未刻（午後 1 時〜3 時頃）に発生した地震であり，京都市中では，寺社の築地塀や町家・土蔵が破損した程度の軽微な被害であった．

■ 1830 年の京都地震

1860 年の京都地震は，1830 年 8 月 19 日の申刻（午後 3 時〜午後 5 時頃）に発生し，主として現在の京都市中心部に大きな被害を与えた内陸地震である．この地震による人的・物的被害は，人口の集中していた京都市中とその周辺地域に集中しており，洛中洛外の土蔵や築地塀・石垣などで被害が多発して，京都では死者約 280 人，負傷者約 1300 人であった．また，京都北西の丹波国（京都府中部）の亀山（亀岡）でも，城下で家屋の倒壊や死傷者が発生して

図 3-3-1　京都府峰山町の被災状況

おり，京都市中を含めた全体の被害状況から，震源は京都府亀岡市付近に推定されている．

■1854年の伊賀上野地震

伊賀上野地震は，1854年7月8日の深夜～同15日の朝に発生した内陸地震である．伊賀国（三重県西部）の上野，奈良・郡山・四日市では，数多くの建造物が大破・倒壊して多数の死傷者が出ており，被災地全体で死者は1500人以上であった．京都では，築地塀が崩れ，石燈籠や土蔵が破損した程度であり，被害は比較的軽微であった．

■1927年（昭和2年）京都府北西部地震［北丹後地震］

3月7日18時27分，京都府北西部奥丹後半島付近を震源とする強い地震（M＝7.3）が発生し，近畿地方一円から北陸・中国・四国各地方の一部の広い範囲で大きな被害あり．特に奥丹後半島頸部の震害が大きく，峰山・網野両町では地震後火災が発生して被害を拡大．京都で死者2992名が発生した（図3-3-1）．

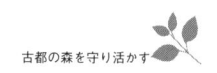

第 2 部

古都の森の現状

Chapter 4

変わりゆく京都の森

　第1章では，近年，東山の森林において見過ごすことのできない様々な変化が生じていることを述べた．このような変化は東山だけに起こっているのではなく，北山，西山にも拡がりつつあるし，類似のことは全国各地でも生じている．

　森はひとつの生命体のようなものであるため，本来，変化するものである．森林の年々の変化にはなかなか気づきにくいものであるが，それでも，10年，20年と時を経れば，大きな変化となって誰の目にも明らかになる．しかし，本章で取り上げるのは，こうした自然の推移に基づく変化ではない．むしろ異常ではないかと思われるような変化についてである．そのあらましについては，既に，第1章で述べたとおりであるが，本章では，より詳細に，より具体的に，この問題を取り上げることにする．

　第1節では，シイの分布拡大問題について説明する．シイの分布拡大に見られる照葉樹林化は，植生遷移の流れに沿ったものであるので，そのこと自体はさほど問題ではない．懸念されることは，シイが排他的に独占的に占有空間を広げており，生物多様性の低下や景観の単純化を招いていることである．これも自然であると考える向きもあるかも知れないが，健全な状態とは言えないであろう．

　実は，東山においてシイがこれほどまでに急速に分布域を拡大した背景に

は，マツ材線虫病によるマツの大量枯死がある．マツ枯れによって植生遷移による照葉樹林化が早められたのである．第2節では，マツ枯れについて，その原因やメカニズムを分かり易く解説するとともに，京都市内におけるマツ枯れ被害の近況を報告する．

　第3節では，ナラ枯れについて報告する．ナラ枯れとは，ブナ科の樹木がカシノナガキクイムシの穿入により枯死に至るであって，1980年代以降に主に日本海側地域において被害が急速に拡大している．2005年には京都市の東山においても最初の被害が確認されており，以後，被害は東山だけでなく北山にも拡がっている．本節では樹木が枯れる仕組みや，カシノナガキクイムシの生態を紹介するとともに，被害の発生要因，防除策等についても触れる．

　東山では，思っていた以上に速く森林が変化している．

（編者）

Section 4-1

シイノキの分布拡大
── マツ林からシイ林へ ──

　新緑が落ち着いた5月の連休ころ，京都盆地の周辺部の丘陵地の斜面が急に黄金色に色づく（図4-1-1，巻頭カラー口絵も参照）．これは，シイノキ（シイ）の開花によるものである．東では大文字山の裾野，知恩院から清水寺周辺地域，西では松尾大社周辺，南では宇治上神社や興聖寺周辺などで，シイを中心とする常緑広葉樹林が広がってきている．

　このような，シイを中心とする常緑広葉樹林が，いつ頃から，どのように広がってきたか，また，今後どのように推移するかの予測をも目的に，航空機から撮影した空中写真や現地調査によって，東山（高台寺山国有林），深泥池・宝ヶ池周辺，宇治市東部における景観の変化を明らかにしてきた．

1 京都盆地周辺の調査地域

　知恩院から清水寺東側の粟田山から清水山にかけての東山（主に奥田ほか（2007）による）と市街地北部に位置する深泥池・宝ヶ池周辺の丘陵地（妙法周辺），宇治市東部の3地域において調査を行った．

　東山と深泥池・宝ヶ池周辺の2地域においては，1961年，1975年，1987年，1999年，2004年または2005年に撮影された空中写真や現地調査を基に，森林景観の変化やシイの分布域，分布面積の時間的変化を地理情報システム

第2部　古都の森の現状

図 4-1-1　大文字山　シイの開花（2007 年 5 月上旬，巻頭カラー口絵も参照）

(GIS) によって解析した．宇治市東部では 1961 年と 2006 年 5 月に撮影された空中写真を基に解析を行った．

2 空中写真による森林の調査方法

ここで用いた研究方法について，東山で行った方法（奥田ほか 2007）を以下に述べる．他の地域についても同様の方法で解析を行っている．上述のようにシイは京都盆地では 5 月上旬から中旬にかけて開花し，樹冠全体が黄色く色づくようになる．2004 年 5 月 12 日に株式会社スカイマップに依頼し，航空機から 1 万分の 1 の精度でカラーの空中写真を撮影した．この空中写真をデジタル・オルソ・フォト*化したデジタルデータ（図 4-1-2）を基に，

*デジタル・オルソ・フォト：空中写真の歪みを，補正して地形図に合わせることができるようにした写真．

第 4 章　変わりゆく京都の森

図 4-1-2　デジタル・オルソ・フォト（地形図は京都市都市計画局による 1:2500 地形図清水寺を使用）

　地理情報システム（GIS）アプリケーション（ArcView）を用い，各樹木個体の樹冠を線で囲み 1 つの単位として認識できるように（ポリゴン化という）した（図 4-1-3）．特にシイについては，開花によって黄色く色づいた個体を識別し，シイ樹冠のポリゴンのみを抽出して，シイの個体単位での分布を記録した．さらに，この現在のシイの個体分布を基に，国土地理院によって撮影された 1999 年，1987 年，1975 年のカラー空中写真および 1961 年の白黒空中写真を判読し，各年におけるシイの分布を 2004 年と同様にポリゴン化した．これらの手順によって，過去のシイの分布域を識別した．
　また，60％オーバーラップして撮影された空中写真をステレオスコープによって立体的に観察し，現地での森林調査と合わせて，各年度におけるマツ林，落葉広葉樹林，スギ・ヒノキ林などの植生景観を識別して，植生図を作成した．

(a) 空中写真のデジタル・オルソ・フォト

↓ GISによって樹冠をトレース

(b) 樹冠のポリゴン

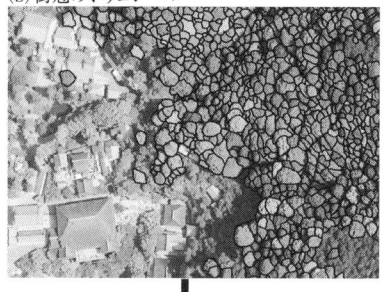

↓ シイ樹冠の確認

(c) シイの分布図作成

図 4-1-3　シイ分布図作成手順
（奥田ほか（2007）を改変）

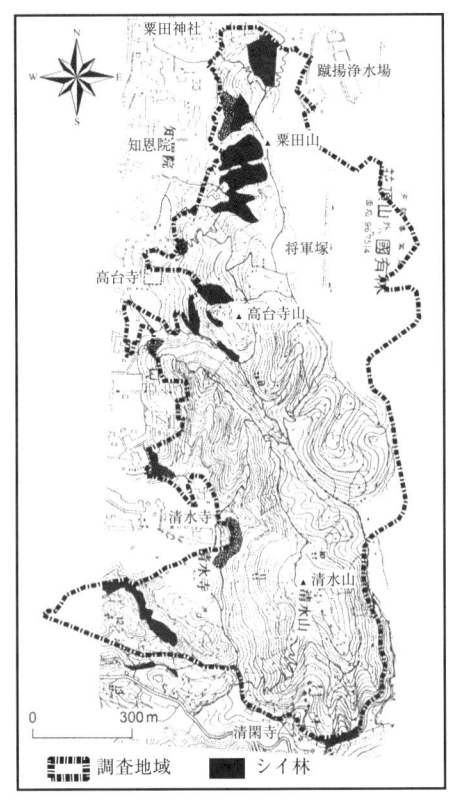

図 4-1-4 (a)　昭和初期のシイ林の分布図
(小椋 (1992b) による：奥田ほか (2007) を改変)

3 東山における植生の変化

(1) 1961 年以降のシイ林の分布域の変化

小椋 (1992b) は，林野庁による 1936 年発行の東山国有林風致計画に基づいて昭和初期 (1936 年頃) のシイ林の分布図を作成している (図 4-1-4 (a))．これと，上述の空中写真の解析によって明らかにした 1961 年，1975 年，

第 2 部　古都の森の現状

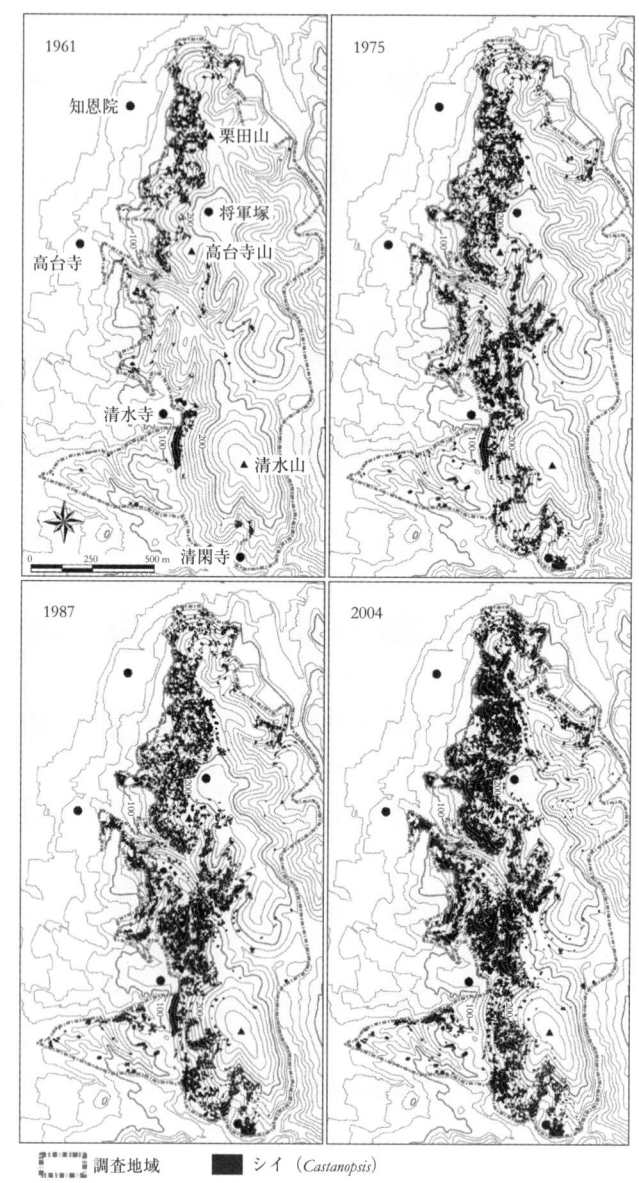

図 4-1-4 (b)　各年代におけるシイの分布域
（奥田ほか (2007) を改変）

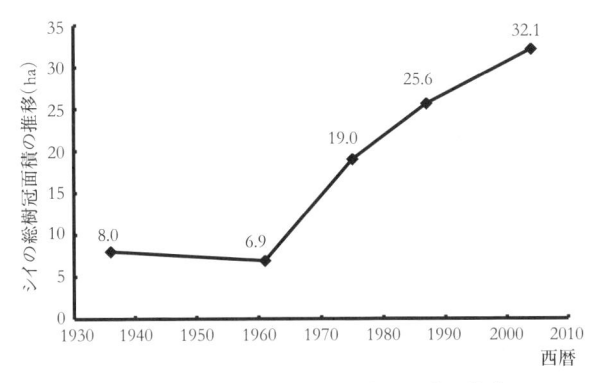

図 4-1-5　東山におけるシイ樹冠面積の推移
（奥田ほか（2007）を改変）

1987 年，2004 年におけるシイの分布域を図 4-1-4（b）に示した．この図によると，昭和初期から 1961 年にかけてのシイ林の分布は大きく変化していない．現在も大径木が分布している知恩院の東側にはまとまったシイ林分が認められ，東山の山裾には線状にシイが分布し，清水寺の南東の高倉天皇陵付近に至っている．

1975 年には，斜面中腹まで分布を広げ，将軍塚の西側，清水寺の北東側で著しく分布を拡大した．また，東山東斜面の山科側においても蹴上浄水場の南で新たな分布地を確認できる．1987 年には，それぞれの分布地周辺で個体数がさらに増加している．

(2)　2004 年におけるシイの分布

2004 年 5 月においては，シイは北端の粟田神社近辺から南端の清閑寺付近までほぼ連続して分布している．西側斜面では，ほぼ斜面下部から尾根までシイが広がっている．また，特に，知恩院の東側に位置するシイ林は林冠が大きく大径木が多かった．一方，尾根を隔てた東側斜面には，点在する程度ではあるが分布を広げている．

これまで述べた東山における各年代におけるシイの分布面積の推移を図 4-1-5 に示した．昭和初期の 1930 年代から 1960 年にかけて，シイの分布面

積は8〜7haで大きな変化を示さなかった．しかし，1961年以降は，年間約0.7haの速度で分布拡大し，この30年間は0.4から0.1ha/年と拡大速度が低下しているものの，分布拡大は続いている．2004年におけるシイ分布域の面積は1961年の約4.7倍の32.1haに達している．

(3) 東山における植生の変化

1961年と2004年における東山の植生変化を図4-1-6（巻頭カラー口絵も参照）に示した．1961年には，アカマツを主とする植生が森林全体の40％を占め，シイ林は11％であった．2004年には，アカマツの優占する植生は，ほとんど認められなくなり，シイ林は38％まで増加した．前述のように，現在，このシイ林は西側斜面のほとんどを占めている．

現在，空中写真から判別できるシイの樹冠が認められる地域は，西側斜面のほとんどと蹴揚浄水場南側であるが，実際に現地の林内を踏査して調べた結果，東側斜面など高木のシイがない地域でも，低木や実生のシイが広く認められた．このように，高木だけでなく，下層植生も含めると調査地域の8割近くで，シイの分布が確認されている．

4 深泥池・宝ヶ池周辺における植生の変化

京都盆地の北部には，五山の送り火のひとつである妙法の送り火がおこなわれる丘陵が，水生植物群落として天然記念物に指定されている深泥池，京都国際会館の位置する宝ヶ池周辺を取り巻いている．この地域の植生の変化を，1961年と2005年を対比して図4-1-6に示した．1961年には，深泥池，宝ヶ池，妙法周辺では，アカマツが優占する森林がほとんどの地域を占め，樹高の低い林分が多かった．一方，45年後の2005年には，主にリョウブなど低木性の落葉広葉樹林と常緑のソヨゴなどが優占する植生（マツ枯れ低質林：森下・安藤（2002））に移行した．森下・安藤（2002）は，この地域で，マツ枯れ前後の植生変化を，同様に空中写真によって解析し，前述のような低木性の

図 4-1-6 東山(左上)、深泥池・宝ヶ池(右)、宇治周辺(左下)における植生の変化(巻頭カラー口絵も参照)

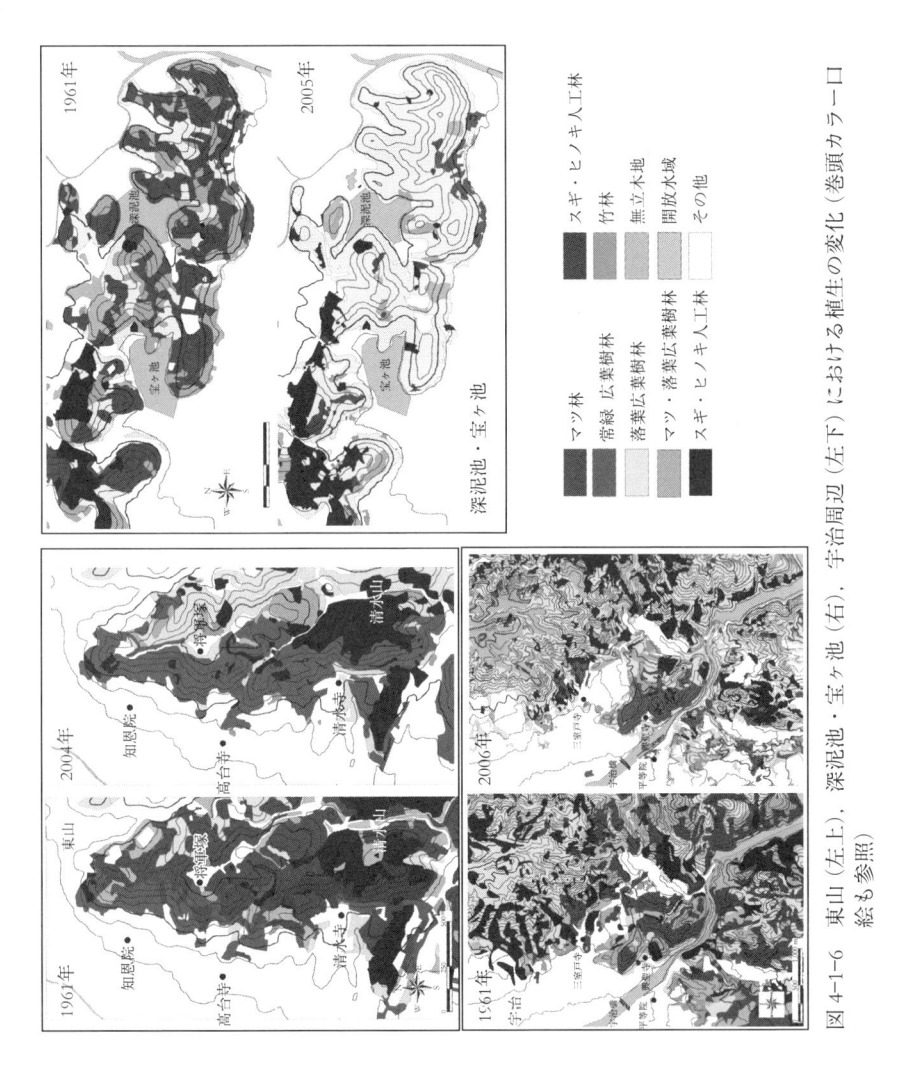

植生を「マツ枯れ低質林」と呼び，低木性の広葉樹が優占することによって，長期にわたって林冠層を欠く状態が持続する可能性を指摘している．

また，常緑樹のシイについてみると，1961年には妙法の南斜面下部に点在していたシイが，2005年には増加しており，シイ樹冠分布面積は1961年の約10倍に達している．さらに，妙法から宝ヶ池東部の丘陵にかけて，単

木的ではあるがシイが点在しているのが確認された．また，現地踏査の結果，森林内の下層植生にはシイが認められるところもあり，今後も分布拡大を続ける可能性がある．

5 宇治市東部における植生の変化

宇治川にかかる宇治橋周辺には，平等院，宇治上神社，興聖寺等の社寺が位置し，京都の代表的な景観のひとつでもある．この地域の植生の変化を，1961年と2006年を対比して図4-1-6に示した．1961年には，特に宇治川周辺域は，スギ・ヒノキの人工林を交えながらも，アカマツが優勢な森林あるいはマツを混生する落葉広葉樹林であった．したがって，宇治橋から上流側をみた景観も，アカマツを中心とした森林の中に社寺があり，宇治川が流れるものであったであろう．一方，45年後の2006年には，アカマツを中心とする植生は約10％であり，アカマツ林は激減した．一方，1961年に小面積であった常緑広葉樹林は，2006年には宇治川にかかる宇治橋南の興聖寺周辺を中心にシイを中心とする常緑広葉樹林が広がっている．空中写真で調べた宇治市東部での割合は5％ほどであるが，宇治橋周辺においては，大きな面積を占めている（図4-1-7）．2006年に最も高い割合を示す植生は落葉広葉樹林の約30％である．また，スギ・ヒノキの人工林も10％弱認められた．

6 京都盆地周辺におけるマツ林衰退とシイ林分布拡大の要因

第2章でのべたように，京都盆地周辺の森林は，花粉分析などの研究成果によると，本来，カシ類などの照葉樹を中心とした森林であったが，人間活動の影響を受けてアカマツ林へと変化してきた．また，絵図の解析から室町後期から江戸時代にかけては，京都盆地周辺の山々は，低木林が多く，ほとんど植生のない禿山も珍しくなかったことが明らかにされている（小椋1992b）．人間活動によって長期間維持されてきたアカマツを中心とする植生

図 4-1-7　宇治川右岸のシイ林（2008 年 4 月 30 日）

は，これまで述べてきたように，過去数十年間にさらに大きく変化し，近年，盆地の縁辺部の丘陵地では，シイを中心とする照葉樹林が発達してきた．

この京都盆地周辺における植生の変化をまとめて，図 4-1-8 に示した．以下に，奥田ほか（2007）によってまとめられた東山における国有林の管理状況や台風，虫害による被害等を示し，シイ林拡大の要因を検討する．

東山の清水山，高台寺山などは 1876 年に禁伐風致林に指定され，1915 年には東山国有林全域が禁伐保護林に指定（翌 1916 年から 1917 年にかけて禁伐風致保安林に編入）された（大阪営林局 1936b）．禁伐風致林に指定されなかった地域は，禁伐に指定されるまでの間，択伐が許されていたといわれている．東山では，国有林に編入される以前から樹木の伐採禁止令が度々出されており，当時から住民の生活のために樹木を採取利用していたと考えられる（近畿中国森林管理局　京都大阪森林管理事務所 2003）．

また，1934 年には室戸台風によって，清水寺の背後の森林で約 10ha が風倒被害にあい全滅し（図 4-1-9），国有林全体で約 29ha が風倒被害にあい，

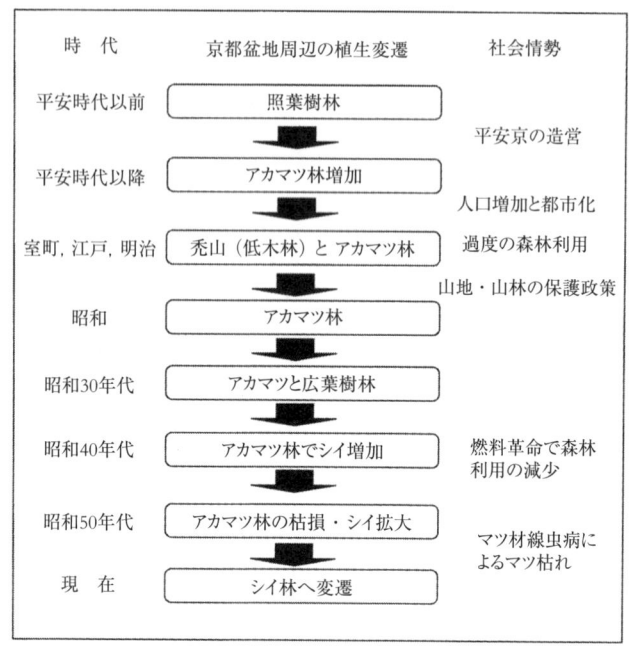

時　代	京都盆地周辺の植生変遷	社会情勢
平安時代以前	照葉樹林	
	↓	平安京の造営
平安時代以降	アカマツ林増加	
	↓	人口増加と都市化
室町，江戸，明治	禿山（低木林）とアカマツ林	過度の森林利用
	↓	山地・山林の保護政策
昭和	アカマツ林	
	↓	
昭和30年代	アカマツと広葉樹林	
	↓	
昭和40年代	アカマツ林でシイ増加	燃料革命で森林利用の減少
	↓	
昭和50年代	アカマツ林の枯損・シイ拡大	マツ材線虫病によるマツ枯れ
	↓	
現　在	シイ林へ変遷	

図4-1-8　京都盆地周辺の植生変遷

その復旧事業として台風被害前の林相再現を目標にアカマツ，ヒノキ，スギ，シイなどの植林が行われた（大阪営林局1936a，1936b）．さらに，戦中戦後の伐採などに伴って悪化した風致林の維持改善のため，1947年以降，伐採跡地や山火事跡地にスギ，ヒノキ，アカマツなどが植林された（近畿中国森林管理局　京都大阪森林管理事務所2003）．この様に，禁伐保護林に指定された後も様々なかたちで人為的な影響が続いていた．

　一方，1950年代から始まった都市周辺域での急激なプロパンガスの普及（社団法人日本ガス協会1997），いわゆる燃料革命によって状況は一変した．1960年代以降，京都府では木炭の生産量が急激に減少し，それとともにこれまで都市近郊の森林で行われてきた柴や下草の採取などの生活資源としての樹木の利用も減少した．その結果，東山国有林など都市近郊の森林では人為の影響が減少し，遷移が進行したと考えられる．

第 4 章　変わりゆく京都の森

昭和 7 年（1932）（大阪営林局 1936）

昭和 9 年 10 月（1934）（大阪営林局 1936）

昭和 9 年 10 月（1934）（大阪営林局 1936）

平成 19 年 5 月（2007 年）（高原　撮影）

図 4-1-9（b）　清水寺の舞台から見た森林景観の変化

平成 19 年 5 月（2007年）（高原　撮影）

図 4-1-9（a）　清水寺背後の森林の変化

　深泥池・宝ヶ池周辺や宇治市東部においても，マツ林の減少が起こり，また，シイは社寺周辺にまとまった林分として存在し，周辺部の二次林に単木的ではあるが分布拡大している．東山における植生の変化の原因について，これまで述べてきたが，深泥池・宝ヶ池周辺や宇治市東部における，マツ林

161

の減少と，シイの拡大は，東山と同様に，燃料革命によって，人による森林に対する干渉が少なくなったため，植生遷移が進行しつつあることによるものであると考えられる．

また，上述した人為的な影響の減少に加え，シイが急速に分布を拡大した原因の1つとしてマツ枯れによる影響が考えられる．京都盆地周辺では1970年代以降にマツ材線虫病などによるマツ枯れが激化し，多くのアカマツが枯死した（安藤ほか1998；森下・安藤2002）．東山の高台寺山国有林においても，1954年から1991年の間に8,885本もの被害木が処理されており（大阪営林局・京都営林署，1993），現在も林内にはアカマツの枯損木や切り株が数多く認められる．このようなアカマツの大量枯死により，それまで下層で生育していたシイが成長し林冠に達したため，シイの樹冠面積が急速に増加したものと考えられる（奥田ほか2007）．

これまで述べたように，京都盆地周辺の森林は，平安時代以前の照葉樹林から，人間活動の影響を受けてアカマツ林あるいは禿山（低木林）状態へと変化し，しばらくマツ林は維持されてきたが，1960年代の燃料革命によって森林へ人手が入らなくなったことと，1970年代以降のマツ材線虫病などによるマツ枯れの激化によって，植生遷移が急速に進み，近年，盆地の縁辺部の丘陵地では，シイを中心とする照葉樹林が発達してきたことが明らかになった．

植生遷移の観点から，上述の経過を，模式的に図4-1-10に示した．極相林であった照葉樹林は，破壊されると，図4-1-10のa→b→cのように陽樹のアカマツ林へと遷移する．アカマツ林はそのまま放置すると，本来，d→eと極相林へと移行していくが，ここで，下層植生の低木類が柴として燃料などに利用された．これが，常に行われることによって遷移は停止し，アカマツ林が維持される（図4-1-10 c→f→c）．1960年代以降，燃料革命によって，下層植生の利用がされなくなると，低木層に，陰樹であるシイ，カシなどの常緑広葉樹が成長してくる（図4-1-10d）．次第に，シイなどの常緑広葉樹が大きくなり，遷移が進んでいく．さらに，ここで，高木層を形成していたアカマツが，マツ材線虫病によって大量に枯死すると，低木層にいたシイは，成長を早め（図4-1-10g），シイ林が形成された（図4-1-10h）．東山

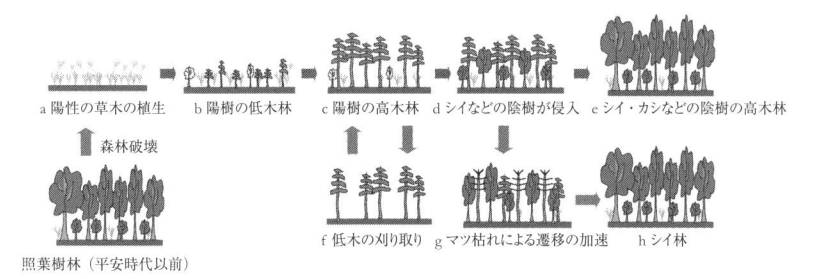

図 4-1-10　植生遷移からみた京都盆地の森の変化

の東斜面（山科側）は，まだシイ林とはなっていないが，前述のように，下層植生に広くシイが認められることから，将来，遷移が進み，西側斜面と同様，シイ林へ移行する可能性が高い．

謝辞

図 4-1-9 の写真をご提供くださいました大阪営林局（現在の近畿中国森林管理局）に厚くお礼申し上げます．

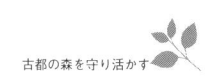

マツ枯れ現象

1 マツが紅葉している？

　京都盆地を取り囲む三山（東山，北山，西山）の多くの箇所にはアカマツの林が広がり，毎年夏の終わりから初秋にかけてマツのいくつかは全身が赤く変色する．多くの人々はその変色したマツを特別意識することなく通り過ぎているであろう．ところが，まれに次のような会話が聞こえてくる．「マツが紅葉している」と．なぜ，マツが全身的に赤く変色するのか．その答えをすでに熟知しておられる方も多いとは思うが，ここでそのことを簡潔にまとめる．

　秋，私たちが紅葉狩りで見る紅葉は，主にカエデ類をはじめとする落葉樹の紅葉である．マツは常緑樹なので，マツの葉（針葉）全体が秋に赤く色づくことはない．赤くなったマツは枯れているのである．マツにも寿命があり，なにごともなければマツは私たち人間よりもはるかに長生きする生物である．なお，マツは常緑樹であるが，全く葉が変色・落葉しないわけではない．常緑であるマツの葉にも寿命があり，アカマツ・クロマツの葉は1.5～4年弱で変色し落葉する．これはマツの正常な営みの一場面であり，マツそのものが枯れることはない．

　では，マツはどのような時に枯れるのだろうか．自然では次のような場面

をよく見かける．マツは生きていくために十分な太陽の光を必要とする．このような性質の樹木を陽樹という．陽樹は周りの樹木が自身より背が高くなり，周囲の木々に光が遮られる環境になると十分な光を得ることができなくなり，徐々に衰弱し，やがて枯れてしまう．このような原因で毎年数パーセントのマツが枯れている．これは植生遷移の重要な場面である（第5章第1節参照）．また，老木のマツでは幹や根に腐れが入り，台風などの強風で腐った箇所から折れることがある．枝の一部が折れるだけであればマツ全体が枯れることはないが，地表に近い幹が折れると枯れてしまう．

さて，マツはなぜ葉が赤く変色し枯れたのだろうか．その答えはマツが病気に罹ったからである．その病名はマツ材線虫病と言い，マツの伝染病である．これは一般に「マツ枯れ」あるいは「松くい虫」とも呼ばれている．

2｜マツ材線虫病とは

私たち人間も含め病気はその病気を引き起こす病原体と病気にかかる宿主があってはじめて成立する．マツ材線虫病はマツに発生する伝染病である．残されている記録から，この病気は1905年に長崎県のマツ林で初めておこったとされている．その後，九州一円，そして兵庫県，岡山県などで被害が発生し，全国に広まり，いまでは北海道と青森県をのぞくすべての都府県に被害が蔓延している．この病気による枯れが問題となっているマツは，日本の在来種であるアカマツとクロマツ，リュウキュウマツである．

アカマツとクロマツは本州，四国，九州に広く分布し，特にクロマツは潮水や潮風に対する抵抗力が強いので，海岸付近に分布している．都市部で見られるクロマツは人が植栽したものである．アカマツも本州，四国，九州の高地を除く内陸に広く分布し，よく知られた樹木である．リュウキュウマツは琉球列島の固有種で，海岸低地から山地に自生する．

マツ材線虫病によるマツ枯れ被害は，現在日本のみならず，東アジアの国々，韓国，台湾，中国東部でも猛威をふるっている．

この病気の発生には2種類の生き物が関わっている．その一つがこの病気

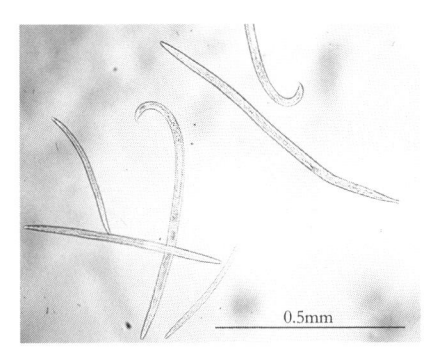

図 4-2-1　マツノザイセンチュウ

図 4-2-2　マツの枝を後食しているマツノ
　　　　　マダラカミキリ
（森林総合研究所関西支所昆虫研究室所蔵）

　の病原体であるマツノザイセンチュウという体長約 0.7mm の小さな動物（図 4-2-1）である．マツノザイセンチュウは人間に寄生する回虫と同じ仲間の動物である．回虫が人間に寄生するのに対して，マツノザイセンチュウは植物であるマツに寄生し，人間には寄生しない．
　ところで，このマツ枯れが初めて確認されてからすでに 100 年を経過しているが，先に記したマツノザイセンチュウが発見され，マツノザイセンチュウがマツ枯れの病原であることがわかったのは 1971 年のことである．それ以前は，枯れたマツには様々な昆虫がいたので，これらの昆虫がマツを枯らすのだろうと考えられていた．つまり，「マツクイムシ」という虫がいるのではなく，これらの昆虫を総称して「松くい虫」と称していた．
　マツノザイセンチュウがマツの体内に侵入すると，ほとんどのマツが夏の短い期間に枯れてしまう．ところで，このような小さな生き物が野外で育っているマツにどのようにしてたどり着き，どのようにしてマツの体内に侵入するのであろうか．不思議なことである．ここにはもう一つの生き物が係っている．それはマツノマダラカミキリ（図 4-2-2）という昆虫である．図 4-2-3 にマツ，マツノザイセンチュウ，マツノマダラカミキリの三者の関係からマツが枯れる経過を示した．マツノマダラカミキリとマツノザイセンチュウは秋から翌春にかけて枯れたマツの中で成長し，5 月末から 7 月にかけてマツノマダラカミキリは羽化・脱出する．このときマツノザイセンチュウは

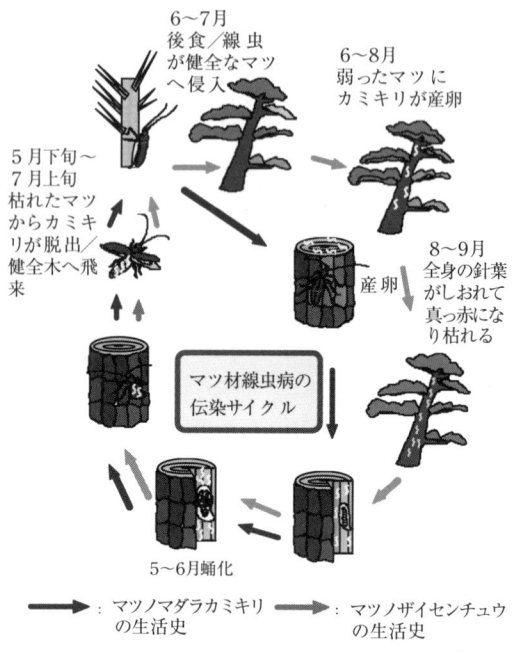

図 4-2-3 マツ材線虫病の伝染サイクル

マツノマダラカミキリの体に付いて運び出され，枯れたマツから脱出する．マツノマダラカミキリは成虫として成熟するために必要な餌を求めてマツに飛来する．この時のマツは枯れたマツや衰弱したマツではなく，健全なマツである．マツノマダラカミキリはマツの枝の樹皮を食べる．この行動を後食と呼ぶ．するとマツにはマツノマダラカミキリの噛み痕である傷ができる．マツノザイセンチュウはマツノマダラカミキリから離れ，この傷口を通ってマツの体内に侵入し，マツ材線虫病を引き起こすのである．つまり，マツノザイセンチュウは，"運び屋"であるマツノマダラカミキリによって，枯れたマツから健全なマツに移動するのである．マツノザイセンチュウが侵入したマツではその後急激に病気が進行し，8月下旬以降全身の葉が赤くなり枯れてしまう．この時期，マツノマダラカミキリは健全なマツではなく，マツ材線虫病で衰弱，あるいは枯れたマツに再び飛来し，産卵する．健全なマツ

図 4-2-4 マツ材線虫病にかかったクロマツ（巻頭カラー口絵も参照）
①：全身の針葉が褐変化し，枯れたマツ
②：前年の針葉が褐変化し，当年の針葉は緑が退色．この後，症状は①の状態に進行する．

は傷が付くと盛んにヤニを出すため，カミキリが産卵してもその卵がヤニに巻かれて死んでしまうのである．ところが衰弱したマツや枯れたマツはヤニを出さないので，マツノマダラカミキリの産卵にはもってこいなのである．

　ちなみに，衰弱したマツにはマツノマダラカミキリ以外にも多くの昆虫が産卵し，子孫を増やすが，これらの昆虫はマツ材線虫病には関わっていない．前にも記したように，これらの昆虫を総称して「松くい虫」と呼ばれてきた．マツノマダラカミキリとマツノザイセンチュウは枯れたマツの中で冬を超し，成長して，翌年の初夏に再び他のマツへと移り住んでいく．このようなサイクルが毎年繰り返され，次々とマツ材線虫病によるマツ枯れが全国に広がっていくのである．なお，マツ材線虫病でマツが枯れるメカニズムの詳細についてここでは記述しないが，マツ樹体内での水輸送の急激な停止と生きた細胞群の枯死によると考えられている．

　マツ材線虫病で枯れるマツは，これ以外の原因で枯れる場合とは異なった症状がみられる．一つには，マツノザイセンチュウの侵入後，外観的にはマ

第 2 部　古都の森の現状

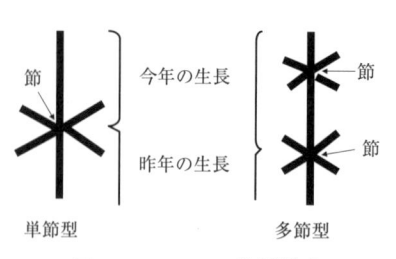

```
       節         今年の生長            節
        \\\|///   }                \\|//
        //|\\\    }                //|\\
                  昨年の生長        \\|//
                                   //|\\
                                          節
        単節型                      多節型
```

図 4-2-5　マツの生長様式

ツに変化のない時点でも，マツに傷を付けてもヤニがでないこと．もう一つは，まず 1 年あるは 2 年前の古い針葉がしおれて赤く変化し，その後今年できた新しい針葉が赤く変色する（図 4-2-4，巻頭カラー口絵も参照）．これらはマツ材線虫病に罹ったマツの見分け方でもある．ところが，見分けることができた時点では手遅れであり治療はほぼ不可能である．

まめ知識：マツの年齢早わかり

　　マツ属は二つの亜属に分類される．一つはゴウヨウマツの仲間，もう一つはアカマツやクロマツ，リュウキュウマツなどである．これらのシュートの生長様式は前者が 1 年に一度だけ幹，枝を伸ばす単節型であり，後者は単節型と 1 年に複数回幹，枝を作る多節型である（図 4-2-5）．マツ材線虫病で枯れるアカマツやクロマツ，リュウキュウマツは単節型である．単節型のマツは 1 年に一度しか節を作らないので，マツの節の数を数えるとその木の年齢がわかるのである．

先に，マツも少数であるが自然に衰弱し枯れることを示した．ところが，マツ材線虫病は一夏のあっと言う間に健全なマツを枯らし，そして枯れが次々に伝染し，自然な枯死とは比べものにならない恐ろしい病気なのである．なお，東北地方のような寒冷な地域では，マツノザイセンチュウが侵入したその年にはマツは枯れず，翌年になって枯れる「年越し枯れ」も知られている．

3 京都市におけるマツ枯れ被害の現状

　京都市内においてマツ枯れ被害が顕著になり，その防除が開始されて40年近くが経過している．この間の様々な情勢の変化を経た京都市のマツ枯れ被害の近況を以下に記す．

(1) 外観的調査による被害状況

　京都市内の山間部をほぼ網羅するよう，2005年9月～12月にかけて山地に分布するアカマツ林を離れた場所から観察し，マツ枯れ被害状況を目視で調査した．被害状況は枯損率で表し，2万5千分の1の地形図に記入した．枯損率は，マツの成立本数に対する枯損率を推定したものである．
　その結果，標高500m以上ではマツ枯れの被害率が大きく低下するが，500m以下では被害率が高く，以前はアカマツ林であったが現在ではアカマツが全く見られず，コナラ林にかわってしまった箇所もあった．標高500m以下の箇所では今後も激しいマツ枯れ被害の発生が予測される．
　観察に際しては対象とするアカマツ林の標高・地形（山腹部か尾根部か）・方位（東西南北の四方位）も合わせて記録した．
　その結果，尾根部の被害率は山腹部より低い傾向が認められた．この結果は尾根部のマツが残り続けること示しているのではなく，早晩マツがなくなっていくことには変わりはない．

(2) 林分単位の被害状況

　被害の実態を離れた場所からの観察だけではなく，より細かな視点で解析し，さらに枯損発生の標高の上限を知るために踏査を行い，枯損率を求めた．ここでの枯損率はアカマツの枯損木・生残木をカウントして求めた．調査地は京都盆地周辺の醍醐山（454m）・高塚山（485m）・ポンポン山（679m）・小塩山（641m）・天ヶ岳（788m）・天ヶ森（813m）・滝谷山（876m）・比叡山（四明

岳・848m)・愛宕山 (924m)・地蔵山 (948m)・三頭山 (726m) に分布するアカマツ林である．

　その結果，離れた場所からの観察による被害状況と同様に標高が高くなるにつれてマツ枯れの枯損率は低下し，標高 500m を境に違いが認められた．なお，標高 500m 以上の高標高においても枯損は発生しているが，現在のところマツ林が崩壊するような箇所はなかった．

4 グローバルな視点からマツ材線虫病をみると

　山のマツがなくなりかねない勢いで枯れは広がっており，このような森林被害は大変まれな現象である．このようなことがおこる理由はいろいろな状況証拠から判断して，この病気がもともと日本にあった病気ではなく，北アメリカ原産の病原体 (マツノザイセンチュウ) が日本に持ち込まれ，日本国内で広がった侵入病害だからなのである．つまり，北アメリカ原産のマツはマツノザイセンチュウに対して抵抗力があるのでほとんど枯れることはないが，日本のマツはマツノザイセンチュウに対して抵抗力がないので激しく枯れるのである．さらに，マツノザイセンチュウの運び屋としてのマツノマダラカミキリが日本に生息していたことも，マツ枯れ被害が広範囲に広がった重要な要件であった．

　このように海を越えて「持ち込まれた」(このような表現をとったのは，マツノザイセンチュウそれ自身が太平洋を泳いで日本に不法侵入したとは考えられないし，また人間が意識してマツノザイセンチュウを持ち込んだわけでもないが，北アメリカから輸入されたマツ材にマツノザイセンチュウがたまたま含まれていたのであり，結果として人間が新天地にマツノザイセンチュウを持ち込んだことになる) 生物は，新天地の生態系を大きく乱す結果を招くことが多々見られる．例えば，マツ材線虫病以外の病害として，ヨーロッパから北アメリカへ持ち込まれたニレ立枯れ病，東アジアから北アメリカに持ち込まれたクリ胴枯れ病などは有名である．これらはそれぞれ，北アメリカのニレ，クリに激しい枯損被害を起こしている．前者のニレ立枯れ病では，持ち込まれた北ア

メリカで病原力を強めた病原菌がヨーロッパに里帰りし，今度はヨーロッパのニレが枯れていることが報告されている．人々がそして様々な物がグローバルに頻繁に移動する時代，送り出す側，受け入れる側の双方に十分なチェック体制が望まれる．

　マツ材線虫病によるマツの枯損が20世紀も終わりに近づいた1990年代末にヨーロッパのポルトガルでも発生した．2006年7月にはポルトガルの首都，リズボンでマツ材線虫病に関する国際会議が開催された．この会議は"PINE WILT DISEASE: a worldwide threat to forest ecosystem（マツ材線虫病：森林生態系に対する世界的危機）"と銘打たれ，マツ枯れ被害に関する幅広い議論が交わされ，EU諸国のマツ材線虫病被害拡大に対する懸念が示された．マツ材線虫病によるマツ枯れ先進国（？）である日本でこれまで実施されてきた様々な取り組みが，ヨーロッパにおけるマツ枯れ被害の軽減，拡大防止に役立つことを切に願ってやまない．ちなみにこの会議には著者も参加し，天橋立におけるマツ枯れ被害に関する取り組みを報告した（第5章第3節参照）．

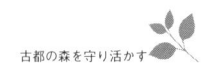

ナラ枯れ現象

1 はじめに

ミズナラやコナラなどのブナ科樹木が，カシノナガキクイムシ（以下カシナガ）によって穴をあけられ，集団的に枯れる被害が各地で拡大している．この被害の最も古い記録は1934年に発生した南九州での被害であり，その後は特定の地域だけで断続的に発生していた．ところが，1980年代以降に被害が急速に拡大し，2007年までに1府22県で被害が確認されている（図4-3-1）．

京都府では，1991年に久美浜町で最初の被害が発生し，1993年に大江町の大江山で大規模な被害が発生した．これ以降，被害は北部全域に拡大し，1996〜1997年には，全国の被害面積の70%以上を占めるほどの大被害になった．その後，被害は徐々に南下して2000年には中部地域でも被害が確認され，2004年には京都市でも確認された（図4-3-2）．

京都盆地周辺で被害が最初に確認されたのは2005年7月である．京都市東山の東山国有林内に生育していたアラカシに多数の穿入孔（キクイムシがあけた穴）が掘られているのを，国有林を管理する京都・大阪森林管理事務所の職員が発見し，その穿入孔からカシナガが確認された．その後の調査によって，この地域では2003年頃から被害が発生しており，2005年には60

第 2 部　古都の森の現状

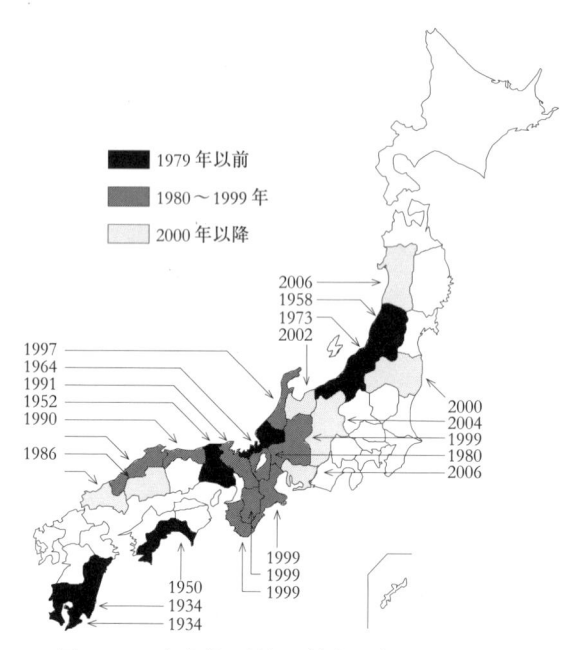

図 4-3-1　各府県で最初に被害が確認された時期

本以上の枯死木が点在していることが判明した．枯死木が発生していた地域は，世界遺産に指定されている社寺仏閣を懐に抱える風景林として重要な地域である．この地域は，明治維新以前は，近隣の社寺が所有する社寺有林であり，燃料や肥料を採取する場所として社寺の貴重な収入源であった．しかし，明治政府が召し上げて国有林とし，伐採を禁止した．このため，周辺の民有林に比べて大径木が多く，被害が発生しやすい状況にあった．この被害を放置すれば，数年後には 1000 本以上の大被害となり，周辺の貴重な森（下鴨神社の糺ノ森や京都府立植物園など）が被害を被ることがほぼ確実であった．そこで，当時の森林管理事務所長であった村上幸一郎氏（本書 2 章の執筆者でもある）に，「被害木を放置したら，とんでもないことになります」と助言した．本節ではこの「ナラ枯れ」と呼ばれる現象について紹介し，「被害木を放置してはいけない」と助言した理由について説明する．

第 4 章　変わりゆく京都の森

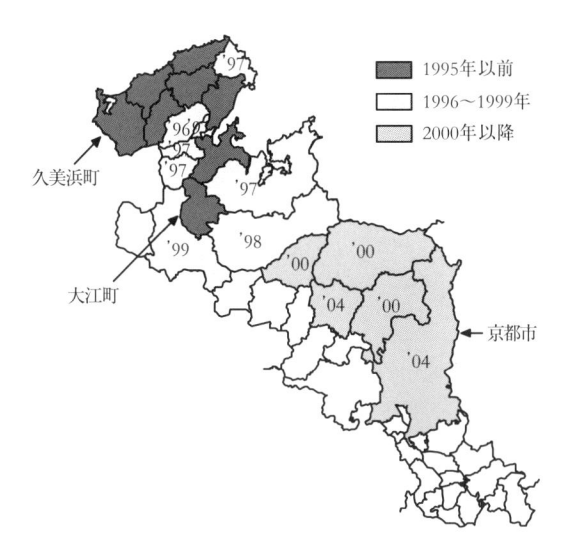

図 4-3-2　京都府の各市町村において被害が確認された時期

2　カシノナガキクイムシの穿入を受けた樹木が枯れる仕組み

　カシナガの成虫は暗褐色の円筒形で，雄の翅の末端は尖り，雌の前胸背と呼ばれる部位には菌のう（餌となる菌類の胞子を貯蔵する器官）の役割を果たす 5 〜 10 個の丸い窪みがある（図 4-3-3）．カシナガの穿入が確認されている樹木は 56 種に達しているが，主にブナ科樹木が穿入を受け，ブナ科樹木だけが枯死する（表 4-3-1）．樹木が枯れる時期は山の緑が濃い 7 〜 9 月であるため，赤褐色の葉を付けた枯死木はよく目立ち，紅葉したかのような異様な光景が拡がる（図 4-3-4）．枯死木に掘られた穿入孔からはフラス（虫糞と掘り屑の混合物）が排出され，根元に堆積する（図 4-3-4）．また，枯死木の辺材部は黒褐色に変色する（図 4-3-4）．この変色部やカシナガの体表から糸状菌の一種（*Raffaelea quercivora*，以下ナラ菌と略記）が検出され，この菌が健全木に接種された結果，健全木の枯死が再現された．また，健全木に多数のカシナガ成虫を穿入させた結果，健全木の枯死が再現できた．これらのこと

第 2 部　古都の森の現状

菌のう

♂　♀

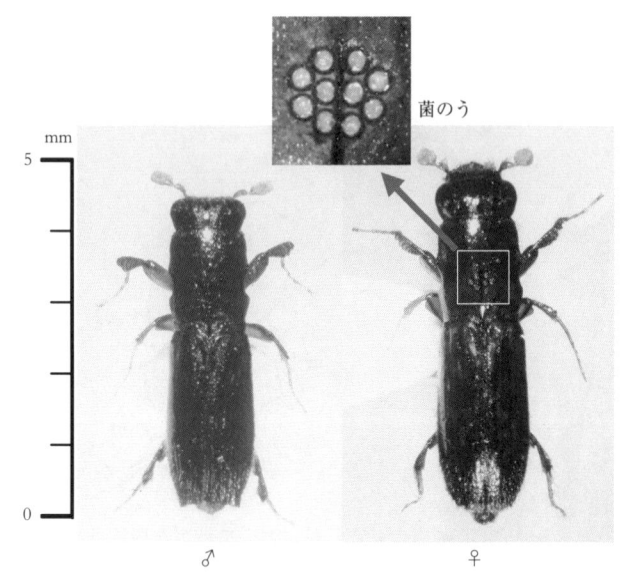

図 4-3-3　カシノナガキクイムシ (*Platypus quercivorus*) 成虫

から，カシナガが運搬するナラ菌に樹木が次々に感染して枯れていることが明らかになった．

　被害木の辺材部に掘られたカシナガの孔道（坑道，トンネル）周辺はフェノール類などの抗菌性物質が集積して黒褐色に変色する（図 4-3-4，巻頭カラー口絵も参照）．この変色部は，菌類が樹体内へ蔓延することを防ぐための防御反応として形成され，通水機能を失っている．しかし，ナラ菌はカシナガの集中攻撃（マスアタック）によって多数の場所から樹体内に侵入し，カシナガが樹体内に張り巡らせた孔道を伝って急速に拡大するため，変色部は防護壁としての役割を果たすことができない．このため，ナラ菌の蔓延に伴って通水機能を失った変色部が拡大し，幹のある断面で水の流れが完全に止まることで萎凋枯死する．

表4-3-1　カシノナガキクイムシの穿入を受けたブナ科樹種

属名		種名		本州日本海側	紀伊半島	高知県	九州
ブナ属	*Fagus*	ブナ	*F. crenata*	○			
コナラ属	*Quercus*	ウバメガシ*	*Q. phillyraeoides*		●		
		クヌギ	*Q. acutissima*	●	●		
		アベマキ	*Q. variabilis*	●	○		
		カシワ	*Q. dentata*	●	○		
		ミズナラ	*Q. crispula*	●	○		
		コナラ	*Q. serrata*	●	●		
		ナラガシワ	*Q. aliena*	●			
		イチイガシ*	*Q. gilva*		○	○	●
		アカガシ*	*Q. acuta*	●	●	○	●
		ハナガガシ*	*Q. hondai*		○		
		ツクバネガシ*	*Q. sessilifolia*			○	○
		アラカシ*	*Q. glauca*	●	●	●	●
		シラカシ*	*Q. myrsinaefolia*	●	○		●
		ウラジロガシ*	*Q. salicina*	○	●	○	●
クリ属	*Castanea*	クリ	*C. crenata*	●			
シイ属	*Castanopsis*	ツブラジイ*	*C. cuspidata*	●	○		●
		スダジイ*	*C. cuspidata var. sieboldii*		●	○	●
マテバシイ属	*Pasania*	マテバシイ*	*P. edulis*		○		●

○穿入のみを確認　●穿入と枯死を確認　*常緑樹

3 カシノナガキクイムシの生態

　カシナガは複雑な孔道を構築する（図4-3-5）．雄が最初に繁殖木を見つけて穿入孔をあけ，その奥に穿入母孔を掘る．穿入母孔を完成させた雄は集合フェロモンを発散し，これに誘引された雄が次々に穿入して集合フェロモンを発散することで，1本の樹木に多数の成虫が穿入する．このようにしてマスアタックすることで，樹木による抵抗を突破している．集合フェロモン

第 2 部　古都の森の現状

図 4-3-4　集団枯死したミズナラ（2005 年撮影，巻頭カラー口絵も参照）
左下は，枯死木の根元に堆積したフラス．右下は，枯死木の幹の断面．

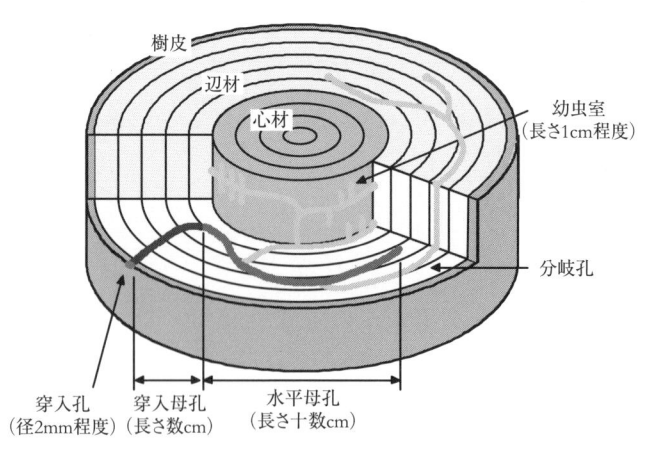

図 4-3-5　カシノナガキクイムシの孔道

ラベル：樹皮，辺材，心材，幼虫室（長さ1cm程度），分岐孔，穿入孔（径2mm程度），穿入母孔（長さ数cm），水平母孔（長さ十数cm）

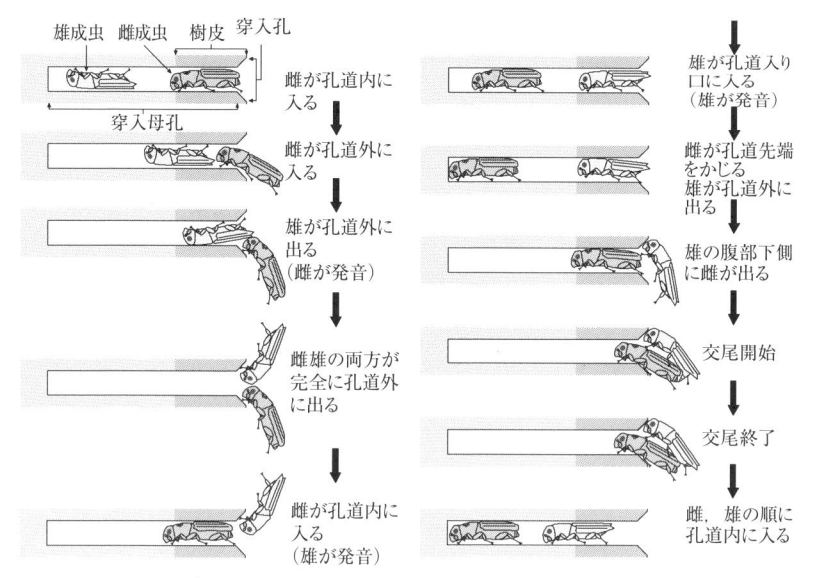

図 4-3-6　カシノナガキクイムシの交尾行動

に誘引された雌は，穿入孔で交尾した後，穿入母孔を延長して水平母孔を掘る．卵から孵化した幼虫は，孔道壁面に生育したアンブロシア菌（着菌性キクイムシが食べる菌類の総称）を食べて成長し，幼虫室を掘って越冬する．幼虫室内で羽化した新成虫は孔道を逆戻りして6～10月に穿入孔から脱出し，新たな繁殖木を探索する．

　カシナガの雌と雄の役割は明確に区別されている．雄は餌を運ぶための菌のうを持たないため，交尾できなければ餓死するしかない．また，交尾後の雄は天敵の侵入防止や掘り屑の排出の役割を担っているため，虚弱な雄と交尾した雌の運命は悲惨であろう．人間では，結婚相手が嫌になった場合は，離婚して再婚することができるが，カシナガはそうはいかない．雌雄ともに孔道を掘り始めると脚の先端部が削り落ちるため，他の異性と再婚できなくなる．このような事情のためか，カシナガが交尾に至るまでの行動は複雑である（図4-3-6）．繁殖木に飛来した雌は，雄が掘った孔道内に侵入しようとする．孔道の主が未交尾の雄であれば，雌は孔道内への侵入を許されるが，孔道の主が交尾を済ませた雄であれば，侵入しようとする雌は足蹴にさ

れる（既婚の雄は，求愛している雌を脚で蹴り出す）．このように，雌のことが気に入らなかった雄は孔道から出ようとせず，逆に，雄のことが気に入らなかった雌は交尾せずにその場を立ち去る．雌雄ともに相手のことが気に入った場合は，穿入孔で雌と雄が入れ替わり，雌は孔道の奥へと進み先端部を齧る．繁殖に不適なウラジロノキでは，先端部を齧った雌が交尾せずに立ち去ったことから，雌は先端部を齧ることで孔道が繁殖に適しているかどうかを判断していると考えられる．先端部を齧った雌は，穿入孔で待機している雄の下側に出てきて交尾する．交尾はわずか2秒間で終了し，交尾後は雌そして雄の順に速やかに安全な孔道内へと戻る．このような交尾行動の際，雌雄ともに翅の裏側にあるヤスリ状の構造と，これに対応する腹部の隆起部をこすりあわせて発音する．

4 被害発生要因

(1) 大径木の増加が被害発生要因では？

　近年になって被害が拡大したため，酸性雨や地球温暖化が原因であるとする説が唱えられきた．しかし，これらの説は被害発生から数年が経過した激害林を調査した結果に基づいている．原因を究明するためには，火災と同じで，火元の調査が重要である．そこで，周辺に被害がない地域で，突如として発生した被害発生初期林を調査した．その結果，1960年代に始まった燃料革命（燃料を薪炭から化石燃料に切り替えた生活様式の変化）以降に放置され，樹木が大径化した林で最初の被害が発生していることが明らかになった．また，カシナガは大径木に好んで穿入するため，大径木から先に枯れることも明らかになった．酸性雨や地球温暖化の影響がなかった半世紀前に兵庫県で発生した大規模な被害も，薪炭林施業（薪や炭を得るために20年程度のサイクルで樹木を伐採する作業）の中止による樹木の大径化が原因であると指摘されていた．これらのことから，人間の都合で薪炭林が放置され，大径木が増加したことが被害発生要因であると考えられた．

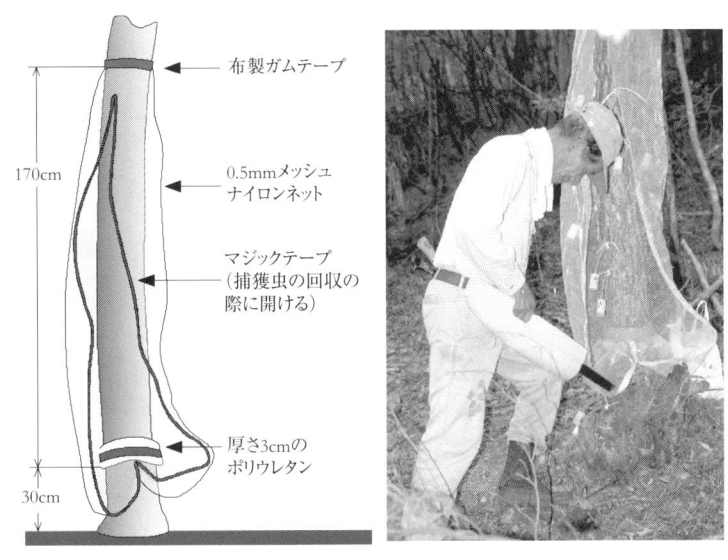

図 4-3-7　枯死木 1 本あたりの脱出数の調査法

(2) 大径木はカシノナガキクイムシの繁殖に好都合

　大径木の増加が被害発生に及ぼす影響を解明するため，大径木におけるカシナガの繁殖数を調査した．枯死木 1 本あたりのカシナガ脱出数を把握するため，枯死木をナイロンネットで被覆し，脱出虫を掃除機で吸い取って数えた（図 4-3-7）．また，穿入孔あたりの脱出数（雌雄 1 対の親が育てる子供の数）を把握するため，各枯死木から 20 孔の穿入孔を無作為に選び，フィルムケースで作成したトラップを設置した（図 4-3-8）．その結果，枯死木 1 本あたりの脱出数と穿入孔あたりの脱出数は，いずれも枯死木の直径（胸高直径）が大きいほど多くなることが明らかになった（図 4-3-9）．とくに，直径 25cm 以上の大径木では，穿入孔あたりの脱出数が平均 100 頭を超え，枯死木 1 本から 1 万頭近い成虫が脱出する場合があった（図 4-3-9）．また，大きさが異なる丸太を野外に設置し，丸太の含水率とカシナガの繁殖状況を調査した結果，大径木は繁殖に利用できる容積が大きいだけでなく，餌である酵母の生育に必要な高い含水率が維持されやすいことも明らかになった．これらの

第2部　古都の森の現状

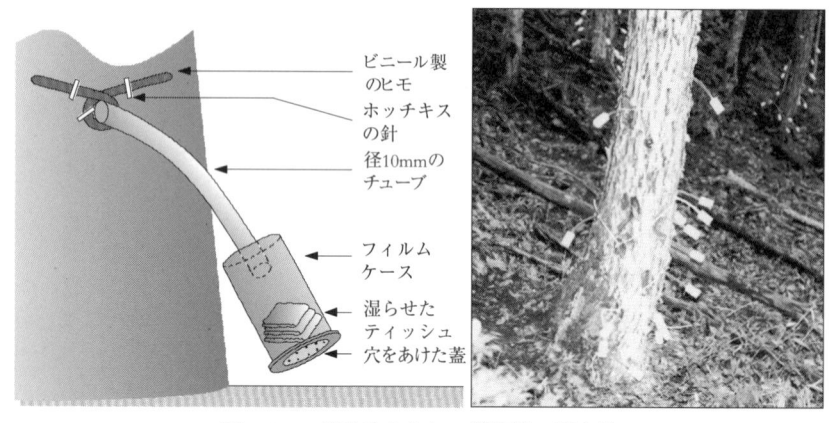

図 4-3-8　穿入孔あたりの脱出数の調査法

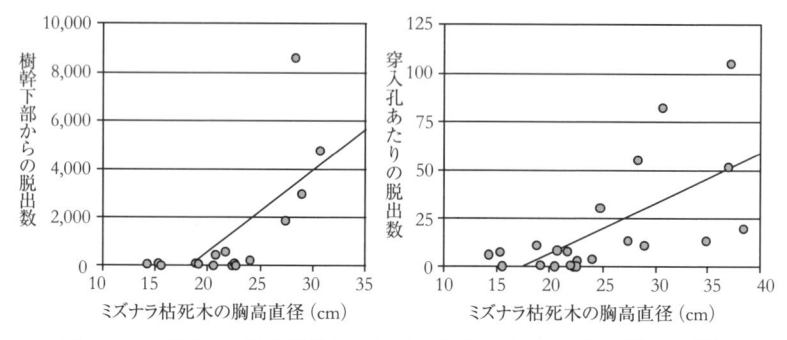

図 4-3-9　枯死木の胸高直径とカシノナガキクイムシの脱出数との関係

ことから，放置された旧薪炭林において繁殖に好都合な大径木が増加し，これを利用してカシナガの個体数が急上昇したために，健全木にマスアタックして枯死させていると考えられた．

(3)　丸太を用いたカシノナガキクイムシの飼育

現在の日本では，夫婦が10人以上の子供を育てるのは至難の業であろう．このように，子育てをする動物では，親が養育できる子供の数は制限される．ところが，カシナガは雌雄1対の親が数百頭の子供を育てる場合があ

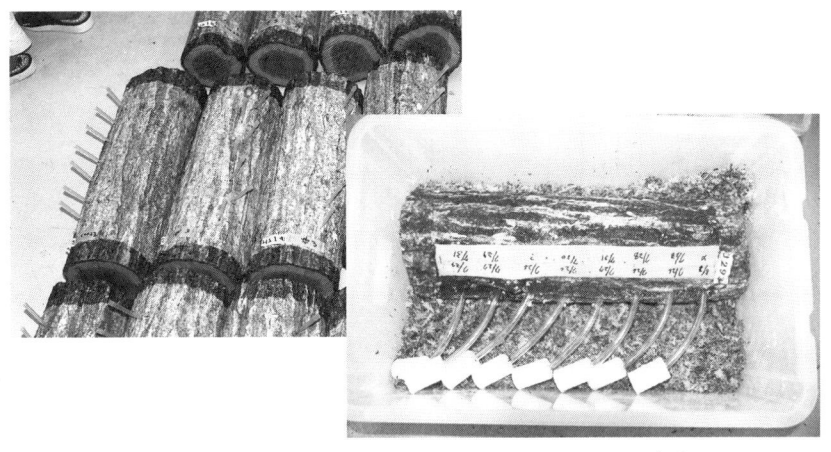

図 4-3-10　浸水丸太を用いたカシノナガキクイムシの飼育

る．このような高い繁殖力を有している原因を解明するためには，一生の大半を過ごす堅い材内での生態を知る必要がある．そこで，丸太を用いてカシナガを飼育し，飼育中の丸太を定期的に割って材内の様子を観察してみようと考えた．水に浸けた長さ50 cmの丸太にドリルで5 cm間隔に穴をあけ，その穴に雄を接種し，数日後に雌を接種して交尾させた（図4-3-10）．このようにして作成した飼育丸太を定期的に割り，孔道の長さと次世代虫（卵と幼虫）の数を調査した．その結果，雌が孔道を完成させてから産卵するとされていたが，雌を接種した10日後の丸太内に，卵だけでなく若齢幼虫が確認され，接種16日以降の孔道内には終齢幼虫が確認された（図4-3-11）．さらに，接種20日以降に分岐孔が掘られ，親成虫は分岐孔では確認できないにもかかわらず，分岐孔の先端部に卵塊があった（図4-3-12）．この丸太による飼育の結果から，「交尾直後に産み落とされた数個の卵から孵化した幼虫が2週間程度で終齢に達し，この終齢幼虫が分岐孔の掘削，卵の運搬，菌類の培養を行っている」という仮説が導かれた．この仮説が正しければ，先に生まれた幼虫が後から生まれてくる弟や妹の面倒を見ていることになる．このような行動は人間以外の動物ではほとんど知られていないが，海外の文献にも，ナガキクイムシの終齢幼虫が分岐孔を掘ったり卵を運搬することを示

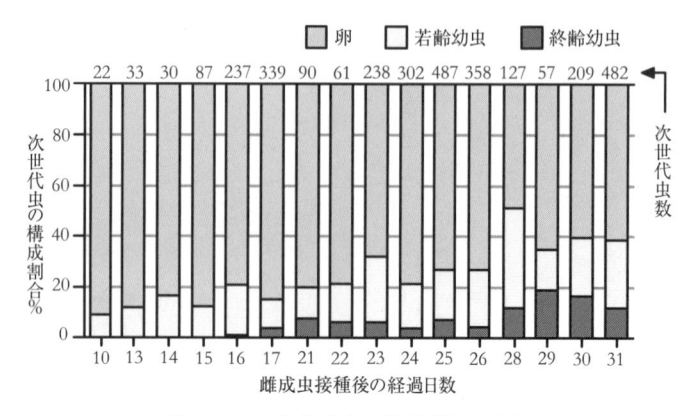

図 4-3-11　次世代虫の構成割合の変化

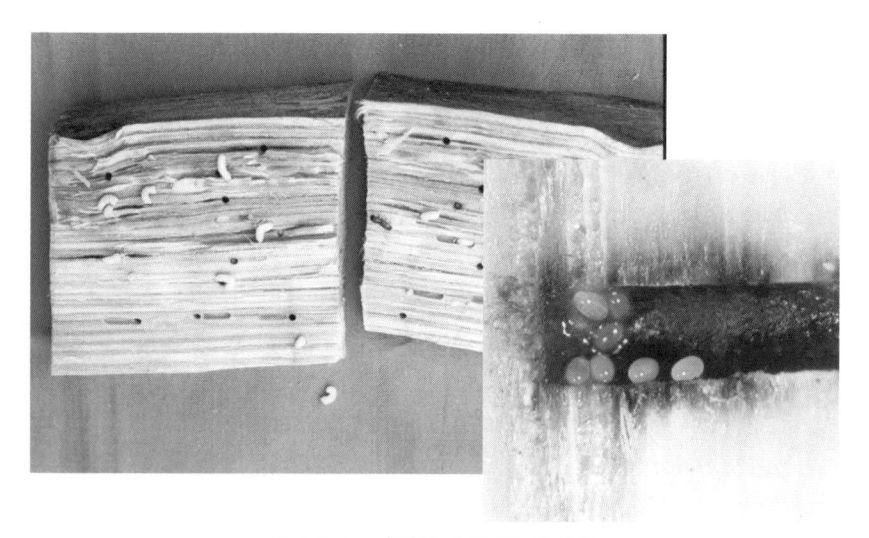

図 4-3-12　飼育丸太内の次世代虫

唆する記述が存在している．

(4)　人工飼料を用いたカシノナガキクイムシの飼育

飼育中の丸太を割ると，丸太内のカシナガは死んでしまうため，材内での

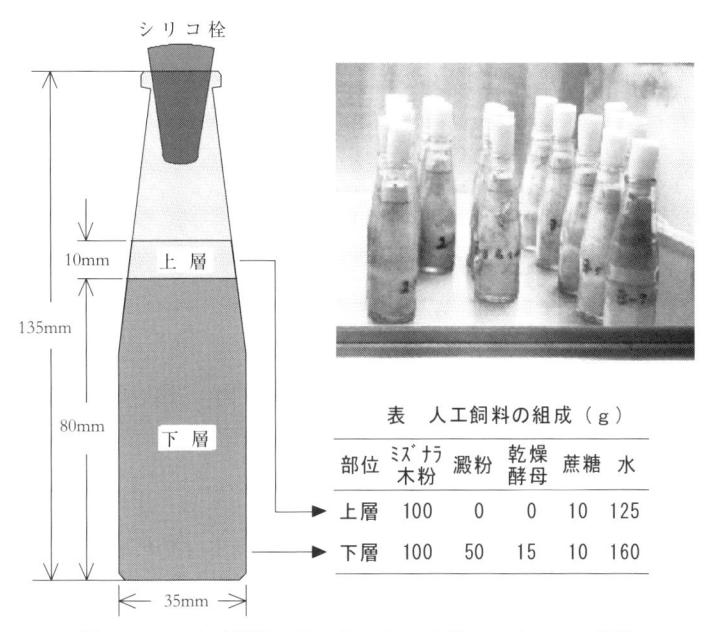

図4-3-13 人工飼料を用いたカシノナガキクイムシの飼育

部位	ミズナラ木粉	澱粉	乾燥酵母	蔗糖	水
上層	100	0	0	10	125
下層	100	50	15	10	160

表　人工飼料の組成（g）

行動は観察できない．丸太を用いた飼育によって導かれた仮説を検証するためには材内での行動を直接観察する必要がある．そこで，透明のビン（図4-3-13）を用いた飼育にチャレンジした．ビンに詰める人工飼料の基材となる木屑は，チェーンソーで作成すると繁殖を阻害するオイルや心材部が混入するため，辺材部だけを電気かんなで削り取った．また，ビンの上部から侵入した雑菌の蔓延を防止するため，フィルター代わりに栄養分を添加しない人工飼料をビンの上部に詰めた．さらに，人工飼料を詰めたビンを高温・高圧殺菌した後，人工飼料をガラス棒で激しく突いて，人工飼料内の空気を排除した．このような工夫を重ねた結果，ビンによる飼育に成功し，次の行動をビデオテープに収めることができた．

①終齢幼虫は大顎をシャベルのように使って分岐孔を掘り，腹部下面に溜め込んだ掘り屑が多くなると，掘り屑を抱えたまま後ずさりして分

岐孔外へと搬出した．
②終齢幼虫は頭部を使って卵を丁重に転がしながら餌が豊富な分岐孔の先端へと運搬した．
③終齢幼虫が尾部から透明の液体を放出して酵母が生育している孔道壁面を濡らし，濡らした部分を頭部でこねながら酵母が生育していない前方の孔道壁面へと移動した．
④終齢幼虫の尾部から分泌された乳白色の液体を別の終齢幼虫が食べた．

①と②の行動によって，終齢幼虫が分岐孔の掘削と卵の運搬を行っているという仮説が証明された．また，餌である酵母は含水率が高いほどよく生育するが，酵母は菌糸を延ばさないため自力で蔓延する能力は低い．このため，③の終齢幼虫による散水と酵母の移動は，終齢幼虫が酵母を培養するための行動であると考えられる．さらに，④の行動は栄養交換と推察され，成虫も幼虫の尾端部に頭部をこすりつけることから，真社会性の昆虫に限られるとされる幼虫から親成虫への栄養伝達が行われている可能性も示唆された．

(5) カシノナガキクイムシの繁殖能力が高い理由

真社会性の昆虫は，繁殖に専念する女王と，繁殖せずに女王が産んだ子供の養育や巣の管理と防衛に専念するワーカーがいる．このような繁殖分業があるため，1頭の雌が多数の卵を産み，多数の子供が無事に育つことができる．カシナガには繁殖分業がなく，子供である新成虫が親の巣から脱出して繁殖するため，真社会性の条件を満たしていない．しかし，早く生まれた幼虫が真社会性のワーカーのような役割を果たすため，多数の子供を養育することができる．カシナガの雌は，交尾直後は数個の卵しか産まないが，幼虫から栄養をもらうなどして卵巣を発達させ，徐々に産卵数を増やし，最終的には数百個の卵を産んでいると推察される．実際に，丸太を用いた飼育では，雌雄1対の親から300頭以上の子供が脱出することが多く（最高552頭），野外の樹木に掘られた穿入孔から337頭の新成虫が脱出した場合もあった．

(6) 大径木や衰弱木の増加が被害発生要因

　酸性雨や地球温暖化の影響がなかった時代からナラ枯れは発生しており，半世紀前の技術者は，薪炭林の放置による樹木の大径化が原因であると考察している．また，被害発生初期林を調査した結果，薪炭林が放置されて樹木が大径化した林で最初の被害が発生しており，カシナガが好む大径木から先に枯れていることが明らかになった．さらに，枯死木からの脱出数を調査した結果，大径木は繁殖に好都合であり，大径木からの脱出数が多いことが明らかになった．丸太や人工飼料を用いた飼育の結果，カシナガは終齢幼虫がワーカーのような役割を果たすため，高い繁殖能力を有していることが明らかになった．これらのことから，燃料を採取するために定期的に伐採が繰り返されてきた薪炭林が燃料革命以降に放置され，カシナガの繁殖に好都合な大径木が増加し，これを利用してカシナガの個体数が急上昇したために，健全木がマスアタックを受けて枯死していると考えられる．

　日本のナラ枯れと同様の被害が，韓国と南ヨーロッパでも発生している．いずれの被害も，枯死木はブナ科樹木であり，カシナガと同属のナガキクイムシが運搬するナラ菌と同属の菌類が被害に関わっている．これらの被害が北半球の先進国で発生していることも共通点である．韓国の被害をこの目で確認した結果，大径木が多い場所で被害が発生するなど，韓国でも樹木の大径化が被害に関与していると考えられた．

　ただし，樹木の病害は，さまざまな要因が重なった場合に発生する．ナラ枯れはマツ材線虫病と同様に，通水機能の低下によって樹木が萎凋枯死する病害であるため，夏期の高温・乾燥による水ストレスは誘因になっていると考えられる．実際に，2007年のような猛暑の年には被害が拡大し，逆に夏が低温で雨が多いと，カシナガによる穿入を受けても枯死に至らない個体が増加する．

5 京都盆地周辺の被害とその対策

「大径木が多い東山国有林での被害木を放置したら，とんでもないことになる」と助言した理由が理解していただけたと思う．この助言を受けた森林管理事務所の対応は迅速であった．対策会議（メンバーは，京都府，京都市，森林総合研究所関西支所，京都大学，京都府立大学および京都大阪森林管理事務所）が開催され，そこでの検討結果を基に次のような対策が実行された．

①林内に放置した伐採木がカシナガの繁殖源になるため，伐採木を放置する施業が中止された．
②注意喚起文書の配布や立て看板の設置など，周辺関係者への周知徹底が計られた．
③病原菌の伝播者であるカシナガの個体数を減らすため，カシナガが繁殖している枯死木を伐倒して薬剤でくん蒸する伐倒薬剤処理が実施された．
④枯死木をもれなく発見することが重要であるため，ヘリコプターによって上空から枯死木の大まかな位置が把握された．また，この結果を基に，GPS 受信機（Mobile mapper）による枯死木の位置の特定や枯死木の大きさを測定する現地調査が実施され，GIS アプリケーション（Arc View）を活用して枯死木の分布図が作図された（図 4-3-14）．

対策会議において最も時間をかけて議論したことは，穿入を受けても枯死しない穿入生存木の扱いであった．議論を重ねた結果，次の理由から，フラス排出量が多い（繁殖数が多い）穿入生存木だけを伐倒薬剤処理することが決定した．

①穿入生存木からも新成虫は脱出するが，その数は枯死木よりも少ない．
②穿入生存木は枯死木よりも多く，枯死木を優先して伐倒薬剤処理しないと，全ての枯死木が処理できない．
③穿入生存木を伐倒すると林内に大きなギャップが発生し，明るい場所

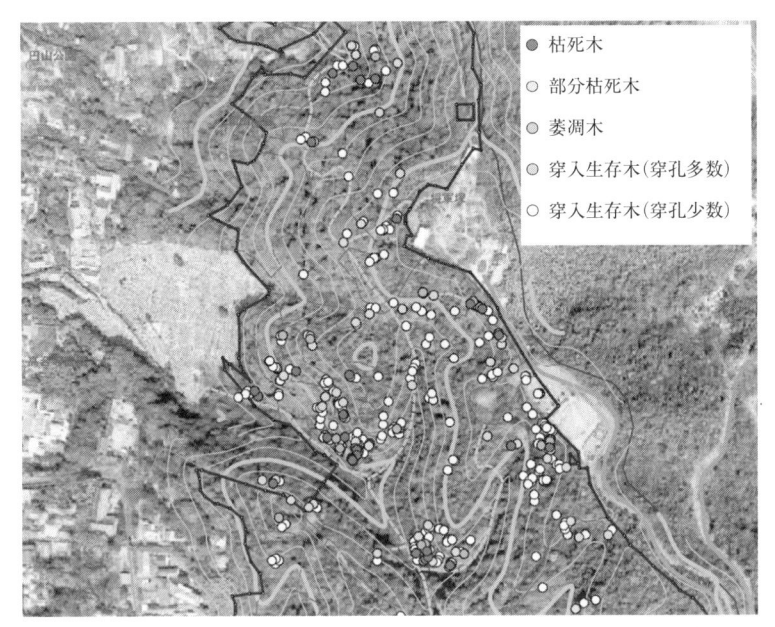

図4-3-14　GPSとGISを活用した穿入被害木分布図(将軍塚周辺)

を好むカシナガが集中したり，ギャップ周辺において乾燥や温度変化が激しくなるなどの微気候の変化が生じ，樹木がストレスを受けて被害が助長される．

④穿入生存木に再穿入したカシナガは繁殖に失敗して死亡するため，穿入生存木はカシナガの個体数を減らす役割を果たしている．

⑤穿入生存木を伐倒すると，穿入対象を失ったカシナガが広範囲の林分へと飛散して被害が拡大する．

ただし，穿入生存木からも新成虫が脱出するため，ボランティアの協力を得て，新成虫が脱出する穿入孔に爪楊枝を挿入する防除策が実施された(図4-3-15)．また，伐倒薬剤処理や爪楊枝挿入では，林外から飛来するカシナガは駆除できないことから，飲料メーカーの協力を得てペットボトルを利用したカシナガの大量捕獲も実施された(図4-3-16)．

第 2 部　古都の森の現状

図 4-3-15　カシノナガキクイムシの脱出阻止を目的とする爪楊枝の挿入

ペットボトルの胴体部を切断して
作成した受け皿を螺旋状に設置

ペットボトルの先端部を切断して
重ねたものを樹幹に設置

図 4-3-16　ペットボトルを利用したカシノナガキクイムシ大量捕獲

このような対策によってどのくらいの防除効果が得られたかを，ある年の枯死本数から翌年の枯死本数を予測する数理モデルを用いて検証した．2005年には，枯死木 65 本と穿入生存木 105 本が確認された．この値を数理モデルに当てはめると，防除しなかった場合の 2006 年の新たな枯死本数は 288 本と推定された．これに対して，防除後の 2006 年には，枯死木 53 本と穿入生存木 103 本が発生したにとどまった．すなわち，防除したことによって新たな枯死本数は約 4 分の 1 に減少し，大規模な被害の発生が食い止められた．ただし，2006 年には，東山国有林以外の民有林でも被害が発生し，20 箇所程度で枯死木約 80 本と穿入生存木約 100 が確認された．2006 年にも同様の対策が実施された結果，2007 年の東山国有林内での枯死本数は 100 本以下に抑えられたが，ヘリコプターによる上空からの調査では，京都盆地周辺の約 30 地点で約 300 本の枯死木が確認された．東山国有林については現行の対策で大規模な被害の発生は食い止められると考えられるが，民有林については，枯死木の位置の把握が困難であり，今後，被害が拡大する危険性が高い．関係者の役割分担を明確にし，枯死木の位置を正確かつ迅速に把握することが課題となっている．

6 おわりに

キクイムシはチョウやカミキリムシのようにカラフルではなく，大きさも 1cm 以下で，木材に穴をあける害虫として扱われることが多い地味な存在である．しかし，腐りにくい木部に穴をあけ，物質循環を促進するという重要な役割を担っている．ナラ枯れは，大径木の増加が被害発生要因であると考えられ，カシナガは人間が使わなくなった大径木を活用して物質循環を促進しているのかもしれない．しかし，被害を放置すれば，カシナガの個体数が増加し，枯死する必要がない樹木まで枯死することになる．被害を軽減する抜本策は，カシナガは直径 15cm 以下の樹木ではほとんど繁殖できないため，大径木を伐採して活用することである．樹木の伐採を悪だと考える人が増えている．確かに，手つかずの自然林を乱伐したり，立派に成長した巨樹を伐

採することには賛同できない．しかし，人間が伐採を繰り返して活用してきた里山の樹木を伐採することは悪だとは思わない．むしろ，里山の樹木を伐採せずに放置することのほうが悪なのかもしれない．なぜなら，里山の放置は，ナラ枯れやマツ枯れだけでなく，モウソウチクの分布拡大や，イノシシ，クマ，サル，シカなどの獣と人間との軋轢など，日本の森林が抱える問題を助長している．この本のタイトルは「古都の森を守り活かす」であるが，先人達のように森を賢く活用することが森を守る最も有効な手段なのかもしれない．

コラム　キクイムシ

　甲虫目のナガキクイムシ科（Platypodidae）とキクイムシ科（Scolytidae）の総称であるキクイムシは，陸上に多量に存在する樹木の材部を利用して繁殖することに成功した甲虫の中で最も進化した一群であり，世界に約8000種，日本には約300種が知られている．キクイムシの食性（食べ物）は多様であり，栄養価の高い内樹皮（甘皮）を食べる樹皮下キクイムシ，腐朽した材部を食べる食材性キクイムシ，小枝の随を食べる随キクイムシの3グループは，キクイムシの名の通り木を食べている．しかし，ドングリのような種子を食べる種子キクイムシと養菌性キクイムシは木を食べていない．カシナガが属する養菌性キクイムシは，材内に孔道（トンネル）を掘り，菌のう（菌類の胞子を貯蔵する器官）によって運搬した菌類を孔道の壁面で栽培して食べている．キクイムシが白い物を食べていることを発見した研究者が，この正体不明の食べ物をギリシャ神話に登場する不老不死をもたらす神の食べ物を意味するアンブロシアと命名したため，養菌性キクイムシが食べる菌類はアンブロシア菌と総称されている．

　キクイムシの生活様式も多様である．多くの昆虫は，カブトムシのように親と子が対面することはない．しかし，キクイムシの多くは人間のように夫婦が協力して子育てをする．また，雌が兄弟と交尾したり，交尾していない処女雌が息子を産み，その息子と交尾するなど，近親結婚も珍しく

ない．それどころか，ユーカリの心材で暮らすナガキクイムシの一種は，アリ，ハチ，シロアリなどのように「真社会性」の生活様式を営んでいる．すなわち，交尾済みの雌（女王）だけが卵を産み，これ以外の雌は繁殖せずに女王が産んだ子供の養育や巣の管理に専念する．ちなみに，人間のように夫婦だけで子育てをする生活様式は「亜社会性」と呼ばれている．「亜」とは，亜熱帯，亜流のように，ある用語に冠して「準ずる」という意味を現している．高度な知能を持つ人間でも，生活様式の面では真社会性の昆虫に準じているのである．実際に，人間の総重量は3億トン（60億人×50kg）程度だと推定されるが，アリ，ハチ，シロアリの総重量はこれよりも重く，地球上で最も繁栄しているのは人間ではなく真社会性の昆虫達なのかもしれない．話が横道にそれたが，ナラ枯れを理解するためには真社会性を理解しておく必要がある．なぜなら，カシナガが真社会性に近い高度な生活を営んでいることが，ナラ枯れの発生と拡大に深く関与しているからである．

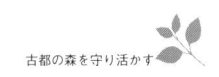

Chapter 5 景観保全の現状

　京都盆地を取り囲む東山，北山，西山の三つの山並み，いわゆる三山について森林保全を考える場合に，最も重要視されていることは，景観としての価値であろう．三山は，社寺の背景林として，あるいは，毎年8月16日に行われる五山の送り火の舞台として，聖地としての受け止め方がなされている．しかし，前章で報告したように，近年，三山の森林に異変が生じてきている．ひとつはシイの分布拡大に見られるように照葉樹林化の進行であって，マツを主体とした伝統的な京都の風景が失われようとしている．もうひとつは，マツ枯れやナラ枯れによる被害の拡大である．実は，これら二つの森の変化は，一つのことに起因しているのではないかと考えられている．すなわち，森に手が入らなくなり放置されているから生じているのではないかと考えられている．
　ところで，三山には建物がない．比叡山延暦寺などの例外はあるが，基本的に，市街地から眺望される山肌には建物がない．都市によっては山の中腹まで宅地開発がされているところがあるが，京都ではそうしたことはない．その理由は，三山が神聖な山として受け止められていることによるが，直接的には規制が厳しいからである．京都の三山は厳しい規制によって開発から守られてきたという歴史がある．そのことには深く敬意を払う．しかし，逆に，この厳しい規制が足かせとなって，森林放置の遠因になってきたという

側面もある．

　本章では，第1節で植生遷移と景観保全との関係について，マツ枯れ問題の視点から解説する．京都の伝統的な風景であるアカマツ林を維持しようとすれば，植生遷移の進行を止めることと，マツ材線虫病によるマツ枯れの防除が必要になるからである．つづいて，第2節では，嵐山における森林景観の変遷とその対策の方向性について報告する．嵐山の森林美はもともと人工的に作り上げられたものであるが，それを保護したために林相が変わってしまったという経緯がある．森林が物体ではなくて生命体であることの現れである．第3節では，天橋立における景観保全の取り組みを模範事例として紹介する．

（編者）

植生の遷移と景観の保全

1 植生の遷移と森林景観

　私たちの目の前に広がる自然の風景は，過去から現在にいたるまで全く変化せず，同じであったのだろうか．そして，これからも変化しないのであろうか．答えは否である．

　ある地域に広がる植物の集団である植生は，時間の経過に伴って移り変わるものなのである．これを植生遷移と呼ぶ．植生遷移は場所によって様々であり，遷移が終着点に達し，変化しなくなった状態を極相という．日本のほとんどの地域は植物の生育にとって適度な気温と十分な降水量が確保されている．西日本での植生遷移の概要は次のようになる．火山の噴火跡や大規模な山崩れ跡などのように全く植物がなくなった場所でも，数百年という長い時の経過とともに，地衣・コケにはじまりススキ・イタドリなどの草本が侵入し，やがて高木からなる森林へと移り変わっていく．その森林もはじめは陽樹で先駆種（パイオニア）であるアカマツなどが中心だが，やがてそれらもシイ・カシ等の陰樹からなる極相へと変化していく（図5-1-1）．なお，極相に達した森は全く変化しないのではなく，その中は動的な平衡状態となっている．

　さらに，私たちが自然だと思っている風景は本当に自然なのであろうか．

第2部　古都の森の現状

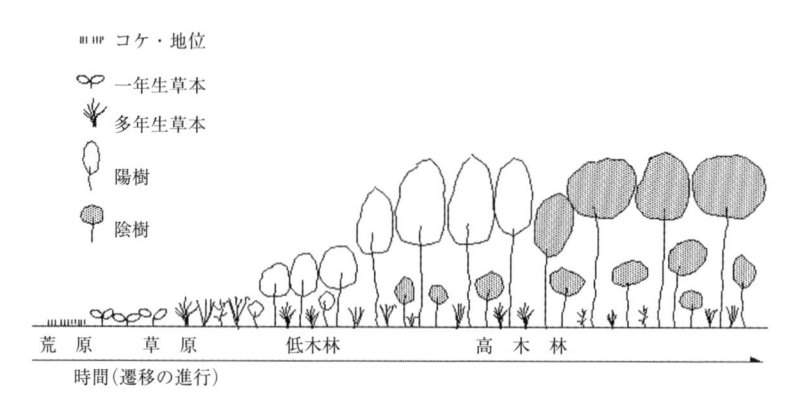

図 5-1-1　植生遷移の概念図

　これも否である．本来の自然は上に述べたような植生遷移の結果かたち作られるものである．しかし，日本では古より国土のあらゆる場所に人間が入り込み，様々な活動を行ってきているので，都市近郊のみならず，山奥深いところでも自然のなすがままの状態を保っている場所はわずかであろう．

　京都盆地周辺の山々の植生は本来シイ・カシ等の常緑広葉樹が極相となる森であるが，現状ではシイが優占する常緑広葉樹林，コナラを中心としてアカマツが混交した針広混交林，そしてアカマツ林が分布している．つまり，私たちは京都盆地周辺の山々で遷移の様々な場面を見ているのである．なお，シイが優占する東山の森では近畿以西で見られるイチイガシなどを欠いており，多様性の低い常緑広葉樹林となっているようである．このような現在の状態以前，かなり長い期間にわたり京都盆地周辺の山々はアカマツ林に覆われ，場所によっては「禿山」であったことが知られている（小椋 2005）．私たちの祖父母が見ていた森と現在私たちが見ている森とは異なり，そして私たちの孫の世代が目にするであろう森は今とは異なるものであることが予想される．つまり，人々が認識する森林景観はその時々によって異なるものなのである．そのような森林景観を保全するとは何を意味するのか．以下に，植生遷移とマツ枯れという二つの視点から森林景観の保全を考えてみよう．

2 遷移途上に位置するマツ林の生態学的特徴

　京都の伝統的な文化・芸術の様々な場面で，京都盆地を取り囲む三山の山々（東山，北山，西山）に分布するアカマツ林を中心とした自然の景観は重要な役割を果たしてきた．

　ところで，10年程前，筆者がアメリカの友人と京都の主な観光地巡りをしたときのことである．彼もマツ材線虫病の研究者であり，また日本の文化・芸術にも関心の深い人物である．金閣寺を訪れ，筆者が庭園のマツの切り株を指差して，これはマツ材線虫病で枯死したマツの切り株であること，このようなマツが1, 2本でないこと，さらに周囲の山でもマツが枯れていることを示した．その後，私たちは嵐山へと向かった．嵐山では保津川河畔から岩田山方面を眺めながら，ここは以前アカマツとモミジで有名な景勝地であったが，今はそのアカマツがマツ材線虫病によってほとんどなくなっているとの説明をした．このような状況を見たあと，彼はマツが急速になくなっている状況は，日本の伝統的文化にとって重大な痛手ではないかとの感想を述べた．さらに，以前の景観とはかなり変わってしまってもたくさんの観光客が訪れており，人の景観に対する認識とは何なのか，その認識は簡単にかわってしまうものなのだろうかとの感想を述べた．彼の感想は私たちが景観保全を考えるにあたり重要な視点を示している．現在，このような状況は嵐山のみならず，いたるところで起こっているのである．

　アカマツ林の多くは植生遷移の視点から見ると，極相林ではなく遷移途中の状態であり，やせた土地に分布している．永らくアカマツ林であったということは，植生遷移が停止していたことを示している．それは，永年にわたり日本唯一の都市であった京都では，幾度も繰り返された戦乱とその後の都市の復興，社寺の建設，人々が使う木材や燃料など生活に必要な様々な資源を森から搾取し続けたことを意味する．その結果，山の土壌は肥沃化することなく極端にやせた状態に保たれ，常緑広葉樹林には至らなかった．ところが，戦後のエネルギー革命（エネルギー源として樹木等の生物資源から石油・石炭などの化石燃料への転換）により人々が山を積極的に利用することがなく

なったことと，マツ材線虫病によるマツ枯れ被害の拡大により，東山ではシイ林が広がっている．さらに，気候的には常緑広葉樹林が生育可能でも，その山の土壌が常緑広葉樹の生育に適さないために，落葉広葉樹であるコナラが繁茂し，アカマツが混交した状態になっている箇所も，北山や西山では多く見られる．

　ところで，アカマツ林からある特別なものを連想する読者もおられるのではないだろうか．そう，マツタケである．マツタケはアカマツと共生するキノコであり，コナラやシイ・カシには共生しない．ここでアカマツとマツタケの関係を説明しよう．先にも述べたように，アカマツはやせた山に生育している．やせた山は木が大きくなるために必要な養分や水分の少ない山のことである．このようなやせた山で生きていくために，アカマツはマツタケの助けを必要としている．マツタケはアカマツの根に共生し，菌根菌を形成している．もちろんアカマツの根それ自身も土の中の養分や水分を吸収するが，それだけでは不十分である．マツタケの菌糸はアカマツの根が入り込めないような土の中まで伸びて，養分や水分を集め，それをアカマツに提供している．このようなマツタケの働きがやせた山でのアカマツの生育を可能にしているのである．では，マツタケは一方的にアカマツに奉仕しているのであろうか．否，マツタケは自身の成長に必要な物質をアカマツから供給されているのである．つまり，アカマツとマツタケはこのような持ちつ持たれつの関係にあり，これを共生と呼ぶ．さらに，マツタケもやせた山に生育し，山が肥えてくるとマツタケは他の菌類に居場所を追われるのである．

　このような現状から，今あるアカマツ林を残す，あるいは広葉樹林化の進む森林に部分的にでもアカマツ林を復活させるとなると，森林生態学の視点からは以下のような取り組みが必要となろう．つまり，遷移を停止あるいは逆もどりさせるために，土壌の腐植層を取り除き，広葉樹を積極的な伐採することで，アカマツしか生育しないような林地に導くのである．このような作業はこれまで，京都で人々が生活するために，人々が山を疲弊するまでに利用してきたことで，人々が意識せずに行なわれていたことなのである．それは京の都が栄えた事の証でもあった．ところが，まったくといっていいほど山を利用しなくなった現状では，このような作業を生活とは直接関わりの

ないレベルで人々が意識して行うことが必要となる．さらに，マツ枯れ被害対策を忘れてはならないのはもちろんのことである．

3 マツ枯れとマツ林の保全

　第4章第2節で述べたように，京都だけでなく全国各地で発生しているマツ枯れ被害の多くは，マツ材線虫病というマツの伝染病によって引き起こされる．日本のマツ林のほとんどを構成しているアカマツやクロマツはこの病気に対して抵抗力がないため，日本のマツ林は甚大な被害を被っている（全国森林病虫獣害防除協会 1997）．

　マツ材線虫病によるマツ枯れに関する研究は過去約40年に渡り実施され，大きな成果を得ている．その中で，マツ枯れ防除法も確立されており，現在では全国的にマツ林を「保全すべきマツ林」とその周辺に位置するマツ林「周辺マツ林」とに大別し，総合的な対策の実施に向けて動き始めている．前者においては被害を終息させることを目的に，薬剤の散布，枯死マツの伐倒などをおこなう．後者では「保全すべきマツ林」を守るためのバッファーと位置づけ，計画的にマツ以外の樹種に転換する．

　多くの府県ではマツ枯れ被害を終息させる目的で，ヘリコプターを使った空中からの薬剤散布でマツノザイセンチュウを媒介するマツノマダラカミキリを駆除する特別防除を実施していた．しかし，京都府におけるマツ枯れの防除法は多くの他府県と異なり，当初より空中からの薬剤の散布は行なわず，三山においても，枯れたマツを伐倒し，それらに薬剤を散布する伐倒駆除のみであった．社寺や公園では限られたマツに対する地上からの薬剤散布が実施されたが，近年ではそれらもほとんど行なわれておらず，残したいマツ一本一本に対する薬剤の樹幹注入が行なわれている．

　ここで，各種薬剤を使用することの意義を述べる．第4章第2節で述べたように，マツ材線虫病は病原であるマツノザイセンチュウが引き起こすマツの伝染病であり，マツノザイセンチュウはマツノマダラカミキリよって枯れたマツから健全なマツへ運ばれる．このような伝染サイクルから，薬剤の使

用にあたっては三つのポイントがある．そのうちの二つはマツノザイセンチュウを運ぶマツノマダラカミキリの駆除である．マツ枯れ対策の基本としては，枯れたマツを伐倒し焼却することが最良の駆除法である．つまり，枯れたマツを放置するとそれが翌年のマツ枯れを引き起こす発生源となるからである．しかし，急峻な地形のマツ林での作業は困難であり，火災の危険などもある．これに代わって実施されるのが一つ目の方法，枯れて伐倒されたマツへの薬剤散布である．これは枯れ木の中に潜むマツノマダラカミキリを駆除する措置である．二つ目は地上からの健全なマツに対する薬剤散布．これは後食のためにマツに飛来したマツノマダラカミキリを駆除するための予防措置である．三つ目は前者二つと異なり，マツノザイセンチュウに対する直接的な措置，樹幹注入である．薬剤の樹幹注入はマツノマダラカミキリの後食によってできた枝の傷口からマツに侵入するマツノザイセンチュウの増殖を抑制するための予防措置である．具体的には健全なマツの樹幹の下部に小さな孔をあけて薬剤を注入し (時期は年末から翌年の 3 月，地域によって異なる)，マツノマダラカミキリ発生前にマツの樹冠部に薬剤を吸収，移行・拡散させる．侵入したマツノザイセンチュウが前もって注入された薬剤に接触することで増殖が抑制される．その効果は高いが，樹幹注入はおもに限られたマツに対して実施され，山のマツ全てに施すには様々な状況から無理がある．

　アカマツ林の維持には植生遷移の進行を止めることとマツ材線虫病によるマツ枯れを起こさないための対策が必要である．マツ枯れ被害が大規模に広がると，目的とするマツ林は維持できなくなり，景観が損なわれてしまう．そのため，マツ枯れ防除に人々が積極的に関わることが必要となる．

4 京都市のマツ枯れ被害予測マップ

　そこで，京都市内におけるマツ枯れ被害発生の危険性を知るために，マツ材線虫病によるマツ枯れハザードマップの作成を試みた．以下にその方法および結果を示す．

(1) マツ材線虫病の枯損被害におよぼす環境要因の影響解析

枯損被害におよぼす環境要因として標高と温量の関係を解析した．温量の指数として，メッシュ気候値2000（気象庁）を用いて京都市各地点の月平均気温を求め，MB指数を算出した．MB指数は，一年のうちで月平均気温が15℃以上の月の平均気温から15℃を差し引いたものを累積して得た値である（竹谷他，1975）．MB指数を1kmメッシュで求め，GIS（地理情報システム）を利用して京都市の地図に重ね合わせた．メッシュ気候値2000は気象庁が気温などについて1971〜2000年の平年値を月・年単位で求め，1kmメッシュ単位で気温などを推定したものである．

(2) マツ枯れ被害予測マップ

以上の調査の解析から，マツ枯れ被害状況を示す指標として標高とMB指数の間に大きな違いは見られなかった．このことから，より簡便に利用できる標高が指標としてより有利であると考えられる．そこで，マツ枯れ被害状況と標高との関係をみると，標高500m以下の地域は被害率が高いことから，この地域をマツ枯れ被害危険地域とした（マツ枯れハザードマップ，図5-1-2）．このハザードマップが示すように，京都市内ではごく一部（愛宕山山頂付近など）を除くほとんどの地域でマツ材線虫病によるマツ枯れ被害が発生しうることが明らかである．特に，京都市内より望む三山すべてがマツ枯れ発生危険地域であり，この地域には世界遺産に指定されている区域を含む京都市内の景観上重要な区域と一致する．現状でもマツ枯れ被害は広域に発生していることから，景観保全のためにはマツ林として残したい場所を早急に選定し，重点的な防除が必要である．

5 マツ枯れ防除とマツ林保全のための方策

長年にわたる研究から，マツ枯れに対する防除の方法は確立されている．

第2部　古都の森の現状

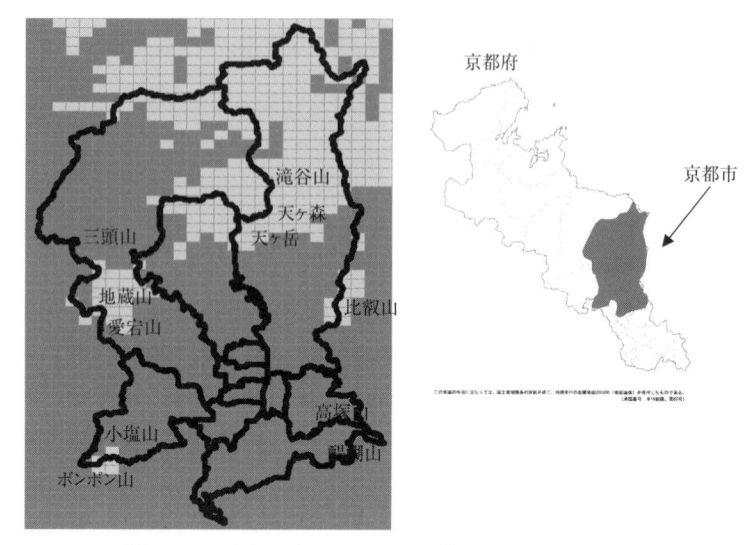

図5-1-2　京都市内におけるマツ枯れハザードマップ

　その方法から推察するに，京都盆地から見える周辺のすべての山を対象としてマツ枯れ対策を実施することは，現実的には非常に難しいと思われる．では，京都の地で守るべきマツ林とはどこなのか．まずそれを決定する必要がある．マツ枯れを完全になくすことは不可能であろう．できることはマツ枯れ被害を微害に抑えることである．そのためには，以下の三つの方策を実施する必要がある（吉田，2006）．すなわち，(1) 守るべきマツ林内に発生する枯損木の徹底防除，(2) 守るべきマツ林内の生立木に対する予防措置，(3) 守るべきマツ林の周辺感染源の排除，である．

　守るべきとされたマツ林では上述の徹底した防除が施されなければならない．筆者はこの方策を天橋立のマツ枯れ防除に適応し，成果を得た（中邑・池田2006；本章第3節参照）．ところが，天橋立のマツ林は線としてのマツ林と海を隔てた周辺マツ林との関係から保全を考えるのに対して，京都盆地の場合は守るべきアカマツ林とその周辺のアカマツ林が連続しており，対象とする面積が広大になる．先に記したように，京都盆地周辺の山々は長らくアカマツを中心とした林であったが，それは人々の活動の結果として成立して

いた．周辺の感染源となりうる林分も含め，アカマツが少なくなった林分にはあらたにアカマツを植林することも必要になる．その際にはマツ材線虫病に抵抗力のあるマツの系統を用いることも有効であろう．これには，抵抗力のある少数の系統のマツだけを自然の山に植林することによる生物多様性への影響も検討を要する．さらに，抵抗力のあるマツといえども，マツである．マツ材線虫病では枯れないとしても，やはりここでも遷移の進行を再度考えなければならない．

　マツ林を維持するには人が常にその林に対して，遷移とマツ枯れ防除の観点から関わり続けなければならない．関わり方として，行政が財政補助も含めて主導的に関わり，それに地元の住民や NPO の協力を得る方法が考えられる．例えば，五山の送り火で知られる大文字山で活動している「大文字保存会」は，枯れたマツの処理や林地の保全活動を積極的に実施している（227ページコラム参照）．このような活動を拠点ごとに立ち上げ，その活動を継続することが大事である．

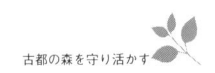

古都の森を守り活かす

森林景観の歴史的な変遷に向き合う
── 嵐山における対策の方向性 ──

1 嵐山における歴史的な森林景観の形成過程

　京都市西郊に位置する嵐山は京都を代表する名勝地であり，一年を通して多くの観光客が訪れる．嵐山の景観を特徴づけるのは，渡月橋，大堰川，そしてその周辺の森林であり，アカマツやヤマザクラ，イロハモミジなどの樹木が四季折々に美しい景観を織りなしている（図 5-2-1）．そして，嵐山の森林景観の中核となる嵐山国有林の面積は約 60ha，最高標高は 375m である（図 5-2-2）．傾斜 30 度以上の区域が約 60％を占め，風化や崩壊のおこりやすい地形条件にある．

　嵐山の景観が優れているポイントは，(1) 森林の一本一本の樹木が作り出すテクスチュア（肌理）を見るための適度な距離感，(2) 適度な見上げ感のある山の形状，(3) 渓谷と堰が作り出す多様な水辺の形態や伝統的形態の橋など他の良好な景観構成要素との組み合わせ，(4) 比較的急傾斜の斜面であることによる植生の見えやすさ，といった点に集約されている．しかし，これらの地理的，物理的な要因だけでなく，長期間にわたる様々な人の働きかけや社会の仕組みが，今日の嵐山の景観を作り上げてきたのである．

　平安時代以前までさかのぼれば，嵐山もおそらく周辺に住む農民たちの薪・柴や生活資材を提供する，まさしくどこにでもある里山だったと考えら

第 2 部　古都の森の現状

図 5-2-1　嵐山の森林景観

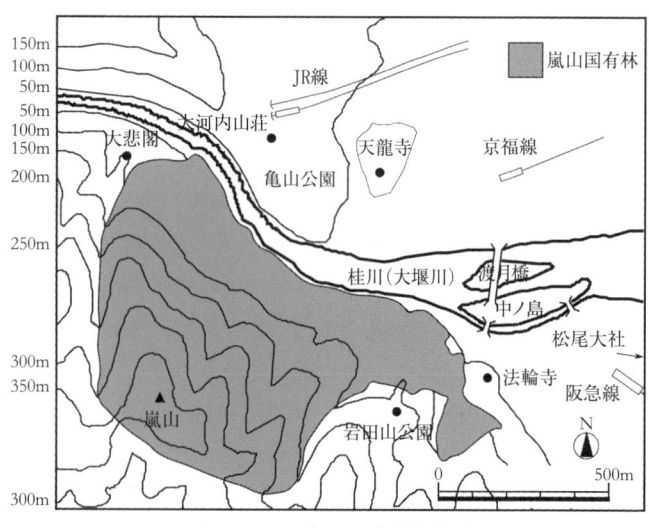

図 5-2-2　嵐山国有林位置図

れる．平安時代に入り，京都が政治・文化の中心となり，貴族たちによる国風文化が形成されるにつれ，嵐山はその景観を楽しむべき場所としての新たな位置づけがなされる．そこでは船遊びが定期的に催され，和歌という形でその景観に対する評価が蓄積されていった．周辺には貴族たちの別荘も営まれるようになった．中世に入ると，亀山上皇が後の天龍寺となる場所に別荘を造営（1255年）し，また，吉野から数百本のヤマザクラを移植し，嵐山の一層の名所化が図られた．夢窓国師による天龍寺の作庭（1346年）では，嵐山を借景とし，吉野からのヤマザクラの移植を進めるとともに，禅宗思想を一帯に写し十境を定めた．禅の世界観を示す十境には周辺の重要な視点や視対象が選ばれ，それぞれ「曹源池」「萬松洞」といった名前がつけられた．現在に残る「渡月橋」の名前もこの時につけられたものである．

　江戸期に入り社会が安定すると，嵐山は一般の人々にも開かれた名所となっていく．京都の町人たちの花見の場として相当にぎわったことを，多くの絵図や資料から伺い知ることができる．禅宗の信者のみならず参詣客や見物客，有力者らは，このような花見の場としての嵐山の景観を保つために，苗木を寄進した．このように，嵐山では，すでに13世紀末に吉野山からヤマザクラ数百株が移植され，その後も長年にわたりヤマザクラやアカマツなどが植えられてきた．

　一方，周辺の住民にとっては生活資源採取のための山林であることに変わりはなかった．天龍寺などの文書記録からは，嵐山では天龍寺管理のもと，建築資材の供給やマツタケの収穫が行われたことや，周辺住民が燃料や緑肥の採取を行っていたことが読みとれる．こうした利用形態が，嵐山のマツ林を持続的に形成する要因になっていたといえよう．近代以前においては，寺社の経営や住民の生活のための資源利用，宗教的な世界観を現世に写し出す行為，都市に暮らす人々の遊山といった，それぞれ異なる動機付けが渾然一体となって，嵐山の名所としての景観が形作られてきた．それは，アカマツが大堰川沿いの山麓や山頂，尾根など広い範囲の森林に分布し，ヤマザクラを中心とするサクラ類が大悲閣周辺の南東向き斜面や渡月橋周辺などの山麓に広く分布する森林景観であり，対岸にはこのような森林景観を楽しむための別荘や展望地点が多くあった．

第 2 部　古都の森の現状

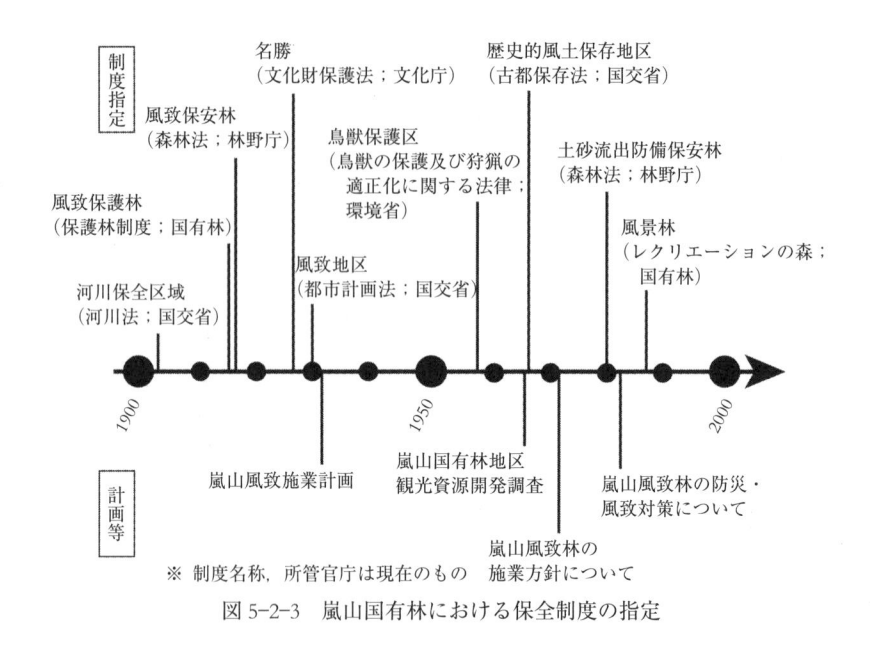

図 5-2-3　嵐山国有林における保全制度の指定

2　嵐山における近代以降の森林景観の変遷

　明治に入り，天龍寺領であった嵐山は上地され国有林となった．近代国家として様々な法制度が整備されていく中で，嵐山国有林にも多様な保全制度が指定されていくことになる（図 5-2-3）．河川法に基づく河川保全区域にはじまり，別々の省庁ごとに異なる観点からの保全制度が，いくつも重複してかけられた．これらの制度は植生による土地被覆の保護を目標にしたものである．1915 年に風致保護林として指定されて以降，昭和初期まで，原則禁伐とする扱いが続き，その後も現在に至るまでかなり厳しい施業制限が条件付けられている．
　昭和初期になると，保全制度では対応しきれない嵐山の森林景観の変化についての問題が指摘され始めた．そして，消極的な保護策のためヤマザクラやアカマツが消失してきたことへの対策として，景観保全のための特別な計画が策定された．その嚆矢は，1931 年に大阪営林局（当時）により策定され

図 5-2-4　1940 年頃の渡月橋付近の森林景観

た「嵐山風致施業計画」であり，立地条件を考慮した画伐（何年かの更新期間を設け数回に分けて小区画の皆伐を行い，主として天然更新する方法）や風致樹植栽など，先駆的かつ積極的な「風致施業」を導入する計画がなされた．この方針は戦争により一旦途絶えたが，戦後になりおおよそ引き継がれた．図 5-2-4 は，1940 年頃の渡月橋付近の森林景観であり，アカマツが全体に分布し，その中にヤマザクラを中心とするサクラ類が点在していたことがわかる．ヤマザクラは，嵐山国有林の山麓や中腹に広く分布し，特に大悲閣周辺の南東向き斜面や渡月橋周辺に集中していた．

　しかしながら，1953 年には深刻な台風被害を受け，伐採が見合わせられ，その後，孔隙地での補植を中心とした施業方針が続いた．1960 年代になると観光資源として自然景観の重要性が認識されるようになり，嵐山国有林においても各種の調査が実施された．この時期以降，マツ枯れ被害や被圧されたヤマザクラの枯損などで森林景観はさらに変化していった．1971 年の施業計画では，老松の自然枯死を極力防止する，自然発生的な孔隙を利用してアカマツの生育に適した環境を造成するなど，マツ枯れ対策を前面に出した

図 5-2-5　嵐山植林育樹の日の植樹祭

基本方針が示された．そして，景観上重要な被害跡地にはアカマツやヤマザクラなどが，谷筋にはスギやヒノキが植栽されたが，大部分は自然の推移にまかされていた．

　1980年の土砂流出防備保安林への指定に伴い，治山とセットで風致施業を行うという方向性がより明確となった．1982年には嵐山国有林の防災・風致対策が示され，往時の嵐山の姿を80年後に復元することを目標とした施業計画が策定された．基本方針として，植栽時に照度を確保するための群状択伐（数本～十数本を群状に択伐し更新を行う方法）の実施，保育による林相改良，風化した急斜面の安定と防災対策，などが示された．そして毎年2月25日を「嵐山植林育樹の日」と定め，京都営林署（現在の京都大阪森林管理事務所）と地元住民などが共催する植樹祭が開始された（図 5-2-5）．

　嵐山における地元の活動の中心を担ってきたのは嵐山保勝会であり，会員総数は 2000 年度現在で 206，その内訳は旅館 21，飲食店 50，土産店 57，保養所 7，神社・寺院 11，銀行 3，通船・鉄道・バス会社などの交通機関 7，

賛助会員50である．嵐山保勝会は，嵐山観光の窓口となるだけでなく，祭り・イベントの企画・運営，観光客の誘致など幅広い活動を行っており，その一環として歴史的景観の維持・形成のための自主的な活動を行ってきた．

1989年になると，植樹祭と組み合わせて0.05haの群状択伐によるアカマツ，ヤマザクラ，イロハモミジの植栽試験地が設置され，成育状況等の調査が始められた．この時期までにアカマツが激減し，山麓から中腹にかけてほとんど分布しなくなり，ヤマザクラは大悲閣周辺と渡月橋周辺には集中して残るものの，山麓から中腹ではほとんど見られなくなった．一方，植生遷移が進み，アラカシ，ソヨゴなどの常緑広葉樹が目立つようになっていた．1990年代以後，0.05haの群状択伐方式による植樹と林相改良が定着し，現在まで継続している．なお，樹祭の際には植栽するヤマザクラなどの苗を嵐山保勝会が寄贈しており，その資金は会員を中心に10年を一期として募る一口5000円の協賛金によってまかなわれる．毎年10～15本のヤマザクラの他，アカマツ，イロハモミジなどが植栽されており，1982～2000年のヤマザクラの植栽本数は約400本であった．

3 嵐山の森林景観のこれからに向けて

嵐山国有林における1931年の計画以降の施業の実施状況は，次のようにまとめることができる．

(1) 1931～45年：1931年の計画にそった施業
(2) 1946～62年：戦後需要および1953年の台風被害対応の施業
(3) 1963～82年：マツ枯れ対応にともなう施業
(4) 1982年～：植樹祭・治山事業中心の施業

以上のように，歴史的な森林景観を継承するための積極的な施業の必要性は節目ごとに提言されてきたものの，実際にはその時々に生じた問題への対処と，厳しい施業制限と限られた予算措置の中での最小限の施業にならざるを得なかった．明治期以降の個々の法制度の中で，保全対象とする林地の機

能や目的が細分化され，包括的な嵐山の歴史的景観の継承という枠組みが機能しにくいものとなっていた．森林景観の変化の規模，速度に対して現状でできうる森林施業には限界があったといえよう．例えば，法規制ごとに行われる施業上での制限は，常緑広葉樹等の伐採面積を小さくすることとなり，そのため，植栽した樹木の生育に必要な十分な空間や光環境の確保を難しくさせている．1990 年代以降になり，シカやサルによる食害や枝折れなどが頻繁に起こり，植栽されたアカマツやヤマザクラなどの生育が阻害され，枯死するといった深刻な問題も生じている．

　一方，嵐山では，施業上の制限や予算措置等の問題もある中，植樹祭を通した地域との協働による風致施業の取り組みも積み重ねられてきた．近代的保全制度では担保しがたい歴史的景観の継承のこれからの方向性は，より多様な主体との協力体制と柔軟な対応策の中で考えていく必要があろう．そのためにも，現在も行われている行政と嵐山保勝会など，地域との連携をいかに深めていけるかが重要である．

　嵐山保勝会は，地元の観光産業の発展には嵐山らしい森林景観が不可欠であることを認識し，1930 年代から資金や人手の提供を自ら担い，ヤマザクラなどの植樹を実施してきた．このことは，国有林等における植栽に関わる資金不足を補うだけでなく，住民参加による景観維持・形成のあり方を，具体的な活動として提示し続けてきたものと評価できる．また，毎年会員が顔を合わせ，協力しながら植樹に参加してきたという体験こそが，嵐山の歴史的景観の継承に関する課題や今後の方向性についての共通認識，そして具体的な対応策につながっていくものと期待できる．

　嵐山の歴史を紐解けば，平安時代の船遊びの例や，1931 年の計画書の「当初京洛の地を踏む外人にして保津川下りの奇勝を探らざるものなしといわれし程なり，まことに嵐山は大堰川を得てその山容を飾り，大堰川は嵐山を得てその水態を美化せるものと言い得べし．」という文章にあるように，嵐山の森林景観は渓谷域とセットでとらえられてきた．明治期から昭和初期にかけては，嵐山を借景とした別荘の多くが嵐山対岸の亀山公園周辺から上流部にかけて分布していた．嵐山を眺めるための重要な視点は現在よりも広く分布し，またその視点場に対応して視対象となる山の側にも，「一目千本」と

図 5-2-6　嵐山峡の森林景観

呼ばれるようなヤマザクラを集中的に植栽した地点が存在していたのである．このように本来嵐山は，やや上流の渓谷域まで含んだ「嵐山峡」としてのとらえ方がなされていた．

　ところが戦後以降，渡月橋周辺の観光開発が進むに従って，次第に単なる「嵐山」へとイメージが縮小してきている．国有林の施業の方針も「原則として下から眺める山として取り扱う」というものであり，風致施業箇所も渡月橋からの眺めを想定して配置・実施されている．歴史的な森林景観を提供するという観点からも，今後この渓谷域を嵐山峡（図5-2-6）としてアピールし，周辺の眺望視点を意識した風致的な施業を実施していくことも必要であろう．

　嵐山は，都市近郊の名所をかたちづくる重要な森林景観として，それぞれの時代ごとの背景をその姿に反映してきた．とくに近代以降，公的な枠組みによる森林景観の保全と創出に関しては，先駆的な役割を果たしてきたのだ

が，そこには常に限界もあったといえる．ヤマザクラやアカマツの育成のための思い切った伐採など，積極的な施業の必要性が提言されてきた一方で，基本的には禁伐，自然の遷移にまかせる管理指針がとられてきたのである．四季折々に変化する美しい森林景観を維持するためには，禁伐などの保護だけでは困難であり，歴史的な森林景観を維持するための森林管理が必要となる．歴史的な植生遷移を考慮しつつ，名勝としての嵐山の森林景観を維持することに多くの人が関心をもつこと，そして，きめ細かい植生の管理が今後さらに求められるといえよう．

また，森林以外の周辺要素との適切な組み合わせとその洗練は，嵐山の森林景観を「嵐山らしく」魅せる上で欠かせない重要なポイントである．都市近郊の森林景観は，必ず森林以外の要素とどのように折り合いをつけるのかという問題を内包している．森林管理者だけにとどまらない幅広い協力関係が，ここでも求められる．

嵐山が本来持っていた景観的魅力を引き出すためには，これまでとは別の視点を開拓することも必要であろう．都市近郊という非常に変化の激しい場所では，見ていた場所，見られていた場所も変化していく．視点と視対象の関係を，時間をさかのぼって考えることは，その都市近郊林が本来持っている景観の魅力を伝えていくために，大事な作業プロセスと考えられる．

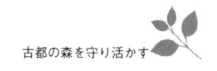

古都の森を守り活かす

天橋立における景観保全の取り組み

1 はじめに

　天橋立は延長 3.2km，幅 40 〜 170m の砂州によって形成され，これが宮津湾と阿蘇海を分断し，わずかに文珠の切り戸と文珠水路によって両水面が通じている（図 5-3-1）．この砂州の上に松並木が形成され，その景観は古く平安の時代より日本屈指の景勝の地として知られ，文学や演劇などのさまざまな場面で取り上げられている．天橋立には様々な称号が掲げられており，日本三景の一つとして数えられていることはよく知られている．特別名勝としての「天橋立」は砂州である大天橋，小天橋，陸続きの第二小天橋と，この地域が展望できる傘松および智恩寺境内からなる．また天橋立はこれまで若狭湾国定公園の一部として保全されてきたが，平成 19 年 8 月に天橋立とその周囲の地域は独立した丹後天橋立大江山国定公園に指定され，さらに注目をあびるとともに，日本の松並木百選，日本の渚百選，日本の道百選などにも指定されていることからも，天橋立そのものとその周囲も含めた景観の重要性がうかがえる．このような白砂青松の天橋立（図 5-3-2）を最良の状態で次の世代へも引き継いでいくことが求められている．

　その天橋立で，平成 13 年に以前より激しいマツ枯れ被害が発生したため，天橋立の景観を保全するためにいくつかの対策が実施された．以下にその概

第2部　古都の森の現状

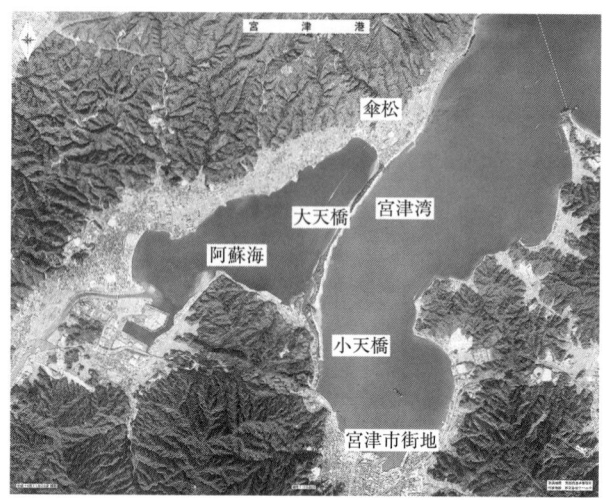

図 5-3-1　天橋立

図 5-3-2　白砂青松の海岸

要を述べる．なお，以下に示す被害状況のうち，天橋立公園と称しているのは特別名勝のうち智恩寺境内を除いた部分であり，京都府丹後土木事務所が管理している．

図 5-3-3　マツ枯れの履歴

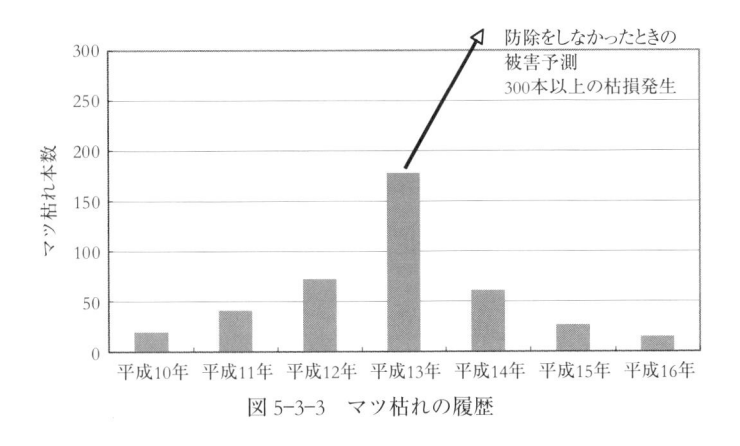

2 マツ枯れ被害の発生と対策

　天橋立には直径 10cm 以上のマツが約 5000 本生育している．最近の天橋立におけるマツ枯れ被害の発生は概ね 10 ～ 30 本／年程度で推移していた（図 5-3-3）．しかし，平成 11 年以降は被害が倍増し，平成 13 年には 178 本のマツが枯損した．この時点での被害本数は天橋立全体におけるマツの本数（表 5-3-1）を考えると，マツ枯れ被害の程度は通常のマツ林を対象としたときの激害型の被害発生に相当するものではない．しかしながら，天橋立は景勝の地として位置づけられており，極端には 1 本でもマツが枯れると問題視される．このため，平成 13 年の秋に専門家や関係者による現地調査を行い，マツ枯れの原因をマツ材線虫病と特定した．これを受けて早期に被害の発生を押さえ込むため，マツ材線虫病被害防除のためにこれまで全国各地で実施されてきた様々な方法を取り入れて以下のような対策を実施した．この取り組みは，関係する各行政機関，試験研究調査機関ならびに地元の方々の協力によって実施されたものであることを特記する．なお，平成 13 年以前も軽微ながら天橋立ではマツ枯れ被害は発生しており，その期間においても防除は行っていた．その内容は，毎年 6 月に実施していた 2 回の地上からの薬剤散布と枯損マツの伐倒駆除であり，マツ枯れ被害増加の原因である枯損木が

表 5-3-1　天橋立の樹木本数

年度	マツ	その他
昭和 9 年度	3954 本	
29 年度	4551 本	
49 年度	4720 本	
54 年度	4715 本	
63 年度	5144 本	
平成 9 年度	5208 本	1169 本
13 年度	4937 本	1269 本

＊マツは胸高直径 10cm 以上のもの

天橋立内に存在することは考えられない状況であった．

(1) 予防措置（公園内）
○マツノマダラカミキリの駆除
　枯損したマツの伐倒駆除（搬出・粉砕）
○周辺から飛来するマツノマダラカミキリからの予防
　地上薬剤散布方法の改善
　　・従来の散布に加え，5 月下旬にも散布を追加（合計 3 回の散布，なお，天橋立は海水浴場としても利用されており，海開きが 7 月 1 日なので，6 月中に薬剤散布を終了する）
　　・スプリンクラーの利用
○マツノザイセンチュウからの予防
　樹幹注入の実施
(2) 感染源を断つ
○天橋立から約 2km 内に分布する周辺マツ林の枯損マツの伐倒駆除
　　・民有林は宮津市が実施
　　・国有林は国が実施

以前行われていた防除は天橋立公園内だけを対象としており，少なくとも 5 月～7 月にかけて感染源は天橋立公園内には存在しない．ところが，天橋

立を取り囲む周辺の陸地の多くの箇所にはアカマツ林が分布しており，そこでもマツ枯れ被害が発生していた．しかし，周辺林での被害にたいしては十分な対策は講じられておらず，マツノマダラカミキリの発生源として機能していたものと考えられた．そこで，このたびの防除では，天橋立周辺（周辺林）でも発生しているマツ枯れ被害も防除の対象とし，感染源そのものを断つことを重要な防除と位置づけた．周辺林 2km の設定は，マツノマダラカミキリの飛翔距離が約 2km であることを参考に決定した．

(3) その他
○周辺住民へのマツ枯れに関する啓発
○天橋立公園内の植生，きのこ，景観などの調査

幸い，これらの対策を早期に講じることができた．さらに，山林所有者の理解も得て，周辺林対策も順調にすすみ，平成 17 年度には計画していた区域の伐倒駆除も終了した．その結果，マツ枯れ被害は収束に向かっている（図 5-3-3）．しかし，マツ枯れ被害を根絶するには至っておらず，天橋立公園内で予防措置は今後も継続する．また，周辺林では今後も伐倒駆除を継続し，樹種転換も検討する必要があろう．

3 マツ林の現状と課題

(1) マツ林の状況

天橋立のマツ林はクロマツが中心であるが，砂州の幅の広い箇所を中心にアカマツも生育している．公園内の老松には，江戸時代の文献にも名の見られる「千貫松」（樹齢推定 600 年）をはじめ，古くから「夫婦松」，「船越の松」などの愛称がつけられており，平成 6 年には新たに愛称を公募し，「久世戸の松」，「知恵の松」などが命名されている．また，「傘松」の由来となった松（三代目），御手植松など合わせて 21 本のマツに愛称・由来がある．

天橋立公園の樹木数の推移を表 5-3-1 に示した．マツは平成 9 年度まで増

加していたが，平成 11 年 1 月の雪害被害（約 100 本）や平成 13 年秋のマツ枯れ被害によって，平成 13 年には減少に転じた．一方，マツ以外の広葉樹は 1 割程度の増加が認められる．

(2) 過去のマツ被害とその原因および保全対策

　過去のマツ被害の主要な原因は，天橋立の砂州そのものが痩せる等を主因とする塩害と風雪害に分けられる．昭和 8 年には高潮により約 100 本のマツが枯れている．また，昭和 50 年には 400 本近いマツ（10cm 以下を含む）が豪雪により失われ，市民などの協力により後片付けと補植が行われた．なお，100 本程度の雪害被害は 10 年に 1 〜 2 回の頻度で発生している．

　塩害対策として，戦前には被害アカマツの跡地へのクロマツの植栽や，盛土の実施が提案されている．戦後になって飛砂防止による土地痩せ防止策としての雑木育成を行うとともに，養浜のための突堤整備や海岸護岸整備を行った．現在はサンドバイパス工法による養浜を続け，天橋立の海岸を維持している（岩垣，2007）．

　風雪害対策としては，樹木の保全のための枯損部位の除去と手当て，支柱設置を行い，さらに補植を実施した．また，生育環境の保全策として，土壌改良を行ってきた．

(3) マツ林の課題

　今回のマツ枯れ対策と並行して，今後も天橋立の景観を継承していくための参考とするため，植生・菌類・景観の調査を行った．その結果，以下の状況が指摘された．

(1) マツ林には広葉樹の増加，土壌の肥沃化，草本の繁茂などの変化が見られ，マツ林から広葉樹林への変化がうかがえた．一部にはすでに広葉樹林となった箇所も見られ，放置すればいっそう広葉樹林化が進行する可能性がある．

図 5-3-4　台風 23 号で倒れたクロマツ（平成 16 年 10 月）

(2) 天橋立は地下水位が高く，根が地中深くに伸びられない状況であり，大径木の根系は衰弱傾向にあるのに対し，マツの地上部は肥大化しており，風雪害によって大木が倒伏する可能性がある*．
(3) 全体的に立木密度が高く，マツの健全な育成のために間伐も考慮する必要がある．
(4) (3) との関係では景観を最重要に考慮する必要がある．景観調査の結果，天橋立に広葉樹ではなくマツであり，またその本数を 3 割程度減らしても，景観には大きな影響を与えないことが示された．

---

*平成 16 年 10 月に強風をともなった台風 23 号（第 3 章 2 節）が丹後地方を襲撃し，この地方に人災も含めた甚大な被害をあたえた．この台風で天橋立では約 200 本のマツが倒伏・幹折した（図 5-3-4）．

4 今後のマツ林の保全について

　現在の天橋立公園の多くの箇所は，マツの生育にとって好ましくない状況となっている．マツは本来遷移途上に出現する種であり，時間の経過とともに当地では常緑広葉樹に移り変わるものである．もちろん，海に突き出した砂州であることをから，天橋立のすべての箇所で常緑広葉樹化が進むわけではないが，現時点でも砂州の幅の広い箇所ではかなり常緑広葉樹化が進んでいる．天橋立の多くの箇所で将来にわたりマツ林を保全していくには，マツの密度を下げるための間伐を行なうことで林内の光環境を改善し，残したマツの均衡のとれた成長をはかることや，マツ林に侵入している広葉樹の除伐などを行うことが必要である．その必要性は昭和のはじめから指摘されていた．しかし，枯れていない樹木を伐採することに対しては抵抗感も大きいことが予想され，また法的な整理も必要となるので，これまでの管理のなかでは実施されなかった．

　以上より，マツの生育環境を保全するためには，マツの生育に影響を及ぼす広葉樹の除伐，マツ林ではマツの間伐と様々な原因で生じた被害跡地への的確な植樹，マツの根系保全が必要である．また老松などの保護も進めなければならない．そのため，天橋立公園の松並木保全には以下のような課題を提案している．

(1) 天橋立の現状を広くアピールする．
(2) 歴史的・文化的側面も考慮して，天橋立の植生状況をゾーニングする．
(3) そのゾーニングごとに望ましい姿を描き，保全対策を策定し，常に対策の効果を検証しつつ，対策を実施する．
(4) 愛称松を含む保護すべき老松を選定し，個々に必要な対策を行う．
(5) マツの管理体制を整えるとともに，住民との連携のもとで保全対策を進める．

　これらを具体化するため，各方面の専門家，地元関係者などからなる検討委員会を立ち上げ，マツ林の管理計画を策定した．（注：平成17年度に「天橋

立公園の松並木と利用を考える会」と「天橋立周辺景観まちづくり検討会」を立ち上げ，松並木の保全だけではない，天橋立を中心とした地域全体の将来構想についての提言のとりまとめを行っている．）

5 おわりに

天橋立におけるマツ枯れについては，各方面の協力により被害を収束させることができた．この取り組みについては，松枯れ対策の成功例として評価できるのでないかと考えている．しかしながら，天橋立を将来にわたって美しい姿で維持するには，ここで述べたような様々な取り組みを継続し，さらにその取り組みを次世代に引き継いでいくことが重要である．

コラム　大文字における取り組み

　　　　　　　　　　　　　NPO法人　大文字保存会　長谷川綉二

　京都市左京区に位置する如意ヶ嶽の中腹に通称大文字山と呼ばれている箇所がある．そこはよくご存知の京の裏盆会に送り火が灯されるところである．送り火の資材には赤松木*が使われ，その木は全てこの山から切り出される．しかし古来，この山は赤松木が山並みを飾っていたのであるが，昭和25年以降社会の燃料がガスや石油に変わり薪や芝木を使わなくなり，山から赤松木が減少していった．

　近隣の人たちも山に入らなくなった．保存会の会員も赤松木の切り出しには出かけるだけで，後は放置の状態が最近までの約50年間続いてきた．10数年前より赤松林の生息に陰りが出はじめ，この後の送り火を継承する資材が消滅することに危機感を覚え，切り出した後の状況を重点的に調査し，赤松林再生のための試みを可能なところから手がけてきた．しかし市内から眺望される山肌は京都市と京都府の風致地域条例があり，山に手をつけるには許可を必要とした．例えば，一本の木を間引き間伐するだけ

---

*植物学的にはアカマツと記すが，地元では赤松木と称する．

で市内から写真を取り間伐前後の変貌を検査すると言ったことと，写真に写されたどの木を間伐するのか印をして切るなど，調整と協議に相当なる時間を費やした．とにかく，長い間放置していた山なので，すぐに人手を入れて環境を整備しなければならない．そこで山の整備を行政「林野庁，京都府，京都市」との協働事業として提案し，国有地だけでなく京都市有林など同時に景観施業の実施に支障が出るかを見る為に，まず保存会共有林を試験作業地として施行した．その結果，市内からの景観変化はなく，林内の整備も生態系への影響は最小限に抑えられた．

そこで中期計画を練り協働して継続する事になった．国有地，市有地，私有地等も含め規模を拡大しながら，林の形態，生態系等に配慮してエリアを考えポイントを打ちながら，毎年前後半期を設け，施業前に関係者と事前調査をし，準備物や人手の調整をし，生態系に配慮して作業実施に入り今日に至っている．

ここ5年の間には植林もおこなった．その本数は，アカマツ約400本，クヌギ約250本，ヤマモモ約80本，ケヤキ約80本，ミツバツツジ50本，コナラ約150本，クリ50本等に達した．この作業には近隣の小学生たち60~110名の協力を得て植栽事業として現在も継続実施している．

以上のような整備事業には幸いにもこの山が大文字送り火を灯す山だから協力を申し出られる方たちが居られる事と思う．しかし他の山で理解と協力を得る為には，ただ環境，景観だ，では何か訴えに陰りがある．もっと地元思考に訴えて里山的施業を求め，それぞれの環境にあった林系と生態系の共生と生活環境形態を広く調査し論議，検討だけでなく並行実施をすることが大事だと考える．

第 3 部

活用による森の保護

Chapter 6

木質系材料の利用技術

　木材は，燃やせば燃料や灯りになるし，他の素材よりも重量当たりの強度が高く，また，加工もし易いので，太古から身近な資源として利用されてきた．それだけに，我々は木材の欠点もよく知っている．狂う，腐る，燃えるなどの欠点がある．しかし，狂ったり，腐ったり，燃えたりすることは本当に欠点なのだろうか．人類は，フロンという極めて安定した物質を作り出したが，それが大気中に分解されないまま残ることにより，オゾン層の破壊に繋がっている．また，プラスチック類も化石燃料から製造され，それがなかなか分解されないままゴミとして残り，塩素系プラスチックの場合は，焼却により猛毒のダイオキシンが発生する．持続可能な社会では，循環できることが重要であり，その意味においては，生物資源であって，腐らせたり，燃やせたりすることができる木材は注目すべき素材である．木材も，技術開発により，昔とは違って随分と使いやすくなった．本章では，木質系材料の最近の利用技術を紹介する．

　木材については，知っているようで知らないことも多い．第1節に木材の基礎知識をまとめた．樹木も一個の生命体であり，樹木の内部で物質の循環があるからこそ，生きていけるのである．第2節では，樹木及び木材中の物質移動を取り上げる．ここでの研究内容は第7節の立木染色法に繋がる．ところで，木材は「工業材料」としての性格と「工芸材料」としての性格の二面

性を持っている．第3節では，工業材料としてみた場合の，化学加工による木材用途の拡大について紹介する．第4節では，国産スギ材の合板利用を取り上げる．原木を「かつら剥き」にする技術開発が進んだことから，近年，スギ合板の製造が増加しつつある．これは，間伐材の有効利用に繋がる技術開発である．第5節では，高温熱処理によるスギ圧密単板製造技術の開発について，第6節では，スギ間伐材を活用した木製ガードレールの開発について報告する．第7節は立木染色法の開発と実用化についての紹介であるが，染色木材を用いたクラフトは見ているだけでも楽しい．木材は楽器の材料としても使われており，第8節では，化学処理木材の楽器への応用を示す．第9節では，和紙の合理性について述べるとともに，機能性和紙について紹介する．最後に，第10節では，調湿材料としての木炭・竹炭の特徴を紹介する．

（編者）

木材の基礎知識

1 | 木材の構造

　木材は樹木を伐採したのち，通常乾燥して用いられる．樹木の幹の断面を見ると，内側の木部と樹皮に分けられるが，木材として用いるのは木部である．木部はさらに辺材と心材に分けられる．辺材では一部の細胞（柔細胞）は生きているが，心材には生きた細胞は存在しない．辺材から心材へ移行するとき，デンプンなどの貯蔵物質が心材物質に変化し，在中に沈着するため，心材は辺材よりも濃く着色していることが多い．心材成分にはポリフェノール類が含まれているため，多くの場合心材は腐朽や虫害に対する抵抗性が辺材より高い．

　樹木は伸張生長だけでなく肥大成長し，肥大成長は気候（季節や乾期・雨期）の影響を受けるため，多くの場合木部には年輪が形成される．年輪の始めの部分，すなわち，成長期の初期に形成される部分を春材という．春材は細胞壁が薄く，比較的大きな細胞で出来ているため密度が低い．これに対して成長期後半に形成される晩材（夏材）は，細胞壁が厚く細胞も小さいので，辺材に比べて密度が高い．

　樹木には裸子植物である針葉樹と，被子植物である広葉樹がある．針葉樹と広葉樹は構成組織が大きく異なり，針葉樹の垂直細胞はほとんどが仮道

管（細長い中空のパイプ状紡錘形細胞：長さ1～6 mm，太さ数 μm～数十 μm）で，樹体の維持と水分通導の役割を担っている．広葉樹の垂直組織はおもに木繊維（細長い繊維状細胞：長さ0.5～3 mm，太さ10～30 μm）と，道管（太くて短い細胞：長さ150 μm～0.4 mm，太さ20～400 μm）からできており，前者は樹体の維持，後者は水分通導を担っている．

2 木材の細胞壁構造

木材の細胞壁は壁層構造をなしている（図6-1-1）．これを外側から見ると，まず，細胞相互の接着の役割をもつ中間層があり，その内側に，形成層において細胞分裂ののち成長して一定の大きさに達した一次壁，ついで，一次壁の内側に肥厚によって形成された二次壁がある．二次壁はさらに後に述べるミクロフィブリル（セルロースの集合した束）の配列の仕方によって，外層（S1層），中層（S2層）および内層（S3層）に分けられる．なお，細胞壁全体のほぼ8割を占める二次壁中層のミクロフィブリルは細胞長軸に対して平衡に近く配列している．このことが，木材の力学的性質や膨潤収縮の異方性に強くに影響している．

3 木材の化学

木材はセルロース，ヘミセルロースおよびリグニンを主要成分としてなっており，それらの合計は通常90％以上に達する．

セルロースは，木材重量の50％近くを占め，グルコースが直鎖状に結合した天然高分子で，一般に分子量は160万程度とされている．木材中のセルロースは半ば以上が結晶構造を取っている．なお，セルロースは木材の骨格としての機能を持っており，例えば，鉄筋コンクリートの構造物における鉄筋の役割を果たしていると見なして良い．

ヘミセルロースはセルロースと同様に多糖類であるが，① 分子量がセル

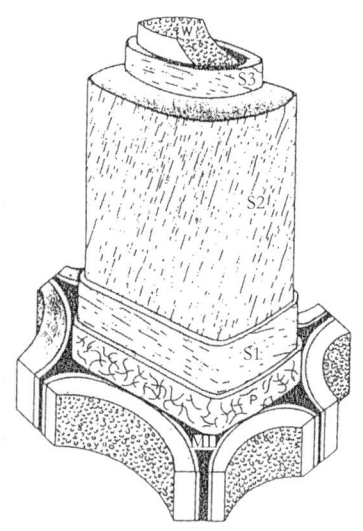

図 6-1-1　木材の細胞壁の壁層構造（模式図）
ML：中間層，P：一次壁，S1：二次壁外層，S2：二次壁中層，S3：二次壁内層

ロースよりも小さく，1500～3万である．② セルロースは直鎖状であるがヘミセルロースは分岐構造を持つ．③ この分岐構造のため，結晶構造を取ることができない．④ セルロースよりも反応性が高く，加水分解を受け易い．などの点でセルロースと異なっている．ヘミセルロースの含有率は 20～35％で，様々な単糖類が鎖状に結合した多糖類である．なお，ヘミセルロースは木材中でセルロースとリグニンをなじませ，木材が剛直性と柔軟性の相反する性質を合わせ持つことに寄与している．

　リグニンの含有率は 20～30％で，その基本単位はフェニルプロパン構造を持ち，それらが複雑な3次元の網目構造を形成している．なお，リグニンは木材に剛直性を与える機能を持ち，鉄筋コンクリートにおけるコンクリートに相当する役割を果たしている．

4 異方性材料としての木材

樹木は自重や風雪に耐えられるよう，その進化過程で，構成組織や細胞の形状，配列に一定の方向性を持つことにより，軽くて強い構造を獲得している．このため，木材は異方性を示す．すなわち，樹幹軸 (L) と，これに直交する面 (横断面) で L 軸を原点とする極座標 r, θ の 3 軸座標系で表わされる異方性材料である．しかし局部的には，繊維方向 (L：樹軸方向)，接線方向 (T 方向)，半径方向 (R 方向) が互いに直交する直交異方性材料として取り扱いうる．

5 木材の比重

先に述べたように，木材は基本的に中空のパイプ状の細胞からなる多孔性材料であり，細胞壁実質以外に多くの空隙を含んでいる．この空隙を含めた比重を一般に比重あるいは見かけの比重と呼んでいる．またこの比重には木材に含まれる水分も入っているので，比重値は木材の含水率状態によっても異なるので，含水率状態を明示して比重を示す．

空気および水分を除いた木材実質のみの比重を真比重という．真比重は樹種間でほとんど差はなく，1.50 程度と考えて良い．したがって，木材の比重 (見かけの比重) は空隙の割合 (空隙率) に強く影響される．木材の空隙率は全乾状態で 13〜93％，気乾状態ではこれより 1〜4％少ない．

木材の比重はバルサの 0.1 程度から，リグナムバイタの 1.3 程度まで，樹種によって著しく異なる．針葉樹の比重はほぼ 0.3〜0.6 に分布するが，広葉樹では 0.15〜1.35 と樹種による変動が大きい．木材は断熱性や遮音性が高いことが特徴であるが，これは木材が多くの空隙を持ち，その中に空気を含んでいることによる．

また，木材の比重は 1 年輪内でも早材と晩材で大きく異なる．晩材/早材の比重の比は，針葉樹の場合，1.3〜3.5 (平均 2.5) の範囲にある．広葉樹の

場合は環孔材と散孔材とで異なり,環孔材では1.6〜2.8,散孔材では1.2〜1.9の範囲にある．このように晩材の比重は早材よりも高いので，木材全体の比重は晩材率が増えると高くなる．このことと関係して，木材の比重は年輪幅にも関係し，針葉樹の場合は年輪幅にかかわらず晩材幅がほぼ一定であるため，年輪が緻密なほど晩材率は高く，比重も高くなり，強度や弾性率も高な
る傾向にある．針葉樹材で年輪の緻密な材が好まれるのはこのためである．一方，広葉樹の環孔材では，早材部の孔圏部の幅が年輪幅にかかわらずほぼ一定であるので，年輪幅が狭いほど比重は小さくなる．環孔材では極端に成長が悪く，年輪幅の狭いものはぬか目材と呼ばれ，材質の劣るものとして敬遠される．

6 吸湿性

　木材は周囲の環境の湿度が高くなると，水分を吸い（吸湿），低くなると水分をはき出す（脱湿）吸湿性材料である．このため，木材は室内の壁などに使用されると，室内の湿度変動を緩和する調湿機能を持つ材料といえる．なお，木材に含まれる水分量は，全乾木材重量あたりの含有水分量の百分率で表され，含水率と呼ばれる．

　周囲の環境条件とほぼ平衡した木材の含水率状態を気乾状態，その含水率を気乾含水率という．わが国の場合，室内での気乾含水率はおおむね7〜18％の範囲にあるとみなして良い．木材の各種の物理的，力学的性質は含水率によって大きく変化するので，一般に，12％を標準含水率として材質比較を行なう．

　木材の細胞壁は水で満たされており，細胞内腔には水が存在していない仮想的な状態の含水率を繊維飽和点（fiber saturation point: FSP）という．木材の多くの物性はこの含水率以下では含水率によって変化するが，それ以上では変化しないので，繊維飽和点は重要な意味を持っている．繊維飽和点は樹種によって異なるが，おおむね22〜35％の範囲にあり，平均して28〜30％とされている．

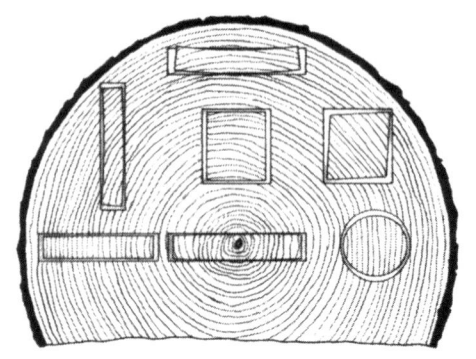

図 6-1-2　生材から採った木材の乾燥による変形（模式図）
（U. S. F. P. L.: Wood Hand Book, 1974 を参照して作成）

7　膨潤および収縮

　木材は周囲の温・湿度条件に応じて，吸・放湿して含水率が変化するが，この際，外部寸法も変化し，膨潤・収縮を起こす．水分による木材の膨潤・収縮は，細胞壁の非晶領域に水分が出入りして，非晶領域の寸法が変化することによる．したがって，正常な膨潤・収縮は繊維飽和点以下の含水率域で起こり，それ以上では起こらない．
　木材の膨潤率と含水率の間には繊維飽和点までは，ほぼ比例関係が成立つ．収縮の場合，繊維飽和点よりもかなり高い含水率から収縮が始まることが多いが，これは乾燥過程における含水率分布によるものである．
　木材の膨潤・収縮量は比重の影響を受け，接線および半径方向の膨潤・収縮率は，比重の増加とともに直線的に増加する傾向にある．ただし，繊維方向では比重との間に明確な関係は認められない．
　木材の膨潤・収縮は著しい異方性を示す．接線方向の膨潤・収縮が最も大きく，多くの樹種で数％，高比重材では 10％を越えることも稀ではない．半径方向の膨潤・収縮率は，平均的に接線方向の 1/2 程度である．繊維方向の膨潤・収縮率はこれらよりはるかに小さく，接線：半径：繊維方向の膨

潤・収縮率の比は 10：5：0.5 程度である．ただしこの割合は，樹種や比重などによってかなり異なる．一般に，接線方向と半径方向の異方性（横断面異方性）は低比重材ほど大きい．

木材は横断面の収縮異方性に起因して狂いや割れを生じ，利用上大きな問題となる．図 6-1-2 は生材（樹木を伐採して乾燥していない材）の各部位から種々の形状の材を取り，乾燥した場合に生じる変形を示したものである．

8 力学的性質

(1) 弾性率と強度

物体に外力が作用すると，それに抵抗して物体に外力に等しい内力が発生して物体は変形し，さらに外力が増加するとついには破壊する．こうした変形量や破壊は外力の大きさではなく，単位断面積あたりの内力に依存する．そこで，単位断面積あたりの内力を考え，これを応力と呼んでいる．なお，外力は物体内のある断面に対して垂直成分と平行成分（せん断力）とに分けることができ，それぞれ対応する応力を垂直応力，およびせん断応力と呼び，対応する変形を垂直変形（縦変形），およびせん断変形と呼ぶ．

応力が比較的小さい範囲では，ひずみは応力に比例して増大するが，応力が一定値を越えると応力—ひずみの関係は曲線となる．この比例範囲の上限を比例限度応力という．比例限度以上の曲線域では荷重を除いても原型を回復せず，いくらかのひずみが残る．これは塑性変形によるもので，木材では細胞壁の座屈，細胞の圧潰などの組織の微小破壊が起こっていることが多い．

応力-ひずみ線図（図 6-1-3）における比例限度以下の直線域の傾きは弾性率を表わし，破壊時の応力は強度を表わす．すなわち，変形に対する抵抗性を弾性率といい，破壊に対する抵抗性を強度と呼んでいる．

弾性率は垂直力（圧縮，引張り）による縦弾性率（ヤング率），せん断力によるせん断弾性率（剛性率）等に分類される．ただし木材の場合，引張りあるいは圧縮荷重が繊維方向に作用したときの弾性率を，それぞれ縦引張りおよ

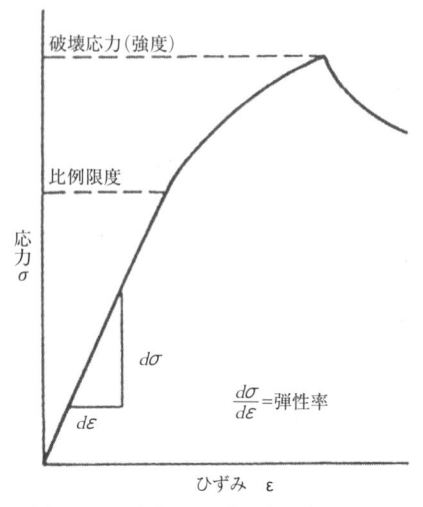

図 6-1-3　応力―ひずみ線図（模式図）

び縦圧縮弾性率といい，繊維に直角方向に作用したときには，それぞれ横引張りおよび横圧縮弾性率と呼んでいる．木材の弾性率は方向によって著しく異なり，繊維方向：半径方向：接線方向の比は，おおむね 10：1：0.5 程度である．また，木材の弾性率は比重と高い相関があり，高比重材ほど高い傾向にある．

　木材の主な強度としては，引っ張り，圧縮，せん断，曲げ強度等がある．木材の強度のうちで最も強いのは縦引張強度であり，ヒノキやアカマツでは平均的に 1cm^2 当たり 1000kg もの荷重に耐えることが出来る．これに対して，縦圧縮強度は多くの樹種でほぼ半分程度の値を示す．横引張強度や横圧縮強度はこれらよりもはるかに低く，半径方向では縦方向に比べて 1/20，接線方向ではさらにその半分程度の樹種が多い．

　せん断強度もせん断面とそれに作用するせん断応力の方向によって著しく異なり，顕著な異方性を示す．繊維を断ち切る方向に作用するせん断力に対する強度が最も高く，繊維を上下にずらす方向に作用するせん断力に対する強度は概ねその半分以下である．これに対して，繊維を転がす方向に作用（まさ目面あるいは板目面に対して半径方向あるいは接線方向に作用）するせん断力

に対する弾性率および強度は著しく低く，こうしたせん断力が作用する使用は避けるべきであることから，ローングシェアと呼んで他と区別している．

(2) 木材の弾性率および強度に関与する因子

木材の弾性率および強度に影響を与える因子は数多く存在する．このうち，割れや腐り等の欠点は，弾性率，強度ともに低下させることは明らかなので割愛する．また，荷重の作用方向の影響についても，これまで折に触れて述べてきたので割愛し，ここでは代表的な影響因子である「比重」，「含水率」，「温度」，「荷重継続時間」の影響について簡単に述べる．

■ 比重

木材は比重の増加にともない，単位体積に含まれる実質量が増加するため，荷重に対する抵抗性が高くなり，弾性率，各種の強度ともに増加すると考えてしよい．

■ 含水率

木材の弾性率および強度は，他の物性と同様に含水率の影響を強く受ける．基本的には，各種の木材弾性率および強度は，繊維飽和点までは含水率の増加にともない減少傾向を示すといえるが，その挙動は弾性率と強度で，また，強度の種類にもよって異なる．縦弾性率および縦引張，横引張，曲げ，せん断，割裂などの強度は，全乾状態から含水率5～8％までは増加し，その後は低下を示す．一方，横弾性率および縦圧縮，横圧縮強度，並びに硬さは全乾状態から繊維飽和点まで，含水率の増加とともに単調に減少するとされている．

■ 温度

一般に温度の上昇によって物質の分子運動が励起され，凝集力が低下するため，弾性率，強度ともに低下する．ただし，温度の影響は含水率によって大きく異なり，含水率が高いほど温度上昇に伴う弾性率，強度の低下割合は

著しい．なお，以上は一時的な影響であるが，木材が100℃以上の温度に長時間おかれると，木材構成成分の熱分解に起因して弾性率および強度は低下する．

■　時間依存性

一般に，作用する荷重速度が速いほど，破壊時の応力，したがって強度は高くなる．さらに，荷重の継続時間が長くなるほど小さな応力で破壊する．例えば，標準的な試験（荷重速度一定で4～10分で破壊）での強度を100としたときの，継続荷重下での強度は，0.1秒では152, 1秒では126, 1分では108, 1時間では93, 1年では68との測定例がある．

9　粘弾性的性質

木材は多くの高分子材料がそうであるように粘弾性体であり，弾性ばかりでなく粘性をも有している．このため，木材は一定の荷重（応力）を作用させておくと変形（ひずみ）が大きくなるクリープ，一定の変形（ひずみ）を保つのに必要な力（応力）が小さくなる応力緩和の現象が見られる．こうした現象は，構成成分分子間の相対位置の変化，すなわち一種の流動によるものである．

これら木材の粘弾性に著しく影響を与える因子としては温度と含水率が上げられる．乾燥状態の木材の温度上昇に伴うクリープや応力緩和の増大は多くのプラスチックほどは著しくない．含水率が高くなると温度の影響は顕著になり，著しいクリープや応力緩和を示す．

一定温度においても，木材の含水率の増加はクリープや応力緩和を増大させる．これは，含水率の増加に伴って細胞壁の非晶領域の分子間距離が広げられ，分子間の変位に対する抵抗性が低下するためである．しかし，木材の粘弾性的性質に及ぼす含水率の影響はこれだけに留まらない．含水率が変化する過程ではクリープや応力緩和が極めて顕著となることが知られている．この現象は，発見されてから半世紀以上が経過するが，木材は使用環境の中

で，温度や湿度の変化に伴って吸湿と脱湿を繰り返すことから，荷重作用のもとで異常に大きな変形が生じることが危惧され，関連する多くの検討がなされてきた．それにもかかわらず，関連する様々な現象を統一的に説明しうる機構解明には至っていない．しかし近年，含水率や温度変化を与えたあとの木材も大きなクリープや応力緩和を示すことが見出されており，新たな機構説明につながると期待される．

10 木材利用と環境

(1) 森林の大気浄化機能

森林は大気中の二酸化炭素 (CO_2) を吸収し，これと水を主な原料として光合成によって植物体を形成し，酸素 (O_2) を放出する．したがって，森林の減少は大気中の CO_2 を増加させる．また，森林が成長する過程では，その中の有機物の蓄積量 (バイオマス) は増加するため，森林全体としては，大気中の CO_2 を減らすことに寄与するといえる．しかし，森林はやがて安定した森林生態系 (極相林) を形成する．そこでは，新たに成長する生物体と，寿命がきて枯死して微生物などによって分解される植物体の量はバランスがとれ，全体として森林中のバイオマスの量は変化しなくなる．したがって，森林は永久的に CO_2 の吸収源，O_2 の発生源として機能するわけではない．その能力があるのは，森林が若くて盛んに成長している間だけである．とはいっても，現存する森林はかなりの有機物を蓄えており，これを乱開発などによって破壊することは，少なくとも一時的な大気中の CO_2 濃度の増加と，O_2 濃度の低下を招くことは間違いがない．したがって，森林生態系のバランスを損なうような無計画な森林の利用はなされるべきではないが，バランスの取れた計画的な森林の利用は，環境を破壊することにはつながらない．

(2) 木材利用の環境への影響

上述したように，安定した森林は，そのまま放置しておいても，CO_2 の吸収源として機能するわけではなく，年老いた樹木は生長が緩慢になり，やがては枯死し，分解されて，むしろ CO_2 の発生源となる．したがって，それら成長の緩慢となった樹木を伐採し，木材資源として長期にわたって利用することは，CO_2 の発生を減らすことになる．こうした意味では，有効に利用されている木材は CO_2 の保管庫ともいえ，大気中の CO_2 の濃度を低下させることに役立つ．

木材を材料として見たとき，製造に必要なエネルギーは他材料に較べてはるかに少なく，したがって，その際の CO_2 発生量も少ない．また，石油や石炭などを燃料として用いた場合はもちろんのこと，それからプラスチックなどを製造したとしても，廃棄され，ゴミとして焼却されれば CO_2 の発生源となり，これらの廃棄物が，再び石油や石炭に戻ることはない．また，焼却処分されない場合にも，一般にプラスチックは生分解されないので，ゴミとして長期間残留して，異なった環境問題を引き起こす．これに対して，木材を利用した場合，その使用期間が過ぎて廃棄された場合には，焼却されても，例えば埋め立て処理をされても，最終的に水と CO_2 とに分解され，この時点では CO_2 の発生源となるが，調和の取れた利用がなされている限り，その量は，森林内で枯死し，分解されて発生する CO_2 の量を超えることはない．さらに，ここで発生した CO_2 は，巡り巡って，再び光合成によって植物体に取り入れられ，再度利用することもできる．そう言った意味で，木材は再生産可能な資源といえる．

建築材料として用いられた木材は，例えば，法隆寺の例でも知られているように，千年を経てもなお充分な強度を有している．さらに，建物の寿命がきて解体されたとしても，大きな部材は再び建築物に利用され，端材や損傷した材は，昔は燃料として，現在ではチップや繊維の状態として，パーティクルボードや紙として再利用することができる．なお，これらも最終的には焼却あるいは分解されて CO_2 として大気に放出されるが，先にも述べたように，基本的には生態系のサイクルの中にあるといえ，放射性物質の廃棄物

や酸性雨の原因となる SOx，NOx などの有害物質を発生することもない．そう言った意味では，木材は森林生態系のバランスと調和して利用されている限り，他材料より環境負荷の少ない材料といえる．

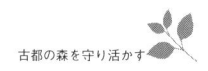

樹木及び木材中の物質移動

1 物質移動に関係する木材の組織構造

　樹木及び木材中の物質移動機構の解明は，前者の場合，樹木の活力度，それに関係する障害の原因追究などに，また後者の場合，木材材料の各種欠点の改良（寸法安定性，防腐・防虫，難燃性など），機能性の付与，木材乾燥などに関係し重要な課題である．樹木及び木材中の液体浸透通路は，理想毛管に比べて極めて複雑である．木材中に存在する毛管は，大きいもので広葉樹環孔材の孔圏道管の $20 \sim 500 \mu m$，小さいもので壁孔壁小孔の $0.02 \sim 8.0 \mu m$ であり，両者の間には 56.2 倍から 1000 倍の違いがある．加えて毛管表面には抽出物が堆積し，細胞内腔や小孔表面のぬれを変化させている．抽出物は，樹液流動にあずかる辺材では，余り問題とならないが，心材部には多量に存在する．そのため，木材利用の観点から各種性能を木材に付与するために注入を施すとき問題となる．木材の液体浸透性は，樹種の密度，すなわち単位堆積あたりの空隙量の多少に依存しないことがわかっている．そのため，細胞の大きさ，分布，配列，隣接細胞への液体の移動通路の大きさなどが強く関与している．

　部位による注入むらは染色などでは木目の強調などのプラス効果を示し，特徴的な染色模様を生じることになるが，均一処理を目的とする各種の機能

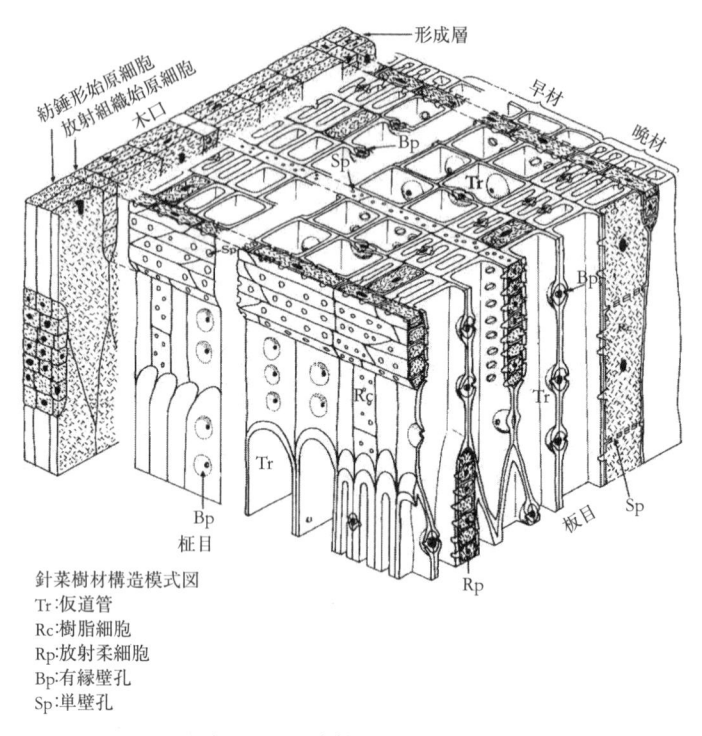

図 6-2-1　木材の組織・構造

針葉樹材構造模式図
Tr:仮道管
Rc:樹脂細胞
Rp:放射柔細胞
Bp:有縁壁孔
Sp:単壁孔

処理では大きな問題となる．従って，液体の浸透機構など，木材の基本的性質を理解し，注入処理を施すことが必要となる．これまで木材の液体浸透機構は，幾度となく検討が加えられてきたが，なお不明な点が多い．浸透機構の解明は，防腐・防虫処理，寸法安定性の付与，難燃・防火処理，樹脂化などの化学加工処理，木材染色，加えて木材乾燥に関係するので極めて重要な基礎的課題である．

　木材は，図 6-2-1 に示すように細胞の集合体からできており，その細胞は形状・寸法が異なるほか，その大部分は樹幹軸に対して細胞長軸が平行である．放射組織は，それに直角方向をとる．

　細胞壁には，壁孔という細胞相互を連結する通路が存在し，それが心材化や乾燥によって閉鎖する．心材化や乾燥によって壁孔が閉鎖すると液体の有

効な浸透通路はなくなる．

2 液体浸透機構の検討

(1) 仮道管細胞中の液体移動

　後述する第6章第7節のように，我々は，木材への液体の注入性を向上させるための方法として，これまでに圧縮前処理法を，また，樹液流を利用した立木注入法による小径木の染色を試みて省エネルギー的な方法による木材の改質手段としての浸透法を，それぞれ提案してきた．しかし，いずれの検討においても木材中への液体の浸透には樹種特性が存在することから，基本的な物質移動機構の解明なくして，木材中に目的薬液を均一に，十分注入することは極めて困難であることを認めている．また，比重の増加に浸透量が無相関であるので，木材中の空隙の多少に浸透性が依存せず，浸透量は細胞の形，大きさ，寸法，ならびに有効通路の大きさと分布，その連結性などが支配的因子として関係していることが明らかである．従って，浸透機構の解明は，これら要因について直接検討することが是非必要である．

　木材は，ある程度の光を透過する半光透過性を示す材料である．この点に着目すると，反射型光学顕微鏡を用いて細胞中を移動する液体の様子を連続的に観察することが可能である．この種の検討例はないので，細胞中を移動する液体の様子を可視化，連続観察して，液体浸透機構を追究することは意義がある．

　我々は，これまでに可視化して連続的に観察する方法の検討ならびに動的観察による2，3の針葉樹材仮道管中の液体移動の様子，界面活性剤添加溶液の浸透経過などを調べた．それによると，毛管中を移動する液体のメニスカスは，放射組織に隣接する仮道管中では左右対称でなく，またらせん肥厚を有するベイマツでは液体の浸透・停滞がらせん肥厚位置でも生じることなどを明らかにした．

　そこで，浸透機構を解明するために木材に予め各種前処理を施した材を用

第3部　活用による森の保護

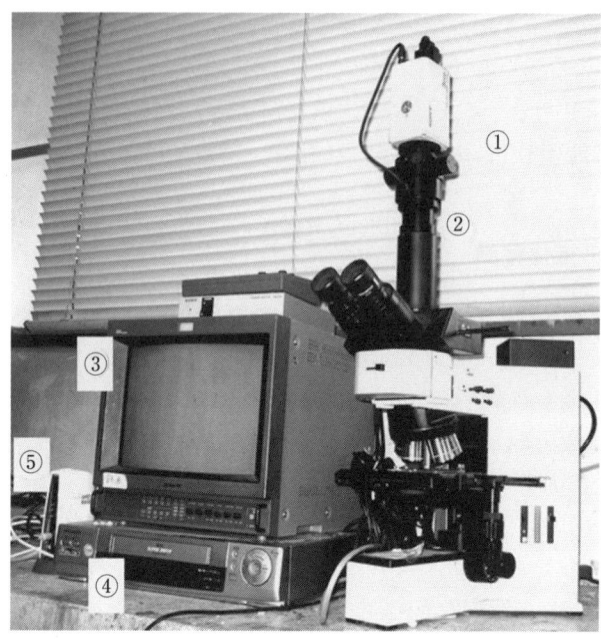

1. CCDメカラ
2. 顕微鏡
3. モニター
4. ビデオ
5. キャプチャーユニット

図 6-2-2　細胞中の液体移動の観察装置

意し，減圧度をかえて浸透の様子を観察することにより，細胞中を移動する液体の浸透阻害要因やその程度，加えて 2，3 の樹種によるそれらの相違を検討した．

供試材には，ヒノキ (*Chamaecyparis obtusa*)，スギ (*Cryptmeria japonica*) 及びベイマツ (*Pseudotsuga taxifolia*) の心材を用い，材の前処理条件は，無処理材を含めて熱水抽出処理材，横圧縮処理材，熱水抽出・横圧縮複合処理材であった．

動的観察は，3cm（繊維方向）× 0.5cm（接線方向）× 4cm（半径方向）試料を用意し，この試片の木表側の板目断面をミクロトームで平滑に面出した後，この表面から約 2.5mm の位置で切断し，3cm（繊維方向）× 0.5mm（接線方向）× 約 2.5mm（半径方向）の観察試片を作り浸透観察を行った．観察はいずれも早材部であった．観察装置の概要を図 6-2-2 に示す．すなわち，反射型光学顕微鏡とその接眼レンズ側に CCD カメラを取り付け，反射光に基づいて画像を撮像するようにしており，ディスプレイ上で約 1500 倍，印画紙上で

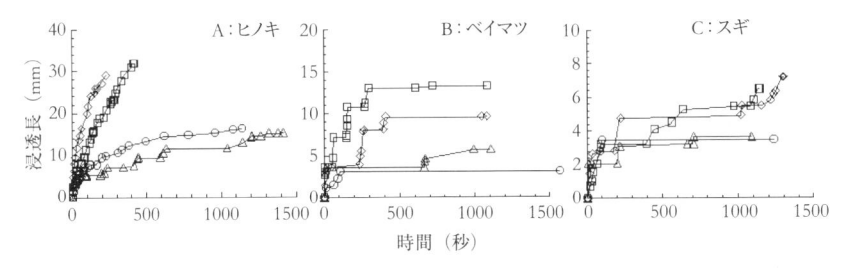

図 6-2-3 仮道管細胞中の液体の浸透経過

約 500 倍の観察が可能な方法である．また，ユニットキャプチャーなどを用い，コンピューターに接続して，DVD に取り込み，その後に画像解析することもできる．

実験にあたっては，木口面の一端に一定量の染料水溶液を添加したときの染料水溶液が，仮道管繊維方向に移動する様子を板目面表面から観察すると仮道管中ならびに仮道管相互の液体の移動の様子を連続撮像でき，ビデオテープレコーダー，または DVD レコーダで録画し，それを再生して解析することにより，浸透長と時間の関係などを評価できる．吸引下の浸透実験は，染料水溶液添加側と反対側の木口面に減圧チューブを挿入し，他端よりハンディアスピレータで減圧した．チューブ途中にはデジタルマノメータを取り付けて減圧度を測定できるようにしてあり，減圧度の程度を数段階変化させて，浸透長を測定した．

図 6-2-3A，B，C に各種前処理材の毛管圧浸透（減圧度 0 kPa）による浸透経過を 3 樹種について示す．図中の A はヒノキ材で，B はベイマツ材で，C はスギ材の結果である．また各プロットは前処理の違いを示している．

図によると，前処理によって浸透長の増加が著しく変化することが認められる．ヒノキ材の場合，無処理材と熱水抽出処理材では浸透長の増加が緩慢で，浸透，停滞を繰り返して浸透長が増加する．

これに比べて横圧縮処理と抽出・横圧縮複合処理では極めて短時間の間に浸透長の急激な増加が生じる．従って，ヒノキ材（図 6-2-3A）の場合には，無処理材及び抽出処理材グループと横圧縮処理及び抽出・横圧縮複合処理のグループに 2 大別できる経過が認められる．ヒノキ材の場合，抽出処理効果

は極めて小さい．これは，ヒノキ材が他の樹種に比べて抽出物量が少ないこと，後述するが浸せきぬれに先行して拡張ぬれが仮道管中を進行するので，元来界面のぬれが極めて良好な樹種と判断されることなどによる．このことは無処理材に比べて，抽出処理材で浸透長の小さいことからも示されている．これと対比してベイマツ材（図6-2-3B）では，4つの処理条件中で急激に浸透量が増加する処理は横圧縮前処理で，ヒノキの場合と類似するが，ヒノキと比べて幾らかの点でその挙動が大きく異なる．すなわち，ヒノキに比べて停滞時間が明らかに長い挙動を示す．また，停滞後の液体の進行が極めて急激で突発的な進行を示すことである．この傾向はとくに横圧縮処理，及び熱水抽出・横圧縮複合処理で明確である．このことは横圧縮処理によって有効通路の拡大がはかられても界面のぬれが改善されないので，その浸透阻害要因を通過するのにかなりの時間を必要とし，壁孔部の比較的小さい通路から細胞内腔に向かって液体が進行すると，阻害要因も軽減され，結果として大きく液体の進行がはかられることによる．しかし，続く壁孔の出現によって再び阻害要因が出現し，大きく停滞することになる．この繰り返しによって液体が進行する．加えてベイマツ材の場合には仮道管内腔中にらせん肥厚が存在するため，らせん肥厚位置での拡張ぬれが浸透阻害要因として大きく寄与するが，この要因が圧縮処理によって一部改変したことなどが関与していると考えられる．スギ材の場合（図6-2-3C）もベイマツ材同様に浸透，停滞を繰り返して進行しており，加えて浸透量の増大は圧縮前処理，抽出・圧縮複合処理で効果が認められる．

　以上の結果から，3樹種のうちでヒノキ材は易浸透性の材でその浸透は，拡張ぬれが先行し，続く浸せきぬれによって浸透がなされる樹種であるので，比較的浸透・停滞が顕著でなく，しかも吸液量は3樹種中最大である．これに対してベイマツ材は圧縮前処理，熱水抽出・圧縮複合前処理によって浸透性の改善が顕著で3樹種中での改善は中庸であるが，ベイマツ材では停滞後に突発的浸透長の増大を示す樹種として大きな特徴がある．これは壁孔の閉鎖の要因が，大きくかかわり，横圧縮処理による閉塞壁孔の解放が大きく影響している．それに加えて拡張ぬれを必要とするらせん肥厚の前処理による改善が良好な変化をもたらしたものと考えられる．スギ材は壁孔の閉鎖に加

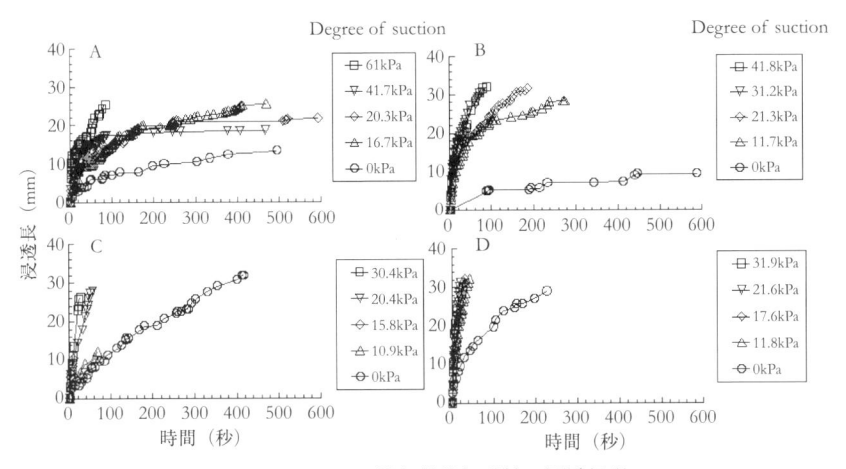

図6-2-4　ヒノキ材各種前処理材の浸透経過

えて，仮道管内腔或いは壁孔部の抽出物のぬれが不良で，前処理によって有効通路の改善がなされてもぬれが良好でないため毛管圧上昇法では3樹種中一番小さかったと考えられ，横圧縮による液体通路の拡大よりもぬれの寄与が大きいため，浸透性の改善効果はベイマツ材より小さく表れたと考えられる．このことはスギ材の場合，ある減圧度以上になってはじめて浸透速度が大きくなり，ぬれの悪いことに基づく浸透阻害にうち勝つ減圧度になってはじめて浸透長が増大する結果から理解できる．結果として樹種の浸透性の改善は，毛管圧浸透法では，全般的に見てヒノキ材〉ベイマツ材〉スギ材となる．

図6-2-4にヒノキの各種前処理材の減圧下における浸透経過を示す．図6-2-4中には比較のため減圧度0 kPaの毛管圧浸透の結果も示してある．ヒノキ材の場合，前処理を施すと，浸透の改善効果は著しい．圧縮前処理，及び抽出・圧縮複合処理では数十秒の極めて短い時間で測定試片長の30 mmに到達する．

次に図6-2-5に3樹種の平均浸透速度と減圧度の関係を示す．図によると，ヒノキ材の場合，平均の浸透速度は，無処理材では減圧度とともに漸増するが，その増加の程度は小さい．これに比べて各種前処理材は比較的興味深い結果を示す．すなわち，熱水抽出処理及び圧縮前処理では，減圧度20

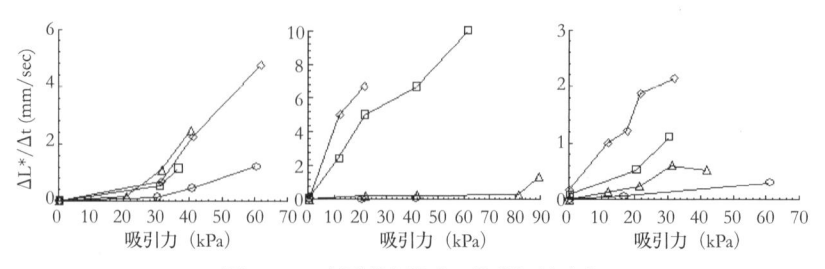

図 6-2-5　仮道管細胞中の液体浸透速度

～30 kPa 範囲で浸透速度の急激な増加が見られ，複合処理では減圧度に比例，ないしより低い減圧度 15～20 kPa で急激な増加を示している．ベイマツ材の減圧下における浸透速度は，平均浸透速度は図示しているように横圧縮処理と，複合処理で著しく大きくなり，減圧度にほぼ比例して浸透速度が増加している．しかもその速度は複合処理と横圧縮処理では，大差ない，むしろ横圧縮処理でわずかに大きい．無処理材と抽出処理材では減圧度を増加しても浸透速度を改善しない．これは壁孔閉鎖が浸透阻害の大きな要因で，横圧縮処理によって有効通路の拡大で著しく増加したと考えられる．スギ材の平均浸透速度は，熱水抽出処理の効果が明確に認められる．しかし，スギ材は各種前処理を施しても吸引力 20～30 kPa までは，浸透性の改善がないことから，ぬれの障害を越える吸引力 20～30 kPa 以上になるとき，浸透長の著しい促進がなされると考えられる．以上より，3 樹種の浸透に及ぼす影響因子は，ヒノキは易浸透性の樹種で，ベイマツは壁孔の閉鎖が極めて大きな因子として浸透に関係し，スギ材は壁孔の閉鎖と抽出物のぬれが極めて大きな浸透阻害要因として関係していることが示唆される．

(2)　仮道管及び仮道管相互中の液体移動の特異挙動

　減圧下のヒノキ材の浸透結果では液体浸透毛管中に気泡が発生する様子を観察した．その気泡形成の種類には 2 種類が存在した．一つは気泡が正円の形で複数個出現して移動する様子を観察できた．他方は 1 ないし 2 個の帯状の気泡として観察できた．これらの気泡は明らかに気泡の発生，出現形態を

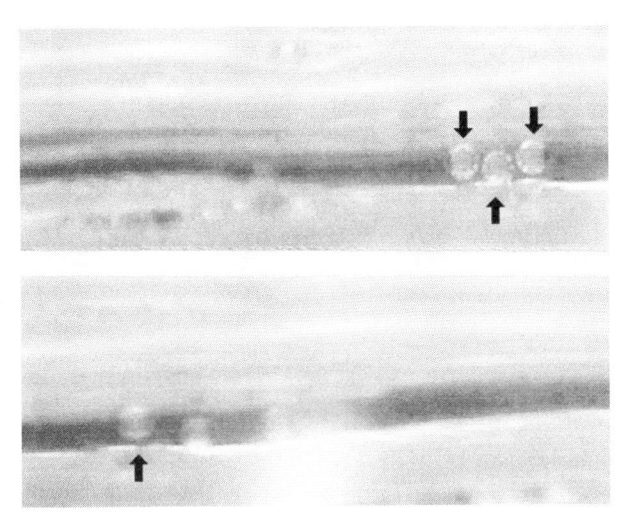

図 6-2-6　正円気泡の発生
（矢印が気泡を示す）

ことにした．図 6-2-6 に正円の気泡発生の様子を示す．また，正円の気泡の発生の様子を模式図で図 6-2-7 に示す．

　ヒノキ材の液体浸透は，まず，最初に仮道管中の内腔表面を拡張ぬれによってぬらし，続いて浸せきぬれが後方から進行する挙動を示す．そのため内腔表面のぬれが極めて良好な樹種である．このような液体浸透が率先部でなされることから隣接仮道管とつなぐ壁孔位置で壁孔縁から壁孔壁小孔へと拡張ぬれが進行するとき，壁孔壁小孔部の有効通路は極めて狭いため，その結果として対面する距離が小さいことによって両界面がぬれるとき，湿潤膜は相互に接することが可能となり，その位置でメニスカスを形成できるようになる．このような状態になると，壁孔口から壁孔室に存在した空気は壁孔の孔口と小孔との間に閉じこめられ，気泡状態となる．そのために減圧下では気泡が仮道管内腔中に押し出されることになる．これが，正円気泡の出現となる．他方，帯状の気泡（図 6-2-8）は，突然出現することから繊維方向の壁孔を通過し，仮道管内腔から壁孔，続く内腔，壁孔の通路の系において，内腔の通路系と壁孔の通路系では後者が明らかに小さいことから液体の移動は，

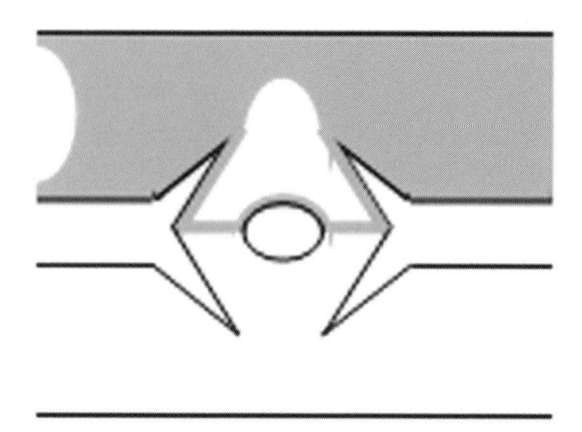

図 6-2-7　気泡発生の模式図

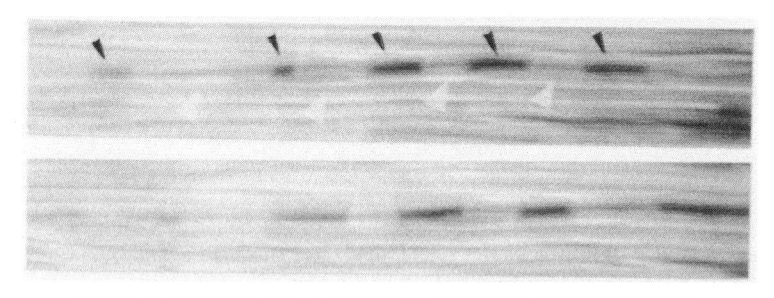

図 6-2-8　減圧下でのヒノキ心材中への浸透による帯状気泡の発生

当然壁孔部で大きな抵抗を受ける．結果として減圧下では連続水脈が分離しやすく，いわゆるキャビテーションを引き起こすことになる．これが帯状の気泡の出現を引き起こしていると考えられる．本来，水分子間の分離にはかなりの力が必要であるが，内腔表面，壁孔位置での表面は平滑でなく複雑で，種々の物質の堆積を伴っているであろう．このような場合には水脈の分離は比較的容易になると考えられる．気泡の発生は注入性を考えたとき，減圧注入効果を低下させるので液体浸透において適度の減圧度で処理しない限り，多くの気泡の発生を促して浸透が有効に機能しない結果を引き起こすことになる．

　以上の結果をまとめると，次のようになる．各種前処理を施したヒノキ，

ベイマツ，スギ心材を用い，減圧下における縦浸透を反射型光学顕微鏡にCCDカメラシステムを組み込み仮道管中の液体移動を可視化，連続的観察を試み，率先浸透長などを検討した．その結果，以下のことが明らかになった．

　毛管圧浸透（減圧度 0kPa）における3樹種の浸透長は，浸透・停滞を繰り返し，前処理によっていずれも増大する．増加の程度は，いずれの樹種も無処理材≦熱水抽出処理材＜横圧縮前処理材＜熱水抽出・横圧縮複合処理であった．平均浸透速度に及ぼす減圧度の影響は，樹種によって特徴が認められ，ヒノキ材の場合には処理によって程度は異なるが減圧度とともに増加し，ベイマツ材では熱水通で処理では効果がなく，横圧縮前処理で著しく増加した．スギ材は減圧度 20-30pKa まではいずれの処理によっても浸透長増加の効果なく，それ以上になると急激に増加した．この結果より，難浸透のスギ，ベイマツで浸透効果の増大に前者で抽出物のぬれ，後者で有効通路の開放が大きく関係していることが示唆された．仮道管相互の液体移動様式を可視化して連続観察できた．その結果，ヒノキ材では極めて容易に相互移動を引き起こすが，ベイマツやスギ材ではその移動が殆ど認められなかった．減圧下の液体移動には2種の気泡の出現状態を観察した．丸形気泡は，隣接仮道管からの空気の流入，長径気泡は仮道管縦方向のキャビテーションに基づくことが推測された．この結果は，樹種毎に最適減圧度のあることを示唆する．

古都の森を守り活かす

Section 6-3 化学加工による木材用途の拡大

1 はじめに

　近年，安価な外国産木材の輸入拡大に伴ってわが国の林業が衰退し，生業として成り立たなくなった．このため森林の荒廃が進むとともに，山村の活性が著しく低下してきている．言うまでもなく森林の荒廃は，森林が持つ地球環境の維持機能の低下や水害などの自然災害を引きおこす．わが国の健全な森林の育成と山村の復興のためには，そこに産する森林資源を活用した持続可能な生活様式を蘇らせる必要がある．いわゆる「地産地消」は元々，地域で生産された食料をその地域で消費し，移送コストの削減と地域の活性化を意図して提唱されてきたキャッチフレーズであるが，森林資源についても「地産地消」あるいは「地材地建」とでも言える，地域産材の地元での消費を推進し，外国産材に多くを依存しない，持続可能な社会を確立することが喫緊の課題となってきている．

　京都は三方を山に囲まれ，森林資源に恵まれた土地であり，森林や樹木を景観として取り入れるだけでなく，そこに産する木材やタケなどの木質資源を高度に利用した文化を全国に広めてきた長い歴史がある．とくに京都市域には社寺仏閣が多く，その建築材料をはじめ，建具，家具・調度，仏具などとして，また茶道を始めとする伝統文化のなかでもさまざまな手工芸品とし

て，木質資源を用いた高度な伝統工芸の世界を築いてきた．京都府全体として見た場合も，かつては北山スギ，乙訓[*1]・山城[*2]地方のタケ，丹波地方のマツタケなど，地域の特産物を産出すると同時に，林業を基盤とした生活資材やエネルギーの供給が成り立っていた．現在，地元産材のみで家屋を建築することや，すべてのエネルギーを賄うことはもはや困難であるが，化石資源の大量消費による地球温暖化や資源の枯渇の問題に対処するためには，木質資源の有効利用を地域単位で考えることも重要であろう．本節では，近年進歩の著しい木材の性能向上と有効利用のための技術を紹介する．

2 最近の木材の改良技術

木材はその用途からみて「工業材料」及び「工芸材料」の二面性を持つ．工業材料としては，建築や家具などに用いられる他，パルプを経て，紙やレーヨンなどの原料となるが，いずれも大量消費型で，均質性，品質の安定性，供給の安定性，安全性などが求められる．木材は本来，不均質で品質の安定しない材料であるが，現在ではこれらの点を改善した，様々な木質系の工業材料が開発されている．一方，工芸材料として見た場合，装飾家具，調度品，漆器，木彫，楽器，和紙など，消費量は少ないが付加価値の高い用途が多く，生物材料固有の特性や個性が重視される．ここでは工業材料としての視点に立って，最近の木材利用技術の進歩を中心に述べる．

第二次大戦後の高度経済成長期を契機として，木材の利用技術は飛躍的に進歩した．それ以前は，木質材料（あるいは木質建材）と言えばせいぜい合板程度であったが，現在と比べると製造技術が低く，その用途も限られていた．しかし今日では接着剤のめざましい性能向上や化学処理技術の進歩などで，素材の木材の持つ欠点が軽減・解消され，金属やプラスチックには無い特長

[*1] 乙訓（おとくに）現在の向日市，長岡京市，大山崎町の全域，および，京都市西南部の一部の地域．

[*2] 山城（やましろ）京都府南部はかつての山城国に属するが，ここでは，現在の木津川市山城町およびその周辺地域のことをさしている．

を備えた，様々な木質系の工業材料が出現している．

　木材は成長方向（繊維方向）とそれに対して直交方向の間で，また同じ繊維直交方向でも年輪の中心から放射状に伸びる方向（半径方向）と中心を通らない方向（接線方向）とで伸縮の度合いが極端に異なる，いわゆる異方性を示す．また節などの欠点がある場合には，異常な変形を起こす不均質な材料であり，そのままでは工業材料としての価値が低い．このような木材の寸法変化挙動に基づく欠点を軽減する方法には，素材の木材に化学処理を施す方法と，木材を断片化して欠点を分散あるいは除去し，新たな材料に再構成させる方法とがある．前者は浴室，台所などの水回りの内装材に，また，公園，遊園地，ウオーターフロントなどで周囲の環境との調和を重視した用途が広がっている．一方，後者はエンジニアードウッドと呼ばれ，未利用材，間伐材，建築解体材なども利用できるため，木質資源の有効利用の観点から，近年ますます重要性が増してきている．一度利用した木材をエンジニアードウッドとして蘇らせ，さらにその使用後はエネルギー源などとして用いる段階的な利用形態を「カスケード型利用」と呼ぶが，木材を長期間にわたり使用することで，炭素固定にも貢献することになる．

3 　木材の化学処理

　耐朽性，耐蟻性，耐候性は，建築物やエクステリアへの木材の利用を考える場合，きわめて重要な性質である．とくに腐朽やシロアリによる食害は地震などと関連して，人命に関わることもある．木材防腐あるいはシロアリ防除には，従来，重金属系の防腐・防虫剤が用いられたが，最近では環境に配慮した薬剤が開発されている．耐候性に関しても，紫外線劣化に対する抵抗性の高い塗料が開発され，後述の寸法安定化処理との併用で，木材の耐用年数の延長がはかられている．その結果，木材の用途も，住宅の外構，掲示板やベンチなどの屋外施設と多岐にわたっており，このことは街の美観の向上や屋外構造物と自然景観との調和に一役買っている．観光都市，京都においては，今後ますますこの方面の利用拡大が期待される．

木材の「燃える」性質も，人命に関わる欠点であるだけなく，多くの社寺仏閣を抱える京都では，火災の発生は重要な文化遺産の損失をもたらす．伝統建築を火災から守るためにも，火災の発生や延焼・類焼を押さえる難燃・不燃の木質材料の一般住宅への普及が望まれる．

「狂う」性質も木材の重大な欠点の一つである．木材は吸・放湿や吸水・乾燥により著しい寸法変化，反り，ひび割れなどを生じる．高温多湿のわが国においては，建具の立て付けが悪くなるなどのトラブルに留まらず，塗装木材では塗膜の劣化を引き起こして美観を損ない，屋外使用ではひび割れから水分が浸入して劣化が進む．木材のもつ欠点の軽減対策の中で，寸法安定化の重要性はあまり顧みられなかったきらいがあるが，おそらく人命に深く関わることがないためと考えられる．しかし，寸法安定化は耐候性の向上技術と相俟って，木材の耐用期間を延ばし，ひいては木材の用途拡大につながる重要な技術である．以下に，有望な寸法安定化法であるアセチル化とグリオキサール樹脂処理を取り上げ，最近の進歩を紹介することとする．

(1) アセチル化木材

アセチル化が木材に適用されたのは20世紀中頃であるから，そんなに新しいことではない．アセチル化は元々，もめんセルロースに適用された技術で，こちらの方はさらに歴史が古い．セルロースはアセチル化（水酸基をアセチル基に置換）することにより，有機溶媒に可溶となるため，これを繊維やフィルムに成形した材料が多くの分野で用いられている．一方，木材の場合もその水酸基をアセチル基に置換する点ではセルロースと共通しているが，その目的は親水性を低下させ，結果として寸法安定性を向上させることにある．実際には触媒や溶媒を用いることもあるが，木材を100〜120℃の無水酢酸中で加熱するだけでも十分に反応が進むため，操作の簡便性，コスト，試薬の安全性などの面からアセチル化に優る処理はないと言っても過言ではない．アセチル化では，寸法安定性が向上することは言うまでもないが，防腐・防虫性，また塗料との併用により耐候性も向上する．各種の機械的強度の低下もなく，クリープ変形，すなわち長期間の負荷にともなう不可逆的

郵便はがき

606-8790

料金受取人払郵便

左京局
承認
7101

差出有効期限
平成21年
9月30日まで

(受取人)
京都市左京区吉田河原町15-9　京大会館内

京都大学学術出版会
読者カード係 行

▶ ご購入申込書

書　名	定　価	冊　数
		冊
		冊

1. 下記書店での受け取りを希望する。
　　　都道　　　　　　市区　店
　　　府県　　　　　　町　　名

2. 直接裏面住所へ届けて下さい。
　　お支払い方法：郵便振替／代引　公費書類(　　)通　宛名：

　　　送料　税込ご注文合計額3千円未満：200円／3千円以上6千円未満：300円
　　　　　　／6千円以上1万円未満：400円／1万円以上：無料
　　　　　　代引の場合は金額にかかわらず一律200円

京都大学学術出版会
TEL 075-761-6182　　学内内線2589 / FAX 075-761-6190または7193
URL http://www.kyoto-up.or.jp/　　E-MAIL sales@kyoto-up.or.jp

お手数ですがお買い上げいただいた本のタイトルをお書き下さい。

(書名)

■本書についてのご感想・ご質問、その他ご意見など、ご自由にお書き下さい。

■お名前

(歳)

■ご住所
〒

TEL

■ご職業　　　　　　　　　　　　■ご勤務先・学校名

■所属学会・研究団体

■E-MAIL

●ご購入の動機
　A.店頭で現物をみて　　B.新聞・雑誌広告（雑誌名　　　　　　　　　　）
　C.メルマガ・ML（　　　　　　　　　　　　　　　　　　　　　　　）
　D.小会図書目録　　　　E.小会からの新刊案内（DM）
　F.書評（　　　　　　　　　　　　　　　　　　　）
　G.人にすすめられた　　H.テキスト　　I.その他

●日常的に参考にされている専門書（含 欧文書）の情報媒体は何ですか。

●ご購入書店名

　　　　都道　　　　　市区　　店
　　　　府県　　　　　町　　　名

※ご購読ありがとうございます。このカードは小会の図書およびブックフェア等催事ご案内のお届けのほか、
　広告・編集上の資料とさせていただきます。お手数ですがご記入の上、切手を貼らずにご投函下さい。
　各種案内の受け取りを希望されない方は右に〇印をおつけ下さい。　　案内不要

な変形，に対する抑制効果も大きい．大断面の木材の処理が難しいこと，残存あるいは遊離する酢酸による木材の加水分解やネジ・釘などの腐食の懸念があるが，前者は液体の浸透性の問題で，さまざまな対処法が検討されており，後者についても，実施例が少ないこともあるが，問題が表面化した事例はほとんどない．1990年代初頭には，実用化の機運が高まったが，その後の進展がないのは，コスト優先で，その性能や耐久性の高さに対するユーザーの認識が低いためと考えられる．コストパフォーマンスの高さに対する評価が高まれば，広く普及する条件は整っている．

　実用化技術が先行したアセチル化の研究も，最近は，原点に戻っての基礎研究が多いが，そのなかで木材のアセチル化に関わる構成成分の寄与について，興味深い結果が得られている．それによると，従来アセチル化では主としてセルロースの水酸基が疎水性のアセチル基に置換されることにより，親水性が低下し，その結果，吸湿性の低下，ひいては寸法安定性が付与されると考えられてきた．アセチル化による吸湿性の低下は明らかな事実であるが，木材中のセルロースや，単離されたセルロースの無水酢酸中における不均一系反応はきわめて緩慢で，水酸基がアセチル基に置換される程度（置換度）も低い．それにも関わらず，高い寸法安定性が得られるのは，リグニンが優先的にアセチル化にあずかり，反応によって膨らんだ細胞壁が，乾燥に際して元の大きさに戻ることができない（バルキング効果）ためと考えられる．木材の化学処理は，これまでセルロースの反応を中心に考えられてきたが，各構成成分間で反応性には大きい違いがあり，とくにリグニンの反応性が高いことはアセチル化以外でも認められていることから，今後，木材の化学処理を考えるうえでリグニンの反応は一つの重要な着眼点となろう．

(2) グリオキザール樹脂処理

　グリオキザール樹脂は，グリオキザール，尿素，ホルムアルデヒドで構成される初期縮合物で（図6-3-1），ジメチロールジヒドロキシエチレン尿素（DMDHEU）とも呼ばれ，本来，もめん織物の防しわ・防縮加工，パーマネントプレス加工のために開発された樹脂である．基本的にはセルロースの水

図 6-3-1　グリオキザール樹脂　　図 6-3-2　屋外施設へのグリオキザール樹脂処理の施工例（橿原公苑競技場：伊藤貴文氏提供）

酸基間に架橋を形成することで，もめん繊維の弾性率が増大し，織物の防しわ性などが付与されるため，現在ではもめん衣類の二次加工に適用されている．木材では，その構成成分の水酸基間に架橋を形成させることで，吸湿性の低下とバルキング効果にもとづく寸法安定性を得られる．樹脂そのものは安価であると同時に水溶性で，取り扱いが容易であるという利点も備えている．処理操作は，初期縮合物と触媒を含む水溶液の含浸とそれ引き続く加熱処理からなる．高い寸法安定性や耐久性が付与されるため，屋内用としては，浴槽，浴室や台所の床材などに，またエクステリアでも，ベンチ，案内板，ウッドデッキなどへの適用が可能である．処理コストは必ずしも高くないが，現時点では公共施設などへの利用が中心である．

　塗装は木材の耐久性を向上させるが，塗膜の耐久性は生地である木材の寸法安定性に大きく左右される．そのため，寸法安定化は塗膜の耐久性向上にとって重要な意味をもつ．グリオキザール樹脂処理は塗装性を低下させることがないため，塗装と併用することにより，塗膜だけでなく，木材全体としての耐用期間を延ばす効果がある．木材の長期にわたる屋外使用を可能にする高耐久化技術は，環境と調和した材料としての木材利用を飛躍的に増大させるものと期待される（図 6-3-2）．

4 木質資源のカスケード型利用とエンジニアードウッド

　近年の接着剤の性能向上などに伴ってエンジニアードウッドの進歩は著しく，多様な製品が市場に出回っている．主として熱帯産広葉樹の大径木を薄く剥いで貼り合わせた合板や単板積層材（Laminated veneer lumber: LVL）はその用途に応じた様々な性能の製品が作られ，品質が安定し，大きさの制約が少ない工業材料として高い評価を得ている．資源の減少に伴って，小径木や針葉樹の利用技術も進歩している一方，熱帯地域では早生樹種のプランテーションが積極的に進められており，将来的にはこのような資源から作られた製品が出回るものと考えられる（図6-3-3）．

　木材の節，割れ，腐りなどの欠点を排除し，全体にわたって品質にムラがなく，しかも構造部材など大断面の材料を得るために集成材が作られる．ひき板や小角材（ラミナ）を二次元的に貼り合わせたものはテーブルの天板などとしてよく見かける．また三次元的に貼り合わせれば建築用構造部材となり，元の木材に比べて欠点が少ないため強度が高く，バラツキが小さく，しかも任意のサイズが得られることから，柱や梁などの建築用材として，また湾曲集成材は大型木造ドームの梁や木橋などにも用いられる（図6-3-4）．大型の構造物に木質材料を用いるメリットは，美観や自然環境との調和などが主であるが，多量の木材を長期にわたり炭素の形で固定するという点で，ささやかながら地球温暖化防止にも貢献している．

　木造建築物の解体材，利用価値の低い間伐材，製材の端材，合板製造で残る剥き芯などは小片（チップ）にされ，接着剤を用いて成形されることで新しい材料に生まれ変わる．このような木質材料は一般にパーティクルボードと称されるが，チップの形状や個々のチップの配向によって，様々な名称で呼ばれている．本来大きい強度が得られるものではないが，使用する接着剤によって高い耐水性能が得られるなど，その品質は向上している．素材の木材のような反りや狂いが少なく，品質の安定した材料で，建築内装材や家具類などとして身近なところに多用されている．学習机やユニット家具などの多くがパーティクルボードで作られているが，一般には表面に化粧単板など

第 3 部　活用による森の保護

図 6-3-3　早生樹（アカシアハイブリッド）のプランテーション（マレーシアサバ州）

図 6-3-4　スギの湾曲集成材を用いた建造物（昭和 36 年築，都城市，丸十産業㈱）

が貼り付けられ，概観では素材の木材と見分けがつきにくい．

　木材チップを機械的に破砕すると繊維状になる．これを接着剤で板状に成形したものがファイバーボードである．ファイバーボードのなかでも比重が 0.4～0.8 のものは中質繊維板と呼ばれるが，最近では MDF（medium-density fiberboard の略）で通じるようになってきた．木質資源を繊維にまで解体して用いるため，タケやバガスなどの非木材繊維も利用できる．MDF は建築内装材や家具をはじめ，最近では構造用にも使われてきており，きわめて用途が広い．パーティクルボードと異なり，平板だけでなく曲面加工やエンボス加工も可能で，成型物も作られる（図 6-3-5）．

　木材の特徴を残した最小の単位として木粉があり，製材工場などから多量に排出される．これをプラスチックと混合することで，いわゆる WPC（木質プラスチック複合体）が作られ，建築材料などにも使われている．もちろん燃料にすることも可能で，最近ではペレットに成型してストーブなどの燃料にされる．木質系の廃材を利用した発電システムのパイロットプラントも稼動している（図 6-3-6）．

　木材はプラスチックと異なり，高温に加熱しても溶融する前に分解するが，何らかの処理を施すことにより，熱軟化温度を下げることができる．プラスチックと混合せず，木質材料だけで成型物を作ることも可能になっており，実用化が図られている．木質材料を液化することも可能で，資源有効利用の

第6章　木質系材料の利用技術

図6-3-5　MDFの成形加工で作られたシンク（ホクシン㈱提供）

図6-3-6　解体材を燃料とした発電プラント（秋田県能代市）

究極の形である．

　以上述べた各種エンジニアードウッドは，素材から段階的にエレメント（構成要素）のサイズを小さくして新しい材料に再構成して利用するといった，木質資源のカスケード型利用を可能にする．京都市内でも戦前の木造建築などが多く残っているが，とくに柱や梁などは古民家として再利用する一方，価値の低い部材も廃棄や焼却する前に，パーティクルボードやファイバーボードとして蘇らせることも考えてみる必要があろう．

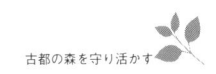

古都の森を守り活かす

国産スギ材の合板利用について

1 はじめに

　森林の多面的な機能を持続的に発揮させるには林業経営の活性化が必須である．林産物である木材が有効に利用されることにより伐採・植栽・保育などの作業サイクルが円滑に循環することで，二酸化炭素吸収源としての森林の機能が発揮され，地球温暖化の防止に繋がると考えられている．現在，我が国の林業経営の実態については，材価の低迷，後継者不足などから厳しい状況下にある．戦後，大量に植林されたスギ，ヒノキ等の針葉樹材が伐期を迎えているにも関わらず山野に放置されているのが現状である．ここでは，京都府における地域産材の有効利用の取り組みとして，府内産スギ間伐材を利用した合板製造の取り組みを紹介する．

2 京都府産材を合板に

　合板の作り方を簡単に説明すると，まず原木を薄く「かつら剥き」にした単板を製造し，それらを乾燥させる．乾燥させた単板を木繊維が直交するように交互に積層し，接着剤で貼り合わせて大きな面積の板材にすることで合

板が造られる．単板にする時点で木材の欠点が分散されることにより強度信頼性が向上し，また貼り合わせる際に木材の繊維が直交するように積層接着することで互いが拘束しあうことにより，寸法安定性に優れた面材料が製造可能となる．節が多くて直径が小さいため製材不適材とされたスギ材でも，合板化することにより建築材料として生まれ変ることが可能である．

　国内の合板メーカー各社では，その殆どが原材料を輸入材に頼っている．古くは東南アジアのラワン材をメインに使用し，現在ではロシア産カラマツ（ラーチ），アカマツ材，オーストラリア，ニュージーランド産のラジアタパイン材が主流となっている．輸入材が主流である理由は？　国産材より材料としての品質が優れているからか？　残念ながら，合板用原木は直径 25 cm 前後の節が多い針葉樹材が殆どである．国産スギ材でも決して見劣りすることの無いレベルの北洋材が現在の主流である．実は，身近にある国産材が使われずに，遠い海の向こうの輸入材が大量に使用される大きな理由は「価格」と「供給量」の問題なのである．合板原材料の約六割は木の値段による．原木価格が合板価格を決めると言っても過言ではない．立米単価１万円前後が基準となるラインであると思われる．メーカーは安い原材料を使用して大量に製品を製造することにより利益を挙げている．「大量の製品」の目安としては，一日の合板生産量が 12mm×3尺×6尺サイズの合板を２万枚〜３万枚程度と考えて頂きたい．これぐらいの合板を製造するには，$600 \sim 900\,\mathrm{m}^3$ の原木が必要となる．例えば直径 25cm，長さが 4m の丸太が，一日の製造で３千本以上必要となる．これら全てを国産スギ材に代替出来るかなどとは，とても期待出来ない話であるのは承知していた．為替の変動により仕入れ価格の変動が激しいニュージーランド産材の代替だけでも可能になれば，というのがメーカー側の当初の狙いであった．一方，山元（京都府森林組合連合会）にしてみれば，この話は願っても無い話であったようである．今まで値段が付かなかったものを大量に購入するところが名乗りを挙げたからである．京都府農林水産部林務課が双方の間に入り，価格や供給に関する調整役を勤め，およそ一年掛けて京都府産スギ材が合板工場に搬入されることとなった．

図 6-4-1　スギ合板サンプル

3　スギ合板製造

　京都府は日本で最初に針葉樹合板専門の製造工場を持ち，多くの種類の針葉樹材についてのノウハウの蓄積はあったものの，本格的に国産スギ材を使用するにあたり，いくつかのクリアすべき問題点があった．

　最初の問題点は「剥皮」である．ラーチ，ラジアタパインの樹皮は固まりでボロボロと剥がれるのに対して，スギの樹皮の繊維長は長いため，裂くように剥皮しないとバーカー（皮剥き機械）の刃に絡みついて，連続的に生産が行えない問題が生じた．スギ専用のバーカーを備えることによりこの問題は解消したのであるが，スギ材導入当初は，今後の供給に不安定要素を抱えている材料に対しての専用機械を購入するべきか否かで，ずいぶん頭を悩ませたのを記憶している．

　スギの比重は 0.4 前後と低く，柔らかい材料である印象が強いのではあるが，実際は早材部，晩材部の比重差が大きく，晩材部の硬度は広葉樹に匹敵

第3部　活用による森林の保護

図6-4-2　合板工場生産ラインに搬入されるスギ原木

する．まさに「2種類の材が混在している」といっても過言ではない性状を持つスギ材であるが，ロータリーレースでの単板化においても，これらスギ特有の性状を考慮したナイフの選定，刃口間隔設定を行った．また早晩材の比重差のみならず，心材部，辺材部の含水率差も著しく異なるものがあり，これも単板化適正に影響及ぼす重要な因子であると考えられた．従来の針葉樹用ナイフを使用した場合や，刃口間隔の設定が適切で無いと，裏割れや表割れ，表面凹凸，そして目ぼれの発生などが顕著となった．これらの問題は，レースメーカー，ベニヤナイフメーカーと共同開発を行い，スギ専用のベニヤナイフ，刃口間隔設定を設定することにより改善された．また，材の軟化，含水率の均一化を図るために，スギ原木をあらかじめ煮沸してから単板化するための煮沸槽を設けたことも，単板品質の向上，単板厚み精度の向上に繋がっていると考えられる．

　乾燥工程においてもスギ単板は従来の針葉樹単板とは異なる乾燥条件を必要とした．他の針葉樹単板と同様の乾燥条件では部分的に高含水率部が残り，

再乾燥しなくてはならなくなるため，乾燥スピード(ドライヤーの送り速度)の調整を行った．しかし，速度を遅くし過ぎると「過乾燥」となり単板割れが多く発生し，単板製品歩留の低下に繋がる．現在では従来の針葉樹単板の送り速度より約20%～30%減の乾燥スピードにて乾燥を行うことで歩留良く，所定の含水率にまで調整している．

　合板工程(単板接着工程)においては，単板剥き肌，裏割れの程度により接着剤塗布量の調整を必要とした．スギ材使用開始当時は，これら条件が良好な単板が得られない場合，接着剤塗布量にムラが生じるばかりでなく，単板が裂け易く，作業者がハンドリングし辛いなどの問題が発生した．また，辺材部分単板については，他の針葉樹材単板とほぼ同様の条件にて接着作業を行えるのであるが，心材部分の単板については，抽出成分や乾燥程度の不均一に起因する接着不良の問題(熱圧接着時のパンク)が発生した．スギ材導入当初は接着剤に含まれる水分量の調整，接着剤塗布量の調整などで随時対応せざるを得なかったが，先に記した単板化工程，乾燥工程での製品品質が向上するに従い，他の針葉樹とほぼ同様の扱いで生産が行えるように改善された．また，スギ材使用量の増加に伴い，単板在庫量も増えたため心材単板，辺材単板の仕分けが可能となったことも，接着工程における品質の安定に繋がっている．

4 スギ合板の利用用途

　先にも述べたが，スギは比重が低いため，合板用材として使用する場合，全層スギ単板からなる合板ではJAS規格が定める構造用合板，コンクリート型枠用合板の曲げ性能規格に適合しないことが懸念される．そこで，表裏単板がラーチ単板，糊芯板，中芯板(センターコア)がスギ単板からなるハイブリッド合板が現時点での主流となっている．ハイブリッド合板は従来の全層ラーチ合板と比較して軽量かつ必要十分な曲げ性能を有しているため床下地，屋根野地，構造用耐力壁，コンクリート型枠用合板等として使用されている．

図 6-4-3 スギ型枠用合板を使用して建設中の治山ダム

　京都府においては，府内産スギ材を用いたハイブリッド合板を治山，林道事業においてのコンクリート型枠用途に採用している．図 6-4-3 は治山ダム工事のコンクリート型枠にスギハイブリッド合板を用いて施工を行っている様子であるが，従来の普及品と比較して軽量かつ加工が容易であるということで現場においても好評であった．京都府内においては，年間 1 万 m^3 を超えるコンクリート型枠が工事に使用されており，仮にこれら全てがスギハイブリッド合板に置き換わった場合，年間 650ha の森林が整備されることになると試算されている．

5　国産材の今後

　京都府においてのスギ材の合板利用への取り組みは，先にも述べたように平成 15 年より開始された．開始から 3 年間における京都府内産材生産量，

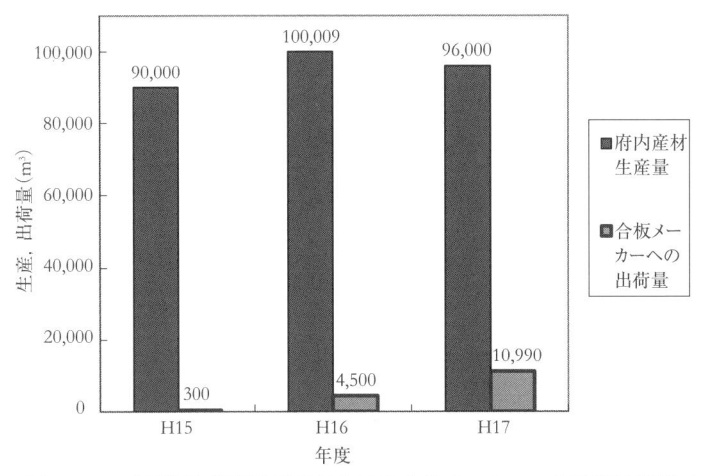

図 6-4-4　京都府内産材生産量における合板メーカーへの出荷量推移

　合板原材料として出荷されたスギ材の量は図 6-4-4 の通りである.
　開始直後の 1 年間は僅か 300 m^3 に留まってはいるが，その後順調に数量を伸ばし，平成 17 年度における出荷量は，府内産材生産量の 10% 以上に達しているのが解る．図には示していないが，平成 18 年度の合板メーカーへの出荷量もほぼ同数値 (1 万 500m^3) となっていることから，現体制での安定した出荷量が約 1 万 m^3/ 年であると類推される．しかし，先にも示したように，一般的な生産能力を持つ合板メーカー工場において，この供給量は「主原料とはなり得ない」量である．年間出荷量を月平均に換算した量は，合板メーカーが一日の生産で消費してしまう原木使用量に相当する．使用する側にとっては，「まだまだ全てを国産材に頼るわけにはいかない．」と言うのが正直なところである．
　これまで外国産材一辺倒であった国内合板メーカー各社が，ここに来て国産材に目を向けるようになった理由としては，温暖化防止などの環境対応問題はもとより，目まぐるしく変化する海外事情，例えばラワン材の違法伐採問題，為替の変動，中国における木材需要の急騰など，外国産材の安定確保のみに依存出来ない時代の変革へ対応であると思われる．平成 17 年 7 月の日刊木材新聞の記事には「合板原料新時代へ．国産材針葉樹丸太利用率が急

増」という特集記事が組まれ，京都府のみならず，全国的な規模で国産材をとりまく「新時代」への突入は既に始まっていると言えるであろう．しかし，安定確保という面については地域格差が大きく，東北地方のメーカーと比較すると関西地方のメーカーは苦戦を強いられざるを得ないのが実情である．

　以上，ここ数年における府内産スギ材の合板利用への取り組みを報告したが，未利用木質資源の有効利用という意味合いでは，導入当初と比較すれば利用量も3倍以上に増え，一定の成果は得られていると思われる．しかし3年前と比較すると，今や国産スギ材の合板用原材料としての位置づけは「スポット品」から「無くてはならぬもの」へと変わりつつあり，工業材料としてさらなる安定的，持続的な供給体制の構築が望まれるところである．

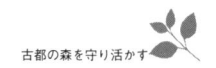

Section 6-5

高温熱処理によるスギ圧密単板製造技術開発

1 はじめに

　スギ間伐材は直径が20cm前後と小さく，製材による大面積の板材の取得は困難となる．このような小径木から効率良く大面積の板材を得る方法のひとつとして，ロータリー切削による単板化，そしてそれらを利用した合板製造技術が挙げられる．近年，性能の良いロータリーレースの出現により，剥き芯径が30mm程度まで切削可能になり，小径木からでも歩留まり良く製品を得ることが可能となっている．

　しかし，比重の低いスギ材は，そのままでは強度，硬度が不足し，効率良く単板化出来たとしても合板用の糊芯板ぐらいにしかならない．構造用合板，型枠用合板として使用するには，他樹種（ロシア産カラマツ，ラワン材等）との複合という形式を取らざるを得ないのが実状であると思われ，また，内装材として用いる場合においても，近年の「耐傷，耐磨耗性」を謳い文句にしたフロア製品への適応は難しいと言えるであろう．

　そこで「圧密化技術」により，柔らかいスギ材を硬く，強い材料にする検討を行った．木材の圧密化技術については，近年，様々な方法が検討されているが，圧密形状を固定（永久固定）する技術が重要となる．水分や熱の影響を受けて軟化した状態の木材を圧密した後，拘束を外すと乾燥状態におい

第 3 部　活用による森の保護

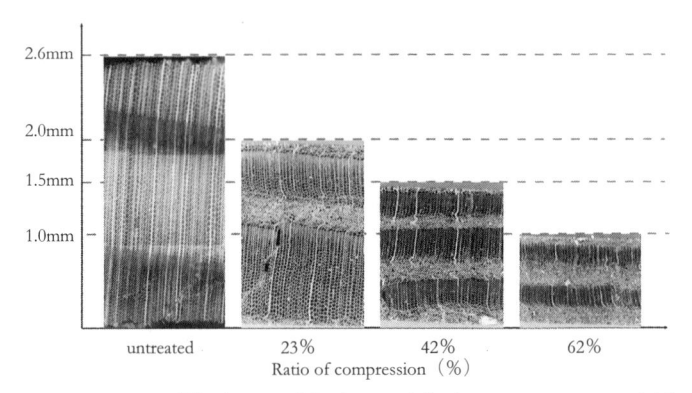

図 6-5-1　スギ単板（2.6mm 厚さ）の圧密化（23％，42％，62％圧密）

　ては圧密形状を保持している．周知のごとく，木材は吸放湿により伸び縮みするのであるが，圧密木材については，乾燥時には圧密された寸法に戻らないと実使用上問題が生じる恐れがある．形状固定が不完全であると，水分や熱の影響により徐々に圧密前の形に戻ってしまうためである．圧密材の永久固定方法としては 200℃前後の熱処理，水蒸気処理等が検討され，工業的に圧密材を生産する取り組みが行われている．しかし，処理時間が長く生産が非効率的であり，大掛かりで高価な設備が必要である等の理由から，工業技術として一般的であるとは言い難く，製品も一部の公共施設に利用されているにとどまっているのが現状である．
　そこで，処理の対象が薄い単板であるならば，短時間で均一な熱処理が可能であると考え，240℃以上の高温熱処理によるスギ圧密単板の形状固定処理の検討を行った．木材は熱伝導率が低い材料なので，板厚が厚い材料に対して熱処理を行う場合，材料内部が目標とする処理温度に達する頃には材料表面部分は長時間，高温に曝されることになる．その結果，材料表面は熱劣化の影響を強く受けてしまい，圧密化による高強度，高硬度化の特性が反映されない結果となることが懸念される．これまで誰も検討していなかった高温度域での熱処理がスギ単板に対して効果的に行えるかを確認しながら，この技術で得られたスギ圧密単板の形状固定の程度，力学的物性の確認を行っ

たので紹介する．

2 圧密単板の作製，評価方法

(1) 供試材料

京都府産のスギ材を合板用ロータリーレースによりかつら剥きして得られた単板を使用した．単板厚みは 2.6mm～3.6mm，比重は 0.3～0.4 であった．

(2) 圧密方法

圧密処理はプレスによる熱圧にて行った．処理温度は 240℃～300℃ の範囲にて行い圧縮率は約 20～60％ の範囲にて設定した．最初に平板プレスにより処理条件の検討を行い，その結果を基にしてロールプレスによる連続生産の検討を行った．

高温熱処理時の試料内部に図 6-5-2 に示すように熱電対を挿し込み，目標とする処理温度と処理時間の関係を確認した．

(3) 評価方法

形状固定の評価については煮沸による回復試験を行い，次式により回復率を求めて形状固定の程度の確認を行った．
力学的特性については，曲げ性能，表面硬度等の確認を JIS 木材の試験方法

$$回復率（％）= \frac{回復試験後の厚さ－圧密後の厚さ}{圧密前の厚さ－圧密後の厚さ} \times 100（％）$$

に準じて測定した．

図 6-5-2　熱ロールプレスによる単板圧密

3 結　果

(1)　高温熱処理と形状固定について

　図 6-5-3 は 2.6 mm 厚さのスギ単板を 1.5 mm 厚さにまで圧密（42％圧密）した際の処理温度，処理時間と回復率の関係を示している．

　処理時間は材料内部が処理温度に達してからの経過時間を示す．処理温度が高く，処理時間が長くなるに従い，回復率は低い値を示すことが確認された．例えば，280℃，30 秒の高温熱処理試料においては約 5％ の回復率となるが，この場合，回復率 5％ は 0.055 mm の回復量と換算でき，実使用上問題無い程度であると考えられる．そこで，同じ処理条件（280℃，30 秒）にて作製した圧密単板の煮沸‐乾燥繰り返し時の各時点での回復率を確認したところ，乾燥時の回復率はやはり 5％ 以下で一定の値を示し，形状固定が確認された．圧密の程度（圧縮率）が高くなるにつれて乾燥時の回復率が小さい値を示しているのは，圧縮率が高いほど，より均一に熱が伝わっているため

第6章　木質系材料の利用技術

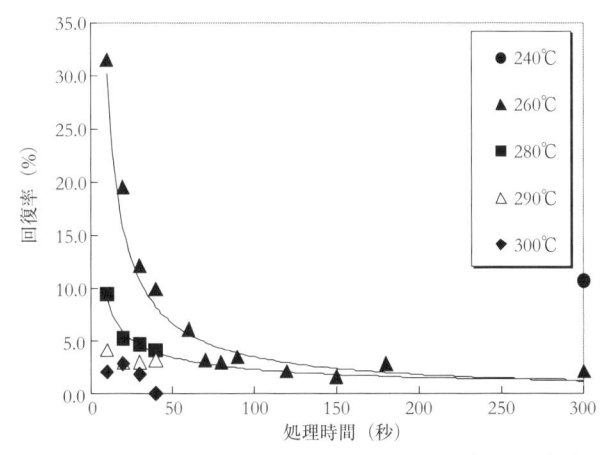

図6-5-3　回復率と処理時間，処理温度の関係（スギ圧密単板42%圧密）

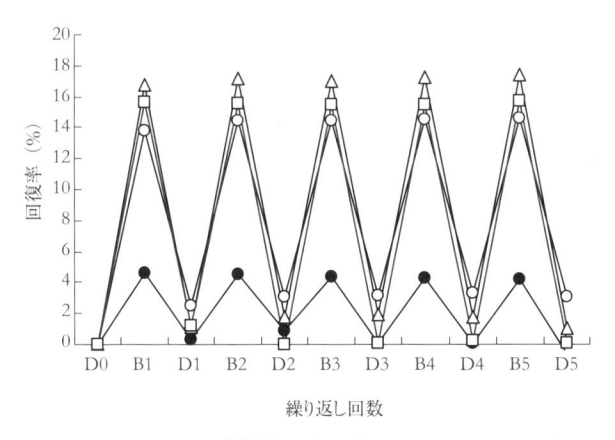

図6-5-4　煮沸-乾燥繰り返し時のスギ圧密単板の回復率

Legend: ● =未処理，○=23%，△=42%，□=62%．

と考えられる．煮沸-乾燥繰り返し5サイクルにおける回復率測定結果を図6-5-4に示す．

　ロールプレスを用いた場合においても，同様に高温熱処理による形状固定が確認された．図6-5-5に示すように，280℃，0.05rpmの処理条件におい

て回復率が 5% と低い値を示すことが確認できた.

(2) 力学的特性について

先にも示したように,本技術開発で採用する圧密加工時の処理温度は,熱分解が伴う温度域であるため,熱分解に伴う物性値の低下が懸念された.しかし物性評価試験結果より,圧縮率の上昇と共に物性値の向上が確認できると共に,比重 0.6〜0.7 の木材(例えばブナ,ナラ等)と同程度の強度性能が得られることが確認された.

表面硬度(ブリネル硬度)の測定結果を図 6-5-6 に示す.

圧縮率 62% において,ブナ,ナラ材以上の表面硬さが得られた.しかし,圧縮率 23%,42% においては,早材部,晩材部の表面硬さの差が少なくなってはいるが,未処理材と比較して表面硬さの数値の大きな上昇は見られなかった.これは圧密されていない層が圧密層の下部に位置しており,この層が"クッション"のような働きをして圧密層本来の硬さの評価としての数値が得られていないと考えられる.(図 6-5-1 参照)そこで圧密されている層のみの硬さを評価できる硬度試験(ビッカース硬度試験)を行い,圧密層の硬度の評価を行った.

試験は圧入荷重 100gf,圧入速度 1.44gf/sec の条件にて行い,この場合の圧入深さは 10〜20 μm となるため,圧密層(23% 圧密の場合においては約 200 μm)の硬度の評価が得られた.試験結果が示すように,23% 圧縮においても,圧密層は 62% 圧縮と同等の硬度が得られている事が確認された(図 6-5-7).

次に,曲げ性能試験結果を図 6-5-8 に示す.

曲げ性能についても,圧縮率の上昇に伴い,MOE(曲げヤング率),MOR(曲げ強さ)共に上昇する結果が得られ,熱劣化による物性低下の影響は少ないことが確認された.

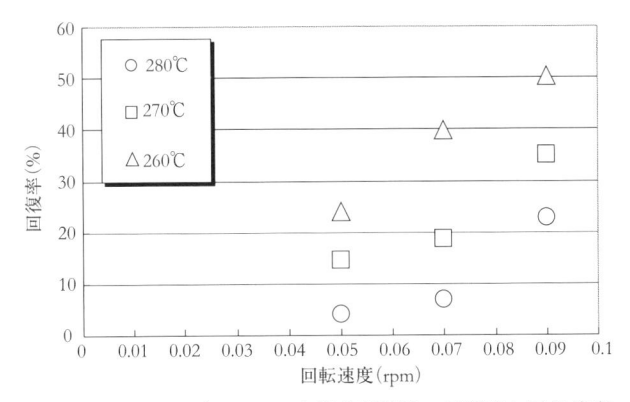

図 6-5-5　ロールプレスでの高温熱処理時の回復率と回転速度
　　　　の関係
（スギ圧密単板 42% 圧密）

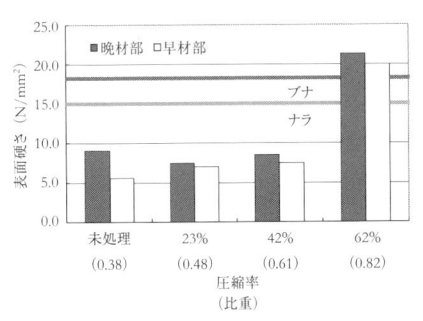

図 6-5-6　スギ圧密単板のブリネル硬度測定結果

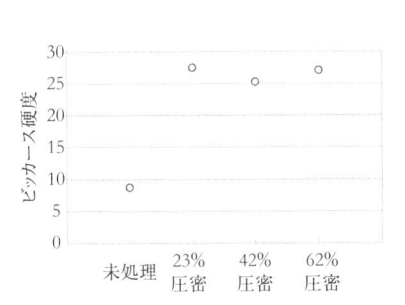

図 6-5-7　ビッカース硬度試験結果

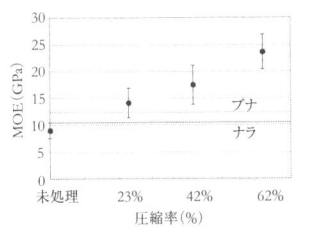

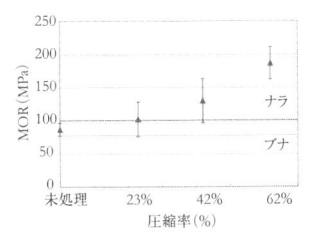

図 6-5-8　曲げ性能試験結果

図 6-5-9　京都府営住宅集会所でのスギ圧密単板フロア施工例

4 まとめ

　これまでの常識を覆す温度域での高温熱処理による圧密形状固定処理を試みたところ，木材の熱分解が盛んになる 240℃以上の温度域においての形状固定処理が有効であることが確認された．一例としては，280℃，30秒の高温熱処理によりスギ圧密単板を作製し，煮沸 - 乾燥繰り返し（5 サイクル）を行った際の各時点での回復率を求めたところ，乾燥時の回復率は低い一定の値を示し，形状固定が確認された．

　熱分解に伴う物性値の低下が懸念されたが，物性評価試験結果より，圧縮率の上昇と共に物性値の向上が確認できると共に，比重 0.6～0.7 の木材（例えばブナ，ナラ等）と同程度の強度性能が得られることが確認された．

　最後に本技術により製造された製品例としてスギ圧密単板フロアの施工例

を図 6-5-9 に示す．本製品は緑の公共事業として，京都府与謝郡加悦町の府営住宅集会所に施工された．

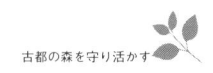

Section 6-6
スギ間伐材を活用した木製ガードレールの開発

1 開発の背景

　スギ材は地域産木材の利用推進のため，住宅等の建築分野だけでなく，土木用資材として公共事業で積極的な利用が進められている．そのような中，土木分野での新たな利用法として，車両用防護柵（ガードレール）への利用が数年前から注目されている．これは，防護柵設置基準が改定されたことに伴い，「地域の景観・環境に配慮した防護柵の利用」が推奨され，ガードレールへの木材利用の意識が高まったためである．そのため，この数年間で地域産木材を用いた木製ガードレールの開発が，公的機関や民間企業で積極的に行われ，最終的にガードレールとしての性能試験に合格した製品は，全国各地の自治体で道路施設への利用が進められている．

　しかし，その一方で，これまでに開発・製品化された木製ガードレールは，素材丸太をそのまま利用した製品がほとんどで，そのために幾つかの問題も抱えているのが現状である．木材を丸太のまま使用することは，木材本来の質感や温もりを感じやすいという利点がある一方で，集成材や木材単板積層材（LVL）などの木質材料と比べ強度のバラツキが大きく，また防腐処理でも一定の品質を確保することが難しいという問題を抱えている．さらに，ガードレールのビーム（横材）に利用されている丸太は，強度の問題で直径

が 20 cm と太くなり，これは鋼製ガードレールの約 4 倍の厚さに相当する．そのため，必然的に設置可能な道路も制限されてしまうため，広範囲での使用がなされていないのが現状である．

そこで，一般道路への普及性がより高い製品を開発することを目的として，既存の木製ガードレールにおける問題点を克服できる新たな製品の開発に取り組むことにした．具体的には，スギ材を LVL に加工し，ガードレール部材の薄型化を可能にするための高強度化技術の開発に取り組んだ．

2 技術開発 1 —— 木材単板積層材（LVL）の高強度化技術の開発

(1) 目的

車両用ガードレールは，車両衝突時の衝撃力に耐える強度と搭乗者の安全を確保するための衝撃吸収性が必要である．スギ材は，木材の中でも密度が比較的低いために，他の木材と比較して，一般的に強度が低い．また，木材は，鋼製ガードレールのように大きく変形することで車の衝撃を吸収することも難しい材料である．そこで，強度と衝撃吸収性をスギ LVL に付与するため，天然素材の中でも強度と衝撃吸収性に優れた竹材に注目し，竹板をスギ LVL に複合化することによって LVL の強度性能の向上を試みた．

(2) 試験

図 6-6-1 に示すような単板積層構成の異なる 3 種類の LVL 試験体を作製し，竹板の積層の有無と配置位置の違いが強度性能に及ぼす影響を検討した．竹板は，厚さ 3 mm の平板に加工された孟宗竹を使用した．また，スギ材も厚さ 3 mm の単板を使用した．そして，竹板と木材単板を接着剤によって積層接着し，積層数 8 枚の LVL を作製した．

次に，試験体の強度を比較するため，曲げ試験を行った．曲げ試験の様子を図 6-6-2 に示している．試験体手前の断面は，図 6-6-1 に示す LVL の断

タイプA　　　　タイプB　　　　タイプC

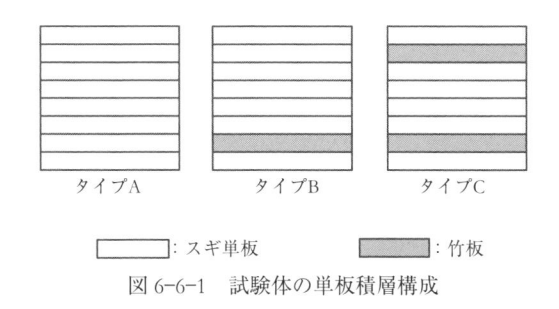

☐ : スギ単板　　　■ : 竹板

図 6-6-1　試験体の単板積層構成

図 6-6-2　LVL の曲げ試験

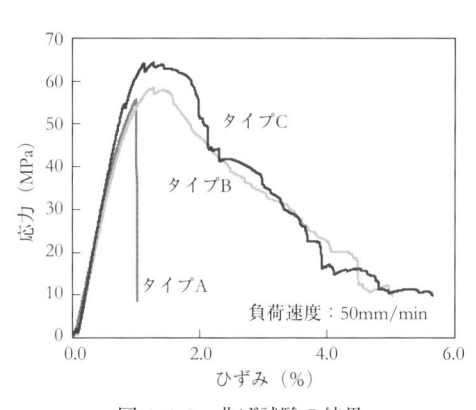

図 6-6-3　曲げ試験の結果

面図と同様に単板が上下方向に積層されている．なお，タイプBの試験体は，曲げ試験の際，竹板を積層した面が荷重負荷面と反対の下側となるように配置して行った．

(3)　試験結果

図 6-6-3 は負荷速度 50 mm/分の条件で曲げ試験を行った結果である．竹板積層化 LVL のタイプBとタイプCは，スギ単板のみ積層したタイプAと比べて曲げ強さが向上し，さらに最大強度を示した後の強度低下も緩やかとなり，エネルギー吸収性（粘り強さ）も大きく向上していることがわかる．

図 6-6-4　竹板積層化 LVL の破壊様子

そして，図 6-6-4 に竹板積層化 LVL（タイプ C）の曲げ試験時の破壊の様子を示す．試験体の下側から 2 層目に積層されている竹板が破壊せずに大きく変形し，LVL に粘り強さを与えていることがわかる．

また，衝撃的荷重に対する強度性能も明らかにするため，曲げ試験時における負荷速度の影響も検討した．その結果，竹板を上下 2 層積層したタイプ C は，負荷速度の増加とともに強度が増加する傾向が見られた．負荷速度 500 mm/分の条件で，タイプ C はタイプ A と比べて約 1.5 倍の強度を示した．また，エネルギー吸収量に関しても，竹板積層化 LVL は，スギ単板のみで構成された LVL と比べて約 4 倍の吸収量を示した．

以上の結果から，スギ LVL への竹板の積層化は強度と衝撃吸収性の向上に有効であることが明らかとなった．この竹板によるスギ LVL への強度付与の技術は，ガードレールに求められる性能の付与に非常に有効である．

3　技術開発 2 —— LVL のボルト接合部の高強度化技術の開発

(1) 目的

LVL をガードレールに使用するためには，「技術開発 1」の取り組みのよ

タイプA　　　　タイプB　　　　タイプC

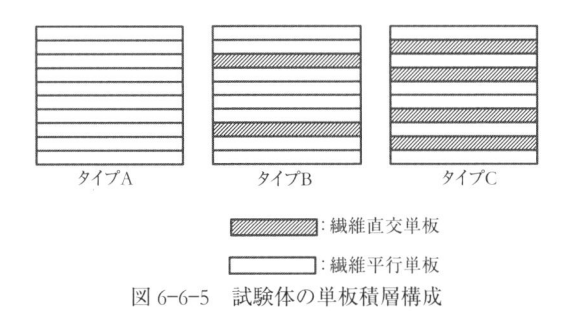

▨：繊維直交単板
☐：繊維平行単板

図 6-6-5　試験体の単板積層構成

うに材料自身の強度を高めること，そしてガードレールの支柱に LVL ビームを取り付けるためのボルト接合部の強度を高めることが重要になる．

　LVL を構成する木材単板には，単板の製造段階で発生する「裏割れ」と呼ばれる繊維方向の割れが生じている．そのため，すべての単板の繊維方向を材料の長さ方向に揃えて積層する通常の LVL の場合，LVL のボルト接合部に引張り負荷を与えると「裏割れ」に起因する破壊を生じやすく，破壊後の強度低下も急激となる．この問題を克服するため，次に，繊維方向を直交させた単板を LVL に積層し，粘り強いボルト接合部を有する LVL に改良することを試みた．

(2)　試験

　厚さ 3mm のスギ単板を 10 枚積層接着した図 6-6-5 に示す 3 種類の試験体を作製した．試験体の寸法と形状は，図 6-6-6 の左図に示すとおりで，試験体の上部に接合部の強度性能を測定するための直径 12mm のボルト穴を開け，下部には試験体支持用のボルト穴（直径 24mm）を開け，そして，図 6-6-4 の右図に示すように鋼製の U 字型の治具を材料試験機に取り付け，その治具に金属ピンで試験体を固　定し，試験体に一定速度で引張り負荷を与え，荷重と上部金属ピンの接合部へのめりこみ量を測定した．実際の試験の様子を図 6-6-7 に示している．

図 6-6-6　試験方法

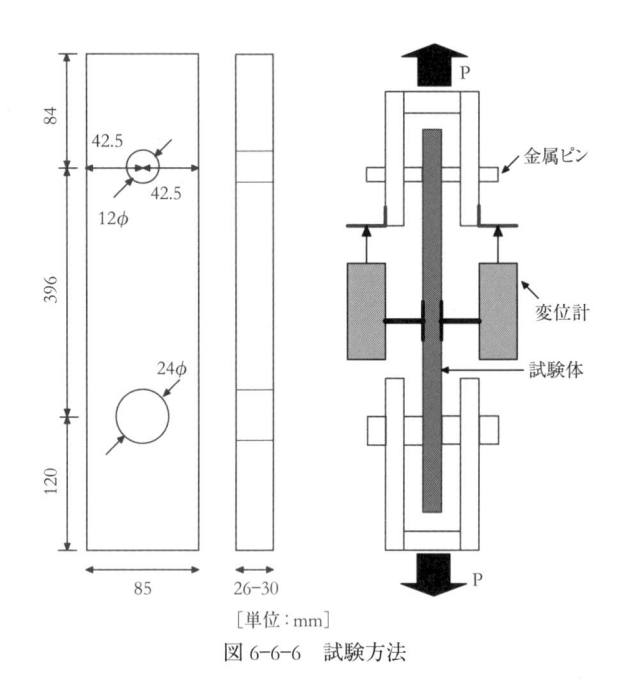

(3) 試験結果

　図 6-6-8 は，負荷速度 5mm/分の条件で行った接合部強度試験の結果である．繊維方向を直交させた単板（以下，クロス単板）を含まない通常の LVL のタイプ A では，最大応力を示した後に急激に強度が低下しました．一方，クロス単板を積層したタイプ B とタイプ C では，最大応力を示した後も一定の耐力を維持しながら金属ピンのめりこみ変形が進行している．クロス単板を積層することで，容易に破壊して強度低下を生じることがない，粘り強い接合部に改良できることがわかった．図 6-6-9 に各試験体の接合部の破壊の様子を示した．クロス単板を積層したタイプ B と C の接合部は，破壊に至るまでに金属ピンが LVL へ大きくめり込み，非常に粘り強い接合部となっていたことが破壊の様子からも確認できる．

　そして，負荷速度が 500mm/分と速度の速い試験条件でも，図 6-6-8 に示した結果とほぼ同様の接合部の性能が得られることも確認した．

第6章 木質系材料の利用技術

図 6-6-7 試験の様子

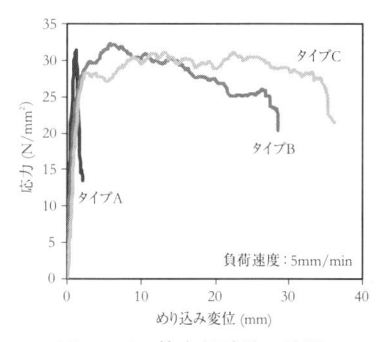

図 6-6-8 接合部試験の結果

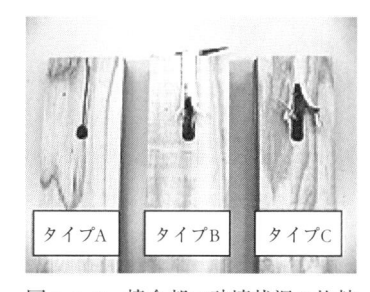

図 6-6-9 接合部の破壊状況の比較

　また，試験結果を解析した結果，LVLに対するクロス単板の積層割合を増加させた場合，接合部は負荷に対してめり込み変形を生じ易く，結果として初期荷重に対しても衝撃吸収性に富むことが確認された．接合部の粘り強さに関しては，エネルギー吸収量という指標で評価した場合，タイプCのエネルギー吸収量が最も高く，タイプAの約40倍の値を示すことがわかっ

293

図 6-6-10　LVL 製木製ガードレールの試作品（京都府「府民の森」に設置）

た．
　以上の試験結果から，LVL へのクロス単板の積層化は接合部へ粘り強さを付与するために大変有効であることが確認された．この強度性能付与の技術は，ガードレールに求められる性能の付与に非常に有効である．

4 技術開発のまとめ

　上記の開発技術を LVL の製造に活用することで，強度のバラツキが素材丸太と比べて小さいだけでなく，高強度で衝撃吸収性に優れた新規の LVL が製造でき，これまでに製品化されているものとは大きく異なる高性能型木製ガードレールの製造が可能となることが明らかになった．また，LVL は木材単板を積層接着した木質材料であるため，防腐処理は単板の状態で可能であり，そのために材料への耐久性の付与が確実に行え，なおかつコストも抑えることができる．今後は，このような新たなタイプの木製ガードレール製品が木材利用の普及のためにも望まれるであろう．最後に，図 6-6-10 として平成 16 年 7 月に京都府の「府民の森」で試験的に設置した試作の LVL 製木製ガードレールを参考に掲載する．

▶┄┄技術資料

1. 川添正伸，土屋幸敏，森拓郎，小松幸平：スギ LVL のドリフトピン接合部に関する面圧特性，第 54 回日本木材学会大会要旨集，p.219（2004）
2. 川添正伸，土屋幸敏，竹内和敏，古田裕三：スギ・竹複合単板積層材の曲げ性能 − 単板配置及び負荷速度の影響 −，第 55 回日本木材学会大会要旨集，p.101（2005）
3. 川添正伸，土屋幸敏，古田裕三，石丸優：木製ガードレール，特願 2004-220627
4. 川添正伸，土屋幸敏，森　拓郎，小松幸平：LVL へのクロス単板の積層率がドリフトピン接合部の面圧性能に及ぼす影響，木材学会誌 52（4），221–227（2007）

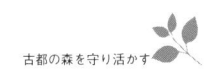

立木染色法の開発と実用化

1 はじめに

　京都市の近郊林や里山には材質が低いためあまり用途がない樹種がかなり存在している．これら低質未利用樹種に付加価値を与え，有効に利用することは，京都市近郊林や里山の景観維持につながると考えられる．こうした考えから，本研究では，低質未利用樹種の立木染色法の開発と実用化について検討した．

2 立木染色法とは

　立木染色法とは，樹木の蒸散流を利用するため，他の染色法よりもはるかに短時間で樹木の高い位置まで染色が可能な染色法であり，実施に当たっては特別な設備や専門知識をそれほど必要としないことが特徴である．立木染色法には元口浸漬法と穿孔注入法とがあり，前者は伐採直後の樹木の切り口を染料溶液に漬けて，蒸散流を利用して染色する方法で，小径木に適し，染色むらが少なく，染色の確実性が高いという長所があるが，作業にいくらか多くの筋肉労働を必要とする．一方，後者は樹木に穴を開け，その穴から染

料溶液を注入し，染料溶液を蒸散流に載せて染色する方法であり，大径木でも染色が可能であり，筋肉労働は余り必要としないが，染色むらの可能性が高く，染色の確実性は低い．なお，樹木には幹の外側に辺材があり，内側に心材がある．辺材では蒸散量が流れているが，心材では流れていないので，辺材は立木染色法で染色可能であるが，心材を染色することは出来ない．したがって，立木染色法は大径木に対しては効率的な染色法とは言えない．そこで，本研究では主に元口浸漬法を用い，染色に影響する因子について検討した．

3 染色に影響する因子

　立木染色による染色の程度や染色パターンに影響を与える樹木側の因子としてはまず樹種がある．針葉樹の場合，幹のほとんどを占める仮道管が蒸散流の通路である．このため，晩材部が染まりやすい樹種や早材部が染まりやすい樹種など，樹種によって多少の差はあるが，余り特徴的な染色パターンは得られない．これに対して，広葉樹の場合は樹種によって幹の中で様々な分布をしている道管が通路となる（図6-7-1）．このため，広葉樹に立木染色を施すと，図6-7-2に示すように，道管の分布様式によって極めてバラエティーに富む染色模様が現れる．なお，図6-7-3，6-7-4には染色木材の様々な使用例を示す．

　一方，立木染色法に及ぼす染料側の因子として，染料の木材に対する親和性（吸着性）がある．吸着性が高いと，染色速度が遅く，高い位置まで染色することが困難であるが，溶脱しにくく，変退色が少ない．一方，吸着性が低いと，染色速度は速いが，溶脱されやすく，変退色が著しい．また，立木染色に適した染料の種類は，酸性染料や塩基性染料などの染料の一般的な分類とは明確な関係が認められない．さらに，染料濃度と染色性との関係も，濃度に余り依存しない染料から，最適濃度を持つ染料まで様々な染料が存在する．

　以上に述べてきたように，立木染色は高額な設備投資を必要とせず，広葉

第 6 章　木質系材料の利用技術

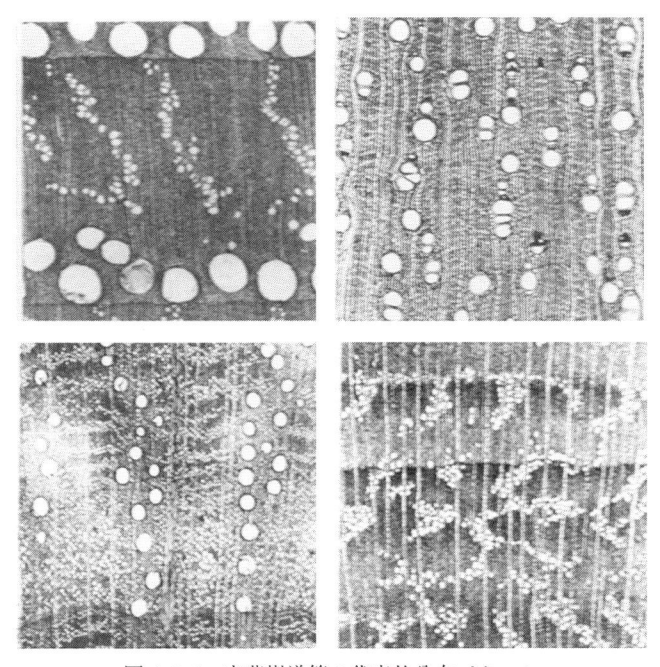

図 6-7-1　広葉樹道管の代表的分布パターン

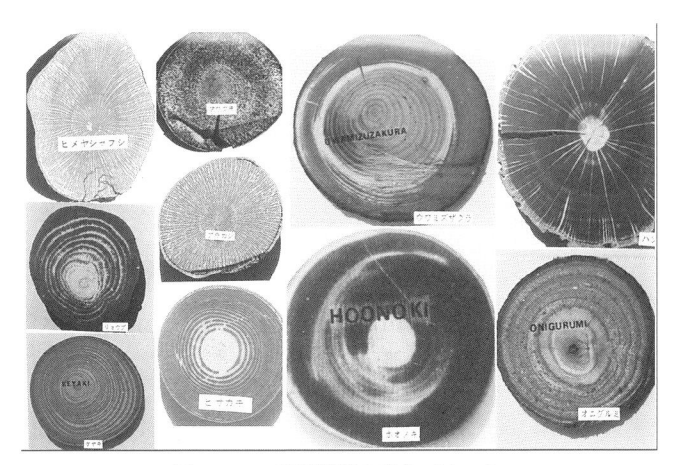

図 6-7-2　広葉樹材の染色パターン

第3部 活用による森の保護

図 6-7-3 染色木材の使用例

図 6-7-4 染色木材を用いたクラフト試作品

樹では樹種特有の様々で特徴的な染色模様が得られる(図 6-7-5).このことから,立木染色の実用化と普及は低質小径木の高付加価値化につながり,京都市近郊林整備の活性化にもつながるものと考えている.
　なお,染色に影響する因子を以下に列挙する.

図 6-7-5　広葉樹小径木の染色材

[構成成分の染色性]
　直接染料 Direct Green 63 はリグニンを染色しない．酸性染料 Acid Blue 117 でセルロース，ヘミセルロースは染まらない．木粉はどの染料でも染色される．
[組織の染色性]
　マカンバの繊維組織と道管は，酸性染料 Acid Red 111 や Acid Blue 117，直接染料 Direct Red28，Direct Blue1，塩基性染料 Basic Red2 や Basic Blue9 で染色可能．放射組織は，Direct Red28，Direct Blue1 では染まらない．塩基性

第3部　活用による森の保護

図 6-7-5　広葉樹小径木の染色材（続き）

図6-7-6　染料溶液の浸透経路

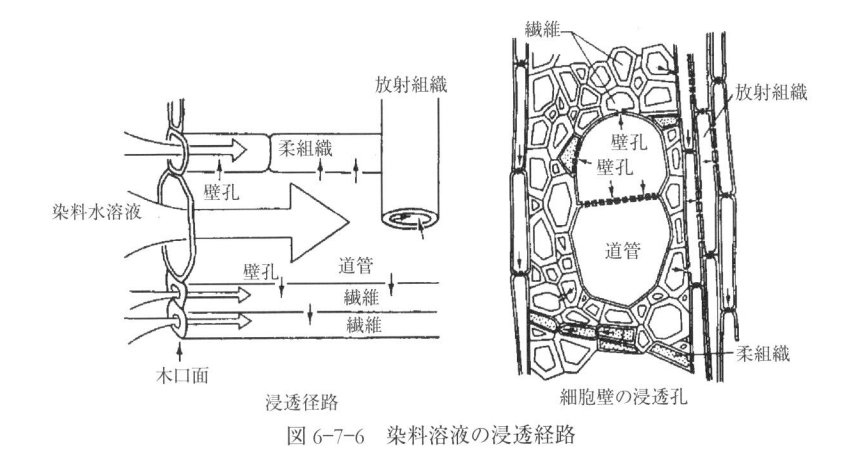

染料の中にあってもBasic Red2（サフラニン70：100）は良くそめるが，Basic Blue9（メチレンブルーFZ）は穿孔板を染色しない．

4 注入性の向上技術（横圧縮前処理法について）

前述したように木材は組織，細胞構造からみて（図6-7-6），また化学構成成分からみて，他材料とは多くの異なった点が存在する．木材染色も例外でない．そこで木材中への液体注入の向上技術について，少し以下に述べる．

木材構成成分の熱軟化温度は木材の含水率によって異なるがセルロースは湿潤，全乾状態で大差なく約222～245℃であるが，ヘミセルロース，リグニンは湿潤状態になると低下し，リグニンで70-116℃，ヘミセルロースで20-56℃の低温度になることが知られている．今，熱軟化温度を考慮に入れ，適当な含水率，温度条件を選択して木材に横圧縮大変形を与えれば，細胞壁の破壊を極力小さくして，しかも変形の程度におうじた復元力をセルロースミクロフィブリルに内在させることができる．他方，細胞壁中に存在する壁孔部は他の部分に比べてミクロフィブリルの配向性など特異な構造をしているため，外力の作用によって，応力が集中し，閉塞壁孔を選択的に分離，破

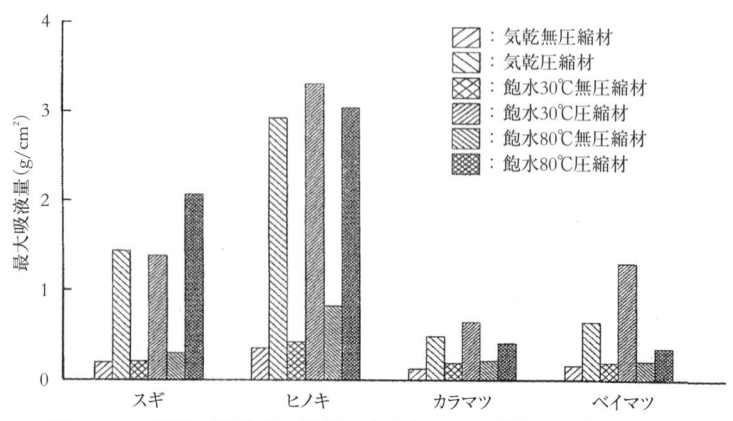

図 6-7-7　樹種, 圧縮率, 温度, 含水率による最大吸量（針葉樹）

壊して有効通路を拡大させることができる．

従って，注入の困難な心材や難浸透性木材であっても内部深くまで各染料を注入できる．注入結果を図 6-7-7 に示す．

木材の液体浸透性は，樹種によっておおきく異なる．あらゆる樹種について，目的薬液を程度に応じて簡便に注入可能になれば，工業技術，工業製品の開発に大きく貢献する．そのためには，従来法にない新しい発想に基づく注入法の開発が必要である．我々は，木材の基本的性質の一つであるドライングセットの発生と回復の機構をこれまでに解明した．この木材の基本的性質を活用することにより，木材の注入性をかなり向上させることができる．その方法は，木材を適当な温度，含水率のもとで横圧縮すると，木材の組織・細胞，細胞壁構造を破壊することなしに60％以上に及ぶ横圧縮大変形を与えることができ，ただちに荷重を除荷した場合にはそのひずみのほとんどを回復するが，ひずみを保持して乾燥すると，ひずみを固定でき，このひずみは，乾燥状態を保持する限り，回復しない．

しかし，再び水分，熱を受けると回復するなどのドライングセット機構を示した．そこで，木材のこの性質を活用すれば，圧縮時に閉塞壁孔を剥離，破壊することができ，より以上に有効通路を拡大でき，変形の回復時に溶液中に材を置くと，吸引力が作用するので，注入性が格段に向上する．このよ

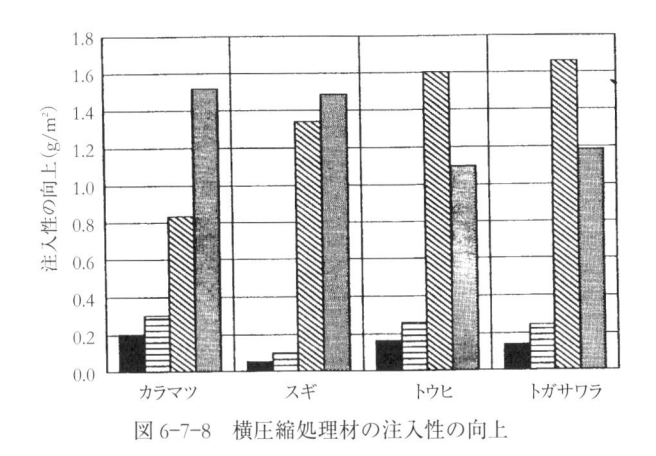

図 6-7-8 横圧縮処理材の注入性の向上

うな考え方から，注入性向上効果を検討した結果（図 6-7-8），あらゆる樹種について注入性を著しく改善できた．

Section 6-8

化学処理木材の楽器への応用

1 はじめに

　素材の木材はさまざまな欠点をもち，工業材料としての評価が低い反面，工芸材料としての価値が高いことを本章第3節で述べた．欠点をむしろ個性ととらえることの多い工芸的用途においては，科学技術が立ち入る場面はほとんどないが，バイオリン，ピアノ，琴などの楽器については，木材の工芸利用の一形態でありながら，その製作過程において科学技術が関与できる余地が残されている．木材，タケなどの生物材料は洋の東西を問わず，弦楽器の共鳴部，木琴などの打楽器，クラリネットなどの木管楽器に使われてきた．なかでも，ある種の木材は楽器用材として，もともと優れているが，木材の振動性質を一層向上させる試みが行われている．

　楽器共鳴板の用材には2つの力学的に重要な必要条件がある．それらは，比ヤング率（E/ρ で表す），すなわちヤング率（E）を比重（ρ）で除した値，が大きく，損失正接（$\tan\delta$ と表す）が小さいことである．比ヤング率の平方根は音速であることから，比ヤング率が大きいことは**音速が大きいことを意味**し，一方，損失正接が小さいことは振動が長く持続すること，すなわち**音が減衰しにくいことを意味**する．楽器の製作におけるノウハウは，製作者の経験と勘に寄るところが大きいが，彼らがタッピングと呼ばれる，指で板

を軽く叩く方法で選別した楽器製作のための材料は一般的に音速が大きく（E/ρ が大きい），振動が減衰しにくい（$\tan\delta$ が小さい）ことが明らかにされ，大量生産の楽器製造工程では，このことを利用した自動選別が導入されている．

　ところで，多くの楽器製作者にとっては，材料に対して人為的な処理を加えることは邪道であり，製作技術のみが優先するべきものと考えられているようであるが，木材の音速を大きくしたり，減衰しにくくしたりすることが技術的に可能かどうか，また楽器の音色にどのように影響するかといった点は科学者にとって，きわめて興味深いところである．ここでは筆者が長年にわたって試みてきた研究成果の一端を紹介する．

2　化学処理による音響特性の改良

　優れた楽器は良質の材料と卓越した製作技術によって作られる．そのなかで，科学技術が関与できる領域の一つに，楽器用材の振動特性を改良すること，具体的には，材料である木材の E/ρ を大きくし，$\tan\delta$ を下げることがある．木材に処理を行うことで，この二つの変化が同時に起こることが望ましいが，どちらか一方が目的に反する方向に変化することもあり，一般には振動のエネルギーを音に変える効率，すなわち

$$\text{音響変換効率} = \frac{\sqrt{E/\rho}}{\rho \tan\delta} \quad (1)$$

を用いて総合的な評価がなされる．この式の分母に比重（ρ）が含まれていることからも判るように，材料に何らかの手を加えた結果，比重が増大することは音響変換効率の増大には不利に作用する．また比重の増大は音速（E/ρ の平方根）の低下，ひいては音響変換効率を低下させる原因となる．したがって，**大幅な質量の増大を伴わずに E を増大させ，$\tan\delta$ を小さくする**ことが重要である．

　木材と化学反応を起こすことで，木材が本来持っている特性を変化させるための方法が多く提案されており，その例を本章第3節で挙げた．そこで紹

介したアセチル化やグリオキサール樹脂処理の場合，一定の寸法安定性を得るには 20%を越える重量増加を伴う．したがって反応の結果，E が幾分増大するとしても，ρ の増大による E/ρ 全体としての低下は避けられない．たとえ E/ρ がいくらか低下したとしても，$\tan\delta$ が大きく減少すれば音響変換効率は増大するのだが，これらの処理では $\tan\delta$ の顕著な減少は見られない．元々，木材の細胞壁に詰め物をするこれらの処理では大幅な重量増加は不可避である．

　木材の寸法安定化処理の一つに，ホルマール化がある．ホルマール化は木材の主要構成成分の水酸基間にホルムアルデヒド（HCHO）による架橋を形成することで，その親水性を低下させ，寸法安定性を得ようとするものである．その反応式は

$$2\text{R-OH} + \text{HCHO} \rightarrow \text{R-OCH}_2\text{O-R} + \text{H}_2\text{O}$$

（R-OH は木材中の水酸基を表す）

で示される．ホルムアルデヒドは常温では気体で，分子量が小さいため，乾燥状態の木材中へも膨潤を伴わずに比較的容易に浸透し，120℃程度の加熱で木材成分と反応する．その結果，わずかな重量増加で寸法安定性の高い木材に変わる．例えば，20%程度の重量増加を伴うアセチル化によって得られるのと同程度の寸法安定性が，ホルマール化では 4〜5%の重量増加率で達成される．このことは一定の性能を得るのに要する ρ の増加が小さいことを意味する．一方，E について言えば，木材の E は含水率の増大とともに低下するが，ホルマール化木材は平衡含水率が低下するため，高湿度に置かれても水分を多く含まない状態に保たれ，無処理の木材に比べると含水率は 1/2 以下にまで下がる．したがって，同じ相対湿度で比較すると，無処理よりも処理木材の方が E は大きくなる．その結果，E/ρ は無処理に比べてわずかに大きくなる（図 6-8-1）．

　ホルマール化によって $\tan\delta$ は，繊維方向で元の木材の 70%以下，半径方向では 60%以下にまで低下する（図 6-8-2）．このことは式 (1) で表される音響変換効率を大きく増大させる．木材に振動を与えた場合，エネルギーの一部は周囲の空気を振動させる運動エネルギーとなり，また一部は木材を構成する分子間あるいは繊維間ですべりが生じて，熱エネルギー（摩擦熱）とし

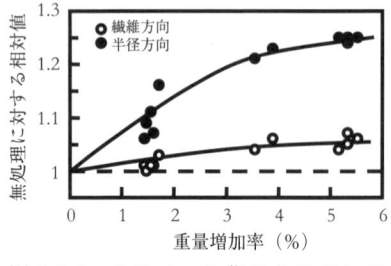

図 6-8-1　ホルマール化による E/γ の変化（20℃，65% RH）

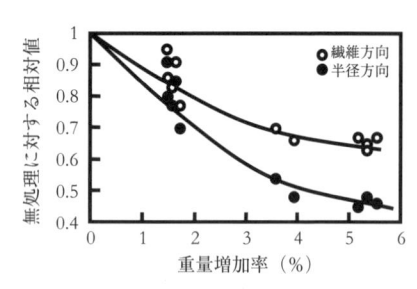

図 6-8-2　ホルマール化による $\tan\delta$ の変化（20℃，65% RH）

て放出される．楽器用材では，この熱に変換される部分がなるべく小さいことが，音量から考えても望ましい．ホルマール化では木材構成成分の分子間に架橋を生じるため，すべりが抑制されることが $\tan\delta$ の低下につながったと考えられている．化学処理により E/ρ を増大させ，$\tan\delta$ の減少させるためには，反応による重量増加が小さいことと架橋形成が必要条件となる．図6-8-3 には各種の木材の化学処理による E/ρ 及び $\tan\delta$ の変化を表すが，そのなかでこの条件を満たす（すなわち図の右下へ変化する）のはホルマール化以外にない．

　ホルマール化を行った用材を使って楽器を製作する試みも行われている（図6-8-4）．うえにも述べたとおり，楽器の音色には製作からその演奏に至る，各段階で多くの要因が作用するため，影響因子として材料の優劣のみを取り出すことは容易ではない．そこで，品質が同等な2組の材料を選び出し，一方の共鳴板にはホルマール化を施し，他方は無処理のままの状態で，プロの製作者によりバイオリンを製作した．この2体に，いわゆる"オールド"と呼ばれる著名な製作者の製作による年代物のバイオリンを加えた3体で，プロの演奏家による，官能検査を行った．その結果，ホルマール化処理した個体はオールドバイオリンにはやや劣るものの，無処理に比べて明らかに高い評価を得た（図6-8-5）．このことから，材料の振動特性を改善することで，楽器としての性能が高まることが証明された．

　しかしながら，ホルマール化は木材の材質を脆くさせるという致命的な欠点を持っており，さらに人為操作が伝統楽器にとって受け入れ難いという事

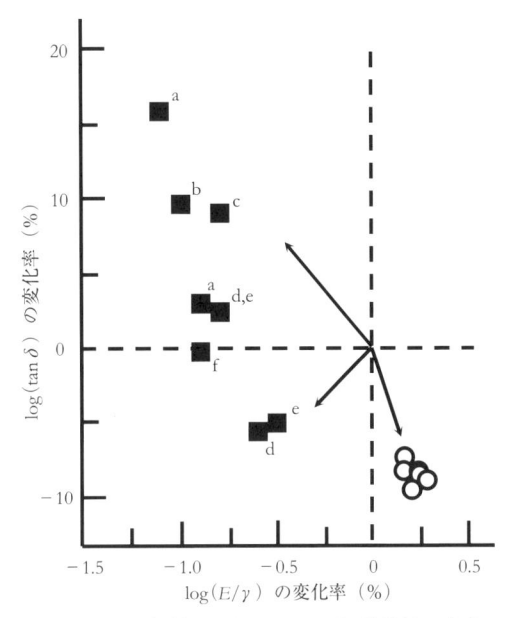

図 6-8-3　各種化学処理による振動特性の変化
　○　ホルマール化
　a　ポリエチレングリコール含浸
　b　プロピレンオキシド処理
　c　ブチレンオキシド処理
　d　フェノール樹脂処理
　e　マレイン酸グリセロール処理
　f　アセチル化

情もあって，実用化には至っていないのが現状である．

3　木材抽出成分を利用した音響特性の改良

　木材の材質は樹種によってきわめて多様であるが，人間は古来，その材質を経験的に認識し，それに応じた用途を見出してきた．例えば，木造建築物の基部には腐りにくい樹種，軸受けなどには重厚な樹種，箱物には狂いの少ない樹種といった選択が行われている．用途と物性の関係は必ずしもすべて

第3部　活用による森の保護

図6-8-4　共鳴板にホルマール化木材を用いたバイオリン

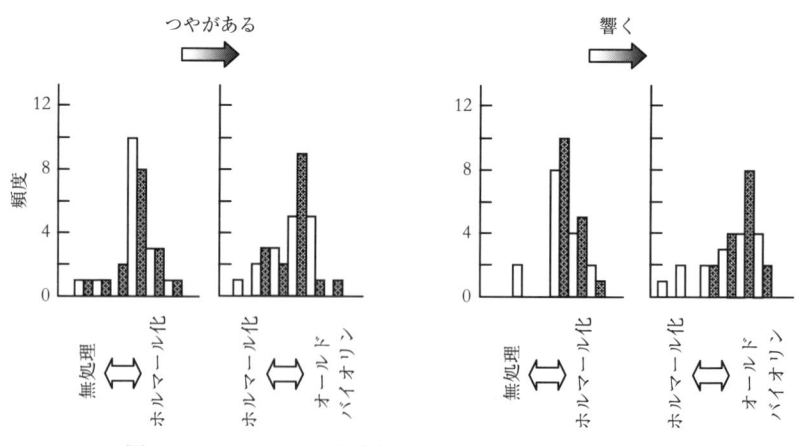

図6-8-5　ホルマール化木材を用いたバイオリンの官能試験
□ 塗装前　　■ 塗装後

の場合について明確にされているわけではなく，例えば，バイオリンの演奏に用いる弓には南米産マメ科樹木であるパオ・ブラジル（英名ではペルナンブコ）が最適とされているが，その理由は明らかでない．この樹木からは染料が得られるため，かつてはヨーロッパに大量に輸出され，ブラジルの重要な

輸出産業であった(パオ・ブラジルにちなんで国名となった).我が国でも古くから,東南アジアのスオウや中南米産でログウッドと呼ばれるマメ科樹木から得られる類似の化合物が染料に用いられてきており,近年まで京都の伝統産業である黒染に用いられていた.パオ・ブラジルがバイオリンの弓材に用いられるようになったきっかけは,染料の原料として輸入された材を試しに用いたことにあろう.

　ところで,筆者らは,この樹種が弓に適している理由を明らかにする過程で,抽出成分(染料の成分)に注目した.すなわち,パオ・ブラジル材は$\tan\delta$が特異的に低いが,その原因が抽出成分にあることが判明した(弓材にとって,$\tan\delta$が低いことは重要な適性の一つと考えられる).このことから,パオ・ブラジルの抽出成分は$\tan\delta$を下げる効果があるのではないかと考えた.パオ・ブラジル材そのものは高比重で,楽器の共鳴板には向かないが,抽出成分が他の楽器用材の$\tan\delta$を下げる効果が期待できる.そこで,バイオリン,ギター,ピアノなどの楽器の共鳴板として用いられるスプルース材にパオ・ブラジルの抽出成分を注入したところ,予想通り,$\tan\delta$は顕著に低下した(図6-8-6).化学物質を木材中に注入した場合,$\tan\delta$は増大するのが一般的であり(図6-8-7),$\tan\delta$を低下させる例は,それまで報告されていなかった.E/ρに関して見れば,重量増加にともなって,ρが増大するため,E/ρ全体としてはやや低下する.しかし,式(1)で示した音響変換効率では明らかな増大が認められた.

　化学処理と異なり,加熱処理や化学反応を伴わないため,木材を劣化させることがなく,音響材料への適用が期待される.

4 琴の材料としてのキリ材の合目的性

　琴は日本の代表的な伝統楽器の一つで,材料にはキリが使われる.ヨーロッパで発達した同種の楽器であるハープの場合,バイオリンなどと同様,スプルース材が用いられるのとは異なる.スプルースが楽器用材に適しているのには理由があり,この材は多くの針葉樹の中でも,E/ρが大きく,$\tan\delta$が

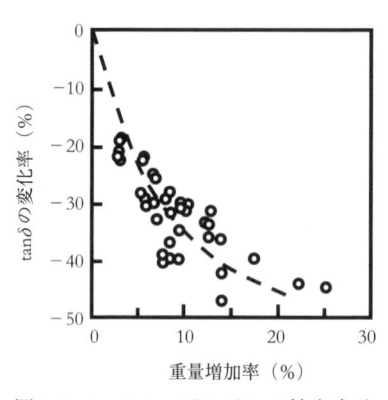

図 6-8-6　パオ・ブラジルの抽出成分の含浸による tan δ の変化

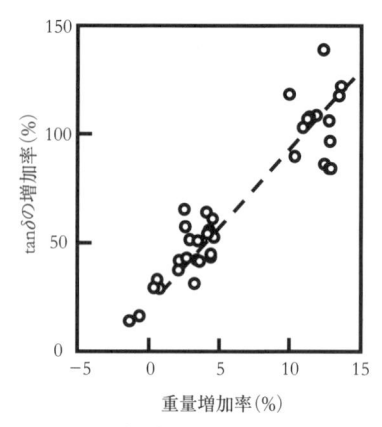

図 6-8-7　各種フェノール性化合物の含浸による tan δ の変化

小さいといった特徴をもつ．スプルースと同じ属の日本の針葉樹ではエゾマツやアカエゾマツがあるが，本州ではほとんど産しないため，わが国では楽器材料になりえなったのであろう．一方，キリは日本全国どこにでも見られる広葉樹で，日本産材で最も比重が小さい．キリ材の tan δ はスプルースと同程度であるが（表 6-8-1），上述の式（1）からも判るように，比重（ρ）が小さいことは E/ρ に対してきわめて有利に作用する．このため，スプルースに比べると音響変換効率は 4～6 割程度大きい．低比重で十分な強度が得られないため，構造の補強が必要となるが，キリは成長が速くて大径木の入手が容易であり，木目が美しい，加工がしやすいなど，楽器用材としての必要条件を備えており，我が国では楽器用材としての条件に叶ったものと考えられる．キリ材の用途は琴だけではなく，軽くて狂いが少ないため，家具や箱物にも重用されるが，国内の生産が少なく，中国などからの輸入材に多くを依存している．日本の伝統的な文化や工芸技術を残すためにも国内産の品質の高いキリが求められる．

表 6-8-1　スプルースと比較したキリの諸性質

樹種	全乾比重[b]	抽出成分量 (%)	E/ρ (GPa)[b]	$\tan \delta$[b]	音響変換効率[a]
キリ（日本産）	0.26	2.54	17.5	7.17×10^{-3}	1.55
キリ（米産）	0.28	1.97	17.9	7.32×10^{-3}	1.37
キリ（中国産）	0.24	2.96	18.2	7.27×10^{-3}	1.62
スプルース	0.40-0.41	-	10.4-11.5	$(7.36\text{-}7.52) \times 10^{-3}$	1

[a] スプルースを1とした時の相対値
[b] 30個の平均値

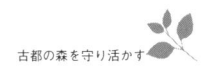

和紙に学ぶ
── 和紙の機能化と利用 ──

1 はじめに

　紙がいつ日本に伝えられたかは定かでないが，5世紀初頭には情報伝達に紙が使用されたことをうかがわせる文書が残されており，6世紀に入って仏教の伝来とともに紙の経典がもたらされたことから，やがて製紙術を習得したと考えられる．平安時代の始めには宮殿の西北を流れる紙屋川のほとりに紙屋院が設けられ，官用紙の生産，技術の研究，全国の製紙に対する指導が行われた（町田誠之1988）．ここで確立されたわが国独自の原料と抄紙法による製紙はやがて全国に広がり，和紙を情報の記録や伝達の媒体から，書画の材料，工芸材料，襖や障子などの建具，行灯などの照明器具，傘，扇子，等々の日常雑貨にいたる様々な用途に用いた高度な和紙文化が築かれた．現代の日本人が紙に対して過剰なまでの純白さや質感を求める背景には，紙を身近な情報の記録・伝達の媒体，容器，衛生用品などととらえる欧米人とは異なり，歴史に深く刻まれた紙に対する価値観の違いがあるのではないかと思われる．かつて紙屋院のあった付近は，現在では両側からマンションが立ち並び，また場所によっては暗渠と化し，当時の面影を全く残していない（図6-9-1）．
　明治時代に入って，洋紙の製造技術が導入され，新聞紙，教科書，証券を

第 3 部　活用による森の保護

図 6-9-1　現在の紙屋川（北野天満宮付近）

始め，用途の大部分が洋紙に取って代わられた．現在でも和紙作りを続けている地域が全国各地に点在しているが，いずれも規模はきわめて縮小されている．今日ではその用途は土産物を主とする民芸品など，ごく限られており，日常的に使われることはほとんどなくなった．障子紙や襖紙など，和紙を模したものは現在も用いられるが，材料や製法から言えば和紙の定義からは外れるものが多い．その一方で，和紙の高度な製造技術は紙幣製造などに生かされているし，襖絵や日本絵画などの文化財の修復用として欠くことができず，今後も長く引き継いでいかなければならない．しかしながら，このような限られた需要と用途のためだけの生産を続けることはきわめて厳しい状況になっている．和紙作りは一般に山間地で行われており，製造工程のほとんどが手作業で，製造コストは洋紙と比べるべくもないが，洋紙では代替出来

ない機能・性能を見出し，さらに和紙にヒントを得た新素材を創出することが和紙の生き残りのための課題となろう．ここでは和紙を未来型素材としての視点から見直すことにする．

2 京都周辺の和紙産業とその現況（全国手すき和紙連合会，1998より）

黒谷和紙（京都府綾部市）　黒谷の和紙は約800年の伝統を持つ．丹波・丹後に産する良質のコウゾを原料とし，強靭な和紙として知られる．今日でも数戸が古来の紙漉き法を受け継ぎ，昔ながらの生産をしている．（図6-9-2）

丹後和紙（京都府福知山市）　大江山周辺に栽培される良質のコウゾを用いて漉き上げたもので，草木染を施した民芸品に特徴がある．

近江なるこ和紙（滋賀県大津市）　ガンピを原料とし，明治・大正時代には西陣織の金糸銀糸の用紙として多量の生産を行っていた．また，宣命紙という名で宮内省経文用紙，歌会用色紙，短冊を納めていて，戦後まで宮内省御用達となっていた．繊細緻密で優美さと柔らかな肌合いが特徴．現在は雁皮紙，楮紙，染色紙など多様な和紙作りに取り組んでいる．

杉原紙（兵庫県多可郡多可町）　奈良時代から写経用紙や薄紙を漉いていた．武士の紙，公文書用に使われた．大正末期には生産が中止されたが，現在は復興している．

吉野紙（奈良県吉野地方）　極めて薄い楮紙であるが引っ張りに強く，ふっくらとした地合が濾過に適しているため，江戸時代以来，漆や油を濾す紙として重用されてきた．また，白い紙色と柔軟な紙肌から女性の懐中紙としても愛用された．現在十数戸が生産に取り組んでいる．

この他，越前和紙，若狭和紙，名塩和紙などもあるが，越前和紙を除けば，いずれも規模は零細で，民芸品や書道用紙などが中心である．

図 6-9-2　昔ながらの叩解機（黒谷和紙協同組合）

3 | 和紙に学ぶ合理性

　和紙の定義は曖昧で，拡大解釈されることもあるが，狭義には日本独自の原料植物（コウゾ，ミツマタ，ガンピなど）の靱皮繊維を用い，いわゆる「流し漉き」と呼ばれる，日本で編み出された抄紙法によって作られたものを指す．原料繊維の形状，すなわち繊維長や幅は出来上がりの紙質に大きく影響するが，コウゾやミツマタなどの靱皮繊維は，洋紙の原料である木材の木部繊維に比べて，繊維長がはるかに長く，したがって高い強度が得られる．麻などの繊維はさらに長いが，この場合は紙質が粗くなる（表 6-9-1）．流し漉きは，中国から渡ってきた当時の「溜め漉き」や現在行われている機械抄紙と異なり，我が国独特の抄紙法で，簀桁を前後に傾けるため，繊維が一定方向に並び，紙に方向性が現れる（引き裂きやすい方向とそうでない方向で判る）．一方，傾ける方向を前後だけでなく左右にも行えば，紙は積層構造を成し，ある層では繊維が縦方向に並ぶが，別の層ではそれに直交方向に並ぶため，

表6-9-1　各種植物繊維の形状（町田誠之，1988などから作成）

			長さ (mm)			幅 (μm)			長さ/幅
			最大	最小	平均	最大	最小	平均	
木材繊維	針葉樹	アカマツ	5.97	0.91	3.28	66.0	21.0	39.0	84.5
		モミ	4.95	1.14	3.04	63.8	16.8	41.1	72.4
		ツガ	5.29	1.12	3.14	76.6	10.9	35.9	94.0
	広葉樹	ブナ	2.20	0.50	1.13	34.7	12.6	20.9	55.1
		ポプラ	1.92	0.52	1.14	42.0	13.0	24.2	48.0
		カバ	1.82	0.50	1.12	33.7	13.2	22.4	52.7
靭皮繊維		アサ	33.50	3.3	14.46	64.0	16.0	24.8	773
		マオ	224.0	83.0	131.0	66.0	42.0	51.0	2,600
		コウゾ	23.76	0.94	9.37	42	12	27	354
		ガンピ	3.83	2.32	3.16	30	16	19	166
		ミツマタ	5.14	1.20	3.60	32	14	20	180
イネ科植物繊維		タケ	5.0	0.4	2.15	30.0	6.0	15.1	142.0
		イネ	1.41	0.29	0.94	29.0	5.0	14.0	67.0
		コムギ	2.38	0.35	1.27	32.3	5.8	15.0	84.6
綿繊維		リント			15-50			12.5-20.0	

　全体として異方性が小さく，あらゆる方向に強い紙が得られる．この積層構造は合板とも共通している．

　流し漉きの技法は，紙料（繊維を水に懸濁させた液）の中にノリウツギやトロロアオイから得られる粘滑物質を加えることで簀桁からの紙料液の流下を遅らせることにより可能となったが，粘滑物質は主にヘミセルロースで，糊として繊維間を結びつける接着剤の働きをし，紙の強度を高めている．木材を繊維化して接着剤で固めた材料にMDF（中質繊維板）と呼ばれるファイバーボードの一種があり，最近の家具などに多用されている．この場合，接着には一般的に合成接着剤が用いられるため，化学薬品の人体に及ぼす影響が懸念されることもある．

　いわゆる酸性紙問題が一時大きく取りざたされ，改善が行われてきたが，現在でも洋紙には和紙ほどの保存性は期待できない．様々な記録媒体が出現し，ペーパーレス時代の到来が予測された時期もあったが，今日でも，記録

表 6-9-2　和紙の用途の現状

現在も使われる	水引，熨斗袋，色紙，書画材料
一部使われるが代替品も多い	建具（障子，襖，壁紙），扇子，団扇，照明器具，玩具（凧，千代紙），包装紙
ほとんど使われない	情報の記録・伝達媒体，雨具（傘，かっぱ），紙布，紙子

　媒体としての紙の利便性や重要性はゆるぎなく，保存性の良さは和紙の特筆すべき点である．
　100％天然の素材を用い，人手によって丹念に作られる和紙は前近代的な材料でありながら，人や環境にやさしい，未来型の材料ともいえる．

4　機能性和紙

　和紙は古来，さまざまな用途に用いられてきたが，そのなかには，現在も同じ目的で用いられているもの，部分的に代替品に代ったもの，全く使われなくなったものがある（表6-9-2）．そのなかで，和紙であることに重要な意味がある用途のみが現在も残っており，代替が可能な用途は，洋紙やプラスチックなどの安価な材料に取って代わられた．さらに和紙ではほとんど使われることのなかった，容器（紙袋，紙コップなど）や衛生用品（ティッシュペーパー，紙オムツ）などは，洋紙の出現により，新たな紙の用途に加わっている．今も和紙が用いられる例として，神事や冠婚葬祭に関連する用途が挙げられるが，紙を純白で神聖なものと見なした伝統的な作法によるもので，洋紙には代りえない．我が国の紙幣は，一部，和紙と原料を同じくし，紙質の高さ，とくに折り曲げに対する強さは用途にかなっている．書画材料では"にじみ"や"かすれ"を表現する目的からも代替化はできない．現在も一部残っている用途には扇子や民芸・玩具など，伝統工芸の材料として重要なものと，建具や照明器具のように，軽量で光を適度に通すことが利点となっている場合がある．しかし，これらの用途も，一部を除いて，多くは見かけだけの和紙

であり，合成紙などが用いられることが多い．

本来の紙の用途に加えて，近年では種々の機能性を付与した紙が多様な分野で利用されている．例えば，農業用の育苗紙，食品の鮮度保持紙，医療用の抗菌紙，蓄電池デバイス用セパレータ，電気絶縁紙，自動車関係の各種フィルターなどである．これらのなかで，農業用などは多くの場合，和紙である必要のないものが多いが，電気関係や特殊なフィルターなどでは，和紙が長繊維で出来ており高強度であることや紙が層構造をとることなどの利点が意味を持つ場合もある．実際，和紙は漆や油を濾すのに用いられてきた実績もある．

意外に知られていないが，スピーカーの振動板にはコウゾ，ガンピ，アサ類，ケナフなどから作られた紙も使われる．スピーカーは送られてきた電気信号を忠実に振動に変える必要がある．そのため，電気信号ができるだけ速く振動（音）に変わる（音速が大きい）とともに，すばやく減衰することが必要条件となる．しかし，この条件を両立させる材料は少ない．金属と紙を比べると，金属は音速が大きい反面，減衰しにくく，逆に紙は振動が減衰しやすいが音速は小さい．したがって，スピーカーのコーンに紙を用いるために，音速を高める工夫がなされている．吸湿性が高く含水率の変化が音質に影響することも紙の泣きどころであるが，前節（第6章8節）で紹介したホルマール化は音速をいくらか高めると同時に吸湿性を減少させる．和紙の特性を生かしつつ，弱点を解消する道は残されている．

5 和紙原料の新規用途

和紙の原料にはコウゾやミツマタの師部から外皮や表皮を取り除いた，白皮と呼ばれる靱皮繊維が用いられる．この白皮にはセルロースが多く含まれ，リグニンの含有率が低い（表6-9-3）．現在，上質紙は化学パルプから作られるが，木材（木質部）から化学パルプを作るためにはリグニンを取り除く必要があり，そこでは化学的な処理が施される．一方，靱皮繊維ではリグニン含有率が低いため，ほとんど化学工程を必要としない．その結果，靱皮繊維

表 6-9-3　製紙用植物の成分組成（重量%）

		セルロース	ヘミセルロース	リグニン
木材 （木質部）	アカマツ	54.7	12.1	28.0
	モミ	51.6	9.5	30.9
	ブナ	55.8	23.3	22.5
	カバ	57.3	24.0	21.5
靱皮繊維 （白皮）	アサ	71.4	17.0	4.6
	コウゾ	73.0	11.3	4.1
	ガンピ	70.2	23.4	4.2
	ミツマタ	70.4	21.4	4.2

（町田誠之，1988 より）

からはセルロースの劣化が少なく，純度の高いセルロースが得られる．現在，木材パルプからは繊維の形状を残した状態で，紙が作られる他，セルロースを誘導体化して溶解させることでレーヨンやフィルムを始め，さまざまな工業原料が作られている．セルロース誘導体は食品加工，化粧品，医薬などの分野で糊料や成形材料として使用されており，高純度の木綿セルロースが原料に使われるが，靱皮繊維から得られるセルロースについても，木綿セルロースと同様の用途が考えられる．

和紙からは古来，紙布や紙子（または紙衣）といった衣類が作られてきた．紙布は和紙で作った"こより"を織り込むもので，縦糸に絹，綿，麻を用いたものを，それぞれ絹紙布，綿紙布，麻紙布と言い，縦糸，横糸ともに和紙を用いた場合には諸紙布と言う（図 6-9-3）．紙布は現在では壁紙などとして利用されるが，有害化学物質の放散などがなく，天然素材として愛好されている．合成紙などに比べると，吸・放湿性がはるかに高く，室内の調湿機能も備えている．

紙子は和紙にしわをつけることで柔軟にして着物に仕立てたもので，古くは粗末な衣服として用いられた．和紙はとくに引き裂き強度と耐折強度が大きいためこのような用途に適したものと考えられる．現在では，旅行や医療における使い捨てを前提として紙で作られた衣服が用いられるが，ことさら和紙を用いる必要はないのかもしれない．

図 6-9-3　紙布で作られた衣類（黒谷和紙会館）

　コウゾやミツマタなどの靭皮繊維は木部繊維よりも長いが，木綿繊維に比べるとはるかに短く，紡糸が困難である．そのために，紙布を作る場合にはこよりを織り込んでいる．最近，タケ繊維の衣類への利用が進んでいるが，タケの単繊維は靭皮繊維よりもさらに短いため，単繊維にまで分離せず，解繊がある程度進んだ段階の繊維束を用いて紡糸される．タケ繊維を織り込んだ衣類は，抗菌性や吸湿性が高く，風合いに優れていると言われているが，靭皮繊維もこれに類似した固有の特徴を持つことが考えられ，衣類への適用は，新しい紙布として興味深い．

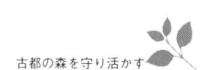

新機能性材料としての炭

1 はじめに

　我が国の国産材の需要は，安価な外材輸入量の増加，労働賃金の高騰などが相まって1960年代半ばから低下を続けている．ごく最近，高産材の需要に回復の兆しは見えるものの，いまだ木材自給率は20％程度である．こうした状況は森林所有者の経営意欲の減退を引き起こし，森林の荒廃が進んでいる．一方，戦後の拡大造林で拡大した人工林は成長を続け，森林蓄積量は大幅に増大し，木材の年間成長量も木材需要量をはるかに上回っている．
　こうした森林を取り巻く状況は京都府でも深刻であり，しかも，私有林の占める割合が多く，保有規模が5ha未満の林家の割合が大半を占めており，計画的な林業経営が困難な状況にある．
　また，京都市近郊林や里山などの雑木林は薪炭材の需要の低迷により，人手が入らなくなって遷移が進行している．この状況を森林の荒廃と見るか否かは議論が分かれるところであるが，二酸化炭素の排出削減の面からは，雑木林の未利用材の有効利用を図る必要があることは確かであろう．
　さらに竹林に目を向けると，従来様々な用途にも用いられていた竹材は，プラスチックなどの代替材料に多くの用途を取って代わられ，消費が低迷している．これに伴い，京都府においても多くの竹林が放置され，防災上の

危険性増大も危惧されている．したがって，竹の有効利用による重要の拡大が必要である．

　木材および竹の有効利用の一方策として木・竹炭の利用がある．木・竹炭は高い吸着性を利用して多様な用途に用いられている．調湿材料としての利用もその一つである．調湿材料とは，居住空間の湿度を人間に快適な範囲に調節する機能を持つ材料で，相対湿度（天気予報で使う湿度）40〜70％の範囲で吸湿量が著しく増加する材料が優れた調湿材料とされている．多くの場合，こうした調湿材料は，内部に微細な空隙を多量に持ち，相対湿度が上昇すると空隙に水分が充填されて空気中の水分量を減らし，低下すると空隙に保持されていた水が空気中に蒸発することにより機能を発揮する．したがって，調湿材料の吸湿特性はその空隙構造に基づくが，木・竹炭について吸湿特性と空隙構造の関係を詳細に検討した例は見られない．そこで本稿では，近年我々の研究室において，木・竹炭の調湿機能と空隙構造の関連ついて検討した結果を中心に述べる．

2 炭の吸湿性

　炭化温度900℃のモウソウチク炭およびアラカシ炭の吸湿量の相対湿度に伴う変化（吸湿等温線）を図6-10-1に示す．相対湿度約40〜60％における等温線の急激な立ち上がりは，アラカシ炭よりもモウソウチク炭で顕著であり，モウソウチク炭の方が理想的な調湿材料に近い．

　図6-10-2には，製炭条件の異なるモウソウチク炭の吸湿等温線を示した．賦活は窒素中に20％の二酸化炭素を混合することによって行った．低温では，相対湿度約40〜60％における等温線の立ち上がりは小さいが，炭化温度の上昇とともに立ち上がりが急峻になり，賦活炭はさらに顕著な立ち上がりを示している．この炭化温度範囲では，高温炭化物ほど吸湿性は高く，さらに賦活によって吸湿性は向上し，水が充填できる微細空隙が増加すると考えられる．ただし，より高温で炭化時間が長いと，グラファイト構造に近づくため空隙量は低下し，吸湿性も低下するとされている．

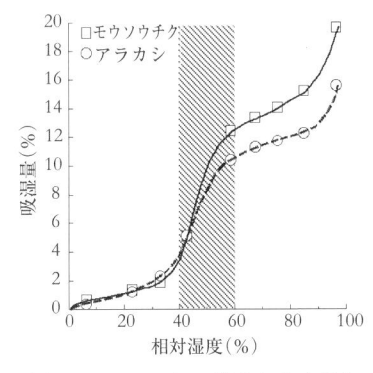

図 6-10-1　900℃で炭化した木炭と竹炭の吸湿性の相違
（昇温速度 5℃／分，最高温度保持時間 1 時間）

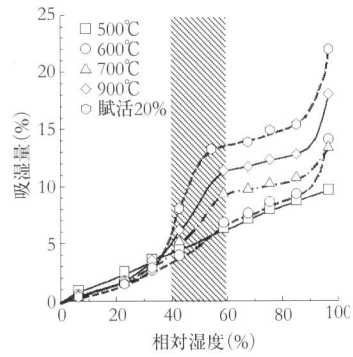

図 6-10-2　竹炭の炭化条件別の吸湿等温線
（昇温速度 5℃／分，最高温度保持時間 1 時間）

3 水分吸着とメタノール吸着の比較

　図 6-10-3 は，モウソウチク炭へのメタノールおよび水分の吸着等温線（水分の場合，吸湿等温線ともいう）を，吸着体積に換算して比較したものである．メタノールの吸着等温線は，水の等温線とは異なり，相対蒸気圧（飽和蒸気圧に対するその時の蒸気圧の割合，水の場合は相対湿度ともいう）10％以下で急激に立ち上がっている．

　一般に，空隙寸法が小さいほど，液体の蒸気は低相対蒸気圧で空隙内を充填（毛管凝縮）する．詳細な説明は省略するが，水，メタノールともに細孔表面との接触角を 0°と仮定して，毛管凝縮理論により相対蒸気圧と毛管凝縮の起こる細孔径の関係を求めると，水とメタノールの間に著しい差異はない．このことから，水とメタノールが同一の細孔で毛管凝縮を起こしているなら，吸湿等温線が急激に立ち上がる相対蒸気圧は水とメタノールで大差はないはずである．しかし，両等温線が立ち上がる相対蒸気圧は著しく異なる．

　さらに，高相対蒸気圧域での水とメタノールの吸着体積を比較すると，いずれの炭化条件でも，ほぼ等しい吸着体積を示している．このことから，高

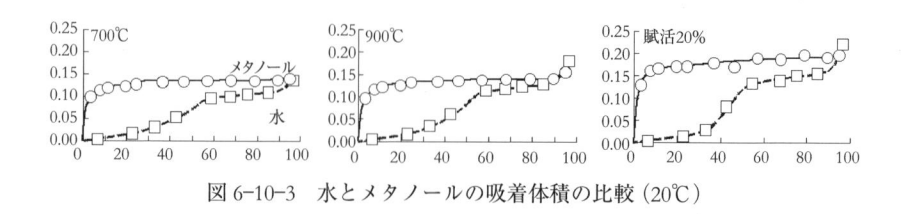

図 6-10-3　水とメタノールの吸着体積の比較（20℃）

　相対蒸気圧の下では水とメタノールは同じ細孔を充填していると考えられる．すなわち，メタノールは水よりはるかに低い相対蒸気圧で，大部分の空隙を充填していると考えなければならない．

4 炭の空隙構造

　従来，木・竹炭に見られる相対蒸気圧 40〜60％域での吸湿等温線の立ち上がりは，先に述べた毛管凝縮理論に基づいて，孔径 2nm〜50nm（nm は 1m の十億分の 1）のメソ孔の存在に起因すると考えられてきた．しかし，この考えは，正確な空隙分布の測定に基づいたものではなかった．微細な空隙分布の測定は，多くの場合，液体窒素温度（−196℃）での窒素ガス吸着によって行なわれるが，そのような低温では，分子オーダーの微細な空隙への吸着には極めて長時間を必要とし，測定は不可能に近い．

　そこで我々は，−86℃における二酸化炭素吸着によって，細孔径 2nm 以下のミクロ孔の分布を調べた．その結果の例として，炭化温度の異なるモウソウチク炭についての結果を図 6-10-4 に，900℃で炭化した炭の原料による空隙構造の違いを図 6-10-5 に示す．両図によれば，ミクロ孔の範囲では，空隙分布は 0.5nm 付近にピークを持つことが判る．なお，別の測定法によって，メソ孔の空隙分布の測定したところ，細孔容積は細孔径とともに少なくなり，その容積も極めて少ないとの結果を得ている．これらの結果と前項のメタノールおよび水分吸着の結果を総合すると，相対蒸気圧 40〜60％域での吸湿等温線の立ち上がりがメソ孔に起因するとの従来の解釈は誤りであり，主に 0.5nm 付近にピークを持つミクロ孔への吸着に起因するものと結

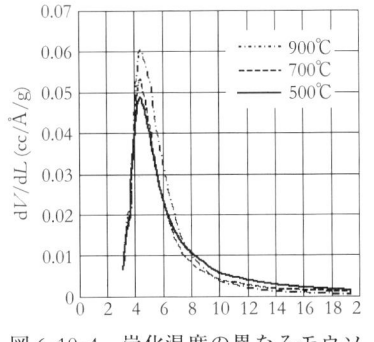

図 6-10-4　炭化温度の異なるモウソウチクのミクロ空隙構造

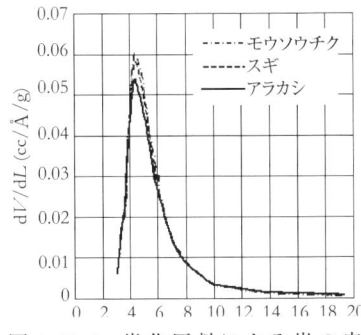

図 6-10-5　炭化原料による炭の空隙構造の違い（炭化温度 900℃）

論できる．この考えが正しいとすれば，メタノール吸着では相対湿度 10％以下の領域で起こるミクロ孔への充填が，水分吸着の場合には 40～60％という比較的高相対湿度域で起こる理由が問題となる．この理由は炭に対する親和性がメタノールよりも水の方が低いことによると考えられる．そこで，親和性の尺度（親和性が低いほど接触角は大きくなる）として，水およびメタノールと炭の接触角を測定した．その結果，メタノールではほぼ 0°と見なせるが，水の場合は 85°以上で，水の炭に対する親和性はメタノールよりははるかに低いことが明らかとなった．

なお，図 6-10-4 によれば，炭化温度の上昇とともに空隙量が増加しているが，この結果は，高温で炭化した炭ほど，相対湿度 40～60％における吸湿量の増加が著しいという図 6-10-2 の結果と対応している．なお，アラカシ炭およびスギ炭についても，炭化温度の上昇に伴って空隙量が増加する傾向は認められたが，アラカシ炭の場合，700℃から 900℃への炭化温度の上昇に伴う空隙量の増加は竹炭やスギ炭の場合ほど顕著ではなかった．

さらに，炭化材料の違いによる空隙構造の差異（図 6-10-5）に注目すると，モウソウチク炭が最も空隙量が多く，アラカシ炭の空隙量が最も少ない．この結果は図 6-10-1 に示した吸湿性の結果と対応している．この結果は，従来，燃料炭の材料として好まれていた広葉樹の高密度材から作られた炭よりも，燃料炭としては低い評価を受けていたスギ炭や竹炭の方が，吸着剤や吸

湿剤としては優れた機能を持つことを示している．

5 おわりに

　以上の結果から炭の吸湿機能のメカニズムは以下のように考えることが出来る．

　木・竹炭にはメソ孔（孔径2nm～20nm）はほとんど存在せず，0.5nm附近にピークを持つミクロ孔が主体である．したがって，木炭および竹炭の吸湿機能は，基本的にはグラファイト類似構造の乱れに起因するミクロ孔の存在に基づいているといえる．こうした微細な空隙への液体蒸気の充填は，液体と炭との親和性が高い場合には，極めて低い相対蒸気圧のもとで起こるが，水の場合には，炭との親和性が低いため，主に相対湿度40～60％の範囲で起こり，木・竹炭に特有の調湿機能を発現している．

　得られた結果によれば，炭は理想的相対湿度域よりもやや低い相対湿度域で吸湿量が著しく増加する．したがって，もう少し空隙を大きくすることが出来れば，より理想的である．今後，炭化条件による空隙構造の制御の可能性についての検討が必要と考えている．

謝辞

　本稿の大部分は，私の研究室で卒業研究あるいは修士論文のテーマとして関連する研究に取り組んだ学生諸氏の研究成果に基づいている．これらの共同研究者と，空隙分布測定に多大のご援助を賜った産業技術総合研究所中部センター金山公三博士，並びに貴重な電子顕微鏡写真をご提供いただいた京都大学生存圏研究所の畑俊充氏に感謝いたします．

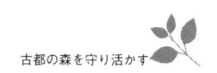

Chapter 7

流通と消費の革新

　日本は国土の3分の2が森林であり，世界でも有数の森林国である．しかし，木材の自給率は僅か20％ほどでしかない．国内に森林資源が有り余るほどありながら，海外から木材を大量に輸入するという状態が，もう半世紀近くにもわたって続いている．その結果，林業だけでなく，農山村にも，木材の流通・加工業界にも様々な弊害が現れてきている．どうしてこのような事態になってしまったのであろうか．解決の糸口はどのあたりにあるのであろうか．

　本章では，まず第1節で，経済のグローバル化が日本の森林や山村にもたらした現実を正視し，経済のグローバル化に対抗する基軸として，木材の地産地消が必要なことを述べる．

　次に第2節では，京都府が先進的に取り組んでいるウッドマイレージCO_2認証制度を紹介する．ウッドマイレージとは，フードマイレージと同じように，輸送量と輸送距離の積で表される指数であり，木材の地産地消を考える上で環境指標となるものである．

　第3節では，京都府において実用化されている最近の木材利用の取り組みを紹介する．乾燥技術の向上により割れや反りがほとんどなくなったことから木材は改めて見直されており様々な場所に使用されるようになってきた．また，丸棒加工されたものは木橋や木製ダムに利用されており，圧密化され

たスギ材は強度が増したことから用途が広がっている．

　第4節では，森林バイオマスの普及に向けた京都府内のNPO活動を紹介する．飲食店や銭湯など，薪や炭を使い続けているところは少なからずあるが，その実態はあまり知られていない．市民参加型の聞き取り調査等により，森林や森林バイオマスへの理解を深めてもらうための活動が行われている．

　木を使うことが，森を守ることに繋がる．再生可能な森林資源を上手に利用することが，温暖化を始めとする地球環境問題に貢献するとともに，持続可能な循環型社会を支える基礎となる．京都での活動は，ようやく緒についたばかりであり，量的にはまだ僅かであるが，木材の新しい流通と消費のあり方について，革新的な取り組みが行われている．

（編者）

木材の地産地消の必要性

1 | 林業・木材業の現状，農山村の疲弊

　日本では，貿易の自由化により安価な外材が大量に輸入され続けているが，その結果，国産材の価格は長期にわたって低迷を続け，国内林業は経営が成り立たなくなっているところが多い．

　日本の林業は主に山岳地域の急傾斜地で営まれているので機械化が難しく，人手に頼らざるを得ない部分が多いので，その分，人件費がかかり，経営コストがかさむ．また，気候が温暖で降水量が多く，すぐに草が生えてくるので植林後の下刈り作業が欠かせないが，その点においても，外国の林業経営と比べて不利である．

　長年にわたる林業不況のため，林業家の多くは経営意欲をなくしており，間伐どころか主伐もしなくなってきている．なお，ここで主伐というのは立木の最終的な収穫行為であり，スギやヒノキの人工林では残存しているすべての立木を伐採（皆伐という）し収穫するものである．皆伐跡地は通常翌年の春に植林されるが，植林後の保育作業（補植，下刈り，除伐，枝打ち）が労力的にも経費的にも大変であり，現在の木材価格では採算が合わないので，主伐を避けているのである．当然，山林からの木材供給量も減少する．そうした事情により，最近では，立木を伐採・搬出する素材生産業者や，搬出され

た丸太を取り扱う木材市場や製材所などの流通・加工業までもが事業量の減少に伴い後継者不足になり，業界として崩壊し始めている．まさに，林業・木材業が産業として空洞化しつつある．

　林業生産活動の停滞は，地域経済の衰退を招いているだけではない．間伐や枝打ちなどの育林作業が不十分な森林は，やがて内部が暗い森林になってしまう．上層木が茂りすぎて光が差し込まない森林になると，林床には草本や低木も生えなくなり，土壌がむき出しになってくる．そうなると枝葉を伝って落ちてくる大粒の水滴によって土壌の侵食と流失が始まる．当然，森林の保水力は低下するが，それだけでなく，土の保持力も低下し，集中豪雨などに襲われるとひとたまりもなく根こそぎ土壌が流出する恐れがある．このように，外材の大量輸入は，林業生産活動の停滞を招き，森林が持っている水土保全機能の低下を招き，さらには，山地災害の危険度を高めている．日本の森林は，一見すると豊かな緑に覆われているように見えるが，実は，質が著しく低下しているのである．

　農山村では，林業と他産業との所得格差が拡大し，その結果，林業後継者が不足し，林業就業者の減少と高齢化が急速に進んでいる．不在村の森林所有者も増加している．そうした事柄が積み重なって山村の過疎化が進み，今では地域社会そのものが崩壊する懸念さえ生じてきている．

2 経済のグローバル化がもたらしたもの

　自由貿易や国際分業論の論拠になっているのは経済学者のリカードが唱えた「比較優位」という考え方である．この説を簡単に説明すると，次のようになる．いま，大国と小国があって，どちらの国も商品Aと商品Bを生産している．商品Bは商品Aよりも労働生産性が高いが，その比率は大国の方が高いとする．商品Aについても大国の方が労働生産性が高いとする．したがって，商品Aも商品Bも両方とも大国で生産した方が効率が良い．しかし，小国が商品Aの生産に特化すれば，両国ともに有益となるという説である．その理由については，ここで説明する紙幅の余裕はないが，要す

るに，小国は労働生産性がより低い分野に特化することで，より有利になるという説である．

リカードの比較優位説は，経済学の教科書に載っているような非常に単純化された抽象的な世界では成り立つかも知れないが，その考え方が，現実の世界にそのまま当てはまるとは到底考えにくい．一つの問題点は，小国が労働生産性がより低い分野に特化してしまうことのリスクが考慮されていないことである．話を分かり易くするために，商品Aを農産物，商品Bを工業製品としてみよう．農業は工業よりも労働生産性が低いだけでなく，現実の世界では，豊凶がある．問題は豊作の時である．大国でも同様の農業をして，やはり豊作であれば，大国はその農産物を小国から輸入する必要はなくなる．その結果，小国の農産物は売れなくなり，売買代金は手に入らない．しかし，小国では生産しなくなった工業製品が必需品であるとすれば，それは，借金してでも大国から輸入する必要がある．その借金が，やがて，両国の力関係に影響を及ぼしてくることは目に見えている．

また，工業製品は技術革新により労働生産性がより飛躍的に高まる可能性があるが，農産物はたとえ技術革新があったとしても，労働生産性の向上はたかだか知れている．よって，大国と小国との力関係はますます変化し，経済格差は広がる一方である．物価にしろ，労働生産性にしろ，決して一定不変のものではなく，様々な要因や技術革新によって変化していくものであるが，経済のこうした動的な性質が，比較優位説では考慮されていないといえる．したがって，比較優位説に基づく自由貿易や国際分業論に従えば，経済格差が広がる一方となる．

3 環境は輸入できない

上述の比較優位説の例について，今度は，工業大国の立場から考察してみよう．工業大国は工業生産を増加させ，逆に，農林業生産を縮小させる．不足する農業製品は小国から輸入するという図式である．この場合，農林業が環境面で地域社会に貢献していたとすれば，農林業生産を縮小した分だけ環

境の質が低下することになる．しかし，今まで，何十年，何百年と農林業を営んできたとすれば，農林業が果たしてきた環境保全機能は当たり前になっていて，経済的には正当に評価されていないことが多い．たとえば空気がそうである．空気は必須のものであるが，簡単に手にはいるので価格がついていない．今日では飲料水がペットボトルで販売される時代になったが，少し昔までは，水もただ同然であった．農林業が果たしてきた環境保全機能が当たり前のものとして認識されている場合は，その価値を価格で評価することは困難である．したがって，農林業生産を縮小したとしても，それは農林業の生産額が減少したこととしてしか評価されないことになる．しかし，実際には，農林業生産の縮小に伴い環境の質が低下し，それを他の方法で補おうとすれば費用が発生するのである．このように，農林業を止めたことによる環境の悪化や劣化，すなわち，マイナスの効果は今まで正当に評価されてこなかったと言えよう．

　以上述べたことは，日本の森林問題にそのまま当てはまる．森林は水源かん養機能や土砂流出防備機能を始めとして様々な公益的機能を有しているが，森林の手入れが放棄されるようになったことにより，これらの機能が十分に発揮できなくなってきているからである．外材を大量に輸入することは，日本の国内林業の衰退を招くばかりでなく，荒れた不健全な森林を増加させ，森林が提供してきた水土保全機能などの公益的な機能を低下させているのである．日本は森林資源を温存しているのではない．方針や計画がないままに森林を放置していることにより，日本の森林は劣化し続けているのである．また，日本に木材を輸出している国においても，それが天然林の伐採によるものであるとすれば，無秩序で無計画な伐採であることが多いので，木材輸出国の環境破壊も招いている．自由貿易体制は，木材の輸出国，輸入国の双方に，森林の劣化や環境の質的低下をもたらしていることが多い．我々は，どんなに経済大国になっても，環境は輸入できないということを肝に銘じておく必要ある．

4 木材の地産地消の必要性

経済のグローバル化がもたらす環境破壊的な側面は既に述べたとおりである．持続可能な社会を構築しようとするのであれば，自然の生態系と調和した形で，それぞれの地域で，資源の循環やエネルギーの有効利用を考えて行かねばならない．したがって，経済のグローバル化への対抗軸として，地産地消を捉える必要がある．ここでは日本における木材の地産地消の必要性について考察する．

現在，日本の山村は，過疎化，高齢化により，限界集落などを始めとして崩壊の危機に直面している．しかし，こうした事態はある程度予想されたことでもある．現代の社会システムの中では，山村から都市へ売るものがほとんどないからである．昔は薪炭を生産し出荷することにより山村の人々は現金収入を得ることができた．薪炭はエネルギーとして日常的に消費されていたので，一定量の需要は確実にあった．薪炭の生産は持続的な産業として成立していたのである．しかし，今日では，山村の住民は都会から商品を買うばかりであり，まさに都会から山村への商品の一方通行的な移動が続いている．したがって，山村を再生させるには，山村から都会に向けて持続的に安定的に商品を供給していく流れを復活させることが必要となる．持続的な流れにするためには，絶えず消費され続けるものを商品にするのが良い．その意味において，木質ペレットなどのように森林資源を燃材として利用することを考えていく必要がある．

地域に眠る森林資源が地域暖房の燃料やバイオマスエネルギーとして活用できるようになれば，中山間地に活気が戻ってくることは間違いない．森林の手入れが進み森林の質が高まるとともに，森林が有する公益的な機能の発揮も改善される．今まで購入していた化石燃料の代金や光熱費が減少する．その分，地球温暖化ガス発生の削減にも繋がる．地域に雇用も生まれてくる．このように様々な効果が現れてくる．しかし，良いことだと判っていても，現実にはなかなか実現できない．その理由は，今の農山村にはもはやそのような投資をするだけの財政的余力がないからである．木質ペレット製造

機(ペレタイザー），ペレットストーブ，あるいは，木質バイオマス発電機などの初期投資をする資本と，バイオマスエネルギーを安定的に優遇的に買い上げる政策や社会システムがあれば，農山村は生まれ変わるに違いない．最近は原油価格が高騰しているので，それも追い風になる．燃材の地産地消は，中山間地の地域社会を活性化させる原動力になる．

5 間伐材の地産地消に関する課題

　一方，森林資源の用材としての利用については別の視点が必要である．用材とは柱や板等に利用される木材のことをいい，スギやヒノキの人工林は用材の生産を目的としたものである．用材の生産には非常に長期の時間を要し，一般的には祖父が植林したものを孫が収穫するといったように親子3代にも渡って営まれる生産活動である．しかも，日本の林家はほとんどが小規模経営なので，今も昔も，木材の伐採収入は臨時収入的な色彩が強く，日々の暮らしを支える収入源にはなりにくい．そうした理由もあって，木材価格が低下し，林業経営が不採算になると，森林への期待が薄れ，森林も手入れされなくなっていった経緯がある．

　大部分の用材林にとって今必要なことは間伐である．間伐は育林目標に適った森林を仕立てるために必要な作業であるが，森林の公益的な機能を十分に発揮させるためにも必要な作業である．しかし，間伐はすぐには現金収入には結びつかない．現在の木材価格では，むしろ費用負担が発生する．したがって，間伐に対するインセンティブはなかなか働きにくいのが実情である．

　間伐問題を解決するには，大量の間伐材を効率的に利用する方法の確立，ならびに，間伐をしても赤字にならないような社会システムを構築する必要がある．そのためには，差しあたり次の3つの課題を克服する必要がある．

　まず，間伐材の伐採・搬出法の改善である．森林施業の団地化を図るとともに，高性能林業機械を導入するなどして低コスト化に取り組まねばならない．京都では日吉町森林組合が先進的な取り組みをしており，平成19年11

月には，農林水産省が主催する農林水産祭の林業経営部門で最優秀の天皇杯を受賞した．この優良事例を参考にして取り組んでいけばよいのであるが，高性能林業機械の導入や林道・作業道等の基盤整備費も含めて多額の資金が必要になる．また，オペレーターの養成など人材育成にも時間がかかる．地形条件が異なる場合は適用できる範囲が限られてしまうといった問題もある．初期投資が多大であり，時間もかかるので，行政による支援が不可欠である．

　つぎに，木材価格の変動によって引き起こされる林業経営リスクを軽減させることが求められる．林業は植林してから収穫するまで何十年とかかる非常に息の長い産業である．それゆえに社会情勢や経済情勢の変動に対して柔軟に対処することは難しい．間伐をして木材市場に持っていったら木材相場が下がっていた，というような事態になったらたちまち赤字である．小規模林家には，赤字を吸収できるような経営体力はない．せめて一定期間だけでも木材価格が固定されていれば，赤字になるような場所から間伐材を伐採・搬出することを避けることができる．幸いなことに，京都では舞鶴市内にある針葉樹合板の工場に丸太を持っていけば一定価格で引き取ってもらえる制度が確立している．日吉町森林組合もこの制度を活用している．こうした制度が広がり，持続的に運用されるようになることが望ましい．なお，価格交渉の仲介役として行政が果たす役割は重要である．経営リスクが解消できる社会システムが確立できれば，眠っていた森林資源は動き出すであろう．

　3番目の課題は，木材の安定的な需給体制の確立である．何度も述べているように我が国の木材自給率は約20％である．木材需要はあるのであるが，国産材の入り込む余地が少ないのが現実である．木材価格の問題もあるが，むしろ，国産材の供給体制が崩壊し掛けていることが問題である．工務店等が必要とする量の木材を短期間に供給できないところに問題があり，消費者離れを引き起こしている．これに引き替え外材は，大量に安定的に供給する体制や，短期間に納品する体制を確立している．つまり，外材の場合は大量生産，大量消費といった工業的な生産体制が確立している．国産材の場合は小規模，零細であるがゆえに，工業的なシステムの中に入れないのである．このことは国産材の弱点でもあるが，逆に考えると，この弱点を特色と

するような経営戦略を模索する必要がある．20世紀後半に定着した大量生産，大量消費といった資源浪費型のシステムは，地球環境に及ぼす影響が大きいことから見直しが求められている．持続可能な社会の構築のためには資源の循環的な利用や，再生可能な資源の利用が欠かせない．そのように考えると，木材は21世紀型の資源として重要な役割を果たすものと期待される．小規模経営の林家から生産される木材は，環境に優しい資材として，地域の細かなニーズに対応して消費されていくことが考えられる．ここに木材の地産地消システムを確立していく必要性がある．そのためには地域材の良さを消費者にアピールすることから始まり，森林および農山村の現状や林業経営に対する理解を深めてもらうための活動，そして，地域や流域としての一体感を形成するために，地域の森林情報や環境情報を共有することができるシステムを構築することが必要になる．

　以上述べたように，①間伐材の伐採・搬出法の改善，②木材価格の安定化による林業経営リスクの軽減，③木材の地産地消システムを確立，の三つの課題が一体となって動き出す仕組みを，それぞれの地域において作り出していくことが必要である．こうした体制が構築できれば，地域の森林資源が活用されるようになり，木材の地産地消の具体的な姿が見えてくる．そして，中山間地域が活性化してくる．

　最近，「木を使うことで，森を守ろう」というスローガンのもと，木材の地産地消を進める運動が各地で展開している．上記三つの課題のうち森林施業の団地化や木材価格の安定化は，専門性が高すぎる課題であるので本書の枠組みを超えている．ここでは，3番目の課題である木材の地産地消に焦点をあて，次節以降，京都府内での最近の取り組みを紹介する．

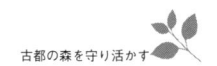

ウッドマイレージ

1 ウッドマイレージとウッドフロークロスセクション

(1) ウッドマイレージ

　木材の地産地消に関する指標として，最近，ウッドマイレージが注目を集めている．ウッドマイレージ（WM：Wood Mileage）とは，後にも述べるが，フードマイレージを基に考え出された概念であって，木材を輸送した距離にその輸送量を掛けたものである．すなわち，

　　　ウッドマイレージ（WM）=（木材の輸送距離）×（輸送量）

で定義される数値である．外材の場合は輸送距離が長いのでウッドマイレージは大きな値になるが，国産材の場合は，特に地域材は，輸送距離が短いので小さな値になる．ウッドマイレージが小さいということは，木材の輸送にかかわる総輸送距離が短く，それだけ輸送に費やされるエネルギー消費が少ないことを意味している．したがって，ウッドマイレージは，木材の地産地消を進める場合の環境指標として有用である．

　ウッドマイレージの概念については，2003年6月に発足したウッドマイルズ研究会のホームページの中にある藤原敬の「ウッドマイルズ概論」に詳しく書かれているので，以下，その内容を主として参考にしてウッドマイ

レージの概略を説明することにする.

　ウッドマイレージの起源は，フードマイルズという概念に由来する．1992年にハワイで開催された「21世紀の食の選択」に関する会議で，食べもの（フード）の移動距離（マイル）について議論がなされ，『食の健全性を判断する物差し』の必要性が認識された．これを踏まえて1994年に，イギリスのティム・ラング（Tim Lang）が，フードマイルズを提唱した．なお，フードマイルズとは，農産物が生産者から消費者に届くまでの距離のことであり，食卓に並べられている食事がそれぞれどのくらいの距離を輸送されてきたのかを調べることにより食の健全性を判断しようとするものである．これをきっかけに，自分たちの地域内で生産された農産物を食べることで，CO_2排出など環境への負担を減らそうという運動が欧州の消費者団体などで広がった．

　2001年には，農林水産政策研究所の篠原孝所長（当時）が，朝日新聞のコラム「私の視点」に「フードマイレージ」という考え方を紹介した．フードマイレージとは，フードマイルズにその食品の輸送量を掛けたものであり，食料総輸送距離に結びつく概念である．これにヒントを得た森林総合研究所の藤原敬理事（当時）が2002年に木材の産地から消費地までの距離である「ウッドマイルズ」を提案し，同様に「ウッドマイレージ」の概念も導入した．2003年3月には，岐阜県立森林文化アカデミーの滝口泰弘が卒業研究において「ウッドマイレージCO_2」という指標を提案した．これは，木材の輸送過程で発生するCO_2（二酸化炭素）の排出量を示すものである．そして，2003年6月には藤原らによりウッドマイルズ研究会が設立された．

　木材は環境に優しい素材であるといわれているが，日本のように外国から大量の木材を輸入している場合は，その輸送過程で膨大な量のエネルギーを浪費していることになり，その意味では環境に負荷を与えている．ウッドマイレージCO_2は，輸送過程における化石燃料の消費量の目安になるとともに，二酸化炭素の排出量を表す指標であって，地球環境への負荷や優しさを示す価値尺度あるといえる．我々は，商品に対して，従来の「価格」という価値尺度に加えて，「ウッドマイレージCO_2」という環境への負荷を評価する新しい価値尺度を手に入れたことになる．「ウッドマイレージCO_2」は，近くの山の木で家を造る運動など，木材の地産地消に携わっている関係者か

らも，分かり易い指標として受け入れられ，定着していった．なお，実際に「ウッドマイレージ CO_2」を計算する場合には，木材の輸送手段等の違いによって値が違ってくる．ウッドマイルズ研究会では，誰が計算しても同じ結果になるように詳細なマニュアルを作成している．詳しくは同研究会のホームページを参照されたい．また，最近，ウッドマイルズ研究会から「ウッドマイルズ　地元の木を使うこれだけの理由」(2007)も出版された．こちらも参照されたい．

(2) ウッドマイレージの本質

　ウッドマイレージは有用な指標であるが，国産材どうしを比較しようとすると，不都合なことが生じることがある．つまり，ウッドマイレージの値は，木材の輸送量が多くても，大きな値になってしまうこと，さらには，木材を多く使った住宅の方がウッドマイレージの値が大きくなってしまうことである．

　ウッドマイレージを計算するために必要な情報は，木材の輸送距離とその輸送量という2次元の情報である．したがって，ウッドマイレージとは，これら2つの情報の積を求めることにより，2次元の情報を1次元の指標に変換したものであると解釈できる．図7-2-1に示したように，ウッドマイレージでは，木材の輸送距離は短いが輸送量が多いAの場合と，木材の輸送距離は長いが輸送量が少ないBの場合とを区別することができない．なぜなら，ウッドマイレージは，2次元の情報を長方形の面積で代表させてしまっているからである．これは，ウッドマイレージの短所である．

(3) ウッドフロークロスセクション

　ウッドマイレージとは2次元の情報を1次元の指標に変換したものであると捉えると，ウッドマイレージと対になるべき指標がもう一つ存在するはずである．一般に，2次元情報を別の2次元情報に変換する場合，片方の座標軸に積をとれば，もう片方の座標軸は商になることが知られている．

第 3 部　活用による森の保護

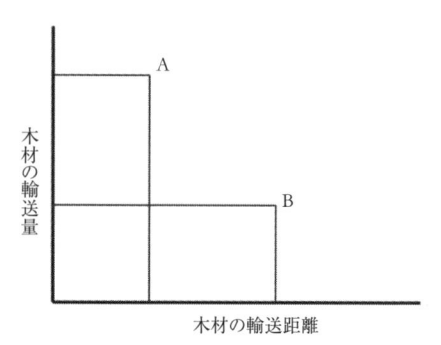

図 7-2-1　ウッドマイレージの短所
長方形 A と長方形 B の面積が同じ場合，ウッドマイレージは，A と B を区別することができない

　木材の輸送量を輸送距離で除したものをウッドフロークロスセクション（WFCS：Wood Flow Cross Section）と定義することにする．外材の場合は，輸送距離が非常に長いので，すなわち，分母が非常に大きくなるので，WFCSは小さな値になる．一方，地域材の場合は WFCS は大きな値なる．WFCSの値が大きいほど，地域とより太いパイプで結ばれていると解釈できる（図 7-2-2）．

　ところで，木材の輸送距離とその輸送量という 2 次元の情報を，ウッドマイレージとウッドフロークロスセクションの 2 次元の情報に変換したので，ウッドマイレージ（WM）を横軸にとり，ウッドフロークロスセクション（WFCS）を縦軸にとった平面で考えてみることにする（図 7-2-3）．外材は，ウッドマイレージの値が大きく，ウッドフロークロスセクションの値が小さいので，グラフの右下に表示されることになる．一方，地域材は，ウッドマイレージの値が小さく，ウッドフロークロスセクションの値が大きいので，グラフの左上に表示されることになる．このように木質系の住宅の場合は，平面の左上から右下にかけて分布することになる．非木質系の住宅の場合は，そもそも木材の使用量が少ないので，ウッドマイレージの値も，ウッドフロークロスセクションの値も小さく，原点付近に分布することになる．この図を用いると，地域材，外材，非木質系材料の位置関係が明確になり，地域材をふんだんに使用した木質系住宅のウッドマイレージと，木材を少量

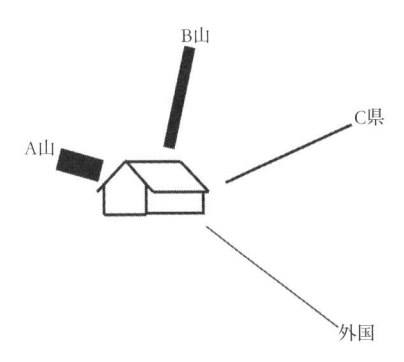

図 7-2-2 WFCS の概念図
ウッドフロークロスセクションの値が大きいほど,地域とより太いパイプで結ばれていると解釈できる.

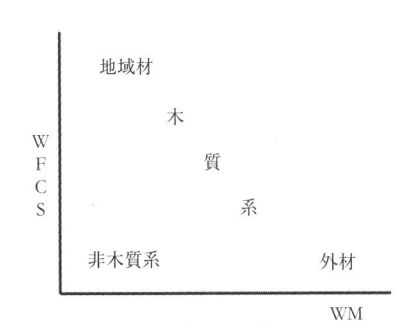

図 7-2-3 WM と WFCS の関係
ウッドマイレージ(WM)を横軸にとり,ウッドフロークロスセクション(WFCS)を縦軸にとった平面で考えると,地域材,外材,非木質系材料の位置関係が明確になる.

しか使わない非木質系住宅のウッドマイレージとを区別することができる.

2 京都府におけるウッドマイレージ CO_2 認証制度の創設経緯

(1) はじめに 京都府における木材産地形成戦略

1993年(平成5年)3月に京都府林務課は「京都府における木材産地形成戦略―消費地に近接する木材産地をめざして―」という方針書を作成した.このなかでは,京都府の森林が毎年府民に供給している公益的機能の評価額(1991年度計算)は1兆980億円となること,森林は存在するだけで多くの公益的機能,すなわち水源かん養機能・土砂流出防止機能・土砂崩壊防止機能・保健休養機能・野生鳥獣保護機能・酸素供給／大気浄化機能・炭酸ガス吸着機能等を持っていると述べられている.そして,適正に運営された林業は未来型の環境創造産業であると指摘されている.

すでに何度も述べられたように,地域林業活動が衰退し森林荒廃が進行すると,森林資源の経済的利用が困難となるばかりでなく,公益的機能を著しく損なうとともに,その機能の回復にも著しい困難が強いられる.したがっ

て，京都府林業が府民の生活環境を創造することに貢献し，地球環境時代にふさわしい森林を持続的に整備していくためには，府内の林業経営を維持・発展させるための林業者自らの努力に加えて，府民全体による林業や山村への支援システムの確立と支援施策が必要となっていることを指摘した．

　この方針書では，京都府林業の持続的経営による地域環境創造機能は，外材や他県産材には望むことは出来ないものであり，京都産材の生産のみが持つこの特性を活かし，環境をキーワードとした消費者ニーズを掘り起こし，消費地に近接する産地という特性を生かして新たな結びつきを模索し，事業化していく必要性と可能性の端緒があることを具体的に分析した．林業は地域に根ざす巨大な環境創造産業であり，ここに自然保護や環境問題に関心を強めている市民＝消費者と府内林業・林産業の関係者が相互に認め合う明確な指標をもつことで地域産材を仲立ちとして手を結ぶ大きな可能性があると提起したのである．

　この方針書の認識を基礎として，京都府では木材の輸送過程に着目したウッドマイルズやウッドマイレージ CO_2 という環境指標を，ウッドマイルズ研究会（会長：熊崎実）が提唱した初期の段階から，この環境指標を活用した木材認証制度の可能性についての検討を開始した．

(2) 環境指標を組み込んだ京都府産木材認証制度

　環境指標ウッドマイレージ CO_2 を組み込んだ京都府産木材認証制度は，2004年（平成16年）12月に創設され，その後，取扱事業体の認定や認証機関の指定を行い，偶然のタイミングではあったが京都議定書の発効日である2005年（平成17年）2月16日から認証木材製品の出荷を開始した．

　ウッドマイレージ CO_2 とは木材使用量と輸送距離に輸送手段（車，船など）ごとの原単位を掛けて算出する．単位は $kg\text{-}CO_2$ で，輸送過程の二酸化炭素排出量を示す．輸送距離が短い場合や輸送手段のエネルギー効率が良いほど数字は小さくなる（図7-2-4）．

　京都府産認証木材の 1 m^3 当たりの平均的輸送時 CO_2 排出量は 16 $kg\text{-}CO_2$ であり，外材と国産材を加重平均した国内消費木材の 1 m^3 当たりの平均的

第7章　流通と消費の革新

ウッドマイレージ CO$_2$

産地　　　　　　　木材量 20m^3　　　　　消費地

輸送距離 50km

（計算例）木材 20m^3 を 50km トラックで運搬する

ウッドマイレージ CO$_2$
木材量，輸送距離に加えて，輸送手段
に応じて算出される，木材輸送過程で
排出される二酸化炭素の総量
（単位：kg-CO$_2$）

=132.25 kg-CO$_2$

木材輸送過程の「環境負荷」
の度合いを表す

図 7-2-4　ウッドマイレージ CO$_2$

具体的な量の木材が，各々の運搬距離に対応した輸送手段（自動車，鉄道，船舶など）毎のエネルギー消費量を合計することで計算できる二酸化炭素の総排出量（単位：kg-CO$_2$）．ちなみに，1 m^3 の木材を 1 km 運送する時の二酸化炭素排出量は自動車では 0.13225 kg-CO$_2$ であり，鉄道は 0.01058 kg-CO$_2$，外洋船舶は 0.00508 kg-CO$_2$ となる．

輸送時 CO$_2$ 排出量は 117 kg-CO$_2$ である．すなわち，京都府産認証木材を使用することで，普通に流通している国内木材を使用する場合に比べて輸送に係る CO$_2$ 排出量を 86％も削減することができる．

　森林から生産される木材は，太陽と水と空気そして時間が育てるため，製造エネルギーが他の資材に比べて極端に小さく，しかも，再生産可能な資源である．また，樹木は光合成によって空気中の二酸化炭素を吸収し，伐採されて木材となっても内部に炭素を固定している．鉄やコンクリート，プラスチックなどと比べても，木材のような優れた特徴を持つ環境負荷の小さい材料はない．そのため，木材は究極のエコ建材とも言われている．

　しかし，8 割もの大量な木材を海外からの輸入に依存している我が国における事情は少し異なる．環境に優しい素材である木材とはいえ，はるばる地

球の裏側から運ばれる木材は環境負荷が高いのではないか？　という疑問が生まれる．

そこで，「遠くから運んでくる木材ではなく，裏山や近くの山の木を使いたい」と地球環境に敏感な市民が考えることはごく自然な発想である．これは，「値段が安くて，品質がそろっている外材は使いやすい，だから，地域産木材は使われないのだ」という林業や木材業界のそろばん勘定の常識とは全く異なるものである．

このような環境に良い暮らしを選択したいと望む市民の意識に応え，このような市民と手を結ぶことで京都府産木材の需要拡大を図ろうと，京都府産木材認証制度をスタートさせたのである．

(3)　取り組みの経過と今後の課題

個々の消費される現場ごとの木材に対応する輸送過程の二酸化炭素の総排出量＝ウッドマイレージ CO_2 を計算するためには，木材の伐採場所や流通経路，加工場所，使用場所等のデーターが必要であり，これが京都産認証木材のトレーサビリティともなっている．

このように京都府の認証制度は木材の生産地から消費地まで全ての経路を明らかにする必要があるため，2004年度（平成16年度）の制度創設にあたっては，流通経路が比較的単純な間伐材を加工した特定の木材製品に対象を限定して運用を開始した．すなわち，京都府産の間伐材を使用している京都府森林組合連合会の丸棒製品及び林ベニヤ産業（株）のスギ複合合板の2種類が当初の認証木材製品であった．1年間の運用経験に基づき，2006年度（平成17年度）に制度改正を行い，トレーサビリティ可能な全ての府内産木材製品に対象を拡大して認証制度の形を整えた．

これら認証木材製品は京都府産材利用庁内連絡会議による全庁的な合意に基づき，京都府の治山工事や河川工事，建設工事等の公共事業に使用されるとともに，国土交通省や道路公団，府内の市町村での公共工事での利用についても，関係機関に働きかけを行っている．また，2006年度（平成18年度）には「環境にやさしい京都の木の家づくり支援事業」が京都府の単費事業と

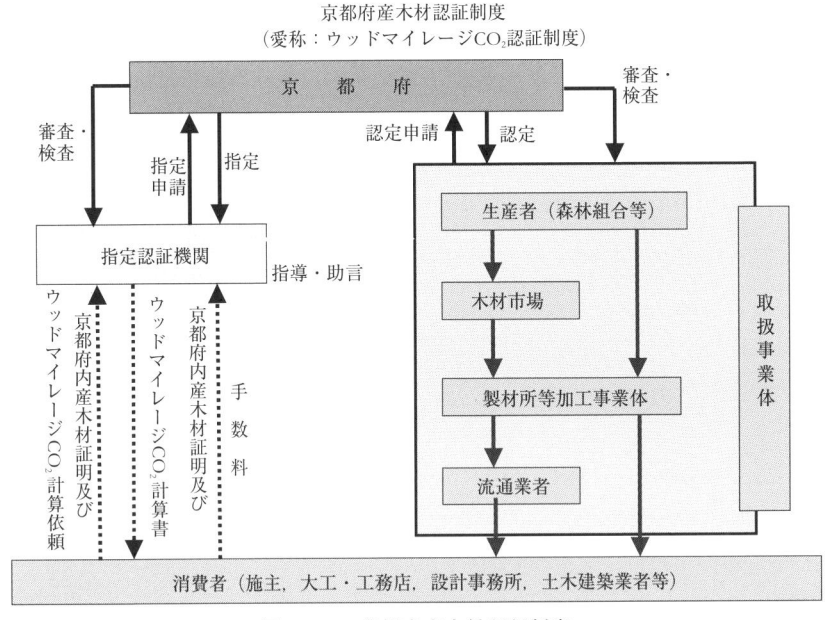

図 7-2-5　京都府産木材認証制度

して新たに創設され，認証木材を使用した住宅での木材使用量に応じた環境貢献に対して，緑の交付金が支給されることになり，民間での地域材の需要拡大へのインセンティブを与える仕組みが動き出した．

京都府としては，京都府産木材認証制度（愛称：ウッドマイレージCO_2認証制度，図 7-2-5）を基礎として地球温暖化防止と地域産木材の利活用をしっかりと結びつけて，府民ぐるみの取り組みとして森林の整備を進め，環境保全を図りたいと考えている．

3 顔の見える地域材流通を目指して
—— ウッドマイレージ CO_2 認証制度における情報発信 ——

(1) 指定認証機関「京都府温暖化防止センター」

ウッドマイレージ CO_2 の認証制度において京都府産木材の認証機関として京都府より指定を受けたのが，京都府地球温暖化防止活動推進センター（以下，温暖化防止センター）である．

温暖化防止センターは，京都府内における種々の温暖化防止活動を支援する中間支援団体として平成15年10月より活動しているNPOであり，本認証制度において制度全体の運営や証明書の発行及びウッドマイレージ CO_2 の計算などを行っている．

既存の木材流通の中に位置づけられていない第三者的立場の環境NPOが認証を行うことで，制度の透明性を確保している．

(2) 情報発信の強化

温暖化防止センターでは，制度運営業務の一環として，京都府産木材のPRを，ウェブサイトを中心に行っている．

現状では，一般的な消費者の家づくりの選択肢の中に，"京都の木を使う"というものはない．そのような中，"環境"という切り口から京都の木の魅力を発信することで，まずは消費者の関心を喚起できればと考えている．

(a) 京都の木の取扱事業体の紹介

京都府内での家づくりに京都の木を使うことの魅力の一つとして，産地や生産者の顔が見えやすい，ことが挙げられる．自分の家に使われた木材の素性や，どんな人が，どんな思いで製造したのか，が施主に伝われば，永く・大事に住み継いでいこうという意識に繋がる．これは温暖化防止の面から見ても，木材としての炭素ストックの長期化や，スクラップアンドビルドの回数を減らすことによる省エネルギー効果など，意義の大きいことである．

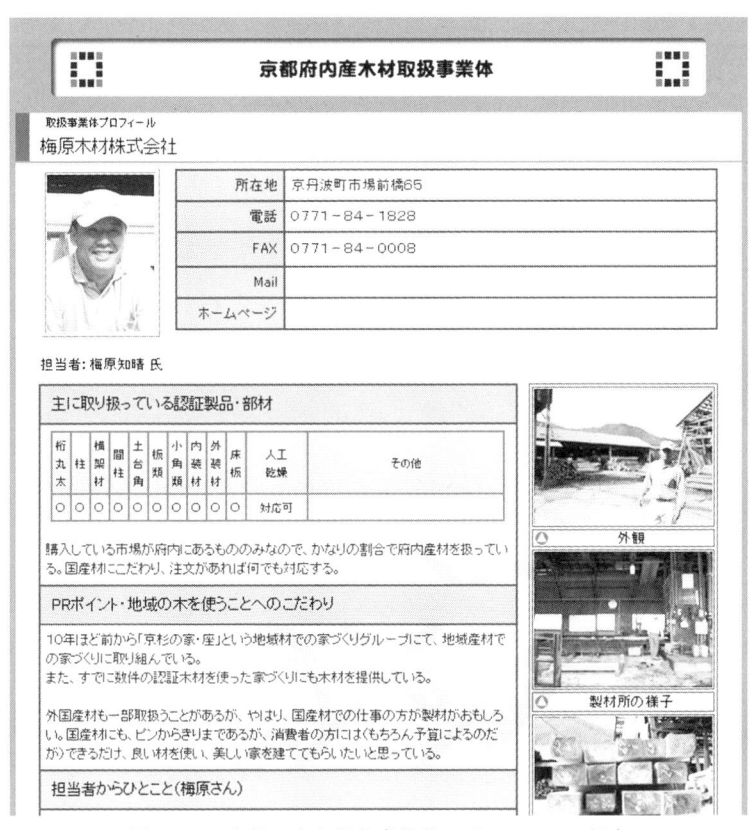

図 7-2-6 京都の木を扱う事業者のプロフィール紹介

　この魅力を明確にするために，認証制度のウェブサイトの中に，「京都の木の取扱事業体」のプロフィールを紹介するページを設け（図7-2-6），京都の木を扱う事業者の人となり，京都の木を扱うことへのこだわりなどを紹介している．

(b)　京都の木を使った公共土木事業のマップ化
　京都府産木材が使用された公共土木事業は，使われているのがコンクリートを打設するための型枠用合板（仮設資材なので工事が終われば撤去される）で

図 7-2-7　公共事業における CO_2 削減結果の公開

あったり，施工地が山間の渓流部であったり（ほとんど人目に触れない）することが多く，せっかく京都府産木材を用いていても，そのことが一般の方に認知されることはほとんどない．

そこで，京都府産木材を使用した公共事業を地図上にプロットし，ウェブサイトに掲載することで，一般の方が京都府内で行われている環境に配慮した公共事業を身近に感じることができるよう情報発信を行っている（図7-2-7）．

図 7-2-8　京都府産木材使用住宅の見学会の様子

(c)　京都府産木材住宅の見学会の開催

京都府産木材を使って建てられる住宅は，建築中に認証制度のロゴマークやキャッチフレーズをあしらった垂れ幕およびのぼりが掲示されている．

また，このうちいくつかの住宅は，完成後に一般の方を対象とした見学会を開催しており，京都の木に直に触れて，魅力を感じることのできる絶好の機会となっている（図 7-2-8）．

そこで，見学会の開催は各住宅の施工事業者による任意の取り組みであるが，温暖化防止センターとしても広報協力や資材提供など，全面的に協力を行っている．

(3)　認証制度のこれまでの実績

平成17年2月にスタートした本認証制度は，初年度の実績が参画事業体数63社，証明書の発行件数48件（全て公共事業），二酸化炭素削減効果が26t-CO_2 であったものが，平成18年度には参画事業体124社，証明書の発行件数108件（うち公共事業64件，一般住宅44件），二酸化炭素削減効果が176t-CO_2 にまで増加した．数値の上では着実に成果を上げていると言える．

しかし，今後より一層の制度の発展，京都府産木材の利用促進を図るためには，解決しなければならない問題点も多い．

(4) 公共事業分野での今後の展開

　現状では，公共事業での証明書の発行は京都府が実施する一部の公共土木事業に限られている．この枠組みの中でのみ，認証制度を実施していくのであれば，今以上の成果は望めない．
　しかし，京都府内にはこの他に環境負荷の高い他の建材や輸入木材を利用した公共事業がまだまだ多く存在し，それらを京都府産木材に置き換えられる余地は多い．この余地がいったいどの程度なのかを把握することが第一の課題となってくる．
　今後は，公共事業での適用の範囲を拡大するべく，京都府が実施する他分野の公共事業や，府内で国や市町村が実施する公共事業などにも京都の木が利用してもらえるよう，積極的に働きかけていく必要がある．
　製品価格や品質に対する信頼，入手のしやすさなど，京都府産木材がクリアーするべき課題は多いが，公共事業が人々の安心と安全を守るためにある以上，使う資材の環境負荷にも十分に配慮するべきである．「○○の点がダメだから京都の木は使えない」ではなく，「○○の点をクリアーすれば京都の木を使うことができる」といった前向きな検討を，公共事業の担当者と京都の木の取扱事業体，認証機関の間で行っていければと思う．

(5) 一般住宅用材分野での今後の展開

　平成18年度は，44件の一般住宅に対して証明書の発行を行った．この内訳を見てみると，一般住宅用の製材品（柱や梁，床板など）に認証制度を適用した初年度ということあって，もともと地元の木を使って家づくりを行ってきた実績のある事業者が，ほとんどを占めている．
　このことについては，京都の木を使った家づくりの件数と概要，それに伴う二酸化炭素削減効果を定量的に把握できたという点で，一定の評価はできるのではないかと思う．
　今後はこういった，環境という側面から見て優れた家づくり実績を，上記で紹介したようにウェブサイトなど様々な媒体を使って一般消費者にPRし

ていくことによって，消費者の関心を高めるとともに，認証制度に参画していながら未だに京都府産材を扱っていない事業者などに，京都府産木材の利用を促していきたい．

(6) おわりに

現在，国産材の需要は増加の兆しを見せている．そこで，今後本格的に国産材需要が伸びてきたときに，供給側がどう対応していくかが，京都の森林を守る上で重要になってくる．しっかりとした供給体制を今のうちから整備しておかなければならない．この場合の"しっかりした"とは，森林の持っている公益的な機能（例えば生物の多様性を保持する，洪水や土砂災害を緩和する）を損なわない森づくりを行いながら，持続的な木材生産をいかに行うか，ということである．

これができるかどうかは，消費者の意識にかかっている部分が大きいように思う．安易な建築資材の選択が森林破壊や温暖化の促進に繋がらないかを考え，そういったことを引き起こさない木材を選択的に利用したいという意思を示すことが，今後，京都に豊かな森を残せるかどうかに関わってくるのではないだろうか．

(1：田中和博，2：白石秀知，3：渕上佑樹)

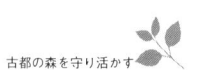

京都府における木材利用の取り組み

1 はじめに

　木材は，古来より，住居，家具，日曜生活品，燃料などに使用されており，このことからもわかるように，人類の生活になくてはならないものである．特に日本においてその傾向は強い．これは，日本の森林率が高いこともあるが，日本人が小さな頃から森や樹や木に身近にふれてきたからであろう．例えば，おもちゃでは，コマ，こけし，凧など，履き物では，下駄，食事の際には，お箸，しゃもじ，楽器では，琴，といった具合に，木との関わりを絶つことはできないくらい，日本という国は，木の文化が発展した国である．

　そのような中，様々な分野の科学技術の発展に伴い，木の使用量が急激に低下した．例えば，身近な例を示すと，おもちゃはプラスチック製に，住宅は鉄骨に，窓枠はアルミ製に，電柱や枕木はコンクリート製に，といった具合に，他材料に代替された．これの理由は簡単で，他材料の方が，研究がなされ，加工・使用技術が蓄積され，信頼のおける材料になったからである．そして，これまで木製品であったものが，原料としてあるいは加工時や使用時に化石燃料を大量に使う他材料に代替されるようになった結果，地球環境が急速に悪化したといっても過言ではなかろう．

地球温暖化をはじめとする地球環境問題が深刻化する現在，地球温暖化の主原因である二酸化炭素を吸収・固定しつつ成長する木材をはじめとするバイオマス資源が，地球環境に優しい次世代型原材料として再度注目されている．このような中，他材料に対して遅れをとってきた木材研究や技術開発も，近年めざましく発展してきている．本項では，京都府におけるそのような技術の一部を示すとともに，実際に実用化されているものの例を，いくつか紹介することにする．

2 乾燥技術はもっとも重要

　木材は，通常，乾燥した状態で使うことの方が多い．一方で，木材は，植物である樹木を伐採して得られる原材料である．もちろん，伐採直後は水がたっぷりある状態であるため，それを適当な水分量に乾燥しなければ使用できないことになる．木材の使用・加工に際しては，この木材中の水分コントロールが最も重要であり，最も難しいといえる．樹木は，木製品として，乾燥した状態で建築用材や楽器として使われるために育つわけではない．したがって，木材を利用するためには，周りの環境にあった適当な含水率にする必要がある．日本の気候の場合，適切な含水率は，一般に 12 〜 20 ％だといわれている．もちろん，適切とされる含水率の値は，乾燥時期なのか梅雨なのかなど，周りの湿度によっても異なるため，この値は，一般的な目安として使われている．このように，木材中の水分コントロールが重要であることは以下の理由からである．

　第6章でも述べたとおり，乾燥木材は水分を吸うと膨張し，水分を含む木材は水分を放出すると収縮するからである．それによって，反り，割れ，ねじれ等が生じることがある．その力は極めて大きく，クギや接着剤などで軽く固定した程度では効き目がないほどのものである．それ以外にも，含水率が増加すると，強度や硬さや変形に対する抵抗性も低下する．このように，木材の様々な性質は，木材中の含水率の影響を大きく受ける．

　一方で，空気中の湿度は，季節や時間やその時の温度によって大きく変わ

る．したがって，木材の諸特性に及ぼす水分の影響をしっかりと研究・把握するとともに，それを指標として加工・乾燥・使用の技術を構築する必要があるといえる．

一般に，第6章でも述べたとおり，木材含水率が30％になると，その水分は，木材細胞の穴の中に水滴としてたまるために，木材の膨張・収縮には影響しない．一方，含水率0～30％の水分は，木材細胞の壁の中に入り込み，木材を膨張させ，強度や硬さを低下させるなど，木材の様々な性質に大きく影響を及ぼす．したがって，木材中の含水率を12～20％に乾燥・調整して販売・使用することが重要である．

このような中，木材の乾燥技術も飛躍的に進歩している．昔は，樹木を伐倒後，葉をつけたまましばらくその場に放置して乾燥し，その後，製材し，天日で干して乾燥する"自然乾燥"が主流であった．しかしながら，時間がかかり，木材を乾燥するスペースが多く必要となる，乾燥の程度にばらつきが生じやすい，など，工業的には欠点が多い方法である．一方，近年では，120℃くらいに設定した高温の乾燥機をうまくコントロールすることによって，さらには，それに高周波や蒸気等の加熱方法を複合させることによって，短期間で割れや反りのほとんどない木材を作ることに成功しており，その技術が主流となりつつある．このような乾燥技術を支えるのが，木材の科学的な研究結果である．例えば，スギやヒノキやマツなど，樹種が異なれば乾燥特性や強度特性は，一般的に異なるため，様々な樹種ごとの乾燥特性の調査・研究を行い，その特性を明らかにするとともに技術改良の指標にする必要がある．他にも，前述の通り，木材中の水の研究，木材の分子レベルでの研究，木材の各種物理的・化学的な研究なども行う必要がある．それらの成果の裏付けによって，乾燥技術は，近年，飛躍的な進展を遂げた．これらの成果によって，現在では，使用時の反りや割れも極端に少なく，また，見た目もきれいな含水率がコントロールされた木材を，樹木を伐倒後早期に，かつ大量に生産出来るようになってきている．

このような技術の進展によって，京都府でも様々な施設や場所に木材が使用されるようになってきた．図7-3-1～2は，乾燥技術の向上によって使用が可能となり，導入された木材部材のいくつかの事例である．

図 7-3-1　京都府内中学校での使用例（壁，床板）　　図 7-3-2　公共施設での使用例

3 丸太や丸棒の利活用

　京都府では，近年，緑の公共事業や環の公共事業といった，環境に配慮した公共事業を推進している．その中で，京都府内産木材を公共事業に積極的に利用することが奨励されている．

　木材は，そもそも円錐～円柱状のものである．したがって，その形状を維持したまま使用することが，木材を最も効率よく利用できる方法であろう．そこで開発されたのが丸棒加工であり，丸太をそのまま利用する方法である．

　丸棒加工とは，必要な円柱の形状に丸太の外周を削ることによって行う方法である．また，丸太をそのまま利用する方法は，皮を剥ぐだけでほとんど加工をせず使用する方法である．もちろん，必要に応じて防腐加工や塗装などを行う場合もある．これらの加工方法は，消費エネルギーが極めて少なく，極めて環境に優しい上に，廃棄物も最小限に押さえられるという利点がある一方で，木材丸太をほぼそのまま利用するため，その材を使ってできた建造物や構造物の強度特性等が，材料となる丸太の性質次第で決まってしま

図 7-3-3　丸太製の木橋

うという欠点もある．

　これに対して京都府では，多くの材の強度特性等を調査・解析し，ある程度安全を見越して建造物や構造物を設計している．このようなところでも，木材の科学的研究成果が活かされているのである．図 7-3-3 〜 5 は，これらの技術によってできた材が実際に使用された一例である．

4 文化と科学の融合の地，京都

　京都は歴史文化都市としても有名である一方で，大学を中心とする学問の街としても有名である．数多くの有名な伝統産業が存在する一方で，多くのノーベル賞学者が京都の地から輩出されていることからも明らかであろう．木質系の技術や研究においても同様のことがいえる．

　京都の伝統的な木質系の産業では，昔から竹工芸などが盛んであることはよく知られている．また，木材では，北山スギが有名であろう．北山スギは，様々な手法によって手入れして，数十年という年月をかけて，通直かつ年輪が緻密になるように育てられており，お茶室や床の間などの床柱などに古く

図 7-3-4　丸棒製のダム

図 7-3-5　丸棒製の防風棚

図 7-3-6　北山スギ磨き丸太の使用例

から利用されてきた．近年では，ニーズの多様化や新規着工住宅に和室が減ったことも相まって，床柱以外の用途にも北山スギが使われるようになってきた．その際にも，プレカット技術，乾燥技術，材料特性評価技術など，最新の科学的研究の成果が用いられている．このように，工業技術や科学水準が向上する中，伝統産業を継承していく上でも科学的研究成果は大きな意味合いを持っているのが事実である．図 7-3-6 は，京都府内の新設中学校に

図7-3-7　スギ圧密材の使用例（学童机と椅子）

導入された北山スギ磨き丸太の一例である．伝統技術を継承しつつ，最新の科学的根拠のある技術をもって製造され，まさに，伝統と最新科学技術の融合の成果といえるのではなかろうか．

　一方で，京都には，京都を中心に行われてきた木材に関わる様々な技術や研究成果がある．今では，木材から液化燃料を取りだすことが可能となったり，水分と熱と圧力の作用だけでプラスチック様の材料が製造可能となったり，日々進歩している．

　このような中，京都府では，スギの有効利用を主目的として，スギの圧密化の研究にことのほか力を入れてきた．第6章ではスギ単板の圧密技術について紹介したが，スギ単板以外にもスギ板材や他の樹種に関する木材の圧密技術の研究・開発にもこれまで力を入れてきた．

スギは，床材の代表であるブナ材やナラ材と比較して，密度が半分程度であるため，強度や硬度が半分程度であり，そのまま使用すると，傷がつきやすく削れやすいという欠点がある．それを圧縮技術によって改良したのがスギ圧密化木材である．近年の研究で，圧密化木材を製造する際には，有害な化学薬品等は一切使用せず，水分・温度・圧力の作用のみによって行うことが可能となったため，圧密化技術は極めて環境に優しい工業技術であり，近年ますます注目を浴びている．そして，圧縮した変形は，材にお湯をこぼした程度では元に戻らないため，工業技術として採用され，圧密材を量産する企業も出てきているのが現状である．これらの最適な製造条件を決定するために，木材の科学的な研究成果が多いに活用されている．図7-3-7は，京都府内の新設中学校に導入されたスギ圧縮材を使用した机と椅子の一例である．このような圧密化技術は，現在，スギをはじめとする軟質材からの，手すりや窓枠や床板といった多くの部材の製造技術に応用されている．

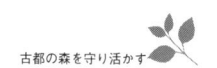

Section 7-4

生産と消費をつなげる森林バイオマス絵巻

1 森林バイオマスの普及に向けて

　石油や石炭などの化石燃料に代わる持続可能なエネルギーとして，また森林資源の有効利用方法として，近年森林バイオマス（木質由来の資源）のエネルギー利用への関心が高まっている．国や自治体を挙げて，チップによるガス化・発電プラントや，木質ペレット（木の粉を固めた燃料）工場等の建設が急速に進められる一方で，市民の森林バイオマスに対する認知度はいまだに極めて低く，家庭への普及の障害となっている．

　日本で歴史的に利用されてきた森林バイオマスには，薪や炭がある．囲炉裏や火鉢，炬燵（こたつ）で暖をとり，窯（かまど）や七輪で調理をし，火祭りや茶の湯などの文化的活動を行ってきた我が国では，森林バイオマスは私たちの生活と文化を支えてきた，欠かせない存在である．しかし，家庭や店舗などで「火」を燃やすことは，近年危険視される傾向にあり，森林バイオマスの利用は「古くて面倒なもの」といった印象が強く，敬遠されてしまっている．

　欧米では，薪やチップ，木質ペレット等のストーブ・ボイラーによる高性能で快適な床暖房や給湯機器が開発され，家庭での森林バイオマスの利用割合が高い．一方我が国では，燃料革命以降の数十年間で森林バイオマスの利用は激

図 7-4-1　絵巻の表面

減してしまい，萌芽更新により数十年単位で木を生長させては燃料を採取してきたサイクルは途切れ，燃料生産の場としての森林と分断された暮らしとなった．

　薪く炭く KYOTO は，森林バイオマスの利用促進と普及啓発を目的とした市民団体である．森林バイオマスの普及の足がかりとして，身近な森林バイオマスの現状を明らかにするため，2002 年より京都市周辺で薪炭に関する流通・利用調査を行っている．調査により蓄積されたデータを発信していくためのツールとして，2005 年に「京都・森林バイオマス絵巻」（以下，絵巻とする）を作成し，観光案内所や飲食店，環境関連施設，イベント等で配布している（図 7-4-1〜2）．

2　絵巻の概要

　絵巻は，森林バイオマスの消費者が身近な森林バイオマス利用に気づき，森から森林バイオマスが来ていることを知り，森林への関心を高めることを

図 7-4-2　絵巻の裏面

主な目的としている．表面には，森林バイオマスに関する説明と三方を山に囲まれた京都市街地の地図が記載されている．地図には 25 箇所の森林バイオマスに関連したスポット番号が割り振られており，裏面では表面のスポット番号ごとに詳細な情報が掲載されている．各スポットの情報は，薪炭の生産者，薪を利用した銭湯，薪炭を利用した飲食店，燃料店・薪ストーブ店と，大きく四つに分類されている．

3　絵巻の効果

絵巻の効果として，主に以下の 4 つの点が考えられる．

(1)　森林バイオマス利用の現状把握

絵巻の取材を通じて，以下のような森林バイオマスの利用状況が明らかとなった．

第3部　活用による森の保護

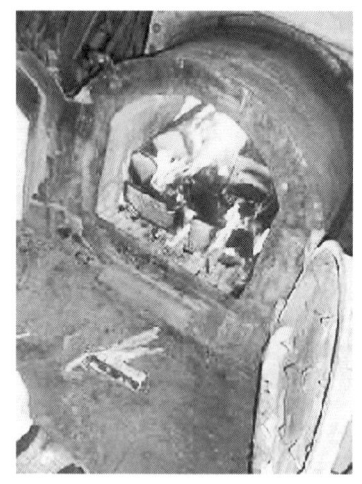

図 7-4-3　銭湯の薪焚きボイラー　　図 7-4-4　銭湯に積まれた柱等の燃料

■　銭湯の森林バイオマス利用状況

　公衆衛生組合への聞き取りによると，京都府内の銭湯 240 件のうち，森林バイオマスを利用する銭湯（図 7-4-3，7-4-4）は 9 軒であった（2003 年）．昭和 30 年以前はすべての銭湯で木を燃やしていたが，徐々に重油に置き換わっている．おが粉の供給源であった製材所の廃業とともに，木から重油へ燃料を変えた銭湯も多い．森林バイオマスが，地域の林産業と密接に結びつきながら利用されていたことが伺える．

　今なお森林バイオマスを利用する銭湯 9 軒に対して聞き取り調査を行なった結果を以下に示す．

- ●燃料調達先……工務店，木箱屋，製材所，解体業者等．
- ●燃料の種類……9 軒中 6 軒が柱や梁の解体材を利用．他はおが粉，かんな屑，端材等．古材の中でも柱や梁など，ある程度太いものが適しているが，近年は太い材が不足している．合板などの新建材，竹，塗装されたものは利用できない．
- ●利用する量……1 日あたり軽トラック 1/2 〜 1 杯程度．
- ●苦労している点……薪を切ってくべる手間，燃料を置いておく場所の確保等．

表 7-4-1 薪の利用に関する聞き取り結果（聞き取り結果より作成）

飲食店名	ピッツア屋A	ピッツア屋B	ピッツア屋C	ピッツア屋D	パン屋A	パン屋B
調達先	個人生産者（府外）	森林組合（補助的に燃料問屋）	個人生産者（府内）	個人生産者（府内）	森林組合（府内）	小売店
一日あたりの使用量	4束～5束	3～4束	8～10束	4束	3束	5束
樹種	カシ，クヌギ等	クヌギ	不明	ナラ	広葉樹	雑木

■ 飲食店の薪入手状況

飲食店が薪を利用する際には，自ら電話帳やインターネット等により薪の入手情報を集め，調達先を探している．しかし情報が得られにくく，初回購入時に苦労している店舗が多い．今後更に利用を進めていくには，薪が手に入る地域の森林や，製造者等のより詳細な情報の整備が求められる．

表 7-4-1 に，主な聞き取り結果内容を示す．薪の調達先は個人生産者，森林組合，小売店である．主に京都府内の事業者から購入しているが，価格の安い他府県まで仕入れに行く店舗も見られた．主にクヌギやコナラなどの広葉樹が利用されている．

(2) 環境教育

新たな視点でまち歩きができるように，絵巻は目で見て楽しいガイドブックを目指した．その一方で，森林バイオマスの利用は地球温暖化問題や森林荒廃といった環境問題防止に有効であるという情報を盛り込むことによって，これまで森林・環境に対し関心の無かった層に対して，関心を持つきっかけとなるよう心がけた．また裏面の情報欄には，森林バイオマスの利用状況やお店のこだわり，利用樹種など，一般のガイドブックとは異なる視点の情報を盛り込んだ．

絵巻の初版に 3 千部添付したアンケート葉書からは，25 通の回答が得られ，年代・性別共に多様な層が関心を示したことが確認できた．「お風呂や食べ

ることが好きなので,とても楽しく拝見しました」「バイオマスの言葉,初めて知りました」「燃料店が載っていたので助かる」「こんなにも身近にあるものかと感心しました」等の声が寄せられ,これまで森林バイオマスについて関心のなかった層が,森林バイオマスに興味を示すきっかけとなったと考えられる.

(3) グリーン購入

聞き取り調査の中で,森林バイオマスを利用している店舗や消費者は,「森林バイオマスの利用は森林破壊につながる」といった間違った認識を持っていることも明らかとなった.そのため,森林バイオマスが持続可能なクリーンエネルギーであるという正確な知識を提供し,地域の資源を地域で利用する安全性や,燃料の輸送エネルギーの低減,山村の活性化などの効果についても説明し,グリーン購入を促した.また,薪や炭の生産者や店舗主の顔を掲載し,森林バイオマスの生産者と消費者(店舗主),そして最終消費者(店舗を利用する人々)の顔の見える関係を構築した.

(4) 森林バイオマス需要者への情報提供

現在,森林バイオマスを利用したくても,入手方法に関する情報が整備されていない.そのため絵巻では,薪炭の生産者や燃料店,薪ストーブ店を掲載することで,より手軽に森林バイオマスを利用することのできる情報環境の整備を目指した.アンケート葉書からも,炭を必要としていた人が近所の燃料店を知ることができたなど,一定の成果を持ったことが分かった.

4 市民参加型のマップづくり

京都市周辺を対象として作成した絵巻では,添付のアンケート葉書や団体ホームページ上で,森林バイオマスに関する情報を呼びかけたものの,主と

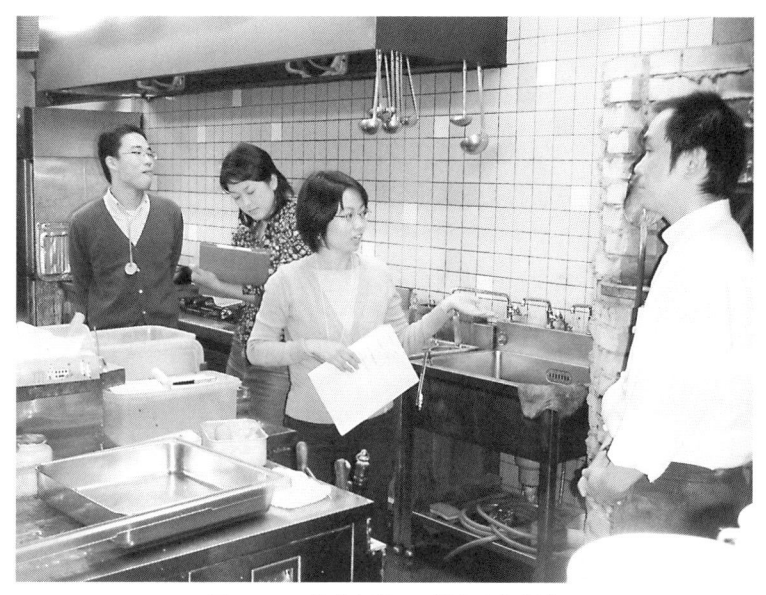

図 7-4-5　養成実習での聞き取り調査

して薪く炭く KYOTO の会員が取材・編集を行った．しかし，会員のみによる活動では波及効果が低く，人的にも限界が生じる．

そこで，取材段階から一般市民が主体的に参加することによる啓発効果を狙いとして，市民参加型のマップづくりを，「日本の森林を育てる薪炭利用キャンペーン」の支援の元，他府県でも行った．

事前に「薪炭利用・市民レポーター養成実習」を開催し，森林観察や飲食店での聞き取り実習（図 7-4-5）を通して地元市民が森林バイオマスの基礎知識や取材方法に関する理解を深め，その後各自で店舗等を取材・報告し，一つの地図を作り上げていく試みである．参加者達は，取材先のこだわりを実際に耳にすることによって，自らも森林バイオマスへの関心を高めた様子が，取材記事より見てとれた．

5 各地への広がりと展開

　絵巻づくりは，どの地域でも作成が可能である．そのため，当会ではより多くの地域で取り組みが行えるよう，マップの作成方法のマニュアルを作成し，問い合わせに応じて配布している．他府県で作成されたマップでは，森林バイオマスだけでなく，木工所や林業従事者なども取材し，森林・木材関連業を含めて対象を広げている．また絵巻づくりのマニュアルは，京都府内の自然エネルギーマップづくりでも活用されるなど，目的・用途にも広がりを見せている．

　絵巻の新たな活用方法として，絵巻を用いたまちあるきツアーを，地域の市民団体と共催で開催した．京都は，古くから都が栄えたことにより，他地域から薪炭が運ばれ，流通網が整備された地であり，様々な場面で今なおその利用が根付き，暮らしや文化を支えている．そうした薪炭林や炭窯，銘木屋，銭湯，飲食店，燃料問屋等，普段訪れることのない場所や，何気なく訪れている場所を改めて見学することで，店舗の裏側や，こだわりに触れることができ，身近に利用されている薪炭がどこからきているのかを理解できる．そして，自分の暮らす地域を見つめ直し，更に深く京都という地を知り，森林との関係に気づくきっかけとなる．

　現在，「日本の森林を育てる薪炭利用キャンペーン」のホームページ上（http://www.sumimaki.org/）でもこれらのマップを公開している．マップが多くの人の目に触れ，地域の状況に合わせながら，他地域・他分野へ波及していくことが期待される．

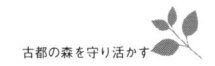

第4部
協働の森づくり

Chapter 8

モデルフォレスト運動と森林情報の共有

　持続可能な社会の構築は21世紀における人類の最重要な課題の一つである．しかし，一般市民として我々に何ができるのか，何をすべきかと考えると，何から手をつけたらよいのかよく判らないというのが正直なところであろう．明らかに言えることは，これ以上，地球に負荷を掛け続けることは避けるべきであり，我々は現在のライフスタイルそのものを見直す時期に来ているということである．

　我が国では，森林は生態系の中心を成し，周囲の環境に大きな影響を及ぼしている．また，森林が持っている国土保全や水資源のかん養などの公益的な機能は，地域社会の生活や経済と密接に結びついている．加えて，森林は再生可能な資源なので，適切に取り扱うことにより，森林資源を持続的に利用することができる．そこで，森林を中心とする地域生態系の保全と，その地域や流域に生活する人々の暮らしとの両立が，持続可能な社会を構築していく上での一つの具体的な課題になる．

　本章では，まず第1節で，環境保全活動に方向性を与えてくれる二つの思想ついて紹介する．バイオリージョンとモデルフォレストである．どちらの思想も，地域生態系の保全とそこに生活する人々の暮らしとの両立を掲げ，実践的な活動を説くものである．第2節では，その具体例としての，京都モデルフォレスト運動を紹介する．京都モデルフォレストは日本で最初のモデ

ルフォレスト運動として 2006 年 11 月に始まり，様々な取り組みや活動が展開されている．

ところで，モデルフォレスト運動では，様々な利害関係者と森林情報を共有化することが重要であるとされている．そこで，第 3 節では，流域の森林情報の共有化に向けた最新の研究事例を紹介し，続く第 4 節で，2007 年 10 月から実用化された京都府自然環境情報収集・発信システムについて紹介する．

自然との関係が希薄化している現代社会においては，まず，身の回りの自然環境の現状と歴史を知り，それらの情報を共有化することによって，様々な立場の人々の考え方を相互に理解できる仕組みを作ることが必要である．

(編者)

バイオリージョンとモデルフォレスト

　持続可能な社会の建設を目指して，自然環境への負荷をできる限り軽減することに市民が努力を払うべき時代と言われるが，ではこと森林に関して言えば，どういった取り組みがありえるのだろうか．

　身の回りの生活環境は，買ってきたり，輸入したりすることはできない．地域の住民が，自分たち自身の手で，より良い生活空間を築いていくことが大切である．地域の環境保全活動に住民が主体的に取り組んでいく場合の思想的拠り所の一つとして，バイオリージョンの考え方がある．また，森林資源を有効に利用しながら森林生態系を保全しようとする住民参加型の森林保全活動としてモデルフォレスト運動がある．京都では 2006 年 11 月に社団法人京都モデルフォレスト協会が設立され，モデルフォレスト運動が本格的に始まった．ここでは，バイオリージョンとモデルフォレストの概要を説明し，京都で展開されようとしている協働の森づくりについて，その方向性を探ることにする．

1 バイオリージョン

　バイオリージョン (bioregion) とは，「生命地域」と訳されているが，気候，地形，地質，流域，植生，野生動物など，その地域に固有な自然によって特

徴づけられる地域生命圏のことである．また，それらの自然環境に順応し，調和した形で営まれている生活様式や都市の機能までも含めた概念である．地球の生命圏はかなり以前から危機的な状況に直面しつつあったが，アメリカのピーター・バーグ（Peter Berg）は「地球全体を守るためには，部分を守る必要がある」との認識に基づいて，既に1970年代の始めに地域生態系の機能回復と保全を目指したバイオリージョン活動を始めた．1973年にはプラネット・ドラム財団（Planet Drum Foundation）を設立し，バイオリージョン活動を普及発展させていった．

バイオリージョン活動は，単に自然を守ろうという環境保全運動とは異なり，各地域の固有の生命圏を認識し，それとの調和を目指して，都市も含めた形で，地域を持続可能な生活の場，「生涯の場」にしようという考え方である．すなわち，人間もまたバイオリージョンの一部であり，その生活スタイルは，自然の特徴に適応しそれらと調和することが可能であるという認識のもとに，リインハビテーション（reinhabitation）といって，自分たちが住んでいる場所に根付くこと，地域と一体化することを目指すものである．

バイオリージョン活動は，最初は，カリフォルニア州のマトール川流域での生態系回復運動として始まった．今では，北米を中心に，数多くの団体がボランティアに支えられながらバイオリージョンの回復や保全に関わる活動をしており，相互にネットワークで結ばれているという．その活動は多岐にわたるが，野生生物の保護や，清浄な水を取りもどすといった活動ばかりでなく，都市が抱えている諸問題，たとえば，廃棄物の処理に関する問題にまで，地域ぐるみで取りくんでいこうとしている．また，各種の会議やワークショップを開催し，それぞれの地域で幾つかの提言をしている．

2 モントリオールプロセス ── 持続可能な森林経営の基準

1992年にブラジルのリオデジャネイロで「環境と開発に関する国連会議」（UNCED），いわゆる，地球サミットが開催され，21世紀に向けた人類の行動計画「アジェンダ21」が採択された．この行動計画は，「持続可能な開発」

表 8-1-1　モントリオールプロセスの 7 つの基準

［基準 1］	生物多様性の保全
［基準 2］	森林生態系の生産力の維持
［基準 3］	森林生態系の健全性と活力の維持
［基準 4］	土壌及び水資源の保全と維持
［基準 5］	地球的炭素循環への森林の寄与の維持
［基準 6］	社会の要望を満たす長期的・多面的な社会・経済的便益の維持及び増進
［基準 7］	森林の保全と持続可能な経営のための法的，制度的及び経済的枠組み

を合い言葉にして，将来の世代が享受する経済的，社会的な便益を損なわない形で，現在の世代が環境を利用していこうという考え方を提案したものである．地球サミットでは，この他に，「気候変動枠組み条約」と「生物多様性条約」も採択され，また，「森林原則声明」が発表された．森林原則声明では，森林を生態系としてとらえ，森林の保全と利用を両立させ，森林に対する多様なニーズに永続的に対応すべきであるとして，持続可能な森林経営（SFM：sustainable forest management）が目標に掲げられた．

　こうした流れを受けて，関係各国が集まり，持続可能な森林経営のための基準と指標が地域ごとに定められた．なお，基準とは持続可能な森林経営を構成する要素のことであり，指標とは基準を計測・描写するためのものであって，その変化を比較，分析することにより，森林の取り扱いが持続可能な方向に向かっているかどうかを判断するためのものである．1992 年には国際熱帯木材機関（ITTO）が中心になって熱帯林経営のための基準と指標が，1993 年にはヘルシンキ・プロセスにおいて欧州地域の温帯林を対象とした基準と指標が，そして，1994 年にはモントリオール・プロセスにおいて欧州以外の温帯林を対象とした基準と指標が討議された．

　日本は，モントリオール・プロセスに加盟している．モントリオール・プロセスでは，7 つの基準と 67 の指標が定められた（表 8-1-1）．生物多様性の保全が筆頭に掲げられており，その次に森林生態系の維持が続く．また，地球温暖化と関係する，地球的炭素循環への森林の寄与の維持は，基準 5 に位置づけられている．ちなみに，木材生産機能は基準 6 の社会・経済的便益の維持及び増進に含まれる．

なお，国連では，持続可能な森林経営の推進を目的として，1995年〜1997年に森林に関する政府間パネル（IPF）が，1997年〜2000年に森林に関する政府間フォーラム（IFF）が，2001年からは，国連森林フォーラム（UNFF）が設置され政策協議が続けられている．

地球サミット以後の持続可能な森林経営の流れを受けて，一定の基準を満たす持続可能な森林経営を認証する森林認証制度もできた．この制度は，違法な伐採による木材や持続不可能な森林経営から生産された木材を排除することを目的としている．代表的な制度としては，FSC（森林管理協議会，1993〜）の木材ラベリング制度，ISO（国際標準化機構）の14000シリーズ（1996〜）がある．日本には独自の森林認証制度としてSGEC（『緑の循環』認証会議，2003〜）がある．

3 モデルフォレスト

1992年の地球サミットでは，カナダからモデルフォレスト運動も提案された．モデルフォレストとは，森林を対象にした住民参加型の環境保全活動のことであり，1990年にカナダ全州の森林大臣評議会で提案されたのが始まりである．モデルフォレストは，森林生態系の保全と林業などの地場産業との共存を図り，持続可能な地域社会を築くために，流域などに拡がっている景観生態学的にも十分な広さを持った森林を対象として進められている大規模な野外試験地のことである（図8-1-1）．モデルフォレスト運動は，森林所有者，上下流住民，NPO，企業，大学，行政など，地域の森林に関わる多くの利害関係者（stakeholder）の協働（partnership）に基づいて，持続可能な森林経営や，その地域にとって望ましい森林のあり方を模索していこうとする取り組みである．モデルフォレストの考え方は，自然や野生生物の絶対的な保護を唱えるのではなく，農業や林業，木材業などの地場産業の振興や，その地域に生活する様々な立場の人々の営みも視野に入れて，地域全体の生態系を保全しようとするものである．また，環境に与える負荷をできる限り小さくすることができるような産業構造を模索していこうとしている．

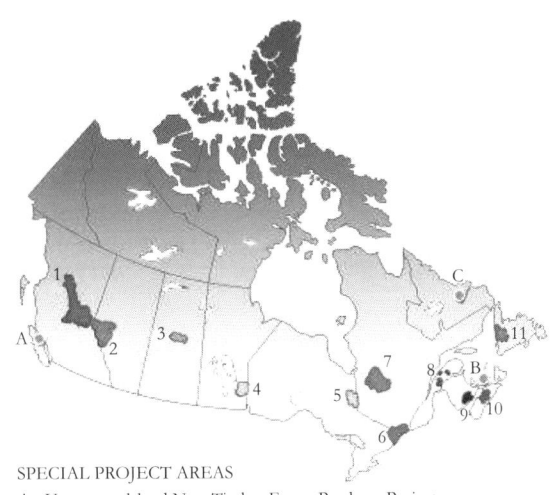

第8章 モデルフォレスト運動と森林情報の共有

① McGregor Model Forest
② Foothills Model Forest
③ Prince Albert Model Forest
④ Manitoba Model Forest
⑤ Lake Abitibi Model Forest
⑥ Eastern Ontario Model Forest
⑦ Waswanipi Cree Model Forest
⑧ Bas-Saint Laurent Model Forest
⑨ Fundy Model Forest
⑩ Nova Forest Alliance
⑪ Western Newfoundland Model Forest

SPECIAL PROJECT AREAS
A - Vancouver Island Non-Timber Forest Products Project
B - Island Sustainable Forest Partnership
C - Labrador/Nitassinan Ecosystem-based Forest Management Plan

図 8-1-1　カナダのモデルフォレスト

1992年の地球サミットを契機として，国際モデルフォレスト・ネットワーク（IMFN：http://www.idrc.ca/imfn/）が設立され（図8-1-2），モデルフォレストの国際ネットワーク化が進んだことにより，モデルフォレストの数は年々増加している．現在は，世界20カ国40地域で取り組みが行われている（図8-1-3）．

4　日本におけるモデルフォレスト運動の歩み

日本では，まず，持続可能な森林経営のための基準・指標に関するモニタリング調査として「森林生態系を重視した公共事業の導入手法調査」事業が，林野庁からの委託事業として，1996年度からの10カ年計画で，高知県の四万十川流域（四万十川森林計画区）と北海道の石狩川流域（石狩・空知森林計画区）で実施された．これらの事業は，カナダのモデルフォレストを意識したものであったが，モニタリングに力点が置かれており，森林生態系の状

383

第4部 協働の森づくり

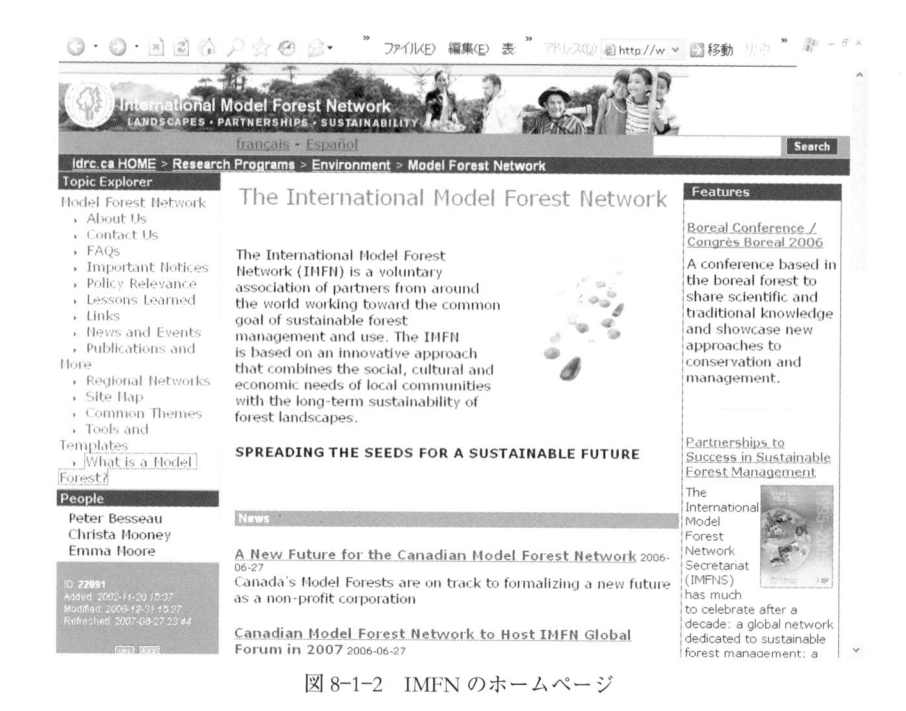

図 8-1-2　IMFN のホームページ

態を分析・評価することが主目的であった．これとは別に，林野庁は，モデルフォレストの普及を図るため，「モデル森林の推進に関する国際ワークショップ」を合計4回開催した．第1回は1998年3月に東京で，第2回は1999年3月に三重県の伊勢市と宮川村で，第3回は同年10月に群馬県前橋市で，第4回は2000年10月に山梨県甲府市で開催された．しかし，その後も各地で森林保全活動は続けられているものの，モデルフォレストの設立には至らなかった．なお，林野庁と国際緑化推進センターはベトナムとミャンマーにモデルフォレストを作る活動を支援した．

このように日本ではモデルフォレストがなかなか実現しなかったが，2006年11月に日本で最初のモデルフォレストが京都に誕生し，社団法人京都モデルフォレスト協会が設立された（表8-1-2）．モデルフォレストは本来，自然との共生も目指しているので広大な森林が指定されることになる．しかし，日本では民有林が多数を占め，しかも土地所有が小規模で分散していること

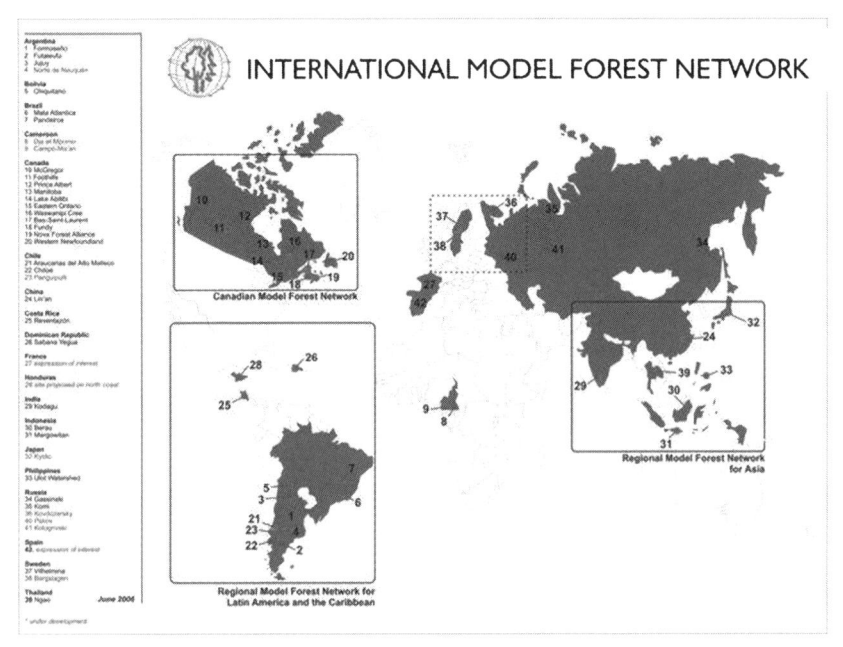

図 8-1-3　世界のモデルフォレスト

表 8-1-2　（社）京都モデルフォレスト協会設立までの歩み

1990	カナダ森林大臣評議会で，モデルフォレストが提案された
1992	地球サミットで，モデルフォレストが紹介され，国際化
1996～	日本，10カ年の森林モニタリング調査事業を開始 石狩川流域（北海道），四万十川流域（高知県）
1998～	林野庁主催「モデル森林国際ワークショップ」 東京，伊勢，前橋，甲府
2004	3月に，京都で，モデルフォレストに関するシンポジウム
2006	11月に（社）京都モデルフォレスト協会設立

から，広域にわたる森林をモデルフォレストに指定することはほとんど不可能であった．そこで，国際モデルフォレストネットワーク（IMFN）のお墨付きを得て，京都ではネットワーク型のモデルフォレストを設立した．ネットワーク型のモデルフォレストとは，各地に分散する森林保全活動の対象地を，一つの理念のもとに，互いに連携しながら運営するものである．京都のモデ

第4部　協働の森づくり

図 8-1-4　大文字山
麓から山頂に向かってシイの分布が拡大しており，京都らしい景観が損なわれつつある．

ルフォレストは，地域ぐるみで，森を守り，森を育て（森をつくる），森を活かす（森を使う）実践的な運動のことである．なお，モデルフォレストでは，地域の住民が地域の森林を共有しているという心を持つことが大切であるといわれている．京都では，誰もが関心を持つ森林は，市街地周辺であれば，比叡山，東山，五山の送り火が行われる山々（図 8-1-4），そして嵐山，愛宕山であろう．

5 モデルフォレストにおける三つの共有

モデルフォレストの理念は大変理解しやすい．しかし，実際に活動を始めるとなると，数多くの難問が立ちはだかる．特に先進国では，経済発展の結果，国民の基本的なニーズはほぼ満たされており，住民のニーズや価値観は多様化している．そうした多様化した状況の中で，具体的な環境保全運動を進めていくことは大変難しく，時には，当事者同士の利害が対立することさえある．

モデルフォレストでは，当事者間の相互理解の必要性が繰り返し強調されており，そのためには，「知識の共有」，「経験の共有」，「価値の共有」が必要であるとされている．ここで，「知識の共有」とは，教えられたり伝えられたりすることによって得られる情報や知識に基づいて頭で理解することであり，「経験の共有」とは，実際に体験することにより体で理解することであり，そして，「価値の共有」とは，相手の立場に立って相手の価値観や主張を心で理解することである．最近は，この三つの共有の概念が進化し，それぞれ，「知識の共有」，体験に基づく「能力開発」，「ネットワーク」に基づく相互理解になっている．

図8-1-5はモデルフォレストの概念を模式的に表したものである．上述の三つの共有が，三つの楕円を頂点とする三角形でイメージされている．左下の楕円は自然環境モニタリングセンターを表している．同センターには，知識や情報をデータベース化し共有化するための自然環境GIS（地理情報システム）が設置されている．中央の楕円は野外教育研究センターを表している．各流域の中山間地域に設置され，体験を共有するための環境教育プログラム等を実施する里山センターである．右下の楕円は各利害関係者が相互に理解するための場を「円卓会議」という名で示しており，価値を共有するためのものである．なお，楕円の中に書かれているPDCAサイクルについては後で述べる．

第4部　協働の森づくり

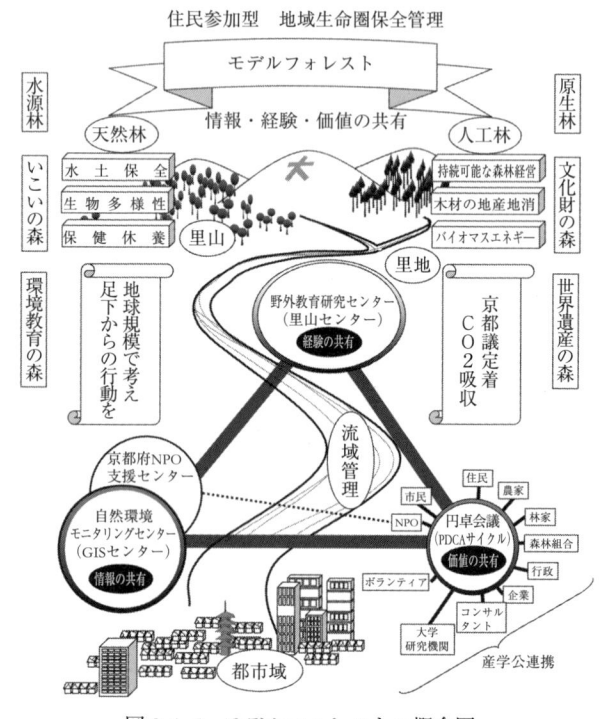

図 8-1-5　モデルフォレストの概念図

6　モデルフォレストにおける GIS の役割

　モデルフォレスト等の環境保全活動では，野外調査データや関連情報を関係者間で共有する必要があるが，情報ならびに知識を共有化するための道具として，近年，注目されているのが GIS である．GIS は，データベース機能の他に，地形解析機能，意思決定支援機能などを備えた総合的な情報システムであるが，中でも，空間データの検索・表示機能は，情報の共有化を進める上でなくてはならない機能である．また，最近では，インターネットを通して GIS の情報を検索し地図表示することができる Web-GIS も開発されてきており，地域の市民・住民の間で，あるいは，利害関係者と情報を共有

第8章　モデルフォレスト運動と森林情報の共有

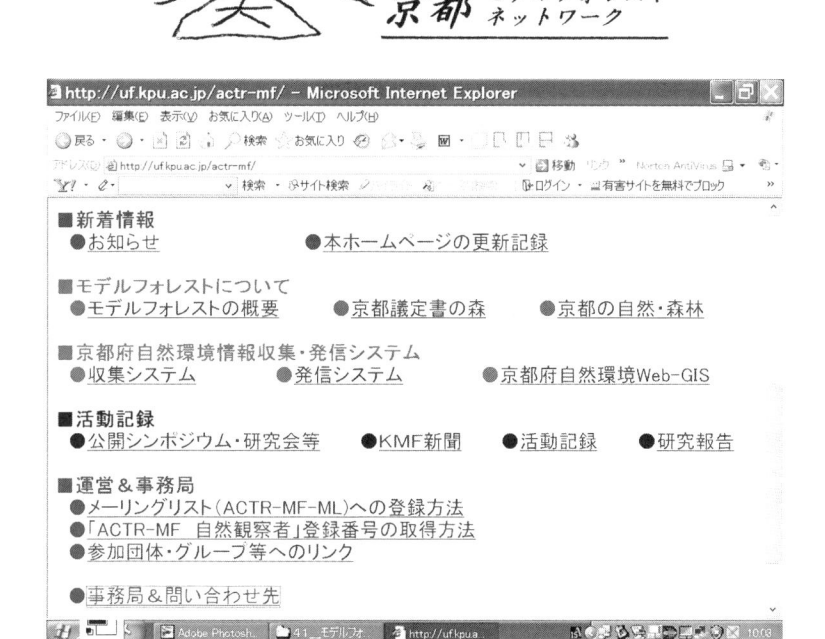

図8-1-6　京都モデルフォレストネットワークのロゴ（上）とホームページ（下）

することが可能な時代に入りつつある．

　モデルフォレスト活動では，生態系に関する様々な自然的要素と，地元住民や地場産業に関する様々な社会的要素とが複雑に関係しあっているので，具体的な行動計画を作成するためにも，GIS等のコンピュータ・システムによる支援が必要になる．

　図8-1-5では，GISセンターの隣にNPO支援センターが描かれている．モデルフォレスト活動などの環境保全活動では現地の事情に詳しいNPO等の果たす役割が大きく，自然環境に関わる情報の収集についてもNPO等の協力が必要であることから，両センターを併設することによって，行政はNPO等にIT環境ならびに活動拠点を提供し，かわりに，NPO等からは現場やフィールドの情報を提供してもらうという仕組みを考えている．

第 4 部　協働の森づくり

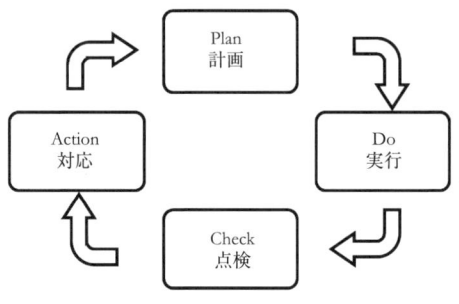

図 8-1-7　PDCA サイクル

　なお，京都府立大学森林計画学研究室は，「京都モデルフォレストネットワーク」研究会 (http://uf.kpu.ac.jp/actr-mf/) の中心メンバーとして，GIS を活用した森林情報の共有に貢献している（図 8-1-6）．また，メーリングリスト ACTR-MF を運営している．ここで，ACTR とは Academic Contribution to Region（地域への学術的貢献）のことであり，MF とは Model Forest のことである．

7 アダプティブ・マネジメントと PDCA サイクル

　森林管理において基礎となる考え方の一つが，アダプティブ・マネジメント（adaptive management：適応的管理または順応的管理）である．これは定期的なモニタリング等の解析結果に基づいて計画を絶えず見直し改善していくことを前提とした管理手法のことであり，自然を相手にする森林管理の場合のように，対象となるものの全体像が完全には把握できていないときに有効な手法である．具体的には，PDCA サイクルの手法を用いて森林を管理していく．PDCA サイクルとは，Plan（計画），Do（実施），Check（点検），Action（対応）の頭文字を取ったものであり，この順番に定期的に計画を見直し改善していこうとするものである（図 8-1-7）．

　森林は生態系の中心的な存在であるとともに，森林が成長するまでには非常に長い年月がかかるので，森林計画は 100 年の大計で取り組まねばならな

第8章　モデルフォレスト運動と森林情報の共有

い．しかし，このことは，100カ年計画を100年間実行するという意味ではない．PDCAサイクルの手法によって定期的に100カ年計画を見直し，100カ年計画を改善していくという意味である．

　ところで，森林を管理しようとする場合，人は自然に対して謙虚であり続けなければならない．自然のシステムに対して無知の部分があることを自覚し，無知であることが招く失敗の恐ろしさを知っていなければならない．森林のように成長するまでに長い年月がかかるものは，一度の失敗が取り返しのつかない結果を招くことがあるからだ．自然のシステムは，水は低きに流れるがごとく，ある場合には非常にシンプルな法則に支配されていることがある．しかしそれらが相互作用をするようになるとたちまち複雑な体系となり理解しがたいものになる．自然を自然のまま取り扱うことは難しいので，人間は自然を分割したり，似たもの同士を集めたりした．スギ林やヒノキ林などの人工林は，人が自然を取り扱いやすくするために仕立てたものである．しかし，同じ種類の人工林ばかりを造成すると，自然界のバランスを損ねることになり，自然からとんだしっぺ返しを受けることになる．人間が創り出した擬似的な自然システムは，TPO，すなわち，時と，場所と，目的に応じてしか適用できないものである．TPOが異なる場合に適用するときは慎重の上にも慎重であらねばならない．用心深さが必要である．それゆえ，アダプティブ・マネジメントの考え方にしたがって，PDCAサイクルを適用しながら改良を続けなければならない．

＊　　＊　　＊

　バイオリージョンとモデルフォレストの考え方には，幾つかの共通点がある．まず，どちらの考え方も，持続可能な社会の構築を目指している．バイオリージョンの場合は，その上地に住み続けていく生活者の目線で捉えており，モデルフォレストの場合は，農林水産業などの生業を持続的に経営にすることが基本になっている．つぎに，空間的なスケールが大きく流域等を単位としており，生態系の保全が主要な課題の一つになっている．

　ところで，生態系を健全に保全することは大変難しい．なぜなら，自然そのものにはなお未知な部分が数多くあり，また，生態系は非常に複雑なシステムになっていて，人間が到底制御できるものではないからである．このよ

うな自然を前にして我々にできることは，順応的に対応し，経験知を蓄積していくしかない．したがって，PDCAサイクルに従って絶えず見直していくことが必要であり，また，常に多面的なものの見方が必要である．すなわち，いろいろな立場の人々から様々な意見を採り入れて総合的に考えていくことが基本的に重要である．別の言い方をすれば，常に複数の目で点検するとともに，失敗を教訓として残していき，改善の努力を続けることが大切である．そのためには，様々な利害関係者が参加できる仕組みと，参加者同士で情報を共有することができる仕組みを作ることが要件になる．次節以降では，古都京都の森林情報を共有する取り組みについて紹介するとともに，協働の森づくりに向けた課題を探ることにする．

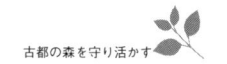

府民みんなで進める京都の森林づくり
── 京都モデルフォレスト運動 ──

1 京都府における森林整備の取り組み

　府内の森林面積は約34万4千haで府域の約75%（約98%が民有林）を占めている．しかしながら，京都府下でも林業の不振が続き，山村の過疎化・高齢化，生活スタイルの変化等が影響して森林の荒廃が進んでおり，温暖化防止をはじめ，森林の多面的機能をいっそう発揮させるための森林整備の推進が課題となっている．

　このような中，京都府では，森林を「子供たちの未来をはぐくむ府民共通の貴重な財産」と位置づけ，平成14年度から環境対策として，放置人工林の針広混交林化や竹林の拡大防止，公共事業での木材利用などを「緑の公共事業」として実施している．一方，年々，府民の環境保全に対する意識が高まり，府内でも森林内活動を行うボランティア団体等が増加（林務課調べで50団体）しているとともに，社会貢献活動の一環として，森林整備等に協力する企業も増加している．

　また，平成18年に「京都府豊かな緑を守る条例」を制定し，府民共有の財産として，協働で森林を保全，整備する「モデルフォレスト運動」を推進するための枠組みを策定した．これまでの森林所有者，森林組合，行政中心の森林整備に加えて，府民参加による森林の整備等を今後の施策の柱として位

置付けたところである．この条例では，持続可能な循環型社会づくりを進めるためには，「人と森林との望ましい共生関係を築き，京都の豊かな緑を守る」ことを基本理念とし，府民みんなの力で守っていこうという精神のもとに，京都の森（歴史そのもの）を森林所有者，森林組合，ボランティア団体，企業，大学等，府民が主体的役割を担い，京都の森を守りはぐくむ府民運動を展開することとし，その運動を「京都モデルフォレスト運動」と位置付け，積極的に森林づくりを推進することとした．

このモデルフォレスト運動は，わが国ではじめてとなる森林関係の本格的な地域協働プロジェクトであり，また，運動の本質は，地域内の連携さらには地域間の連携により，地域総ぐるみで，府民・産・官・学の本格的な連携の下，森林を守り育て，森林を活かし活用していくことにある．

2 （社）京都モデルフォレスト協会の設立

モデルフォレスト運動を地域に根ざし，持続可能な取り組みとしていくためにも，核となり運動を押し進める組織が必要となるが，組織の母体が，公益法人というだけでなく，多くの人が積極的に参加し，また，共感を得るとともに，心から支持を得られるものであることが必要である．そのためにも，異なる視点や意見を持った多様な利害関係者が参加するだけでなく，多元的な価値観を持った人たちがお互いの立場を尊重し，自由に建設的な意見交換を行い，協働し森林づくりを進める組織にしなければならない．

このように，様々な利害関係者が参加できる公益団体であることが求められるが，

- ○ 財団では，運動の基本理念に合致せず，
- ○ また，森林関係者だけが，森林に関する利害関係者でもなく，
- ○ 社団法人が一番理想に近い組織ではあるが，行政が中心でなく，組織において府民があくまで主役であり，主体的に組織を運営するものでなければならない．

との山田啓二知事の強い思いのもとで，平成18年6月議会で組織づくりに必要な予算が承認された．知事の意向を踏まえ，以上のような趣旨のもと，社団法人として設立することとした．

　法人設立に必要な発起人を依頼する際に，この取り組みは，森林を守り育て活用する運動の趣旨に賛同し，地域や人を山に結びつけるだけでなく，自然との共生を目指すことにあり，多くの人々の理解と協力の下で初めて運動として成り立つものであるので，最初はこの趣旨に賛同し，協力が得られるか期待と不安の中で，多くの公益団体に対し，真夏の中，協力依頼を行ってきた．

　京都はいうまでもなく千年の都であり，有名な寺社仏閣が数多くあり，古い伝統文化が息づいているところである．もともと京都の人々は，伝統文化を大事にし，様々なものを「もったいない」という気持ちで大切に扱う一方で，先取の精神にも富んでおり，明治以降，小学校の創設や琵琶湖疏水の建設，チンチン電車の導入など，数々の全国に先駆ける取り組みを行ってきたところである．さらには，茶道や華道，日本画，能，狂言などを語る上で，里山などの森林は欠かせない存在であり，先人たちは，森林と深いかかわりを持ちながら，文化芸術を発展させてきた．また，数多くの有名大学や各種研究機関等があり，大学連携や学術交流が盛んであるとともに，世界的にも有名な企業も多々あり，福祉や文化芸術等様々な分野での社会貢献活動も長年実施しており，企業としての社会的責任についても造詣が深く，大学との交流や地域との関わりも大切にしているところである．

　このような状況の中で，経済，文化，労働，宗教，学識，林業，行政等に対し，くまなく協力依頼を行った結果，京都議定書発効の地でもあり，また，各団体とも環境や自然保護に対して理解が深く，特に，森林は，地球温暖化防止や，景観，環境，水の循環，空気の浄化等に対し，大きな役割を果たしているとの認識から，幅広く協力が得られることとなった．発起人代表としてお願いした京都銀行柏原康夫頭取は，「お金しか勘定したことのない私でも，森林の自然や環境を守る取り組みに少しでも役に立つのであれば」と，快く引き受けてくださったのは，本当に心強い限りであった．最終的に京都の各界各層を代表する方々に発起人として参加していただき，平成18年9月8日に

発起人会を開催し，全会一致で設立趣意書の賛同が得られ，早急に会員を募り法人を設立することとなった．

年内には，新法人を設立しなければならないと言う厳しい日程の中で，法人の設立に必要な会員の参加を呼びかけるとともに，法人の設立に併せ，この運動を幅広く展開していくための普及啓発や，法人がサポートしながら団体や企業が参加する森林づくりも同時並行して進めなければならなかった．また，法人の設立は，あくまでモデルフォレスト運動を推進していくための手段であり，府民が主体的に森林を守り育て，そして森林を利活用していくための中心となる組織でなければならない．したがって，この法人への参加を呼びかけるだけでなく，団体等が森林づくりに参加できるフィールドの確保，そして，その場所での森林づくりへの団体等への参加の呼びかけ等行う必要があった．

期待と不安の中で，多くの団体や企業等を回ることとなったが，予想以上の反応があり，結果として200近い団体や企業等の賛同が得られ，さらには森林づくりへの参加の内諾も10以上の団体や企業等から得られることとなった．府民や企業の熱い想いを結集していく組織づくりのなかで，大きな運動として盛り上げていくために，日本で初めてのモデルフォレスト運動の推進役となる社団法人京都モデルフォレスト協会が平成18年11月8日に立ち上げられ，行政主体ではない，府民が中心となった，新しい取り組みの主体として設立された．現在では，会員数も三百数十余となり，企業等参加の森づくりも20を超えようかという状況になっている．

3 協働の森づくりに向けた今後の課題

今後は，協会が中心となって幅広い層に参画を呼びかけ，放置された竹林の整備や里山の再生，手入れの不十分な人工林の整備，伝統文化を支える森づくりなど，多様な取り組みを推進していくとともに，府民啓発や企業等からの森づくりのための資金管理，活動団体等のネットワーク化等を推進していく．

既に天王山，西山では，森林所有者，自治会，ボランティア団体，企業，大学，行政等による「森林整備のための協議会」を設置し，モデルフォレストの先導的な取り組みがスタートしており，今後は，各地方機関に多様な団体等を構成員とする「地域協議会」を設置し，重点区域等での森づくりの検討やワークショップの開催，活動団体の連携促進など地域ごとに具体的な取り組みを府内各地域で展開し，京都の森林が世界に誇れる，豊かで多様な森となれるようモデルフォレスト運動を広げたいと考えている．

今後の課題として，京都モデルフォレスト運動は，地域活動の実践，ネットワーク化そして定着化を図るとともに，府域全域において，産・学・府民がそれぞれの役割を果たし，地域総ぐるみの持続可能な取り組みとしていかなければならず，この協会が核となり，人・森・地域を一つに結びつける仕組みづくりを構築していかなければならない．そのためにも，様々な利害関係者が，それぞれ良い発想を出し合い，良い活動行うため，

○ 地域の共感が得られる共通の目標を持ち，自然との共生を目指す人々に対し門戸解放
○ 企業からは，人的，物的，資金的協力等
○ 大学からは，知的，人的協力等
○ 府民からは，NPO，各種ボランティア団体，企業 OB グループ等の参加
○ 地域での活動を支援できるリーダの養成

など様々な形で今までにない新たな仕組みを創設し，地域活動の強化・拡大を図っていくことが必要不可欠である．

さらに次のステップとして，

○ 地域間活動の連携協力を進め，森林を核とし，地球環境保全活動の生きた先進的モデルを目指すとともに，
○ 国際ネットワーク交流を通じて，野生鳥獣と人々との共生の方策を見いだす等，共通の課題について情報交流し，
○ さらに学術・文化交流，大学間の交流による研究の増進や人材育成を

図ることなど,積極的に施策を展開していかなければならないと考えている.

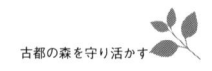

Section 8-3

流域森林情報の共有化

　水循環や土砂の生産・流出の様態は人間生活や自然環境に大きく影響していることは自然科学研究者の共通認識である．また，水や土砂さらに森林の様態把握に関しては降雨や気温などの気象要因を観測することが不可欠であることは論をまたない．これまで，気温・雨量計等の気象観測機器の設置場所は電源確保や維持管理，さらにコストの面からアクセスのよい場所が多く，山地流域上流部での気象観測はほとんど行われていないのが現状である．

　また，土石流やがけ崩れ等土砂災害の防災面からは，その誘因となる降雨の時間・空間的リアルタイムでの把握が必要である．しかし，直接災害の原因となる山地上流部での崩壊や土石流・がけ崩れが発生する箇所における雨量計の配置やリアルタイム性の向上はなかなか進んではいないのが現状である．

　一方，山地エリアにおいては，河川・渓流の勾配が急であり，渓河床の変動が大きく流量の観測が困難な場合が多い．そこで少なくとも降雨の時間・空間的状況だけでもより正確に把握することは水・土砂管理上重要であると考えられる．

　このようなことから，現状において気象状況把握に関して，「より安価に，維持管理がより少なく，山地上流部も含めて高密度な気象観測機器の配置」が課題として挙げられる．

　ここでは，太陽光発電を内蔵した自己完結型の通信受発信端末と気象観測

機器を組み合わせたネットワークシステムを構築し，京都府立大学附属大野演習林において実証研究を行った成果について述べる．

■　システムに要求される性能

①通信端末機は端末と中継局の両者の機能を有し，自律的なネットワークの構築が可能であること．また，ある端末の故障に関しても自動的に端末が迂回路を探し出し，ネットワークを確保されること．

②無線を使用するための免許申請などの煩雑さを避けること，また，山地地域においても設置が容易であること．

③電源の確保が可能であること．

■　現地観測の手順

①標準的な渓流を選定し，山頂近くから渓流合流点までに7機の通信端末とそれに組み込まれた気象観測機器を用い，立ち木や障害物，地形状況などの電波導通状態に関する影響を把握し，通信の確認を行った．

②演習林学舎に基地局を設置し，データロガー，パソコンとのインターフェイスの構築を行った．

③上記7箇所に設置した気象データを収集し，基地局に設置した気象観測機器記録から，今回構築したシステムの有効性を検討した．

1　アドホック・マルチホップ無線センサ

(1)　センサの概要

　無線センサ端末自身が中継器でもあるシステムは，フィールドに設置された複数のセンサ端末が互いに伝播しあい，基地局センサノードにデータをアップリンクしている．また，本システムは一度構築した経路でも，伝播状況により経路が遮断された場合や無線センサ端末自身に不具合が発生し，通信が不可となった場合には自動的に新規経路を検索してデータを基地局に伝播するシステム（アドホック通信）である．

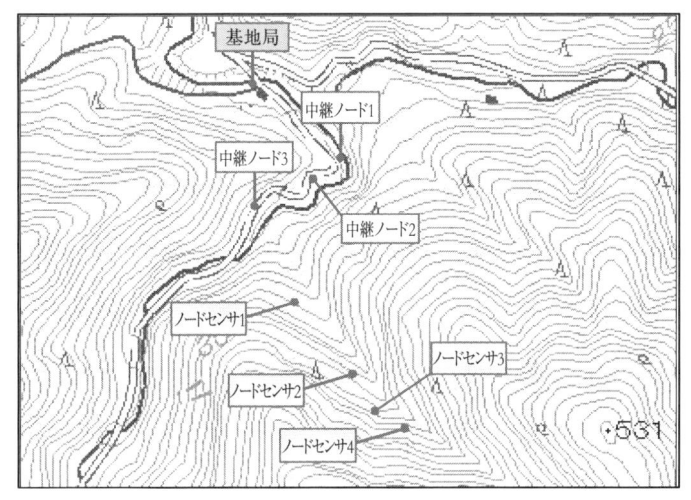

図 8-3-1　基地局とセンサの配置

(2) 対象エリアと電波伝搬試験

　実証実験場所は京都府立大学大野演習林内（京都府南丹市美山町肱谷）の大和谷流域として，基地局サーバを大野学舎に置き，7 台のセンサを流域へのアプローチと流域内に設置した．設置箇所を図 8-3-1 に示し，センサの設置状況を図 8-3-2 に示す（図 8-3-1，図 8-3-2，図 8-3-3）．

(3) 電波伝搬試験

　各センサ間の電波導通状態を確認するために，フィールドにセンサ端末を 2 台設置し，センサ間の受信電界強度・通信状況を試験した．まず，センサ端末①に制御用 PC を接続し，センサ端末②へテスト信号を送信する．センサ端末②は，センサ端末①のテスト信号を受信すると，センサ端末①へテスト返信する．センサ端末①の制御用 PC に表記される受信電界値，および，通信確立（テスト信号送信回数・テスト信号受信回数の比）を確認した．

　結果は表 8-3-1 に示すように，すべての中継ポイント間／計測ポイント間

図 8-3-2　基地局アンテナ　　　　　図 8-3-3　通信端末と観測機器

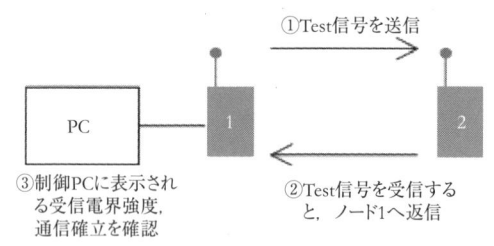

図 8-3-4　電波伝搬試験の概要

の通信において良好である事が確認出来た．

　通信確立が悪くなるとリトライ回数を増やす等，欠損を無くす必要が発生する．リトライ回数を増やすと電力消費があがる為，通信確立は95％程度が妥当であると考える（図 8-3-4，表 8-3-1）．

(4)　アドホック・マルチホップ接続確認

　アドホック・マルチホップネットワークとは決まった中継局と端末が1対1の関係で通信しているネットワークではなく，各端末が端末であるとともに中継局となり，自律的にネットワークが構築されるシステムである．すなわち，ある端末が故障した場合には自動的に端末が迂回路を見つけ出すシステムで，無線センサ端末自身が中継器でもある．フィールドに設置された複数のセンサ端末は，互いに伝播しあい，基地局センサノードにデータをアッ

表 8-3-1　各センサ間の受信レベル

測定箇所		ノード間距離	両ノード高	受信レベル			受信確立
				Min	Large	Ave	
基地局	中継点 1	160 歩	1.9 m	−82.04 dBm	−73.98 dBm	−75.42 dBm	100%
	中継点 2	230 歩	1.9 m	−89.64 dBm	−80.89 dBm	−84.37 dBm	100%
	中継点 3	300 歩	1.9 m	−92.17 dBm	−98.38 dBm	−94.44 dBm	76%
中継点 2	中継点 3	70 歩	1.9 m	−62.01 dBm	−61.09 dBm	−61.35 dBm	100%
	測定点 1	70 歩	1.9 m	−88.25 dBm	−71.22 dBm	−79.15 dBm	100%
測定点 1	測定点 2	100 歩	1.9 m	−75.13 dBm	−65.47 dBm	−68.14 dBm	100%
測定点 2	測定点 3	100 歩	1.9 m	−74.21 dBm	−66.16 dBm	−71.46 dBm	98%
測定点 3	測定点 4	130 歩	1.9 m	−71.91 dBm	−74.67 dBm	−73.53 dBm	100%

プリンクする．一度構築した経路でも，伝播状況により経路が遮断された場合や無線センサ端末自身に不具合が発生して通信が不可となった場合，自動的に新規経路を検索し，データを基地局に伝播するシステムである．

①マルチホップ接続

　システムにおいて，基地局サーバよりルートを確立させ，センサノード設置箇所がどの様な接続（経路）となるか確認した．

　その結果，以下の図に示す経路が構築される事を基地局サーバより確認し，今回のセンサ配置で，マルチホップネットワークが確立されたことを確認できた．

②アドホック通信

　ここでは，流域内に設置したセンサの自立的な経路構築（アドホック）について確認した．

　検証方法は，フィールドに設置したセンサノード 8 台（基地局 1 台・中継 / センサノード 7 台）を使用し，各センサノードの CH1 に温湿度センサを接続した．センサデータの収集間隔は，30 分間隔とする．設定後，基地局 PC より図 8-3-5 の線で示す経路を確認した（基地局ノード以下が連続したマルチホップでの通信経路となった）．

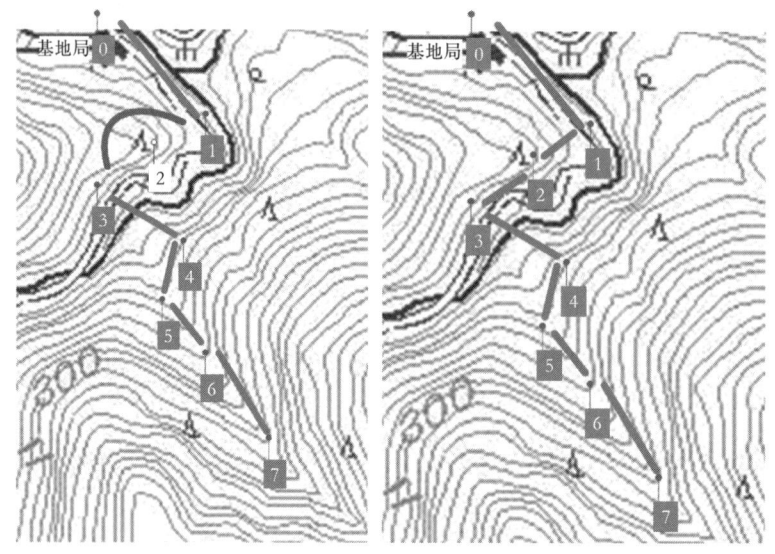

図 8-3-5　通常状態の経路　　　　図 8-3-6　途中で形成された新規経路

　経路確認後，ノード 2 を強制的に OFF とし，ノード 2OFF 後，ノード 2 と通信を確立しているノード 3 以降のセンサデータに欠測が発生．その後，自立的に経路を生成し図 8-3-5 に示す新規経路にてセンサデータを収集された．また，その後，ノード 2 を OFF より ON に戻したところ，自立的に経路を生成し，図 8-3-6 に示す新規経路にてセンサデータを収集した．この時取得したセンサデータを表に示す（図 8-3-5，図 8-3-6，表 8-3-2）

2 リアルタイム気象観測システム

　ここでは，山地流域において簡易気象観測装置とマルチホップ通信を用いたリアルタイム気象観測システムについて述べる．観測項目は①雨量，②風速，③風向，④日射量，⑤気温，⑥湿度，⑦露点温度，⑧気圧の 8 項目である．

表 8-3-2 アドホック実験時に取得した温度データ

日付　時刻	アドホック実験	ノード 1 ℃	ノード 2 ℃	ノード 3 ℃	ノード 4 ℃	ノード 5 ℃	ノード 6 ℃	ノード 7 ℃
2004-10-28 08：00		12.3	12.2	14.7	11.3	11.5	11.4	11
2004-10-28 08：30		12.3	12.1	14.9	11.4	11.5	11.4	11
2004-10-28 09：00		12.3	9999	9999	9999	9999	9999	9999
2004-10-28 09：30	ノード 2 を ON↓	12.3	9999	14	11.4	11.5	11.4	11.1
2004-10-28 10：00		12.3	9999	12.9	11.4	11.5	11.5	11.1
2004-10-28 10：30	ノード 2 を OFF	12.3	12.2	12.2	11.4	11.6	11.4	11.1

＊データ中の "9999" は欠損データを示す.
9：00　ノード 2 を OFF,ノード 2 と通信を確立していたノード 3 以下のセンサデータが欠測(9999)となった.
9：30　自立的に経路が構築され,欠測であったノード 3 以下のセンサデータを取得
10：30　ノード 2 を復旧させ,自立的にセンサデータを取得する事を確認した.

(1) 簡易気象観測装置の概要

簡易気象装置は本体,サーバ PC 用特定小電力無線機,気象データ解析ソフトウェアの構成となっている.

①本体
　・電源　　　　　　：ソーラパネル,充電用ニッケル水素電池(単 3×4 本),AC アダプタ(オプション)も使用可能
　・データ測定方式　：10 分間隔で本体内のメモリに自動データ記録
　・データ蓄積量　　：約 80 日分のデータを蓄積可能(以降は最新データで上書き)
　・データ転送方式　：内蔵の特定小電力無線機によりサーバ PC にデー

図 8-3-7　大野演習林に設置した気象観測機器

タを転送（サーバ PC 側からの要求により，10 分／30 分／60 分に指定された観測間隔にデータを編集して転送）
・無線方式　　　：特定小電力無線（400 MHz 帯），本体間の無線中継機能を持つ
・測定値諸元　　：雨量，温湿度，風向風速，日照，気圧

(2) 通信ルート

通信ルートは，図 8-3-8 のようであり，基本的には前出の図 8-3-1 と同様である．

(3) 観測データの取得

機器設置後，2004（平成 16）年 10 月 20 日に台風 23 号が近畿地方に接近し，大きな降雨と風速を観測した．そのときのデータをいくつか紹介する．台風

第8章　モデルフォレスト運動と森林情報の共有

図 8-3-8　通信ルート

23号は大阪南部に18時前に再上陸しており，当該観測場所にもっとも近づいた時刻は18時から19時ころと考えられる．

台風23号の各観測地点のデータを図8-3-9に示す．観測点1では20時頃，強風のため周辺の樹木の枝が折れて観測機器に落下し，その時点で観測器が損傷したためその後の観測ができなくなった．このような状況を利用して観測機器をイベントセンサとして利用が可能である．

以下に，データ取得の成績の良い観測点5（標高約300 m）と大野学舎に近い観測点1（標高約195 m）のデータを示し，両者の比較を行う．

以上の観測データの概要を述べると以下のようになる．

観測点1

　観測点1に関しては，20時ころに周辺の樹木の枝が折れて観測器を直

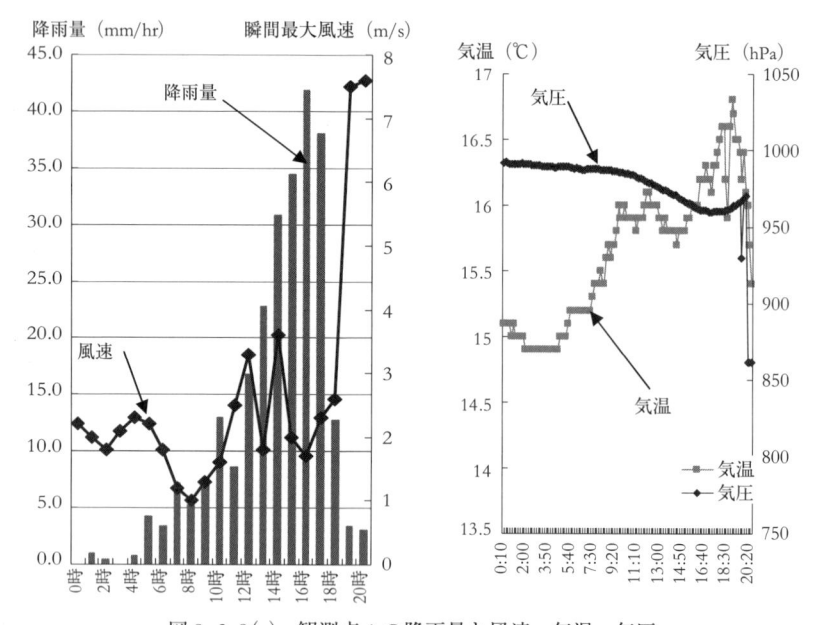

図 8-3-9(a)　観測点 1 の降雨量と風速，気温，気圧

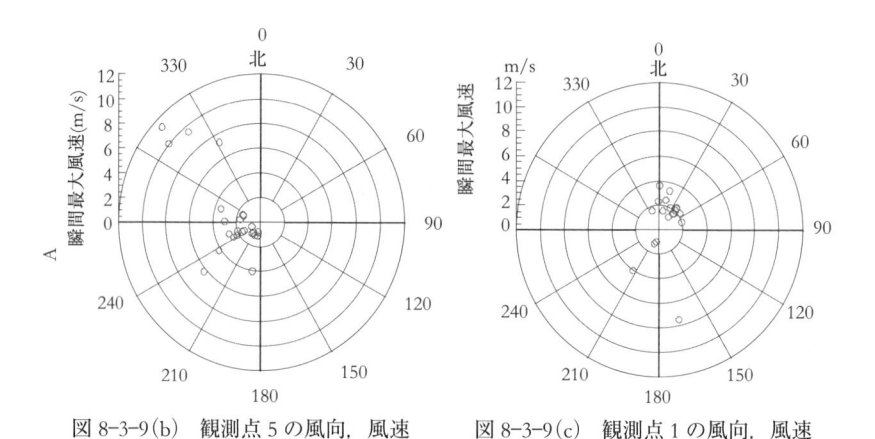

図 8-3-9(b)　観測点 5 の風向，風速

図 8-3-9(c)　観測点 1 の風向，風速

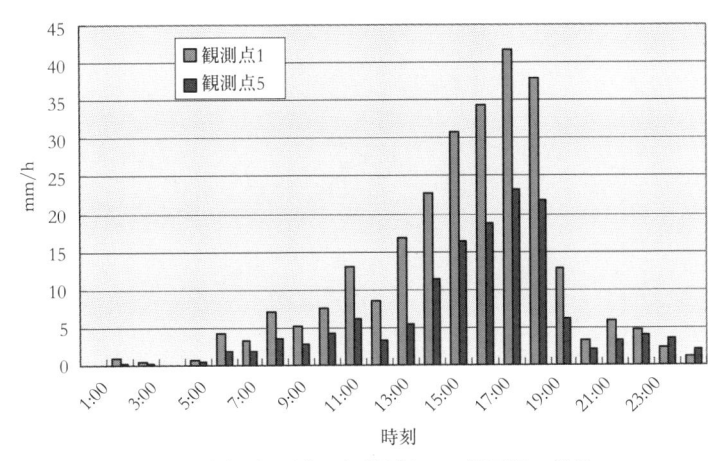

図 8-3-9(d) 観測点 1 と観測点 5 の降雨量の比較

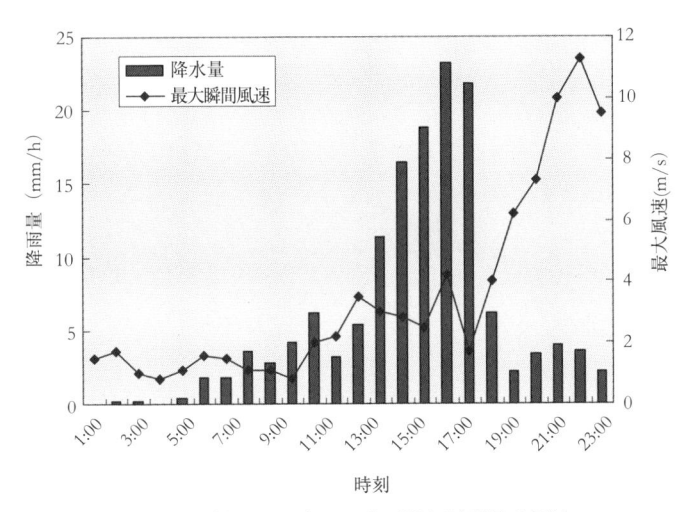

図 8-3-9(e) 観測点 5 の降雨量と瞬間最大風速

撃してデータが良好に取得できているかが疑わしい．
- 16 時に 1 時間降雨量 41.8 mm が観測された．最低気圧は 17 時 20 分に 959.9 hPa を観測している．この時刻に台風がもっとも接近したと考えられ，時刻的には降雨量と気圧は関連している．

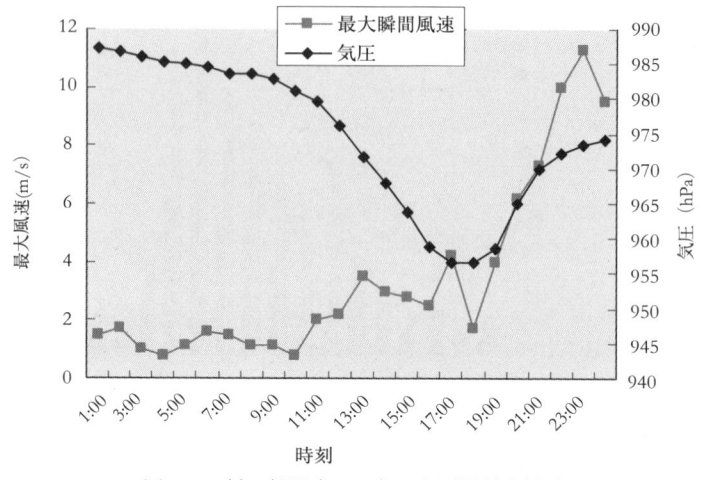

図 8-3-9(f)　観測点 5 の気圧と瞬間最大風速

- 19 時 40 分に平均風速 2.5 m/秒，瞬間最大風速 7.5 m/秒，南南西の風向を観測している．
- この地点は，図 8-3-8 に示すように周囲が山で囲まれた小平地であり，風速は強くなく，卓越風向も定まっていない．

観測点 5

観測点 5 は山間部ではあるが，比較的日照条件が良く全体の観測点の中でデータの取得が良好である．

- 17 時に 1 時間雨量 23.2 mm，最低気圧は 18 時 0 分に 956.5 hPa を記録し，観測点 1 との時間差は 40 分の遅れがある．この程度は誤差の範囲に含まれると思われる．
- 20 時 20 分に平均風速 3.0 m/s，瞬間最大風速 11.3 m/s，北西の風を観測している．この方向は図 5 に示すように谷の向きと同じである．

全体的

- 降雨量としては観測点 1 の方が多い．これは，観測点 1 では上空が比較的ひらけており，観測点 5 は森林の樹木がかなり覆い被さって，樹冠の

降雨遮断と枝葉を伝う降雨の偏在が原因と考えられる．
・一般には強風は台風の進路方向の右側で強くなると言われているが，このときの強風は台風が通り過ぎた後2時間強を経てから生じている．俗に言う「吹き返し」の風であった．
・豪雨により山腹斜面土の強度が低下した後に強風が発生すれば，風倒木が発生しやすくなることは容易に理解され，この台風23号は近畿圏の各地で風倒木被害を発生させている．
・観測点5の最大風速は谷の方向と一致しているが，他の方向の風は山が傷害となっており，実際の最大風速は異なっているとも考えられる．そこで，気象庁舞鶴観測所のデータを見ると，19，20，21，22時の風速は22.4，21.5，17.7，20.1 m/秒で風向は全て北向きであり，方向はほぼ一致している．
・今回の観測エリアの2地点では瞬間最大風速7.5 m/秒，11.3 m/秒と舞鶴観測所に比較して風速が小さい．これは，山間部で風が遮られていると考えられる．しかし，別の箇所ではあるが，大野演習林では風倒木地が数カ所発生しており，山頂部を含めさらにきめ細かいデータ取得が望まれる．

4 システムの有効性

周知のように，2004年の台風23号は特に北陸以西の地方に大きな被害を与えたが，本節で紹介した，高密度気象観測ネットワークの有効性を実証する機会ともなった．

今回の気象観測システムは商業電源を必要とせず，これまで設置が困難であった流域上流部に雨量計等の観測機器の設置，データの取得が可能である．データ取得は森林管理や土砂生産メカニズムの解明の一助となり，水文・流出解析の精度向上が図られ，流域一貫した総合水収支や土砂管理のモニタリングが効率的に実施される．

さらに，端末自体がIDを有しているので，端末が破壊され，通信が途絶

えることで土石流等のイベント発生が検知できる（土石流発生検知センサとして利用可能）.

　システムの発展・応用として土砂災害危険箇所に数機設置し，途中をアドホック・マルチホップ通信でデータを送信し，既存の光ファイバー網の情報コンセントに接続すれば，監視局で降雨状況のリアルタイムモニタリングができる．このことから，土砂災害からの警戒・避難の的確かつ迅速な対応が可能である．

　政府による激甚被害認定の対象にもなった大災害をもたらした気象条件の下でも，システムが有効に作動したことは，日常的な流域森林情報の共有化に向けて，私たちが大きな手法を手にしたことを意味していると言えよう．

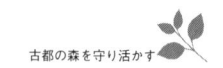

古都の森を守り活かす

京都府自然環境情報収集・発信システム

　先に述べたとおり，モントリオール・プロセスでは，基準の筆頭に生物多様性の保全が掲げられており，その次に，森林生態系の維持が続いている．したがって，モデルフォレスト運動においても，生物多様性の保全や森林生態系の維持については当然配慮しなければならない事柄である．しかしながら，自然環境に関する情報や環境モニタリングの体制は未だ十分に整備されていないのが現状である．たとえば，ここ数年，京都府レッドデータブックの絶滅寸前種に指定してあるツキノワグマが人里にも出没するようになり，テレビや新聞で報道されることも多くなったが，京都府全体ではツキノワグマが減っているのか増えているのか，餌は足りているのかいないのかについては，なお，不明な点が多い．農作物を食い荒らすシカ，サル，イノシシについては，数が増加しているとの報告は多いが全体像については具体的な数値として把握できていない．

　このように，防御・保護対策や議論の前提となる科学的なデータが十分に蓄積されていないのが現状である．森林を生態系として管理し，生物多様性を保全していくためには，単に樹木だけを考察の対象にするのではなく，草本はもちろんのこと，森に住む野生鳥獣や昆虫等も含めて，様々なデータを収集，解析し，それらを一つのシステムとして捉えて総合的に判断していく必要がある．

1 自然環境データ収集方法の分類

自然環境に関するデータを収集する方法には，大別すると，次の3つの型がある．すなわち，①リモートセンシング型，②定点自動観測型，そして，③野外調査型である．

①リモートセンシング型

　リモートセンシング（Remote Sensing）とは，地上から放射される電磁波等を人工衛星のセンサでとらえ，その画像を処理・解析することによって，地表面の様子を遠隔探査する技術のことである．最近は，イコノス（Ikonos）衛星のように地上分解能が1mの高解像度衛星も打ち上げられており，大きな樹木であれば1本1本の木を識別することも可能になった．リモートセンシングは，同一時期のデータを広範囲にわたって定期的に収集することができるので，広域を対象にした環境モニタリングに最適である．ただし，森林モニタリングに応用する場合は，次のような問題点を残している．すなわち，当たり前のことであるが，リモートセンシングのデータは，特殊な場合を除いて，空から見える範囲に限られてしまう．したがって，上層木の樹冠の表面に関するデータしか得られないということに注意をしなければならない．シカの餌となる下層植生の森林内の分布状況はリモートセンシングでは捉えられない．

②定点自動観測型

　定点自動観測型とは，気象観測ロボットのアメダス（AMEDAS）のように，ある観測地点に観測機器を設置し，定期的にデータを採取するものである．河川や大気の定点観測によく利用されている．観測点が固定されているので，GIS（地理情報システム）へのデータ入力も比較的簡単である．予算が十分にあれば，観測点を増やすことにより，解析精度を高めることができる．定点自動観測型のデータ収集法の最大の長所は，時系列データが自動的に集積されていくことにある．

③野外調査型

　最後に残るのが野外調査である．リモートセンシングでは捉えきれないもの，定点自動観測も難しいものは，人手を掛けて野外調査を実施するしかない．たとえば，野生動物の生息分布調査がこれに該当する．野外調査の場合は，広域を短時間で調査しようとすると，大勢の人のボランティアに頼らざるを得ない．毎年1月中旬に全国一斉に水鳥調査が実施されているが，この場合もアマチュアの研究者やNPO等が全面的に協力している．

　以上のように，データ収集方法を分類すると，最も手間暇がかかり，一人ではなかなかできないのが野外調査によるデータ収集である．したがって，地域生態系に関する自然環境モニタリングでは，データや情報の共有化が必須になる．特に，森林モニタリングの場合は，森林の成長が非常に遅いことから，世代を超えた調査データの継承が必要になる．

2 京都府自然環境情報収集・発信システムの基本設計

　モデルフォレストでは，地域住民を含む利害関係者の間で情報を共有することが重要であり，そのような体制を構築することがモデルフォレスト運動の基本となる．IT社会（高度情報化社会）の今日においては，GISを核としたシステムを構築することが望まれる．しかし，京都府全域を対象にした自然環境情報の整備およびデータベース化は，自然環境の全体像が明らかにされていない現状においては，整備内容や目標が定まらないだけに，なかなか難しい．

　それゆえ，自然環境情報システムを構築するにあたっては，次の2点に留意した．すなわち，

①シンプルな構造のデータベースを構築することによって，将来起こりうる様々な課題にも柔軟に対応できるようにすること．

②情報収集システム，データ審査システム，情報発信システム，Web-GISによる情報公開システムの四つのシステムに分割することによ

第4部　協働の森づくり

自然環境情報収集システム	インターネットを利用して，経緯度付きのポイントデータを収集する．

▼

データ管理システム	専門家によるデータの信頼度の判定

▼

自然環境情報発信システム	「自然観察者」ならびに関係機関の担当者のみが閲覧できる． 経緯度付きのポイントデータを指定したテーマ別に，期間別に，検索することができ，その結果を地図上にポイント表示できる．

▼

データをエクセル形式で出力

▼

Web-GISによる情報公開	希少種などを除いた情報は，「京都府・市町村共同　統合型地理情報システム（GIS）」で閲覧できる．

図 8-4-1　京都府自然環境情報収集・発信システムの概念図

り，データの信頼性とセキュリティを確保すること．

　今回，京都府立大学森林計画学研究室が開発した京都府自然環境情報収集・発信システムの概念を図8-4-1に示す．
ここで，各サブシステムの概要は次の通りである．

①自然環境情報収集システム
　「自然観察者」登録制度を設け，「自然観察者」が調査・観察した自然環境情報を，インターネットを利用することにより，経緯度付きのポイントデータとして収集し，仮データベースに格納する．写真も添付することができる．

②データ管理システム
　仮データベースに格納されたデータの信頼度や希少性を専門家が判定

し，データを幾つかのランクに分類する．あわせて，悪戯情報や偽情報を排除する．信頼度の高いデータのみを本データベースに登録する．
③自然環境情報発信システム

　本データベースに登録されている情報を発信するシステムであるが，「自然観察者」ならびに関係機関の担当者のみが閲覧できるシステムであって，経緯度付きのポイントデータを指定したテーマ別に，期間別に，検索することができ，その結果を地図上にポイント表示することができる．また，検索結果をエクセル形式で出力することができる．
④ Web-GIS による情報公開システム

　本データベースに登録されている情報のうち，希少種などを除いた公開可能な情報は，Web-GIS により誰でも閲覧できる．具体的には，京都府自治体情報化推進協議会が構築した「京都府・市町村共同　統合型地理情報システム（GIS）」により閲覧できる．

3　情報収集システム

　本サブシステムは，インターネットを利用した自然環境情報ポイントデータ入力システムである．

　「自然観察者」等から送信されてくる情報の内容は，図 8-4-2 に示した通りである．すなわち，①年月日，②観察時分，③観察場所（経度），④観察場所（緯度），⑤観察者名，⑥観察者登録番号，⑦発信者 ID 番号，⑧観察対象物識別記号，⑨調査半径・面積，⑩メインテーマ，⑪サブテーマ，⑫数量，⑬観察場所の地名，⑭環境区分，⑮メモ，⑯画像ファイル名，⑰画像メモである．

　京都府地図は，表示したい地点をクリックすることで表示が 3 段階に切り替わり，3 段階目に表示された地図上で観察場所をクリックすると，観察場所の緯度と経度が自動的に入力される仕組みになっている．情報発信者になるには，後述のように観察者としての登録が必要であり，観察者として認められると登録番号が付与される．情報発信者は，この登録番号と発信者 ID

第4部　協働の森づくり

京都府自然環境情報収集システム

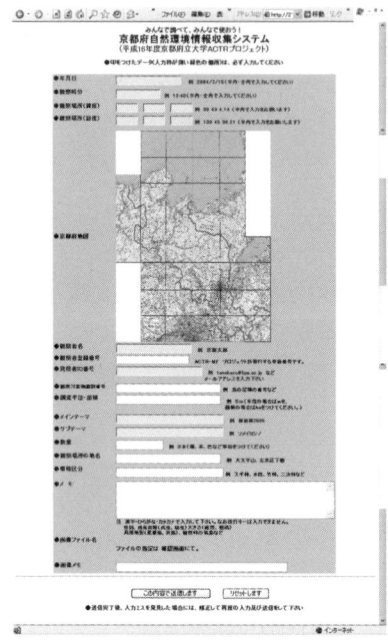

①観察した年月日を入力して下さい．
②観察した時刻を入力して下さい．
③京都府の地図から観察場所を選んで下さい．
　地図は3段階に切り替わります．
④観察場所をクリックしますと，観察場所の
　緯度と経度が自動的に入力されます．
⑤観察者名を入力して下さい．
⑥観察者登録番号を入力して下さい．
　※情報発信者になるには，観察者として
　　登録して下さい．
⑦発信者ID番号として，メールアドレスを
　入力して下さい．
⑧観察対象物に識別番号（たとえば鳥の足環
　の番号など）があれば入力して下さい．
⑨観察場所の大きさを調査半径または面積で
　入力して下さい．
⑩指定されたメインテーマを入力して下さい．
⑪指定されたサブテーマを入力して下さい．
⑫数量や個数を入力して下さい．
⑬観察場所の地名を入力して下さい．
⑭環境区分を入力して下さい．
⑮観察メモを入力して下さい．
⑯添付する画像ファイル名を指定して下さい．
⑰画像メモを入力して下さい．

図8-4-2　京都府自然環境情報収集システム

番号となる電子メールアドレスの両方を入力しなければならないように設計した．⑧の観察対象物識別記号とは，鳥の足環などのように観察対象物に付与されている識別記号のことである．⑨の調査半径・面積とは，観察地点と言ってもある程度の面積的な広がりが想定されるため，その広がりを調査半径または面積で入力する．たとえば，「5 m」，「0.1 ha」といったように，単位を付記することにより区別する．

　本情報収集システムの特徴は，データをメインテーマとサブテーマで管理している点にある．メインテーマやサブテーマは，データ審査システムの管理者によって前もって登録してあるので，ユーザーはコンボボックス中からテーマを選択する．

⑫の数量とは，その場所で観察された数を入力する．たとえば，「5本」，「8匹」といったように，単位を付記することにより区別する．⑬の観察場所の地名には，地名をそのまま入力することで，場所識別の利便性を向上させたものである．⑭の環境区分には，「スギ林」，「竹林」，「水田」などを入力する．

⑮はメモ欄であるが，ここに様々な情報を書き込むことができる．本システムは，メインテーマとサブテーマ制を採用することで，多種多様な自然環境情報に対応できるように工夫してあるが，実際の観察事象も様々な内容を含んでいるために，それらの観察結果をメモ欄に自由に書き込めるようにした．ただし，改行はできない．

自然観察者が事前に登録しておく情報は，次のような内容である．

①発信者ID番号：電子メールアドレス等，発信者を特定できるもの．
②発信者の氏名，連絡先（郵便番号，住所，電話，FAX，e-mail）
③発信者の所属や資格，経歴等（最大5項目まで）

4 データ管理システム

本サブシステムは，自然観察者から送信されてきた情報を，非公開の状態のもとで，専門家が審査し，重み付けをして，追加情報を付加する機能を有する．なお，データの審査はメインテーマ毎に設置された管理者が行い，彼らは，そのメインテーマに関する専門家である．

審査者が審査したり，付け加える情報は以下の通りである．

①メインテーマの適否
②サブテーマの適否
③データの信頼度：審査者による5段階評価．
　評価9：評価3を満たすデータの内，非公開とすべきもの．
　　　　　絶滅危惧種等．
　評価3：専門家または有資格者から送付されてきたデータ．
　　　　　または，証拠写真があるデータ．四角で表示する．

評価2：一般市民から送付されてきたデータ．丸で表示する．
評価1：再確認が必要なデータ．三角で表示する．
　　　「要再確認データ」
評価0：偽りと判定されたデータ．採用しない．
④審査者メモ：審査者が書き込む情報．任意．

5 情報収集システム

　本サブシステムは，経緯度付きの自然環境情報ポイントデータを，ユーザーが指定する任意のテーマ別，期間別に検索することができ，かつ，その結果を地図上にポイント表示することによって情報を発信することができるシステムである．なお，データの信頼度が2と3のデータが検索・表示の対象になる．

　図8-4-3に発信システムでの作業の流れを示す．まず，①の京都府モデルフォレストネットワークのホームページ（http://uf.kpu.ac.jp/actr-mf/）から②の自然環境情報発信システムのトップページに入り，引き続き，③のデータの検索画面に入る．表示するポイントの色として赤，緑，青，水色，紫の五色が使用できるので，表示させたい色の欄で④のようにメインテーマとサブテーマを指定するとともに，観測期間の期首の年月日と期末の年月日を指定して，検索を実行する．⑤の「検索条件の確認」画面が現れ，検索したデータのレコード数が表示される．ここで，「一覧表」をクリックすると，⑥のように検索したデータの一覧表が表示される．各データをカルテ形式で見たいときは，各レコードの左端の「詳細」ボタンをクリックすると，⑦のように詳細表示の画面になる．画面左上方の「マップ」をクリックすると，⑧のように京都府全域の地図が表示され検索結果が指定した色で表示される．⑨のように地図の縮尺は3段階に切り替えることができ，地図は上下左右に移動できる．個々の表示マークをクリックすると，その詳細表示を別ウインドウで表示することができる．

第8章　モデルフォレスト運動と森林情報の共有

京都府自然環境情報発信システム

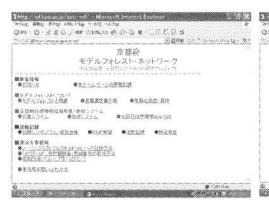

①京都府モデルフォレスト・ネットワークのホームページのトップページ

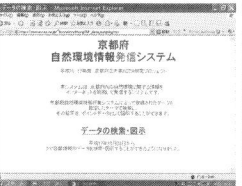

②京都府自然環境情報発信システムのトップページ

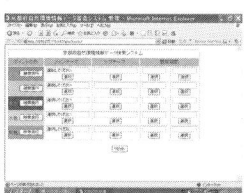

③データ検索の画面．表示したい色の欄でメインテーマを選択する．

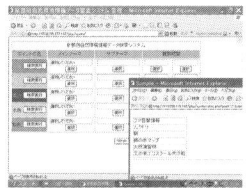

④メインテーマを選択し，一覧から「クマ目撃情報」を選択．同様に，サブテーマ一覧から「ツキノワグマ」を選択．

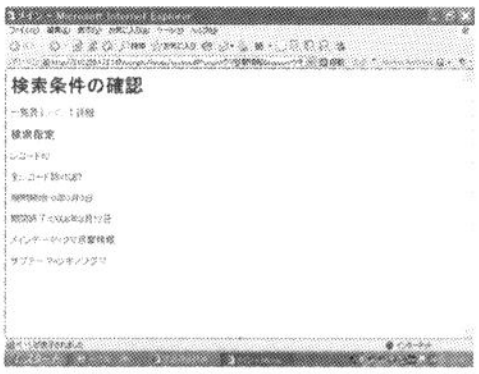

⑤検索を実行した結果レコード数が2であることなどがわかる．

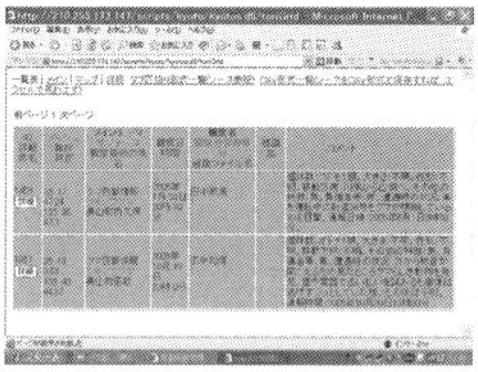

⑥検索したデータの一覧表を表示した画面

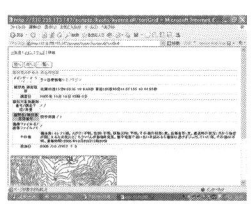

⑦「詳細」画面で，個々のデータの詳細情報を確認．観察場所の位置を地図上に青色の×印で表示．

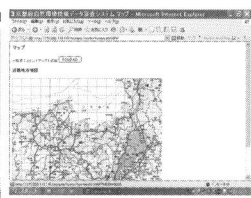

⑧マップの表示（京都府全域）平成17年秋の旧美山町におけるクマの目撃数は2件．赤色の●印で表示．

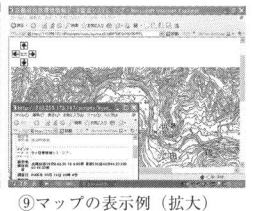

⑨マップの表示例（拡大）●印をクリックすると詳細情報が表示される．

図 8-4-3　京都府自然環境情報発信システム

6　京都府自然環境情報システム（ツキノワグマ版）

京都府自然環境情報収集・発信システムは，京都府農林水産部森林保全

第 4 部　協働の森づくり

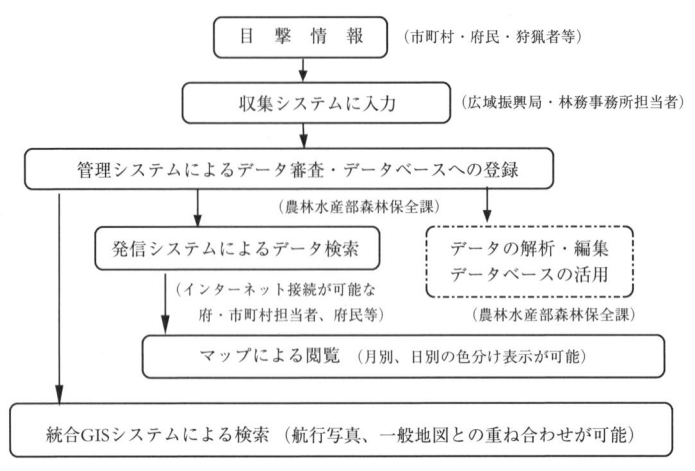

```
                    ┌─────────────┐
                    │  目 撃 情 報  │ （市町村・府民・狩猟者等）
                    └──────┬──────┘
                           ↓
                    ┌─────────────────┐
                    │ 収集システムに入力 │ （広域振興局・林務事務所担当者）
                    └──────┬──────────┘
                           ↓
              ┌──────────────────────────────────┐
              │ 管理システムによるデータ審査・データベースへの登録 │
              └──┬───────────────────────────────┘
                 │           （農林水産部森林保全課）
                 ↓                            ┌──────────────────┐
        ┌───────────────────┐                │ データの解析・編集 │
        │ 発信システムによるデータ検索 │      │ データベースの活用 │
        └──────┬────────────┘                └──────────────────┘
               │  （インターネット接続が可能な
               │   府・市町村担当者、府民等）       （農林水産部森林保全課）
               ↓
        ┌──────────────────────────────────────┐
        │ マップによる閲覧　（月別、日別の色分け表示が可能） │
        └──────────────────────────────────────┘

    ┌────────────────────────────────────────────────────────┐
    │ 統合GISシステムによる検索　（航行写真、一般地図との重ね合わせが可能） │
    └────────────────────────────────────────────────────────┘
```

　　　図 8-4-4　京都府自然環境情報システム（ツキノワグマ版）における
　　　　　　　　データの流れ

課野生動物対策室の実務において，平成 19 年 10 月からツキノワグマの目撃情報等の収集に応用されている（http://www.pref.kyoto.jp/shinrinhozen/welcome.html）．京都府の担当職員が「自然観察者」として登録されており，データの収集・発信にあたってはパスワードが必要であるため，一般の人はアクセスできない．これは，悪戯情報等の入力を排除するための措置である．なお，収集された情報は，「京都府・市町村共同　統合型地理情報システム（GIS）」で閲覧できる．図 8-4-4 は，ツキノワグマ版システムにおけるデータの流れを示している．

7　システムを管理する人材の問題

　京都府自然環境情報収集・発信システムは，メインテーマとサブテーマでデータを管理する体制を取っているため，多種多様なデータに対しても幅広く対応することが可能である．京都府文化環境部自然環境保全課では，平成 20 年 4 月より「京都府自然環境情報システム（外来生物版）」を運用している．これは，京都府内においても，アライグマ等の外来生物による農作物や

人家への被害が増えていることから，アライグマとヌートリアの目撃位置情報等をインターネットを通じて収集・発信するものである．

本システムの2番目の特徴は，データ管理システムをサブシステムとして持っており，メインテーマごとにデータの管理者を設置していることにある．これにより随時送付されてくる多種多様な膨大なデータを責任を持って分散的に管理することができる．

本システムの3番目の特徴は，収集したデータをエクセル形式で出力できることにある．出力されたポイントデータはGISを用いることで自在に解析・編集ができるので，膨大な量の情報を見易い形に集約しWeb-GISで発信することも可能になる．

モデルフォレスト運動では情報の共有が重要であるとされているが，そのためには地域や流域における様々な自然環境情報を収集・発信するシステムとそれを管理していく人材が必要である．そして，このようにして収集された情報を共有することで，様々な利害関係者は共通のデータを基礎にして議論や交渉を行うことが可能となる．つまり，公開されている情報をもとにして議論を進めていくことになるので，各利害関係者はそれぞれの主張に対して説明責任を社会的に問われることになる．

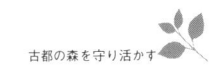

Chapter 9

市民・企業参加による森づくり

　最終章では，京都における，市民参加や企業参加による協働の森づくりの現状，ならびにアンケート調査結果について報告する．

　市民が人工林の間伐等を行う森林ボランティア活動は，京都においてもかなり以前から行われている．約10年前には複数の森林ボランティア団体が結成され，それぞれ対象地域において本格的な活動をはじめ，現在に至っている．しかしながら，こうした活動は，それぞれの場所において，仲間同士で和気あいあいと進められていることが多く，ボランティア団体同士の横の連携は組織だったものではなかった．この点が，流域保全活動と森林保全活動の違いである．河川の場合は，どうしても，上流，中流，下流といった連携ができやすいのに対して，森林の場合は，連携する必然性はあまりなかったのである．最近になって，ようやく，地域ぐるみで森林保全活動に取り組む事例が増えてきた．

　第1節では，長岡京市における西山森林整備推進協議会の活動を紹介する．同協議会は2005年6月に発足し，市民だけでなく企業も参加して，最もモデルフォレストらしい活動を展開している．第2節では，2007年11月に発足したばかりの京都伝統文化の森推進協議会を紹介する．これは，京都の東山に位置する3カ所の国有林において，林野庁の「レクレーションの森」サポーター制度を利用して，市民が主体となって森林を整備する取り組みで

ある．第3節では「森の健康診断」について紹介する．愛知県の矢作川流域では，2005年から，地域住民が主体となって流域内の人工林を調査する「森の健康診断」が始まっている．この運動は2007年度には京都でも始められた．このように，市民や企業による森林保全活動は着実に拡がりつつある．

　2005年10月に，主に京都府内において森林ボランティア活動をしている39団体に対してアンケート調査を実施したが，第4節は，その結果を取りまとめたものである．森林ボランティア団体の活動内容や活動に際しての問題点を分析した．また，2006年11月には，京都三山における森林の変化に関する市民アンケート調査を実施し，その結果を第5節にまとめた．京都市民の東山に対する意識が様々であることがよく現れており，今後のモデルフォレスト運動を進めていく上で大変参考になる．

（編者）

企業と地元が連携した森林整備
── 長岡京市西山地域 ──

1 西山の現状

　長岡京市は京都市の南西に位置し，人口は約7万9千人，面積は1918 haである．市域の6割を占める中央部・東部は住宅，農業，商工業に利用され，残り4割を占める西部には西山と呼ばれる森林丘陵地帯が広がっている．西山の森林面積は約800 haあり，西山キャンプ場の南側にわずかな市有林があるが，ほとんどが民有林で，小規模森林所有者で占められている．集落に隣接した里山として，40～50年ほど前までは，薪や柴あるいは落ち葉を求めて人々は西山に入っていた．しかし，プロパンガスの普及等による燃料革命や，木材の輸入自由化による木材価格の下落により，山に入らなくなった．その結果，放置林の増加を招いている．長岡京市民にとって西山は，地下水の源であり，また貴重な緑の財産でもある．市の総合計画や緑の基本計画でも西山の保全は重要施策となっている．

　図9-1-1は，長岡京市緑の基本計画より引用した土地利用区分図である．長岡京市の東部地区は，南北に新幹線・名神高速道路・国道171号線・JR東海道本線・阪急京都線が走っており，交通の便は極めて良い．また，国道171号線をはさんで工業地帯が広がっている．市の中心部であるJR東海道本線と阪急京都線の間は商業施設が集まり，その周辺部を住宅地が囲んでい

第4部　協働の森づくり

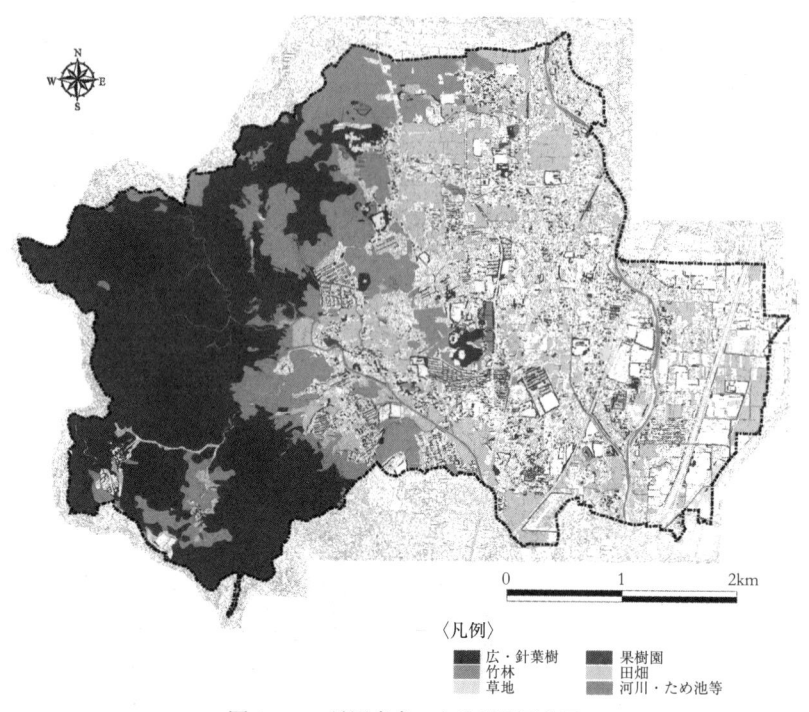

図 9-1-1　長岡京市の土地利用区分図
(「長岡京市緑の基本計画」：より引用)

る．市の西部，凡例の濃い色の部分は西山の山林で，人工林が16％，天然林は主に広葉樹で64％を占める．山林と市街地の間には竹林が多く存在し，西山全体の20％を占めている．竹林の約半分は地目が畑となっており，200年以上の伝統を誇る京都式軟化栽培による手入れの行き届いた竹林が広がっている．水田及び畑は市内に点在しており，田園都市としての風景を醸し出している．

2　西山森林整備推進協議会の発足

　西山に対する市民の意識は非常に高く，市議会においても，西山の森林整

備に対する質問が再三なされたが，市として抜本的な対策が打ち出せないでいた．しかし，市内にサントリーのビール工場があり，同社から西山の森林整備に対する資金援助の申し出があったことから，長岡京市としても，長年の懸案であった西山の森林整備を推進するため，平成17年1月に西山森林整備についての検討会を発足し，京都府との連携のもとに，平成17年6月に「西山森林整備推進協議会」を立ち上げた．なお，サントリーは，現在，全国的に工場周辺の森林整備を進めており，「水と生きる」の企業メッセージにあるように，長岡京市の地下水を利用する立場から，また地元企業のCSR（企業の社会貢献）として，西山の森林整備に対する資金援助を申し出られたのである．

協議会は，学識経験者として京都大学の徳地直子准教授を会長に迎え，委員は，地元企業のサントリー，森林所有者で組織する長岡京市森林組合，森林を所有する財産区，寺院，またすでに西山で森林ボランティアとして活動実績のある市民環境団体，行政機関として京都府（山城広域振興局・京都林務事務所）及び長岡京市（環境経済部・教育委員会）から構成されている（表9-1-1）．

西山のほとんどが民有林であることも影響しているが，西山森林整備推進協議会の組織は，1992年にカナダが地球サミットで提唱した地域ぐるみで森林を守る運動であるモデルフォレストの取組みと基本的な考えを同じくする組織となった．なお，審議および議決機関である協議会は，計画の検討及び推進のため「ワーキングチーム・専門部会」をもっている．

3 西山森林整備構想の策定

協議会やワーキングのメンバーによる議論を重ね，またパブリックコメントによる意見の集約を基に，平成18年2月に「西山森林整備構想」が策定された．また，同協議会が募集していた「キャッチコピー」の選定が行われ，全国から応募のあった193点の中から，「つなげたい　みどりの西山　未来の子らへ」（札幌市在住の方の作品）が最優秀作品として決定された．

表 9-1-1　西山森林整備推進協議会委員

団体名	所　属
学識経験者	京都大学フィールド科学教育研究センター
企業	サントリー㈱環境部
森林組合	長岡京市森林組合
森林所有者	奥海印寺財産区・長法寺財産区
〃	柳谷観音楊谷寺
〃	総本山光明寺
市民ボランティア	里山再生市民フォーラム
〃	みどりの会西山
地元環境団体	ゲンジボタルを育てる会
行政（長岡京市）	環境経済部
	教育委員会
行政（京都府）	山城広域振興局
	京都林務事務所

　森林整備構想は，「美しく，楽しい，健全な恵みのある森の育成」を目標に掲げ，森林ボランティアなどの参画により里山の再生を進めようとするものである．具体的な森林整備計画は，①目的に応じた森づくり，②基盤の整備，③環境教育の3本柱からなり，その概要は以下の通りである．

①目的に応じた森づくり
　・人工林（針広混交林・複層林へ誘導）
　・広葉樹林（モデル林による受光伐の推進）
　・竹林整備（森林組合・ボランティアによる放置竹林の整備）．
　・木材資源の利活用（公共施設等での間伐材の利活用）
　　　　　　　　竹炭，竹のチップ化．
②基盤の整備
　・環境にも配慮した林道，作業道の整備．
　・道の両側に景観木を植栽した遊歩道の整備

第 9 章　市民・企業参加による森づくり

図 9-1-2　西山森林ボランティア行事

③環境教育（次世代に森林の大切さを）
　・里山施業体験，西山キャンプ場の整備，メモリアルの森づくり

4　企業と地元が連携した森林整備

　毎年，秋に地元企業（サントリー・三菱製紙・三菱電機・松栄堂等）を中心に，環境団体・一般市民・行政機関等総勢約 130 名による「西山森林ボランティア行事」を実施している．平成 17 年度は人工林の間伐・枝打ち，平成 18 年度は雑木林の間伐，平成 19 年度は黒竹林の整備を行った．作業後の参加者のさわやかな笑顔が印象的であった（図 9-1-2）．
　広葉樹の整備にあたっては，西山森林整備構想に基づき，水源涵養機能や豊かな植生の復活を目指して，大径木・中径木・小径木をバランスよく概ね

図 9-1-3(a)　整備前の広葉樹林 　　　図 9-1-3(b)　整備後の広葉樹林

図 9-1-4(a)　整備前の人工林 　　　　図 9-1-4(b)　整備後の人工林

40％の伐採率で受光伐を実施した．ただし，景観木（ヤマザクラ・モミジ等）や餌木（ヤマモモ・エノキ等）は残す仕様としている．作業前に，環境保護団体（乙訓の自然を守る会）による環境調査を実施し，調査により，発見された稀少植物はマーキングを行い保存した．図 9-1-3 は整備前の鬱蒼とした広葉樹林と整備後の広葉樹林を比較したものである．非常に明るい森林に戻り，尾根筋の向うに青空が広がっている．

　人工林については，同じく協議会での検討結果をもとに，サントリー等により整備が行われた．人工林の伐採率は概ね 30％で実施し（図 9-1-4），下層植生の復活，水源涵養機能の向上等，健全な森の復活を目指した．

図 9-1-5　放置竹林の整備

5　企業 OB・市民ボランティアによる放置竹林の整備

　地元企業 OB 等により放置竹林の整備が行われている（図 9-1-5）．これまで，松下電器 OB「松愛会」「松下グリーンボランティア倶楽部」・松下電器半導体労働組合が一体となった竹林整備，村田製作所 OB「栄寿会」による竹林整備が実施されている．

　市民ボランティアのよる放置竹林の整備については，「竹林友の会」の活動として，タケノコ栽培技術の継承，竹文化の振興，竹林コンサートの開催があり，その他の市民ボランティアとしては，「竹援会」，「竹林再生チーム」，「乙訓の自然を守る会」等により定期的に放置竹林が整備されている．なお，各団体の活動場所については，長岡京市が，高齢化等で竹林の手入れが充分出来なくて困っている農家と，ボランティア団体との仲介を行っている．

図 9-1-6　西山森林ボランティア養成講座

6 これからの森林整備に求められるもの

(1) 森林（もり）づくりは人づくり

すでにいくつかのボランティア団体が活動しているが，今後の森林整備には人づくりが重要課題であり，リーダー的な人材の育成が求められている．

そのために，西山森林ボランティア養成講座を開催し，安全な森林施業の徹底と基礎技術の習得を図っている（図 9-1-6）．

また，受講した人達に既存のボランティア団体を紹介している．

受講者は，各団体の中で中核的な存在となり活躍されている．

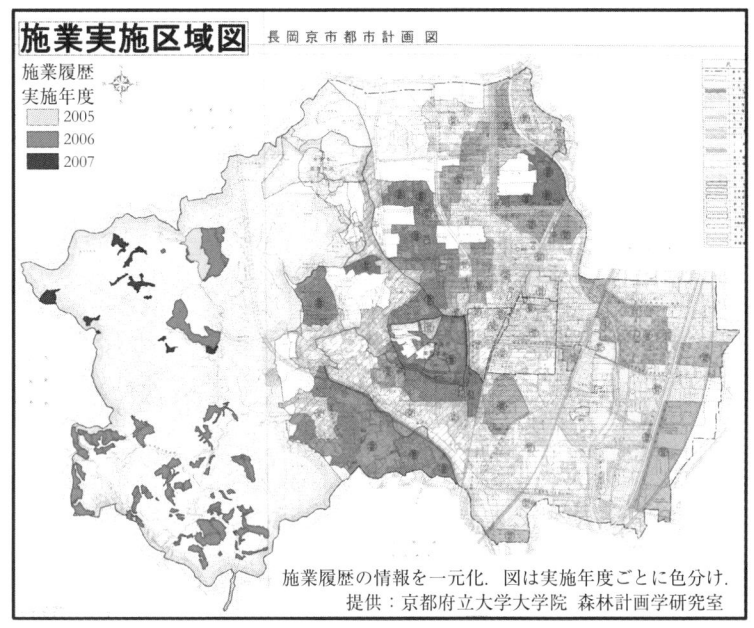

図 9-1-7　長岡京市森林整備施業実施区域図
2005〜2007年度

(2) 学術機関と行政機関との森林整備に関する連携

　平成19年度から，京都府立大学大学院森林計画学研究室，京都林務事務所，長岡京市農政課との3者で森林GIS（地図情報システム）の共同研究を進めている．図9-1-7は，この3年間（平成17年度〜19年度）の森林整備の施業区域をGISで表示したものである．森林GISは，今後の計画的な森林整備や地元説明会等に非常に有効である．図9-1-8は，航空写真判読に基づいて作成した林相図である．マツの減少が著しいこと，一部人工林に対して竹の侵入が見られることなどが明らかになった．

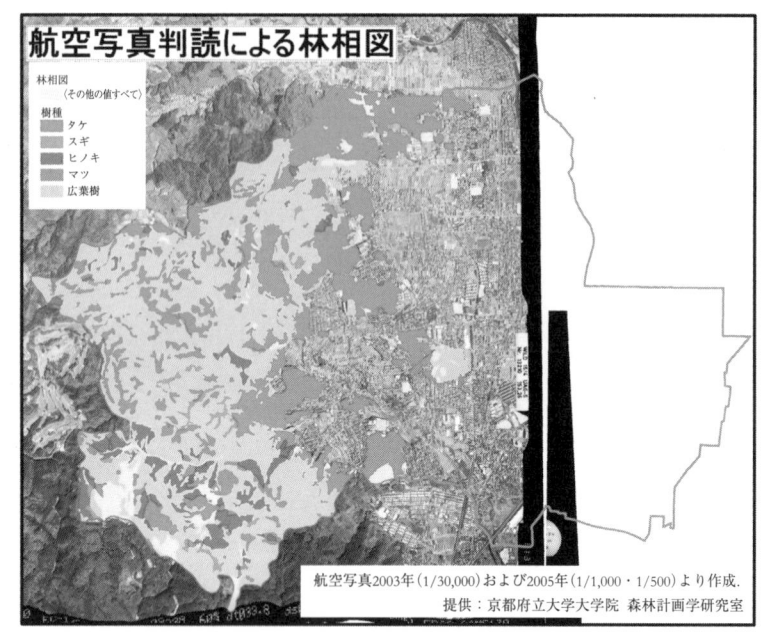

図 9-1-8　航空写真判読による長岡京市の林相図

(3) 「美しい里山の復活」を目指して

　美しい里山の復活を目指した具体的な取り組みとして，以下のことを考えている．

　①GISを活用し，近隣の森林組合の協力を得て計画的な間伐等を実施する．
　②シンポジウムや各種イベントを通じ，森林の果す役割を市民にPRする．
　③地元企業・学術機関・山林所有者・ボランティア団体・行政機関との強い連携により森林整備を進める．

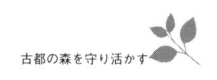

京都伝統文化の森推進協議会の取り組みについて

　2007（平成19）年12月26日，桝本頼兼京都市長（当時）と日尾野興一近畿中国森林管理局長（当時）の呼びかけのもと，宗教学者の山折哲雄氏が設立発起人代表となった，「京都伝統文化の森推進協議会」が発足した．

　東山の森が古都の森の中でどのような位置を占めてきたか，またその変化とは何か，といった事柄については，第1章，第2章，第4章で詳述したとおりだが，そうした歴史と現状を踏まえて，市民的な合意のもとに東山の森林整備と景観対策を進める土台となるのが，この協議会である．

1 協議会の東山景観に対する考え方

　東山の景観を考える，と一口で言っても，その立場は人により時代により様々である．①自然は人間が手を加えるべきものではないとする禁伐主義の立場，②景観は人間がコントロールして守るべきものという立場，③景観は観光資源として大いに活用すべきものとする立場，というのが，今日までの代表的議論といえようか．しかし，今回の伝統文化の森推進協議会の立場はいずれの立場にも当てはまらない．

　ごく荒っぽく断じれば，①の禁伐主義の立場は，人間が自然界の一員として自然の循環サイクルの中に組み込まれる事を否定する立場であり，森に学

ぶ事を忘れた人類は自然界から排斥されいつかは生存を許されなくなってしまう．②については，自然を人間の所有物のように考え，人間がコントロールして，森林のキャンパスに自分の好みの絵画を描こうする立場で，人間の過信がうかがえるし，現実問題として，このような事を実行すれば莫大な経費を要することになり，あまり現実的な考え方ではない．③については，自然界のあらゆるものを人間がより贅沢により気ままに暮らすための道具と考える立場で，人間の欲望を積極的に是認して発達してきた成長社会の価値基準をそのまま引きずった考え方である．

今回の京都伝統文化の森推進協議会の立場は，「景観そのものをどのようにしていくのか」を主眼においているのではない．むしろ，人間が森との関わりを通じて自然界構成の一員である事を自覚し，自然の循環サイクルの中で生活することを学ぶ事に重点をおいている*．すなわち，変わる必要があるのは森の姿ではなく，現代の人間の生活様式の方である．物欲を積極的に肯定する大量生産・大量消費社会の人間の価値基準を転換することの方が喫緊の課題だと考えているわけである．

2 協議会の組織と活動

ここで言う東山の森林整備とは，約 190 ヘクタールに及ぶ東山の国有林（「東山風景林」図 9-2-1）であり，事業全体のイメージは，図 9-2-2 に示した通りである．

協議会は，学識経験者や民間団体，行政機関等によって組織されるが，特徴的なのは，林野庁による国有林維持管理施策の一つである「レクリエーションの森」サポーター制度を活用しているという点である．「レク森」サポーターとして，協議会の活動に賛同し，継続的に支援を行う旨の協定を協議会と締結した人々に実際の働き手となっていただき，事業を進めることになっている（図 9-2-3）．

*資料　設立趣意書 (442 頁) 参照

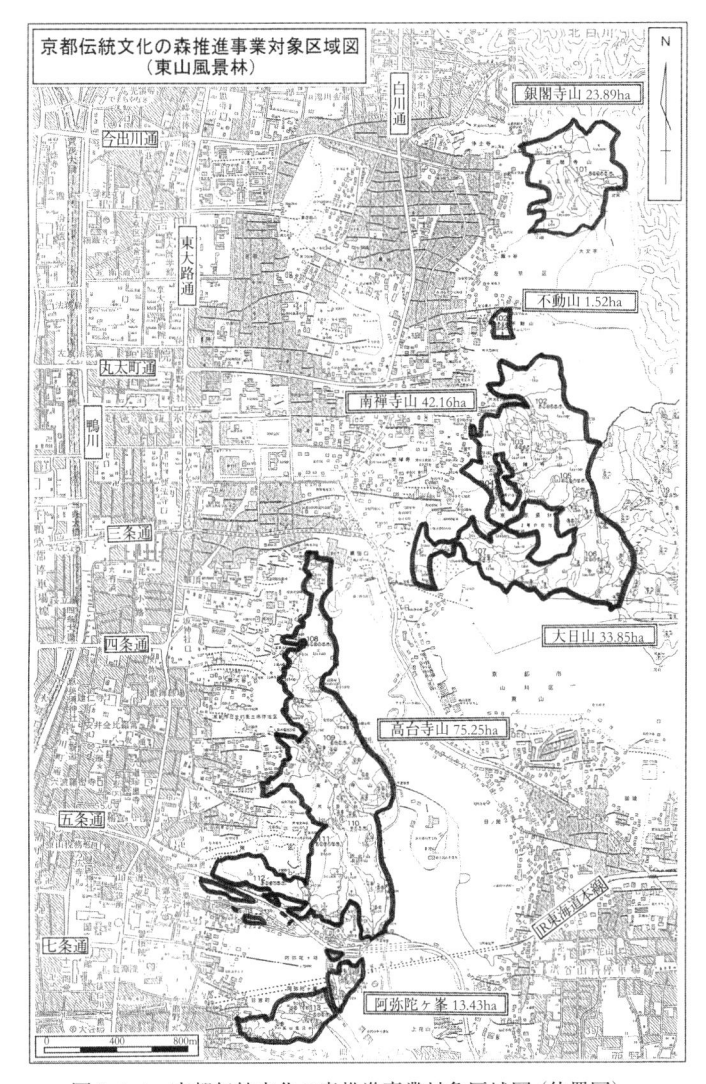

図 9-2-1　京都伝統文化の森推進事業対象区域図（位置図）

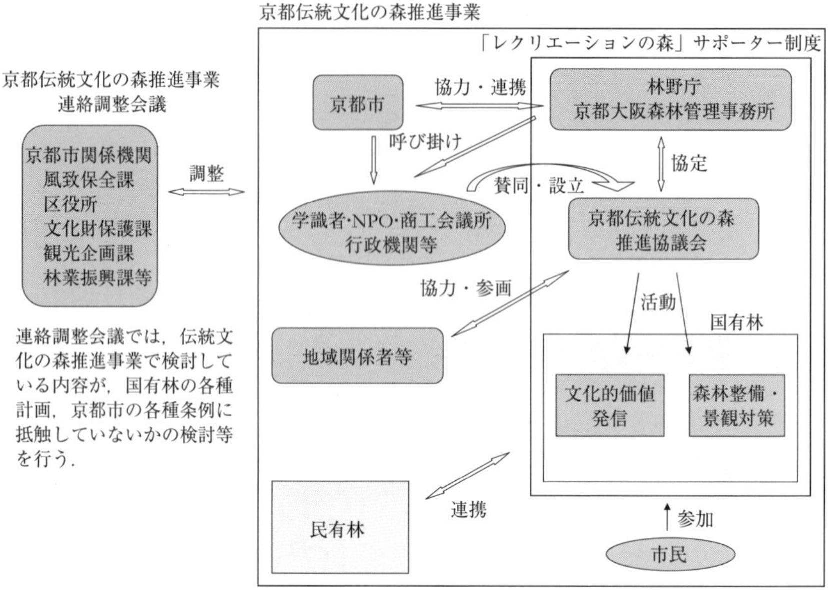

図 9-2-2　京都伝統文化の森推進事業

　協議会の活動の柱の一つは,「文化的価値の発信」であり,東山風景林の有する文化的価値について,情報を整理し,イベントの開催やパンフレットの作成を行うことが予定されているが,森林整備・景観対策の面では,専門委員会のもと,区域毎の適地適木を選定し,森林資源の利活用を図りながら,必要最低限度の人為を加えて,災害にも強い循環型の二次林整備を行うことを基本方針に,東山で我が国の里山整備の模範を示したいと様々な検討が始まっている.差し当たっては,どのような森づくりを追求すべきか,次のような点を考慮すべきではないかということが検討されている.

① 50 年かけて 300 年持続できる森を目指す.
② 表層地層を最大限考慮した森林立地評価により,適地適木の判断を行う.
③ 同齢林構造を転換し,異齢林構造へと誘導する.
④ 導入樹種の天然更新可能な群落へと誘導する.

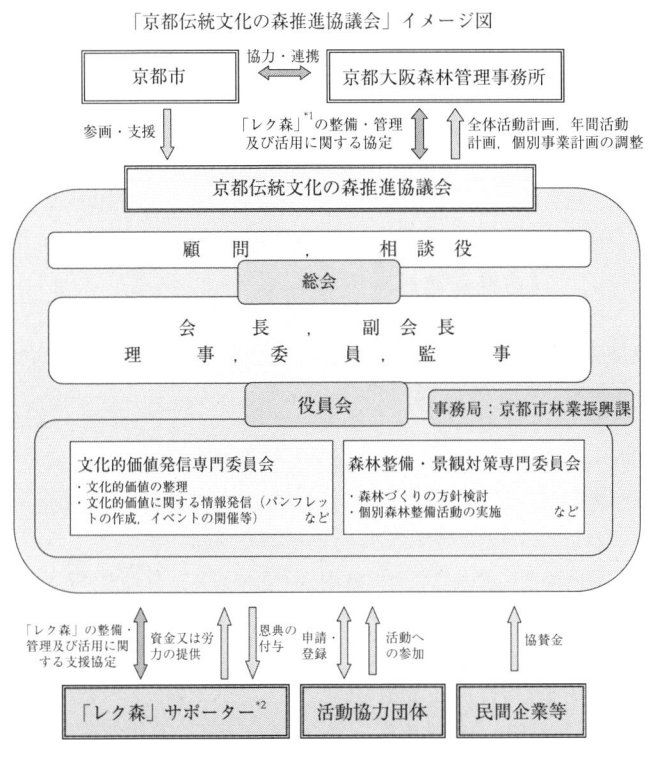

「京都伝統文化の森推進協議会」イメージ図

```
                         協力・連携
         京都市  ⇔  京都大阪森林管理事務所
          ↓↓                    ↓↓
      参画・支援    「レク森」*1の整備・管理   全体活動計画，年間活動
                   及び活用に関する協定    計画，個別事業計画の調整

              京都伝統文化の森推進協議会
         ┌─────────────────────────────┐
         │      顧 問 ， 相 談 役              │
         │          総会                      │
         │      会 長 ， 副 会 長              │
         │   理 事 ， 委 員 ， 監 事           │
         │          役員会     事務局：京都市林業振興課 │
         │                                    │
         │  文化的価値発信専門委員会  森林整備・景観対策専門委員会 │
         │  ・文化的価値の整理      ・森林づくりの方針検討        │
         │  ・文化的価値に関する情報発信（パンフレッ ・個別森林整備活動の実施  │
         │   トの作成，イベントの開催等） など              など  │
         └─────────────────────────────┘
```

「レク森」の整備・ 資金又は労 恩典の 申請・ 活動へ 協賛金
管理及び活用に関 力の提供 付与 登録 の参加
する支援協定

「レク森」サポーター*2   活動協力団体   民間企業等

*1　レク森：レクリエーションの森（国有林の施策のひとつ）
*2　「レク森」サポーター：レクリエーションの森サポーター制度（国有林の維持管理施策のひとつ）により，協議会の活動に賛同し，継続的に支援を行う協定を協議会と締結した団体等．

図 9-2-3　京都伝統文化の森推進協議会イメージ図

⑤アカマツ林は伐採利用を前提とした管理作業を行う．

これらの視点の中には，もとより，日本を代表する景観のひとつとしての「古都の森」ならではのものもあるが，多くは，日本の都市周辺林の多くで共通する課題である．東山の森が，自然に順応して逞しく生き続けられる循環の感性を人が身近な自然から学ぶ場となり，21世紀の自然観を京都から世界に発信できるよう，協議会の活動には期待が寄せられている．

資料　「京都伝統文化の森推進協議会」設立趣意書

　京都は平安遷都の詔にも"山川も麗しく"と賛美された勝地で，三方を山々に囲まれ，東西にそれぞれ鴨川と桂川が流れる山河襟帯の美しい千年都市です．悠久の時を経て自然や風土と調和した盆地景は山紫水明の美しい京都の景観を支える基盤であり，日本人のこころのふるさとでもあります．

　また，平安京は四神相応の最高の地相を有する都で，郊野と呼ばれる四方の地には，東西南北それぞれに青龍・白虎・朱雀・玄武という神々が配され，都の護りを固めていました．

　郊野は都を囲む山河の間にある清浄な地であり，多くの神社や寺院，離宮や山荘が営まれ，神事や仏事，狩猟や遊宴など様々な行事が催される中，種々の宗教文化や茶道，華道なども育ち，自然と調和した有形無形の日本文化が定着していったのです．

　特に，東山には広範囲に名所旧跡が集中しており，森の中にとけ込んだ名社・古刹や山裾のまちのたたずまいは日本人の心を象徴する重要な文化的景観と言えるでしょう．

　しかしながら近年の物質文明の発達と共に，人と森とのつながりは希薄になり，「自然界の一生命として，他の生命と共に，自然の働きに順応同化して生きる」ことに立脚した日本固有の文化も忘れ去られ，それと共に郊野の森も徐々にその様相を変え，景観・環境等に様々な問題も発生してきています．

　この度，私たちは，近畿中国森林管理局と京都市の協力を得て，青龍に護られた歴史ある東山の国有林を舞台に，森づくりを通じて，ここ京都に根付いた自然と共生する本来の日本の伝統文化を復活し，全国にそして世界に発信していきたいと考えています．

　ここに，京都に根付く貴重な歴史的・文化資産を継承し，自然力・文化力・人間力を再創造して，日本文化を再生する森づくりを進めるため「京都伝統文化の森推進協議会」を設立します．

平成 19 年 11 月 27 日
京都伝統文化の森推進協議会
　　　設立発起人代表　　宗教学者　山折　哲雄

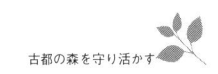

森の健康診断

　森林と流域圏を再生するために，中〜下流域の市民自らが上流域の人工林を調査し評価する動きが拡がりつつある．2005年に愛知県豊田市の矢作川流域で始まった「森の健康診断」は，東海地方を中心に各地域でも行われるようになり，2007年12月には京都府内でも「府民の森ひよし」で京都モデルフォレスト協会が中心になってリーダー研修が実施された．この節では「森の健康診断」の概要を紹介するとともに，その基礎となる森林調査法の要点について解説する．最後に，身の回りの森林がどれほどの量の二酸化炭素を固定し貯蔵しているかについて簡便な方法で推定する方法についても紹介する．

1 「流域はひとつ，運命共同体」

　矢作川は長野県から岐阜県を経て愛知県の三河湾へと注ぐ，幹川流路延長が117 km，流域面積が1830 km^2 の一級河川である．流域の大部分が風化した花崗岩で構成されており，そのため脆弱性が高く，昔から大雨による土砂崩れと河川氾濫が繰り返されてきた．2000年の東海豪雨の際にも，上流域を中心に多数の土砂崩れが発生し，おびただしい流木が矢作ダムに貯まった．

一方，矢作川はいわゆる「砂河川（すなかせん）」である．砂河川とは中流域の川底に砂が堆積する河川のことであって，「たまり」や「砂州」が多く存在し，出水時には攪乱や更新を受けやすい環境にあることから，多くの生物が生息する，生物多様性が高い河川である．そのため，矢作川では，あゆ漁業を始めとする内水面漁業が盛んであった．

しかしながら高度経済成長期には，上流域における開発や山砂砂利採取などに加えて，中下流域における工場排水や生活排水などにより水質汚濁が深刻化したことから，下流域の農業・漁業団体および自治体が「矢作川沿岸水質保全対策協議会」（矢水協）を1969年に結成し，水質の監視や調査を行ってきた．また，国や愛知県に対しては，排水基準の設定を陳情するなどの活動を行った．その後，流域内での開発に際しては，事前に矢水協の同意を必要とするという画期的な方式を確立するに至った．この方式は「矢作川方式」と呼ばれている．1970年代半ば以降は，より広範な流域住民を巻き込んで市民運動が展開されている．こうした取り組みなどにより，矢作川の水質は改善されている．また，1994年には，豊田市は水道水1トンあたり1円を原資とする「豊田市水道水源保全基金」を全国に先駆けて創設し，この資金を活用して上流域の人工林の間伐を行う「豊田市水道水源保全事業」を2000年度から実施している．以上の歴史が示す通り，矢作川流域は，住民の環境意識が高く様々な先進的な活動がなされてきた地域であり，「流域はひとつ，運命共同体」がスローガンになっている．

2 矢作川水系森林ボランティア協議会

森林には，水源かん養機能や土砂流出防備機能などの公益的な機能があるが，近年は，間伐などの手入れが不足している人工林が目立ち，森林の公益的な機能が十分に発揮されていないことが多い．矢作川上流域においても同様で，放置された人工林は立木が混みすぎて細い木ばかりになり健全に生育できていないだけでなく，枝葉が茂りすぎているために太陽の光が地面に届かず下草も生えない真っ暗な森になってしまっている．こうした放置林で

は，土壌が雨によって流されてしまうので，地面の保水力が損なわれ，いわゆる「緑のダム」としての機能が低下している．しかしながら，放置林の全体像を明らかにするような調査データはほとんどないのが現状である．

矢作川流域では，上下流の住民交流活動が積極的に行われており，幾つかの森林ボランティア組織が間伐などの森林整備活動をしていたが，2004年には「矢作川水系森林ボランティア協議会」（矢森協）が結成された．この矢森協が中心となって，2005年6月4日に，愛知県豊田市で最初の「森の健康診断」が実施されたのである．なお，「森の健康診断」とは，一口で言えば，市民の手で森の現状を調べ記録し評価する運動のことである．

以上述べてきた事柄やこれから紹介する「森の健康診断」の内容は，2006年に築地書館から出版された『森の健康診断』に詳しく書かれている．したがって，「森の健康診断」の具体的な方法などについては同書を見ていただくこととして，ここでは，この本のすばらしさを伝えることにする．

3　『森の健康診断』

この本は，「100円グッズで始める市民と研究者の愉快な森林調査」という副題に加えて，表紙には，「全国どこでも使える森の健康診断マニュアル付き」とある．一般市民向けに易しく書かれたハンドブックかと思いきや，それだけではなく，実に中身の濃い本である．

第1章「森林の危機と『森の健康診断』」では，日本の森林をめぐる問題を概観しているが，著者らの見解は明解である．日本の人工林問題を解決するには，①荒れた人工林の現状と問題を多くの人に知ってもらうこと，②科学的な調査によって現状を正確に把握し，確かな情報にもとづいて方策を考えること，③問題解決に実際に貢献してくれる人を一人でも増やすこと，の三つが重要であり，この三つを確実に実行していくための活動が「森の健康診断」であると位置づけている．

森林については，科学的で正確な広域一斉調査をじつは誰も行っていないのではないかという疑問が，本書が生まれた社会的背景になっている．本書

が提案するのは，科学的な厳密性を確保しつつも，素人の一般参加者がすぐに行うことができる簡単で楽しい森林調査である．「土人形」，「アウトリーチ」，「社会提言」，「協働作業」，「社会満足」などのキーワードが登場する．

なお，「土人形」とは，間伐が手遅れで林内が暗くなり草や低木が生えていないような森林の地面にしばしば観察されるものであって，次のようにして形成されるものである．すなわち，森林に降り注ぐ雨は樹木の枝葉の層（樹冠）で捉えられ，大きな水滴となって落下する．その結果，放置林のように下層植生がない状態では，水滴は地面を直撃し，地表が破壊・侵食される．この場合，土の表面に小石などがあると，そこだけ雨滴の衝撃から土が守られるので，まわりの土が侵食されても，小石などの下には土が柱状に残ることになる．これがいわゆる「土人形」である．土人形は土壌の流失が起きていることの証拠となる．

第2章「矢作川流域における『森の健康診断』の実践」は，2005年6月4日に実施された「矢作川森林（もり）の健康診断」の，発案，計画，実行，報告会までを詳細にドキュメントしたものである．キーワードは「やさしさ」，「楽しさ」，「科学性」，「効率を追わず，ゆっくり」である．具体的に書かれてあり，大変参考になる．

第3章「流域圏から見た『森の健康診断』」は，森・川・海のつながりを意識した流域圏について，その考え方，経緯，現状を解説している．また，矢作川河川環境運動等の事例を紹介している．

この本の全体を通じて言えることは，中〜下流域の市民と上流域の森林との関係に関する新しい時代の幕開けを予感させる本であるということだ．市民と研究者の協働で科学的に森林を調査し，その情報を共有することによって，流域圏としての運命共同体を形成していく．そのための「森の健康診断」である．フィールド研究における研究者の使命や論文のあり方にも一石を投じる内容であろう．そんなパワーを秘めた一冊である．

4 密植仕立てにする理由

　スギやヒノキの人工林のように，植えてある立木の年齢がすべて同じ（同齢）で，樹種もすべて同じ（同種）である森林を同齢単純林という．スギやヒノキの同齢単純林は，植林後，年々成長を続け，やがて目的の大きさに達した時点で伐採され収穫される．この場合，同齢単純林を構成する立木の成長は，伸長成長と肥大成長とではまったく異なる性質を有している．立木の樹高が伸びていく伸長成長は植栽密度の影響をほとんど受けないのに対して，幹が太っていく肥大成長は植栽密度が高いほど成長が抑制される．この性質を利用して，樹高は土地の肥沃度は測る指標として使用されている．一方，幹の太さは胸高直径といって，地上高 1.2 m の高さの直径を計測するが，間伐の有無によって成長が異なってくるので，成長状態の指標にはならない．

　標準的な林業経営では，ha あたり 3000〜4500 本の苗木を植栽し，その後，樹高成長にあわせて，適宜，間伐をしていき，50 年後には千本以下にまで立木本数を減少させる．高密度に植林する理由は，主として二つある．まず，粗植にすると草本や広葉樹が進入してくる余地が多くあるため，それらを刈り払う下刈り作業が大変になるとともに，ずっと放置しておくと進入してきた広葉樹との生存競争に植栽木が負けることが多いからである．もうひとつの理由は，幹が真っ直ぐ（通直）で，幹の断面がまん丸（真円）な立木ほど商品価値が高いので，生育途中の段階で形質の悪い木を間伐していき，最終的に収穫する時には通直で真円の木ばかりが残っているようにするためである．以上の理由により，通常，最終収穫本数の 3〜5 倍の本数の苗木を植林し，密植仕立てにするのである．

　人工林は木材を効率よく生産するために考え出された森林であって，伝統的な育林方法では，同じ種類の樹木を一斉に密植した後，弱度の間伐を何度も繰り返していく．しかし，このような育林方法では，手間がかかりコスト高につながる．したがって，外材との価格競争により材価の低迷が続くと，採算が取れなくなり，経営を諦め放置してしまうことが多い．また，過疎と高齢化が進む今日の農山村では，担い手が少ないことも間伐が進まない理由

になっている．

　間伐の実行が難しいのであれば，始めから粗植にすればよいではないかと思うかも知れないが，森林が育つには50年，100年といった超長期の時間がかかるので，今直ちに疎植に切り替えたからといって現実におこっている間伐問題は解決しない．数十年前に密植した森林が，現在，間伐が必要な時期に来ていたり，間伐が手遅れになっていたりしているので，それらの森林は今後とも間伐を続けていくしか仕方ないのである．

5　同齢単純林の成長状態を示す五つの基本統計量

　スギやヒノキの人工林は，間伐をしながら育林していくので，適切な間伐が実施されているかどうかは，林業経営上も，環境保全上も大変重要な問題である．しかしながら，『森の健康診断』も指摘しているように，地域全体の間伐実施状況を科学的な調査によって把握できているかといえば，必ずしもそうなっていないのが現状である．ここでは，同齢単純林の成長状態や間伐の必要性を把握する上で基本となる5つの基本統計量について説明する．なお，統計量とは，平均値などのように，統計的な手法によって計算される値である．

　森林管理で一般によく使われている統計量は，N（ha当たり立木本数密度），H（平均樹高），D（平均直径），G（ha当たり林分断面積），V（ha当たり蓄積）の5つの指標である．なお，直径は「胸高直径」といって，胸の高さのところで計測した幹の太さのことをいう．胸高は伝統的に日本では地上高1.2 m，西欧では1.3 mであるが，最近は，日本でも1.3 mを用いる場合がある．どちらの胸高を使用するかは，後で述べる「材積表」がどちらの胸高直径に基づいて作成されているかによる．林分断面積とは，各立木の胸高位置の幹の断面積を合計しha当たりに換算したものであり，この場合，幹の断面積は円と見なして胸高直径から計算する．また，蓄積とは，各立木の幹の部分の木材の容積（幹材積）を合計しha当たりに換算したものであり，幹材積は「材積表」と呼ばれる早見表を使って胸高直径と樹高から求められる．調査

地は標本調査の場合はプロットと呼ばれることが多い．

- N：Number of trees　　ha 当たり立木本数密度（本／ha）
　　　　　　　　　　　＝調査本数÷調査地面積（ha）
- H：Mean Height　　　　平均樹高（m）
　　　　　　　　　　　＝調査した樹高の合計（m）÷調査本数
　　　　　　　　　　　※通常，上層木の平均樹高を求める．
　　　　　　　　　　　つまり，被圧されている立木は含めない．
- D：Mean Diameter　　　平均直径（cm）
　　　　　　　　　　　＝調査した直径の合計（cm）÷調査本数
　　　　　　　　　　　※通常，地上高 1.2 m の直径，胸高直径という．
- G：Basal Area　　　　　ha 当たり林分断面積（m^2／ha）
　　　　　　　　　　　＝調査した木の断面積の合計（m^2）÷調査地面積（ha）
　　　　　　　　　　　※ha 当たりの胸高断面積合計ともいう．
- V：Volume　　　　　　ha 当たり蓄積（m^3／ha）
　　　　　　　　　　　＝調査した木の幹材積の合計（m^3）÷調査地面積（ha）

6　同齢単純林の森林調査法

　森林の調査法は，毎木調査法と標本調査法に大きく二分される．毎木調査法とは文字通りすべての木を一本ずつ計測する方法であって，立木を売買する場合に実施される．標本調査法とは，森林の一部分だけを調査し，統計学の知識を使って全体の様子を推定する調査法である．森林は成長や生存競争，あるいは，災害などにより年々変化していくので，多大の経費と労力をかけて毎木調査をしても，そのデータはその時点の状態しか表していないため，あまり効率的でない．そのため，通常の森林管理では標本調査法が用いられる．このことは人間の健康診断と対比させると理解しやすい．標本調査法による森林調査は，年に 1 回実施される集団健康診断に相当し，毎木調

表 9-3-1　円の半径と面積との関係

半径 (m)	円面積 (ha)	1haに達する 個数	適用森林
2.52	0.002	500	幼齢林，薪炭林
3.26	0.0033	300	
3.99	0.005	200	壮齢林
5.65	0.01	100	老齢林
7.98	0.02	50	天然林
11.28	0.04	25	択伐林

大隅眞一編著（1987）森林計測学講義より

は，異常が見つかった場合の精密検査に相当する．

　標本調査法では，実際に調査する区画のことをプロットという．プロットは区画の形状の違いによって，帯状，方形，円形の三つに分類される．プロットの大きさは，そのプロット内に含まれる立木の本数を考慮して，若齢林では小さく，高齢林では大きくする．表9-3-1は，円形プロットの場合の，円の半径と面積との関係を示したものである．ちなみに，『森の健康診断』の「人工林混み具合調査マニュアル」では，半径4ｍが使われている．これは，3.99ｍの数字を分かり易く丸めたものであり，現場では4ｍの釣り竿を使っていることから，1cmの差は誤差と見なしうるものである．

7　円形プロットの設定法

　既に述べたように，調査プロットの形状には，帯状，方形，円形の3種類がある．実は，日本では10年ほど前までは方形プロットが一般的であった．プロットを設定する場合，水平投影面積が基準になるので，傾斜地ではいちいち水平距離を求めながらプロットを設営する必要がある．少し半径が大きいプロットを設営しようとすれば，もはや釣り竿を回す訳にもいかないので，間縄（けんなわ：測量用のメジャーテープ）を使わざるを得ないが，立木が立ち並んでいる中で，間縄の一方の端を円形プロットの中心に固定し，他方の端をぐるっと一周させることは立木が妨げになり容易ではないので，大

変面倒な作業だったのである．

そこで，正方形のプロットが採用された．プロットの中心点に測量器具をセットし，そこから水平方向と直角になるように傾斜の上部と下部に向けて，水平距離が正方形の対角線の丁度半分の長さになるように位置を決めるのである．もうひとつの対角線は，プロットの中心点から左右の水平方向に設営する．この場合は，傾斜角はゼロであるので計測した距離がそのまま水平距離になる．この方法は便利な方法であるが，測量用の杭が中心点の他にあと4点必要になるところが欠点といえば欠点である．

最近はバーテックスⅢ（VERTEXⅢ）というスウェーデン製の計測器が開発されたことにより，円形プロットが簡単に設定できるようになった．バーテックスⅢは，超音波距離計と高低角の角度センサーを内蔵した機器であって，斜距離，水平距離，樹高などの情報をボタン操作一つで簡単に計測できる機器である．

バーテックスⅢによる円形プロットの設定方法

① 設定しようとするプロットの中心にトランスポンダー（超音波反射器）を設置する．
② 円形プロットの半径を，森林の状態から判断して決める．
③ 円周付近の任意の地点に移動し，円形プロットの作成を開始する地点を決める．後で場所が容易に確認できるように荷物などを置いておくとよい．
④ バーテックスⅢを高低角測定モード（ANGLE）にする．
⑤ トランスポンダーを見定め，「ON」キーを押すと，高低角が表示される．
⑥ 引き続き，「DEM」キーを押すと，水平距離（HDISTANCE）が表示されるので，個々の立木が円形プロットに入るかどうかを判定していく．
⑦ 円形プロット内に入る立木について，樹種を確認したのち，胸高直径を輪尺で計測し，その測定値を幹にチョークで書く．なお，傾斜地では胸高は山側から計測する．
⑧ 以上の作業を一定の方向，たとえば，時計回りで，進めていく．

8 バーテックスⅢによる樹高の計測方法

バーテックスⅢを用いると樹高の計測も簡単である．その手順は以下の通りである．なお，樹高を計測する場合は，計測しようとしている木よりも斜面の上部へ，その木の樹高と同じくらいの長さの距離を移動した地点から計測すると，梢端（しょうたん：木のてっぺんのこと）も見易く計測誤差も少ない．

バーテックスⅢによる樹高の計測方法
① トランスポンダーを計測しようとする木の幹に立てかける．取り付け高は任意の高さに設定できるが，一つのプロット調査の間は取り付け高を固定しておく．
② バーテックスⅢを樹高測定モード（HEIGHT）にする．
③ トランスポンダーを見定め，「ON」キーを押すと，斜距離が表示される．
④ 梢端を見定め，「ON」キーを押すと，樹高が表示される．
⑤ 野帳には，樹種を記帳したのち，必ず，胸高直径（幹にチョークで書いてある）と樹高をペアで記帳する．

---

9 蓄積を求める簡便法

同齢単純林の蓄積を求める標準的な方法は，次の通りである．

まず，樹高を計測した立木について，胸高直径と樹高との関係を解析する．統計学的な言い方をすれば，胸高直径（d）に対する樹高（h）の回帰曲線を求める．求めた曲線は「樹高曲線」と呼ばれる．ヘンリックセン曲線 $h = \alpha \cdot \ln(d) + \beta$ が適用されることが多い．なお，ln は自然対数である．樹高曲線を用いることにより，胸高直径（d）から樹高（h）を推定することができる．

つぎに，直径分布を求める．直径分布とは直径階別の本数分布のことである．「林分表（りんぶんひょう）」ともいう．通常，直径階の括約幅は 2 cm であり，たとえば，直径階 10 cm は，9 cm 以上 11 cm 未満の直径を含んでいる．

さらに，「材積表」を利用することにより，各直径階に含まれる立木の幹材積合計を求める．胸高直径が直径階の代表値であると仮定し，その胸高直径に対応する樹高を樹高曲線から推定し，「材積表」を用いて立木 1 本当たりの幹材積を推定する．その値に，「林分表」に記載してある立木本数を乗ずれば，各直径階について幹材積の小計を求めることができる．

最後に，すべての直径猪の幹材積小計を合計すれば，それが，蓄積となる．

しかしながら，幹材積をもっと簡単に推定できる方法がある．

まず，1 本 1 本の木の幹材積を推定する簡便法を紹介する．いま，胸高直径 (d)，樹高 (h) の立木があるとする．その木の胸高断面積 (g) を胸高直径 (d) から計算して求める．胸高断面積 (g) に樹高 (h) をかけたものは円柱の体積を表している．この円柱の体積に対する実際の幹材積 (v) の比を f とすれば，次の式が成り立つ．すなわち，

$$v = f \cdot g \cdot h$$

である．ここで，f は「胸高形数」と呼ばれ，$g \cdot h$ の体積を持つ円柱は「比較円柱」と呼ばれている．「胸高形数」は単なる係数ではなく，幹の形に関係する数値なので「形数」と表記されている．この胸高形数は，樹種や立木の大きさによって変動するが，実は，その変動幅はかなり小さいので，胸高形数の値を 0.5 で近似しても差し支えないことが知られている．したがって，比較円柱の体積を 2 で割った値は，幹材積 (v) の近似値を示す．すなわち，

$$v = f \cdot g \cdot h = g \cdot h / 2$$

である．

つぎに，この考え方を森林のレベルに適用することにより蓄積を推定する簡便法を紹介する．

個々の立木の胸高断面積を合計したものが林分断面積 (G) である．また，

個々の木の樹高の平均値が平均樹高（H）である．森の中心にすべての立木を寄せ集めて，1本の巨大な樹木を形作ったとイメージすれば分かり易いかも知れない．その巨大な仮想樹体の幹の断面積が林分断面積（G）である．この林分断面積（G）を底面とし，高さが平均樹高（H）に等しい巨大な円柱を想定し，その円柱の体積に対する巨大な仮想樹体の幹材積（V）の比をＦとすれば，次の式が成り立つ．すなわち，

$$V = F \cdot G \cdot H$$

である．ここで，Ｆは「林分形数」と呼ばれるものであるが，林分形数の場合も，実務上 0.5 で近似しても差し支えないことが知られている．したがって，比較円柱の体積（$G \cdot H$）を 2 で割った値は，蓄積（V）の近似値を示す．したがって，林分断面積（G）を簡単に推定する方法があれば，蓄積（V）も簡便に推定できることになる．

10 林分断面積を求める簡便法《ビッターリッヒ法》

オーストリアの林学者ビッターリッヒは，森の中の任意の地点に立って，腕を水平方向に伸ばして親指を立てた場合に，親指の幅よりも太く見えるすべての立木の本数を数えると，その本数の4倍がその地点における ha 当たりの林分断面積になることを見いだし，後に，1948 年に，これを数学的に証明した．この方法は定角測定法と呼ばれているが，通称，ビッターリッヒ法と呼ばれている．定角測定法とは，一定の角度で視準することによって計測する方法の総称であり，ビッターリッヒ法以外にも各種の方法が提案されている．

たとえば，森林内のある地点でビッターリッヒ法を実施したとする．周囲を見回したところ，親指の幅よりも太く見える木の数は9本であったとすれば，この地点の ha 当たり林分断面積は，$9 \times 4 = 36$ であるから，$36 \, \mathrm{m}^2/\mathrm{ha}$ と推定される．森林内の多数の地点でビッターリッヒ法を実施し，その平均値を求めてみると，その推定値はかなりよい精度であることが知られている．

ビッターリッヒ法を実際に行うには，親指では個人差がでるので，ビッターリッヒはレラスコープという専用の機器を考案した．

最近では「おみとおし」という簡便な道具も市販されている．これは透明なプラスチックの板に一定の長さの横線が描かれたものであって，プラスチック板には一定の長さの紐が付けられている．紐の何もついていない方の端を目元に持っていき，紐をピンと張ってもう片方の端にあるプラスチック板を垂直に立てて周囲の樹木を見回し，横線の幅より太く見える幹の本数を数える．すなわち，プラスチック板に描かれている横線が親指の幅に相当し，紐の長さが腕の長さに相当するのである．

森の健康診断の時などに，ビッターリッヒ法についても実習をすると，参加者の皆さんは，この不思議な方法に大変興味を持つようである．

ビッターリッヒ法を少し応用した森林調査法として至近木法がある．至近木法では，ビッターリッヒ法を実施した地点からの至近木3本の胸高直径と樹高を計測しておく．至近木3本の幹断面積の平均を (g) とすれば，ha当たりの立木本数密度 (N) は，ビッターリッヒ法から推定した林分断面積 (G) を，至近木3本の幹断面積の平均 (g) で割ることで推定できる．平均樹高の推定値として至近木3本の平均樹高を用いることにすれば，同齢単純林の成長状態を表す五つの統計量，すなわち，N（ha当たり立木本数密度），H（平均樹高），D（平均直径），G（ha当たり林分断面積），V（ha当たり蓄積）は，すべて至近木法によって推定できることになる．なお，Vは，$V = F \cdot G \cdot H$で推定する．この他にも，林分表を簡便に推定できるカウント木法などがあるが，紙幅の関係もあり，その説明は専門書に譲る．

11 森林の健全度を測る簡便な指標《相対幹距と形状比》

間伐が手遅れの人工林は，外から見た場合は普通の森林に見えるが，中に入ってみると枝葉が茂りすぎていて光が差し込まない森林になっている．森の中に入って下から見上げた場合に，葉が覆い繁り，空が見えない状態を鬱閉（うっぺい）という．鬱閉している森では，ha当たりの葉量は樹種ごとに

ほぼ一定である．それは，太陽光線がほぼ使い尽くされており，それに見合った葉量しか存在できないからである．したがって，地表には植物が生育するための十分な光が届かず，下層植生は生えていない．土壌もむき出しになっている．

鬱閉している森では，ha 当たりの葉量がほぼ一定であることから，その葉量をそこに生育している立木で分け合うことになる．したがって，立木本数密度が高ければ，その分，1 本当たりに配分される葉量が減り，その結果，幹の肥大成長は抑制され，樹高の割に直径が細い木ばかりの森林になってしまう．

このような不健全な状態になる前に適宜間伐を実行していかなければならないが，森林の健全度を測る簡便な指標として，相対幹距と形状比がある．

相対幹距は，立木の混み具合を表す指標の一つであって，平均樹高に対する平均立木間距離の百分率で表される．いま，ha 当たりの立木本数密度を N とすれば，1ha，すなわち 1 万 m^2 に N 本の木が生えているのであるから，1 本当たりの平均占有面積 s は，$s = 10000 \div N$ で与えられる．そして，平均占有面積を正方形と仮定すると，その 1 辺の長さは占有面積の平方根で与えられるので $\sqrt{s}$ となる．この長さは平均的な立木間の距離を示していると見なすことができる．したがって，相対幹距は次式のように表される．すなわち，

$$相対幹距 = \sqrt{s} \div H \times 100 = 10{,}000 \div \sqrt{N} \div H$$

であり，単位はパーセントである．相対幹距は過密であるほど小さな値を示す．『森の健康診断』によれば，17 〜 20% が適正であり，14 〜 17% が過密，14% 未満は超過密である．

形状比とは胸高直径に対する樹高の比である．たとえば，樹高が 30 m，胸高直径が 40 cm の木があるとすれば，30 m = 3,000 cm なので，この木の形状比は 3,000 cm ÷ 40 cm = 75 となる．形状比は細長い木ほど，すなわち，ひょろひょろとした木ほど高い値を示す．『森の健康診断』では，形状比は 75 〜 80 が望ましく，80 〜 90 以上だと風雪害の危険が増すとされている．形状比は本来，1 本 1 本の立木に対する概念であるが，平均胸高直径に対する平均

樹高の比を「林分形状比」と呼び，森林全体の健全度を表す指標として用いられている．安全とされる林分形状比は平均樹高によって若干異なり，樹高が低いほど安全とされる林分形状比も低くなる傾向がある．

12 森林によって固定された二酸化炭素量の推定

　地球の温暖化が問題になっている．地下に眠っていた石油などの資源を大量に消費した結果，大気中の二酸化炭素などの濃度が上昇し，温室効果が生じているからである．森林は光合成により空気中の二酸化炭素を吸収し，その一部を木材という形で固定するので，二酸化炭素削減の担い手として期待されている．

　ある一定期間において森林が固定した二酸化炭素の量は，その一定期間における蓄積の増加量から推定することができる．ここでは，森林によって固定された二酸化炭素量や炭素量を推定する簡便法を説明する．

　樹木は生きているので樹体内に大量の水を含んでいる．我々が知りたいのは水分を取り除いた状態，つまり，乾燥した状態の時の木材の重さである．幹材積に対する乾重量の比は容積密度と呼ばれている．各樹種について容積密度が調べられているが，平均値は 0.32 である．単位は t/m^3 である．ところで，幹材積は幹の部分だけの材積である．枝葉や根も考慮しなければならない．幹材積の乾重量に対する樹木全体の乾重量の比の平均値は 1.6 であり，この数値は拡大形数と呼ばれている．単位はない．木材の乾重量に対する炭素重量の比は炭素含有係数と呼ばれているが，その値は約 0.5 である．以上のことから，森林調査の結果得られた ha 当たり蓄積に，容積密度と拡大係数，炭素含有係数を乗じることにより，枝葉根を含んだ ha 当たり炭素重量を算出することができる．このようにして推定した炭素重量は，その森林が長年にわたって蓄えてきた炭素重量である．したがって，その値をその森林の年齢（林齢）で割れば，ha 当たり年当たりの炭素吸収量を推定することができる．

　炭素重量から二酸化炭素の量を計算するのは簡単である．二酸化炭素は化

学式で書くと CO_2 である．炭素 C の原子量は 12，酸素 O の原子量は 16 であるので，二酸化炭素の分子量は $12+16\times2=44$ である．よって，炭素重量から二酸化炭素の量を推定するには 44／12 を乗ずればよい．

　このようにして求めた二酸化炭素の量は，森林によって固定された二酸化炭素の量である．実際には，森林はもっと多くの二酸化炭素を吸収しているが，樹木自身の呼吸や，枯れ枝等が分解する過程で二酸化炭素を放出している．差し引き残った分が森林によって固定された二酸化炭素の量である．高齢な天然林はほとんど成長しないので，炭素の固定量は少ない．一方，若い人工林は成長が旺盛なので，それだけ多くの炭素量を固定している．森林が固定した炭素を，木材という形で家や家具等に利用すれば，さらに長期にわたって炭素を貯蔵することが可能になる．

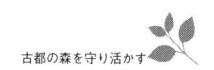

第9章　市民・企業参加による森づくり

森林の炭素吸収量　集計表

京都府立大学　生命環境学部　森林科学科

提出日：
名前：
調査年月日：　　年　　月　　日
調査場所：演習林　　　林班　　小班
樹種：

項目	求める量	記号	単位	計算式	数値	計算結果
面積	調査地面積	A	m²		データ	
	調査地面積	B	ha	B = A ÷ 10000		
木数密度	木数密度（1ha 当たりの木数）	C	本/ha		データ	
調査林の幹材積	調査幹材積合計	D	m³	D = C ÷ B		
	ha 当たりの幹材積	E	m³/ha		データ	
		F	m³/ha	F = E ÷ B		
調査林の乾重量	ha 当たりの幹の乾重量	G	t/ha	G = F × 0.32		
	ha 当たりの乾重量（枝葉根を含む）	H	t/ha	H = G × 1.6		
調査林の炭素量と二酸化炭素量	ha 当たりの炭素重量	I	t/ha	I = H × 0.5		
	林齢	J	年		データ	
	ha 当たり年当たり炭素の吸収量	K	t/ha,y	K = I ÷ J		
	ha 当たり年当たりの二酸化炭素吸収量	L	t/ha,y	L = K × 44 ÷ 12		
日本の森林の炭素量と二酸化炭素量	森林面積	M	万ha		データ	2500
	森林の炭素量	N	万t	N = I × M		
	年当たり炭素の年吸収量	O	万t/y	O = K × M		
	年当たり二酸化炭素の年吸収量	P	万t/y	P = O × 44 ÷ 12		
日本の二酸化炭素の排出量と吸収量の比較	日本における二酸化炭素排出の年排出量	Q	万t/y		データ	120,000
	二酸化炭素排出に対する吸収の割合	R	%	R = P ÷ Q × 100		
	二酸化炭素の排出を全て吸収するために必要な森林面積	S	万ha	S = Q ÷ L		
	日本の人口	T	万人		データ	12,000
	1人当たりの二酸化炭素排出量	U	t/y	U = Q ÷ T		
	1人が1年に排出する二酸化炭素を吸収するために必要な森林面積	W	ha	W = U ÷ L		

※ 松本朗氏の集計表を改変した。

考察：

京都府における森林ボランティア活動の現状

　間伐が手遅れの人工林の増加，里山林の喪失など森林の荒廃が進む中で，地域住民，あるいは，中下流域市民による森林ボランティア活動が徐々に広がりを見せている．京都府内においても，以前から自然環境の保全や整備に関わる市民団体が数多く存在し，活発に活動を展開している．2006年11月に（社）京都モデルフォレスト協会が設立されたが，今後，モデルフォレスト運動を展開して行くにあたって，NPO（特定非営利活動法人）をはじめとする市民団体が果たす役割は大きいものと予想される．

　国際モデルフォレストネットワーク（2006）によれば，モデルフォレストとは，景観生態学的にもひとつのまとまりとして考えられる「流域」を単位とし，森林に関わる市民団体・研究機関・企業・行政などのあらゆる利害関係者が同じ立場に立ち，パートナーシップを形成し，それによる合意形成のもと，持続可能な森林経営を目指し，その過程や結果を共有しあう取り組みのことを指している．これまでの森林管理は，森林所有者や行政，森林組合などの森林に直接関係する人のみで行われてきており，それ以外の人々が森林施業やその立案に直接関わる場はほとんどなかった．モデルフォレスト活動は，森林の管理に住民や市民も参加するという変化をもたらすだけでなく，森林と人々との関わり方についても変化をもたらす活動であるといえる．というのも，現在の日本の森林問題は，「人が自然に関わらなさ過ぎた」ために生じているからである．

本節では，京都府における森林ボランティア活動の現状をアンケート調査した結果を報告するとともに，モデルフォレストの今後の展開にあたって考慮すべき点について考察する．

1 調査方法

森林の公益的機能を十分に発揮できる森林の再生に向けた森林整備，ならびに，一般市民の森林に対する興味・関心・理解の向上の両面から，森林ボランティアの果たす役割が今後ますます重要になると予想されることから，京都府内において自然環境の保全や整備に関する活動を行っている団体について，その現状を把握することを目的として，以下の二つの調査を実施した．

①京都府内を中心に活動する森林ボランティアの構成や意識傾向についてのアンケート調査．
②京都府内において自然環境の保全や整備に関する活動を行っている団体の資料を用いて，活動内容を分類し，その活動傾向を分析する資料解析調査．

アンケート調査は，2005年10月，主に京都府内において活動する計39団体について実施した．この39団体は，京都府林務課ホームページ内の「森林・林業・木材に関わる団体」に掲載されている団体を中心として，その他関係者からの聞き取り，「森林」をキーワードとしたインターネット検索を基に抽出したものである．なお，有効回答は30団体，未回答は9団体であった．本アンケート調査は，平成16年度公益信託永井研究助成基金の助成により「森林ボランティアの効果的な活動形態に関する研究　－府民ぐるみで取り組む森林保全活動の構築を目指して－」というテーマで，神代・芝原により実施されたものである．筆者らは，このアンケート調査結果の解析に参加したという経緯を持つ．

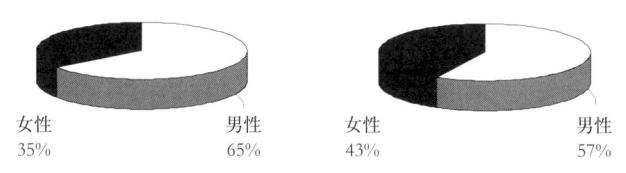

第9章　市民・企業参加による森づくり

女性　　　　男性　　　　女性　　　　男性
35%　　　　65%　　　　43%　　　　57%

図9-4-1　全団体（左）と，森林内での作業を活動の主軸にあげる団体（右）における男女構成比

2 アンケート調査の結果と考察

山本（2003）によれば，一般的に森林ボランティアとは，その対象となる森林から直接的な利益を期待できない人々による森林保全活動を指すが，今回はそれら森林ボランティアに対して行われたアンケート項目のうち，本研究の題意に沿うと思われる以下6項目を抜粋し，その結果について考察した．

①団体構成員の男女構成（図9-4-1）
②団体構成員の年齢構成（図9-4-2）
③活動に参加する人の属性（図9-4-2）
④活動の際の問題点（図9-4-3）
⑤活動の充実のために行政に望むこと（図9-4-4）
⑥今後の活動の方向性（図9-4-5）

まず，①男女構成比（図9-4-1）であるが，有効回答30団体の全構成員について見てみると，男性が65％，女性が35％となっている．森林内での作業活動を主体とする団体においては，男性が57％，女性が43％となっており，全体と比べ女性の占める割合が若干大きくなっている．森林内の作業は，下刈りや間伐などの力仕事が主であり，体力的に厳しいイメージがあるが，今回の結果からは，森林ボランティア活動への参加については，男女による違いはさほど見受けられなかった．むしろ，全体の構成比との比較から推測すれば，女性の方が，実際の森林作業に対する興味や関心が高いものと考えられる．

第4部　協働の森づくり

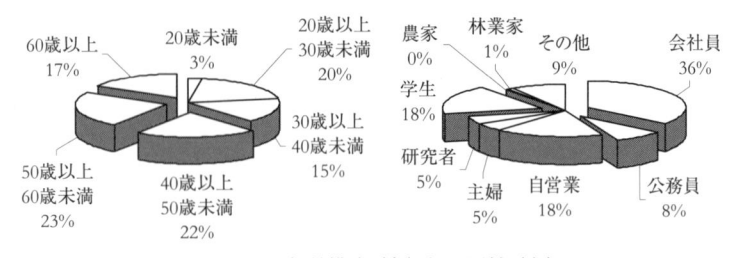

図 9-4-2　年齢構成（左）と，属性（右）

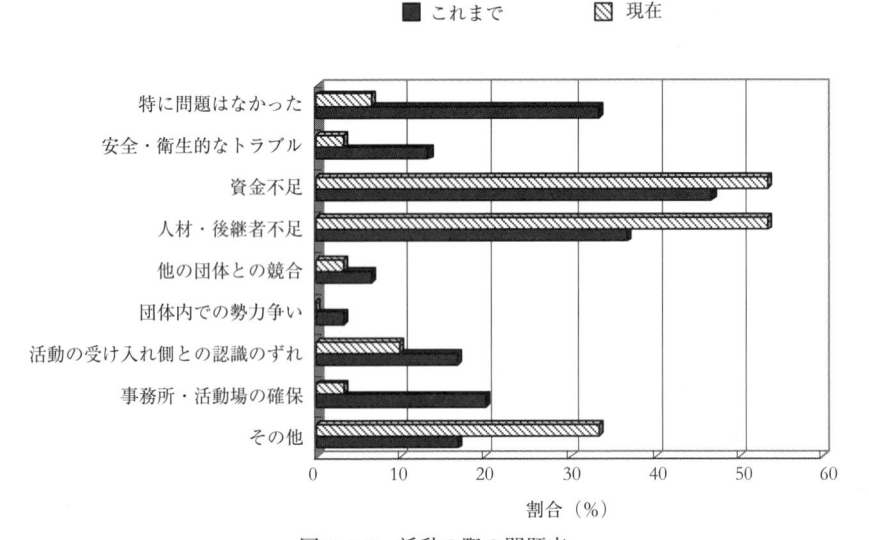

■ これまで　　☒ 現在

図 9-4-3　活動の際の問題点

　次に，②年齢構成（図9-4-2），および，③属性（図9-4-2）であるが，年齢構成では，40歳以上が全体の60％以上を占めており，中高年が大半を占める形となっている．属性については，団体の活動が主に週末に限られていることもあってか，様々な人々が参加していることがわかる．学生の占める割合が比較的多いのは，京都の特色であろう．京都市郊外にも対象となる森林が多く存在するという地理的条件と，学生を中心とする山仕事サークルが存在するという社会的条件によるものと考えられる．

　④活動の際の問題点（図9-4-3）については，これまでと現在ともに，資

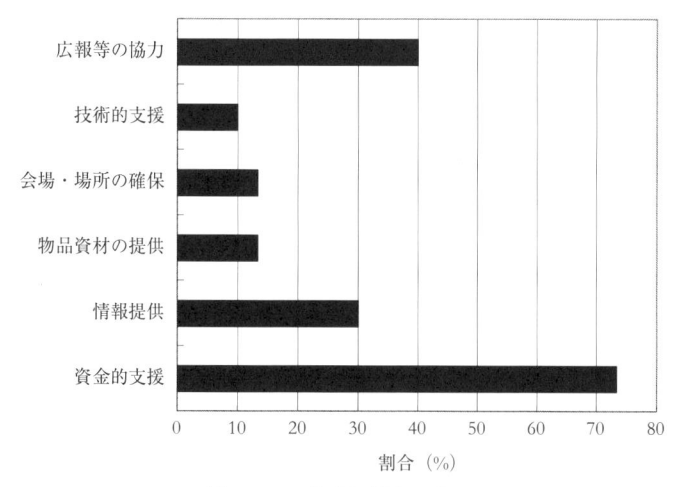

第9章 市民・企業参加による森づくり

図9-4-4 行政に望むこと

金・人材・後継者不足を問題としている団体が多い．これらは，団体の運営や存続に強く影響するため，問題意識は高いと考えられる．また，「その他」の欄は書き込み形式で意見を問うたものであるが，「活動の幅が広がりすぎている」など，基本的な運営上の問題点というよりは，今後の活動の展開の際の問題点が多く挙げられていた．

⑤活動の充実のために行政に望むこと（図9-4-4）では，資金的支援に続いて，広報等の協力，情報提供が挙げられている．広報や情報の入手は，団体にとって重要な活動であるが，資金面の問題と深くかかわっていると考えられる．

⑥今後の活動の方向性（図9-4-5）については，活動の幅を広げるよりも，質の向上を目指す団体が多い結果となった．図9-4-3の結果において「その他」に書かれていた内容からも推察できることであるが，今回調査対象とした団体は，初期の活動目的が一応達成できる段階に達しており，今後は内容のより一層の充実により質的向上を目指す段階に入りつつあるものと思われる．

第4部　協働の森づくり

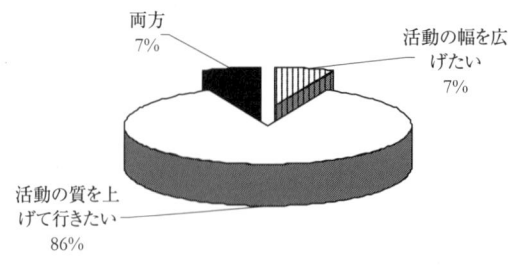

図 9-4-5　今後の活動の方向性

3 活動団体の資料の解析結果と考察

　京都府内において自然環境の保全と整備に関する活動を行っている団体（特に森林ボランティア活動を行う団体を対象とする）を，アンケート調査の時と同様の方法で抽出した．それらの団体の中から，すでにホームページ（HP）を開設し，情報を開示している団体について，資料，定期刊行物，HPをもとに活動内容を分類し，その傾向を調査した．資料とHPを併せて利用した団体は 17 団体，HPのみを利用した団体は 15 団体，計 32 団体を対象とした．調査内容は，活動地域と活動内容についてである．

　まず，活動地域であるが，特定の地域や山林を活動の場としている団体が，全体の 62％，不特定の地域，つまり京都府全域や，全国を対象として活動する団体が全体の 38％となった（図 9-4-6）．

　つぎに活動内容についてであるが，各活動団体の資料の中で出現回数の多い「観察」，「森林整備」，「研修・講習」などのキーワードを中心とする全 14 項目（表 9-4-1）に関して，複数選択有りで集計した．

　活動内容（図 9-4-7）に関しては，多くの団体が「講習・研修」により自らの知識や技術の向上，さらに団体活動の質の向上を図り，「交流会」により，知識や経験を共有しているものと考えられる．他団体との交流により活動の幅が広がるとともに，地域住民との交流により活動に対する理解を深めているものと推察でき，さらには人と人とのつながりを結ぶことへの意識もうかがえる．続いて，「環境教育」，「観察」が約半数の団体に該当している．該

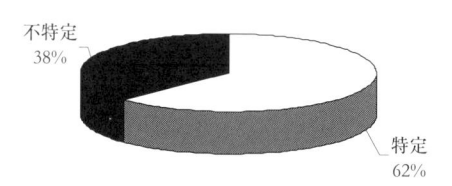

図 9-4-6　活動地域

表 9-4-1　主な活動と内容

項目	主な内容
森林整備	山林保全のための保育・間伐・伐採作業
植樹	活動地域や公園などへの植樹（記念植樹も含む）
木工	木工作，製品の販売
木材利用	地域材・間伐材の利用またはその普及啓発活動
情報発信	活動に関する情報の発信，定期刊行物の作成
助言・支援	他団体の活動に対する助言・支援，普及啓発活動
講習・研修	知識・技術の向上のための講習会，講演会
交流会	他団体，地域住民との交流会
環境教育	子供の自然体験など
観察	活動地域の自然観察
調査	活動地域の植生調査，資料の作成
炭焼き	炭焼き・竹炭作り
農業体験	米作り，野菜作り
里文化伝承	地域の料理や文化の伝承

当団体では，これら両方に該当するものがほとんどであり，環境教育のひとつの手法として自然観察を用いている団体が多く見られた．「情報発信」が多い埋由として，自然環境そのものが複雑多岐なものであるため，経験をお互いに提供し共有しあうことで活動を深めているものと考えられる．また，活動に関する情報を積極的に外部に発信することが，会員の獲得にもつながるためと考えられる．図 9-4-7 では，団体総数の約 30％にあたる 10 団体以上に当てはまる活動について黒色の棒で強調している．

また，特定の地域・不特定の地域で活動する団体，それぞれに対する 14 項目の割合を図 9-4-8 に示す．活動地域の特定・不特定にかかわらず，講

第4部　協働の森づくり

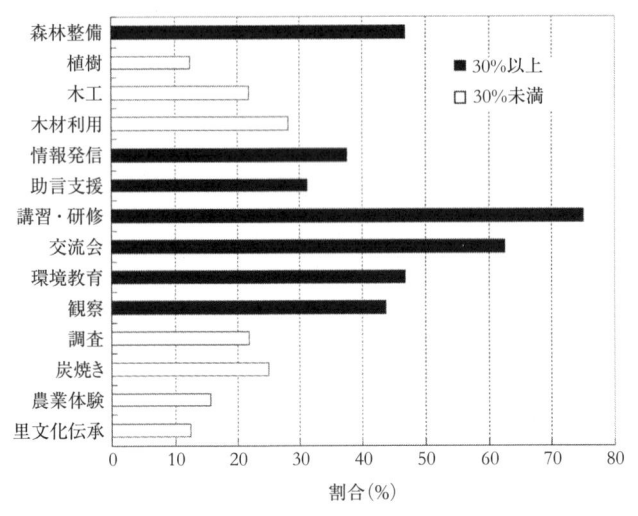

図9-4-7　活動内容の割合

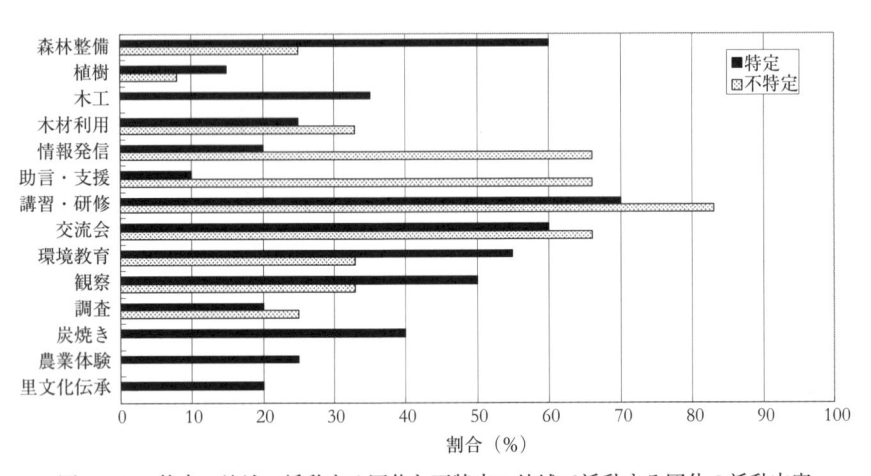

図9-4-8　特定の地域で活動する団体と不特定の地域で活動する団体の活動内容

習・研修，交流会に多くの団体が該当している．森林整備や炭焼き，農業体験といった特定の活動地域を必要とするものは，やはり特定の活動地域を持つ団体に多く該当し，一方で，特定の活動地域を定めずに活動する団体の活動には，情報発信，助言・支援が多く該当した．

さらに，上述の14項目について内容の似ているもの（例えば，観察と調査など）を表9-4-2に示したように6項目にまとめ，その活動程度について点数分けし，各団体それぞれについてレーダーチャートを作成し，活動傾向を視覚的に表現した（図9-4-9, 9-4-10）．表9-4-2のレーダーの点数に関しては，「0：活動なし」から「4：非常に活発である」を基準とし，特に「4」に関しては，その項目内容の普及啓発活動や他団体との関わりなど，その項目に関する総合的な活動を行っていると考えられる団体につけている．また，「里文化伝承」の項目については，都市圏の住民が文化の伝承や地域づくりのような活動を行う際，活動を継続する上での生活拠点が重要であると考えられるため，「宿泊施設を持つ」を「4」としている．またこの6項目は上から順に，表9-4-1の6区分に対応している．

次に，活動内容と活動場所との関係であるが，典型的な活動団体のレーダーチャートを図9-4-9, 9-4-10に示す．特定地域で活動する団体，不特定地域で活動する団体ともに，「講習・研修」，「交流会」に該当する団体が多い．特定の地域で活動する団体においては，他のどの活動に対しても幅広く一定のレベルで活動していることがみてとれる．不特定の地域で活動する団体については，特定の活動場所を必要とする活動内容は低い割合となっている一方で，「助言・支援」，「情報の発信」が高くなっている．これらは，不特定の地域で活動している団体は，活動内容の普及啓発をテーマに取り組んでいることが多いことからも推察できる．さらに，不特定の地域で活動する団体の「講習・研修」には，自らの団体から他の団体へ人員を派遣し講演を行うなど，講演者側になる場合も含まれていた．

4 モデルフォレスト運動における市民団体の位置づけ

京都府内において自然環境の保全・整備に関して特定の地域で活動する市民団体は，森林作業のみを活動内容にあげていることは少なく，文化を含めた地域全体に関する活動を幅広く行っていることが明らかとなった．これらの市民団体は，市民個人の考えや地域住民の意見を，モデルフォレストとい

表 9-4-2 レーダー項目と点数および内容

項目	点数および内容				
	0	1	2	3	4
森林整備	なし	草刈程度	林道・歩道の整備	本格的な保育施業	木材生産全般
木材に関して	なし	木工作程度	間伐材を用いた木工	製品の販売	普及啓発活動
情報発信に関して	なし	HPのみ	HPと定期刊行物	他団体への助言・支援	普及啓発活動
自己啓発・交流会	なし	講習 or 研修 or 交流会	講習・研修会	講習・研修・交流会	団体のネットワーク活動
観察・調査	なし	自然観察	植生調査	本格的な植生調査や資料製作	他団体への指導
里文化伝承	なし	炭焼きなど1つ	複数	活動地域の活性化を目的とする	宿泊施設を持つ

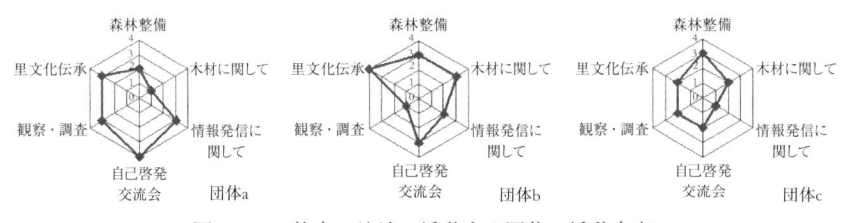

図9-4-9　特定の地域で活動する団体の活動内容

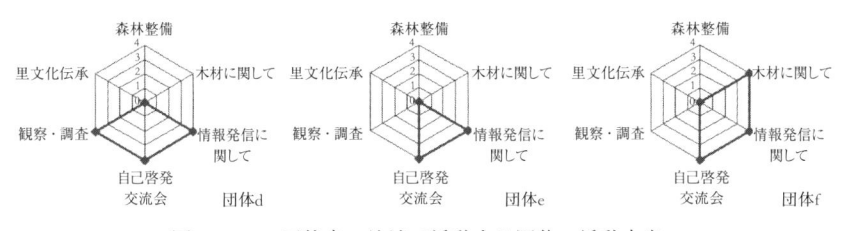

図9-4-10　不特定の地域で活動する団体の活動内容

う活動の中で主張する立場を有することで，市民の「声」としての重要な役割を果たすと考えられる．

　一方，活動地域を特定せずに活動する団体は，普及啓発活動や他団体とのネットワーク活動に重点をおいている傾向が明らかとなった．市民参加型のパートナーシップを基本に運営されるモデルフォレストの活動の中で，これらの団体の存在は非常に重要である．

　市民の間で，自然環境の保全・整備に対する意識が高まりつつある近年では，森林ボランティア団体は単に働き手としての存在ではなく，自然環境に関心を持つ市民にとって，活動・実践の場としての役割を果たすことも期待される．

5　モデルフォレスト運動の今後の展開において考慮すべき点

　活動団体の多くは活動の資金に問題を抱え，他の団体との協働を望んでいることが明らかとなった．資金面については，モデルフォレストの活動が活

発になるにつれ，モデルフォレストに参加する森林ボランティア団体のへの認知も促進されると予想され，それに伴い補助金の獲得や，モデルフォレスト参加団体のための基金の設立などにより克服が可能であると予想される．協働については森林ボランティア団体の側とモデルフォレスト運営側の両方にとって利害関係が一致しており，森林ボランティア団体との協働によりモデルフォレストが形作られることで，京都モデルフォレストの活動の一つの大きな特長になると考えられる．

　アンケート調査の結果から，活動者の年齢構成は中高年と呼ばれる世代が大半を占めていることがわかる．これらの年代は，いわゆる「団塊の世代」を含んでおり，近い将来定年を迎えるにあたり，今後の年齢構成において中高年比がさらに増加する可能性があるだけでなく，活動人口そのものが増える可能性，それに伴い活動の方向性や内容がさらに多様化する可能性を含んでいる．これらの森林ボランティア団体はすべて非営利で活動しており，その資金源は主に個人の出資や寄付，補助金で成り立っている現状にあるため，資金的な問題はボトルネックになっている．また広域にわたる広報活動や情報収集・提供は，全体を見渡す役目を持つ行政が担うことが相応しい活動内容であると思われる．広報活動や情報収集・提供活動を充実させることにより，行政は京都府内で活動する団体の現状や動向などをリアルタイムで把握できると考えられる．

　活動団体の資料を解析した結果からは，特定のフィールドをもって活動する団体ほど活動の幅が広く，特定のフィールドを持たずに活動する団体ほど普及啓発活動や情報発信を重点的に行っていることが明らかとなった．さらに，情報発信の点では，高齢化やインターネット普及率の問題から，現段階ではインターネットによる情報発信だけでは不十分であるため，情報の内容や対象とする人に応じて発信方法や形態を変えていく必要がある．

　以上から，京都府内において自然環境の保全や整備に関して活動を行う森林ボランティア団体の傾向として，以下の点が挙げられる．

　①中高年の活動者が多く，今後さらに増加する可能性があり，活動場所や活動内容に充実が求められている．

②活動資金や後継者不足に関して問題を抱える団体が多く，団体の存続にとって大きな課題になっている．
③他団体や地域住民とのネットワークを意識する団体が存在している．
④活動内容は多様であるが，今後の活動に「質の向上」を意識する団体が多い．

　本研究によって，現在，京都府内において自然環境の保全や整備に関して活動する団体は，幅広い活動を行っていること，なかでも特定の地域で活動する団体はその地域づくりに一役かっており，不特定の地域で活動する団体は団体同士の繋がり（ネットワーク）を意識して活動していることなどの現状を把握することができた．これにより，市民参加とそのパートナーシップを軸とするモデルフォレストの活動において，これらの団体が重要な役割を果たす可能性が示された．しかし，資金・後継者の獲得，情報の収集・発信等に問題を抱えている団体も多いことも明らかとなった．

　また，各森林ボランティア団体の活動は一定の成果をあげており，その内容も充実してきていることが認められた．モデルフォレスト運動において，各団体が協働の輪を広げるとともに，各団体が自分達の得意とする分野を中心にモデルフォレスト運動での役割分担を明確にすることができるようになれば，団体同士の連携と協働の増進がますます図られる可能性が示唆された．

　以上のように，今回調査対象とした自然環境の保全と整備に関して活動する団体は，京都モデルフォレスト運動の中で，市民参加の「場」として，ならびに，市民の「声」として，今後その役割がより大きくなると予想されるが，今までの活動内容と実績から，これらの森林ボランティア団体はモデルフォレスト運動を展開していく駆動力としての可能性を既に有しているといえる．

　本調査により各森林ボランティア団体の活動傾向が明らかとなった．森林ボランティア団体同士の横のつながりを意識して活動を行う団体が存在していたにも関わらず，これまでそのネットワークを広げる機会がほとんどなかったが，今後は，各森林ボランティア団体の現状をふまえたモデルフォレ

スト運動の展開が求められるといえよう.

謝辞

　本アンケート調査は，H16年度公益信託永井研究助成基金の助成により実施されたものであり，その解析を共同で行ったものである．永井研究助成基金ならびに研究成果の引用を認めて下さいました神代圭輔氏，芝原淳氏に厚く御礼申し上げます．また，本研究に際してアンケート調査や資料提供ならびにインタビューに快く応じていただきました市民団体の皆様に，心から御礼申し上げます．

大学生による森づくり，山仕事，地域美化活動

森林サークル『森なかま』

森なかま元副代表　西村辰也

　森なかまは平成14年に京都府立大学に発足したサークルです．本学の森林科学科には森林に興味を持った学生がたくさんいますが，講義の中で実際に森林に触れる機会は多くはありません．また，本学には附属演習林がありますが，森なかまが発足するまでの演習林は主に研究のための利用が中心で1～3回生が演習林を利用する機会はほとんどありませんでした．自分たちの大学の演習林を，森林・林業を体験・学習する場として利用したいという強い思いが「森なかま」発足の原動力であり，当時から変わらないスローガン「森への関心・理解を深め，京都府立大学を日本一森林に関心を持っている学生が多い大学にする」のもと，現在も活動しています．

　森なかまの活動は本学演習林を中心とした山林作業や，その山林作業で出る間伐材を利用した木工作業，様々なテーマで議論し合う勉強会，いろいろな所に出かけて森林や環境について広く学ぶ見学会，自然観察会，さらには学外でのさまざまなイベントへの参加など，とても幅広いものです．近年では，京都府立大学が行っている学内提案公募型事業の一環として，緑が多いことから「緑風学舎」と呼ばれる本学キャンパスの樹木マップ「校内樹木地図」を作成して学内に配布したり，森林の数十年後の姿を想像し，長期的な視野を持って施業計画を立て，施業の効果を経年的に観察していこうという考えのもと，本学大枝演習林(京都市西京区)において「森なかまの森づくり」計画を進めたりしています．また平成18年には，京都市左京区の事業である「左京に息づく伝統文化の保存・継承と観光振興～京都創生へ左京から～」に参加し，左京区の伝統行事の1つである「広河原地域の松上げ」について森林資源という観点から調査を行い報告書を作成しました．

　約5年にわたるこれらの活動が認められ，森なかまは平成19年に第19回森林レクリエーション地域美化活動コンクールにおいて，全国森林レクリエーション協会長賞を受賞いたしました．森なかまをつくり，支えてくださった先輩方の思いと，その先輩方から知識や技術を受け継いで活動している現在のメンバーの思いが実を結んだのだと大変うれしく思っていま

す．これを機会に森なかまの存在を多くの方々に知っていただき，意見交換をしたり，共に活動する中で，少しでも森林の大切さについて考えてもらえれば幸いです．しかし今回このような賞をいただけたのは約5年に及ぶ先輩方の地道な活動があったからだということを忘れてはいけないと思っています．このような名誉のある受賞につながった森なかまらしい地道な活動を大切にし，今後も活動を続けていくつもりです．

京都府立大学キャンパスの樹木マップ「校内樹木地図」

「森なかま」ホームページ
http://morinakama.hp.infoseek.co.jp/index.html

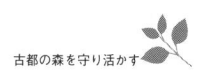

京都三山の変化に関する市民意識

　これまでに繰り返し述べてきたように，京都三山の森林は徐々にではあるが確実に変化してきている．そうした変化に地元の市民は気づいているのであろうか，あるいは，関心を持っているのであろうか．さらには，森林の変化をどのように受け止めているのであろうか．この本の最後の節にあたり，京都三山における森林の変化について，市民の意識調査を実施した結果を報告する．

1　アンケート調査の方法

　アンケート調査を，2006年11月に，以下の通り実施した．

■　アンケート対象者

　京都市上京区，中京区，下京区，東山区，左京区に在住する明治，大正，昭和生まれの人を調査対象にした．京都市役所の許可を得て，住民基本台帳からアンケート対象者を無作為に抽出した．抽出者数は，各区から100名，合計500名であった．

■ アンケート送付結果

アンケート用紙を 500 部郵送したが，送付結果は次の通りであり，回収率は 53.6% であった．

あて所に尋ねあたりません	8 名	1.6%
転居先不明で配達できません	3 名	0.6%
受け取り拒否，差出人戻し	2 名	0.4%
受け取り後，回答拒否	5 名	1.0%
無回答者	214 名	42.8%
回答者	268 名	53.6%

2 アンケート調査結果

問1　お住まいはどちらですか．
　　　京都市内（上京区，中京区，下京区，東山区，左京区）　100%

問2　あなたの性別と年齢を教えてください．

性別			
	男性	115 名	42.9%
	女性	135 名	50.4%
	無回答	18 名	6.7%

年齢			
	10 代	5 名	1.9%
	20 代	30 名	11.2%
	30 代	32 名	11.9%
	40 代	34 名	12.7%
	50 代	52 名	19.4%
	60 代	53 名	19.8%
	70 代以上	59 名	22.0%
	無回答	3 名	1.1%

問3 あなたのご職業を教えてください.
   1. 会社員等　　　　　59 名　22.0%
   2. 自営業等　　　　　49 名　18.3%
   3. 公務員等　　　　　12 名　 4.5%
   4. 主婦・家事手伝い等　70 名　26.1%
   5. 大学生・院生等　　13 名　 4.9%
   6. その他　　　　　　63 名　23.5%
   7. 無回答　　　　　　 2 名　 0.7%

問4 あなたと同居している家族は，あなたも含めて何人ですか.
   1人　　　53 名　19.8%
   2人　　　87 名　32.5%
   3人　　　54 名　20.1%
   4人　　　42 名　15.7%
   5人　　　12 名　 4.5%
   6人　　　11 名　 4.1%
   無回答　　 9 名　 3.3%

問5 以下の言葉について，以前からご存じでしたか.

言　葉	1. 知っていた	2. 名前だけは聞いたことがあった	3. 知らなかった	4. 無回答
里山	134 名　50.0%	57 名　21.3%	65 名　24.3%	12 名　4.4%
シイノキ	131 名　48.9%	65 名　24.3%	62 名　23.1%	10 名　3.7%
マツ枯れ	182 名　67.9%	35 名　13.1%	43 名　16.0%	8 名　3.0%
生態系	164 名　61.2%	44 名　16.4%	42 名　15.7%	18 名　6.7%
植生遷移	41 名　15.3%	51 名　19.0%	161 名　60.1%	15 名　5.6%

問6 5月中旬に，シイノキの花が咲いているのを見たことがありますか.
   1. 間近で見たことがある　　　　31 名　　11.6%
   2. 遠くから眺めたことがある　　64 名　　23.9%
   3. 見たことはない　　　　　　172 名　　64.2%

```
           4. 無回答                1名       0.4%
   小問：シイノキの花が咲いているのを見たことがある方に質問します．
      回答者88名
      シイノキの花が一斉に咲いている様子を見て，どのように感じま
      したか．
       1. 美しいと思った         26名      29.5%
       2. 何も感じなかった       28名      31.8%
       3. 異様に感じた           34名      38.6%
```

問7　京都は日本の文化・歴史を代表する重要な地域です．京都盆地を囲む森林は長い歴史の中で維持・管理され，利用されてきました．そのため，京都らしい景観が形成されてきました．しかし現在は，昔のような生活に密着した利用はされなくなったため，植生の遷移が進み，常緑広葉樹林（近畿地方ではシイ・カシ林）の分布が広がりつつあります．詳しくは，別紙の「京都三山における森林の変化について」をご覧下さい．

　植生遷移の進行は当然の結果で，生態学的には問題はありません．しかし，観光都市としての京都にとって，森林を背景にした古都の景観が変化しつつあることも事実です．

　あなたは京都盆地周辺でのシイ林の拡大の話を聞いたことがありましたか．1つに○をつけてください．

```
       1. 聞いたことがあった      26名       9.7%
       2. 聞いたことはなかった   241名      89.9%
       3. 無回答                  1名       0.4%
```

　京都盆地周辺の森林の景観に対しては様々な考え方があります．つぎの1〜6のうちあなたのお考えにもっとも近いものに1つ○をつけてください．

　　　重複回答者有り　回答総数279
1. シイノキの分布の拡大は自然の推移によるものである　　21名　　7.5%

から，そのまま植生遷移にまかせておくのがよい．
2. 特定の植物だけが分布域を拡大するのは好ましくない．　46名　16.5%
3. 古都京都の森林景観である松や桜が混交する森林に　100名　35.8%
回復させるために，積極的に手入れをする方がよい．
4. 里山として利用できるように手入れをして，コナラ等　14名　5.0%
の落葉広葉樹を主体とする森林に変えていくのがよい．
5. 森林所有者の意向を尊重すべきであって，森林所有者　14名　5.0%
に任せておけばよい．
6. 行政や専門家の判断に任せたい．　　　　　　　　　31名　11.1%
7. この問題は地域の問題として捉えるべきであり，市民　53名　19.0%
参加型の会議を開催し，十分に討議をして決めるべきである．

あなたは，京都盆地周辺の森林に何らかの手入れが必要だと思いますか．
1つに○をつけてください．

1.	必要である	186名	69.4%
2.	必要でない	4名	1.5%
3.	わからない	72名	26.9%
4.	無回答	6名	2.2%

京都盆地周辺の森林では様々な森林の手入れが行われていますが，あなたはどう思いますか．
1〜6のうち1つに○をつけてください．

1.	賛成	141名	52.6%
2.	やや賛成	42名	15.7%
3.	中間	50名	18.7%
4.	やや反対	4名	1.5%
5.	反対	5名	1.9%
6.	関心がない	21名	7.8%
7.	無回答	5名	1.9%

問8 京都市周辺の森林は，古都京都の景観上重要であるだけでなく，野生動植物の生息地としても重要な生態系を構成しています．そこで，古都京都としてふさわしい景観と，生態系を維持するために，何らかの保全政策が検討されているとします．この政策を実施すると，あなたの家計にかかる税金が年間（○○）円だけ上昇するとします．あなたはこの保全政策に賛成ですか．それとも反対ですか．この金額は京都市周辺の森林整備にのみ使われます．この政策の実施によって，あなたが普段購入している商品などに使える金額が減ることを十分念頭においてお答えください．

税金額	回答者数	賛成者数	反対者数	賛成の割合
300 円	23 名	20 名	3 名	87.0%
500 円	24 名	15 名	9 名	62.5%
800 円	27 名	19 名	8 名	70.4%
1,000 円	24 名	20 名	4 名	83.3%
2,000 円	25 名	14 名	11 名	56.0%
3,000 円	26 名	10 名	16 名	38.5%
5,000 円	25 名	12 名	13 名	48.0%
8,000 円	32 名	14 名	18 名	43.8%
10,000 円	31 名	11 名	20 名	35.5%
20,000 円	24 名	8 名	16 名	33.3%

問9 あなたの年収は税込みで，だいたいどれくらいですか（年金も含めます）．

年収額	回答者数	割合	累積割合
1. 200 万円未満	97 名	36.2%	36.2%
2. 200 万円代	34 名	12.7%	48.9%
3. 300 万円代	27 名	10.1%	59.0%
4. 400 万円代	20 名	7.5%	66.5%

5. 500万円代	25名	9.3%	75.8%
6. 600万円代	15名	5.6%	81.4%
7. 700万円代	7名	2.6%	84.0%
8. 800万円代	6名	2.2%	86.2%
9. 900万円代	5名	1.9%	88.1%
10. 1000〜1200万円	4名	1.5%	89.6%
11. 1200〜1500万円	2名	0.7%	90.3%
12. 1500万円以上	2名	0.7%	91.0%
13. 無回答者	24名	9.0%	100.0%

3 考察

　アンケートの回答者は268名であり，回収率は53.6%であった．男女比は女性の比率が若干高かったがほぼ半々であった．年齢構成は50代以上が若干多くなっていたが，これは京都市内中心部で高齢化が進んでいることを考慮するとある程度納得がゆく数値である．職業は，「主婦・家事手伝い等」が若干多かったものの「会社員等」，「自営業等」，「その他」とほぼバランスがとれていた．なお，「その他」の内容は，無職のお年寄りの方が大半であった．同居している家族数を見てみると，数値には顕著に表れていないものの，都心で一人または二人暮らしのお年寄りが多いという特徴があった．以上のような傾向があったものの，本調査結果は，回答者の属性について極端な偏りを示さなかった．したがって，以下に述べる調査結果は，京都市中心部に居住する人々の意識を反映していると考えられる．

　まず，森林に関するキーワードについての質問であるが，「里山」，「シイノキ」，「マツ枯れ」，「生態系」といった用語は，ほぼ半数以上の，用語によっては約3分の2の市民に知られていた．これに反して，「植生遷移」は60.1%の市民が知らなかったと答えていた．この結果は，京都においても照葉樹林化が徐々に進行していることを，住民の大半が意識していないことの表れであろう．

5月中旬のシイノキの開花を見たことがある人は35.5％であった．3人に1人くらいは見たことになるが，それに対する感想は，「美しいと思った」，「何も感じなかった」，「異様に感じた」がほぼ同数になる結果となった．異様に感じた人の数が若干多かったものの，シイノキの開花現象に対する市民の評価は大きく分かれていた．この結果は，今後，シイノキの分布拡大問題を議論していく上で，合意形成の難しさを予感させるものである．

　シイノキの分布が拡大していることについては，89.9％の人が聞いたことがなかったと答えていた．したがって，ほとんどの人がシイノキの分布拡大に気づいていなかったことになる．京都盆地周辺の森林景観を今後どうしていくべきかという問いに対しては，回答の多い順に，「古都京都の森林景観である松や桜が混交する森林に回復させるために，積極的に手入れをする方がよい」(35.8％)，「この問題は地域の問題として捉えるべきであり，市民参加型の会議を開催し，十分に討議をして決めるべきである」(19.0％)，「特定の植物だけが分布域を拡大するのは好ましくない」(16.5％) であった．「シイノキの分布の拡大は自然の推移によるものであるから，そのまま植生遷移にまかせておくのがよい」という意見に同意した人は7.5％であった．京都盆地周辺の森林に何らかの手入れが必要であると認める人は69.4％にものぼっていた．そして，現在実施されている手入れについては，「やや賛成」も含めると約7割の人が支持していた．

　京都市周辺の森林保全政策のために支払ってもよいと考える「毎年の支払い意思額」は，提示額が千円以下の場合は，賛成者の割合が7～8割を占めていた．提示額が2千円から8千円の場合は，賛成者の割合は4～5割であった．提示額1万円と2万円に対しては，どちらも35.5％の人が支持していた．今回のアンケート調査結果によれば，支払い意思額は，提示額の大小によって急激に変化するという傾向は示さなかった．年収との関係を見てみると，200万円代以下の人が約5割，400万円代以下の人が約3分の2を占める結果となっており，そのような経済状況においても，提示額1万円以上に賛同する人が少なからずいたということは，古都京都の森林景観を保全していくことへの関心の高さや心意気を示すものであろう．

　以上まとめると，京都市中心部に居住する市民の大半は，東山においてシ

イノキの分布が拡大していることに気づいておらず，その現状に対しては，何らかの森林保全政策が必要であると認め，応分の負担も辞さないという考えである．しかしながら，シイノキの開花現象については，美しく感じる人から，異様に感じる人まで意見が別れており，また，支払い意思額への賛成を示す分布曲線についても提示額の上昇に伴い緩やかに減少するという傾向を示しており，これらのことは森林保全政策に対する期待が人によって大きく異なることを表しているといえる．したがって，シイノキの分布拡大問題に対する市民の理解や意見は人によって様々であり，現状では，市民参加型の会議を開催して十分に討議をする段階には至っていないと言える．今後暫くの間は，モニタリングによって得られた科学的なデータに基づいて啓発活動を続けることが必要であろう．

謝辞

　本アンケート調査は，財団法人日本生命財団の平成16年度〜17年度の重点研究助成により「古都京都を取り巻く地域生態系の保全と生物資源の利活用に関する学際的実践研究ならびに地域住民・都市市民との新たな連携」のテーマのもとに実施・解析したものである．財団法人日本生命財団をはじめ，京都市役所，上京区役所，中京区役所，下京区役所，東山区役所，左京区役所のご担当者の方々，そして，アンケート調査に回答をしてくださいました市民の皆様方に心よりお礼申し上げます．

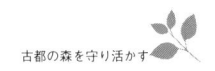

おわりに

　森林は非常に長い時間をかけて，ゆっくりと変化をしていく．その過程で，人間社会との相互作用により変化の方向が変わっていく．京都三山の森林も，長い歴史の中で，人々の生活と関わりながら利用され改変されてきた．特に，千年以上も都であったことから，京都三山の森林は，日本の文化を象徴する景観を形成し，文学や和歌，絵画などでも数多く取り上げられてきた．しかし，昭和30年代の燃料革命以降，森林はほとんど利用されなくなってしまい，その結果，見た目には緑豊かな森林に回復したが，マツ枯れやナラ枯れ，そして，植生遷移に伴い森林の樹種構成そのものが変化してきている．
　本書では，古都京都の森林および関連する事柄について，第1部では歴史を，第2部では現状を，第3部では木材の利活用を，そして，第4部では協働の森づくりに関する最近の取り組みを報告した．古都京都の森林および関連する事柄を様々な側面から捉え分析したつもりであるが，竹林の分布拡大問題をはじめとして取り上げることが出来なかった事柄も多くある．また，内容や記述が重複しているところも幾つかある．しかし，すべてを取り上げることや，重複を避けることは，森林問題ではもともと無理であり，そぐわないと考えている．本来，自然とは，非常に多様なものであり，複雑なものである．そして地域毎に異なる．そのような多様で複雑で地域差のあるものを捉えるには，複眼的なものの見方や思考が必要であり，ひとつの事柄についても，それぞれの側面から，それぞれの立場で見ていく必要がある．

おわりに

　モデルフォレスト運動についても，同様のことが言える．ひとつの森林に様々な人々が係わっており，それぞれの価値観や評価尺度も異なる．相手の立場になって眺めると，また，別の森林が見えてくる．そうしたことの積み重ねにより，やがて，その地域におけるそれぞれの森林の役割や全体像が浮かび上がってくるのではないだろうか．それぞれの地域において，我々の生活と自然や森林との関係は断ち切れないものであるし，また，自然や森林を意のままに制御したり，改変したりすることは到底できないものである．我々はそれぞれに地域において，そこの自然や森林を少しでも理解し，持続可能な社会の構築を目指して自然や森林と子々孫々までつきあって行かねばならない．そうした考え方が，第8章第1節で述べた，バイオリージョンのリインハビテーションである．リインハビテーションとは，その土地に住み着くという意味であり，その土地に住み着くことを前提にして物事を判断することが重要である．

　考えてみると，資本の論理はリインハビテーションと対極をなす考え方である．元来，その土地に住み着くことは並大抵のことではない．土地による束縛，地域社会による束縛，かつては「家」による束縛も強かった．人類の発展の歴史は，そうしたしがらみから逃れるという方向も持っていたといえよう．お金はあらゆるものと交換ができるばかりでなく，その土地に縛られることなく自由に移動することができる．その魅力が，いや魔力と言った方が相応しいかもしれない力が，人類の発展の原動力になってきた．しかし，その発展の中味は，常に効率化の尺度で評価されるものであり，文明的な繁栄をもたらしたかもしれないが，その反面，失ったものも多い．グローバル化が進んだ現代社会では，多国籍企業のように，土地に縛られることなく，より有利な投資先を求めて資本は常に自由に移動する．しかし，こうした経済価値観が今日の地球規模の環境問題を招いた一面もある．その意味において，第7章第1節で述べたように，木材の地産地消は必要である．

おわりに

　本書で最も強調したかったことは，森林は生命体であって，本来，変化していくものであり，しかも，その変化の方向は人間との関わりによっても変わってくるということである．森林は放っておいてもよいとか，自然のままが一番良いと思っている人が大勢いる．しかしながら，放置した森林が，望ましい方向に変化していくとは限らない．なぜなら，人間活動との係わりによって維持，形成されてきた里山や人工林が，急に放り出されたからといって，自立できるはずはないからである．放置した結果，里山ではマツ枯れが蔓延し，最近では，ナラ枯れも急速に拡大しつつある．防除や後始末も行われているが追いつかない状態である．こういう病虫害は，火事と同じで，起こってしまってから対応していては膨大な経費がかかる．起こる前に予防対策を入念に行えば経費も大幅に縮小できるし，また，枯れる前の木材も有効利用できる．しかし，こうした病虫害についても，自然の成り行きだから仕方ないと受け止める向きもある．自然だからといって手出しをせず，その結果，無法地帯のような状態にしてしまってよいのだろうか．急に放り出されて自立できない状態にある里山や人工林を，自立できるところまで支援するのは人間の責務ではなかろうか．

　植生遷移に伴う森林の緩やかな変化については，人によって様々な意見や考え方がある．自然の推移に任せた方がよいという意見もあれば，昔ながらの景観に戻すべきであると考える人もいる．もちろん，場所によっても，答えは違ってくるであろう．土地所有者の意向もある．しかし，この問題を森林景観の問題として考える場合は，対象となる森林が広域となることから，地域の問題として取り組む必要がある．特に，京都は和風文化の拠点都市であり国際観光都市であるので，森林景観の問題は重要な地域課題である．

　森林を適切に維持管理するには，それ相当の経費と労力が必要になる．自然の推移に任せるにしても，竹林の侵入や拡大を防ぐことも必要になるし，台風の被害木や病虫害による被害木の処理にも経費がかかる．里山として維

おわりに

持する場合でも，間伐などの管理費が必要になる．さらに，マツ林を維持するためにはマツ枯れ対策として多額の経費が必要となるであろう．それゆえ，森を守るためには，産業として木を活用することができる仕組みを構築することが重要である．

以上の通り，京都三山の森林景観について考える場合は，植生遷移に代表される自然的側面，京都固有の歴史的・文化的側面，そして，維持管理の費用負担をどうするかなどの経済的側面など，多面的なものの見方が必要になる．

第1章第1節で述べたように，京都三山に代表される古都京都の森は，普通の里山や都市近郊林とは大いに異なる意味を持っている．すなわち，千年の都であった京都を取り囲むようにして存在する森林であり，当然，古都京都の背景林として，借景林として重要な意味を持っている．日本文化を支えてきた自然であり，森林であって，歴史資料的にも重要な森林である．古都京都のイメージがあり，それを損なわないように配慮することが求められる．すなわち，古都京都の森に係わる問題は，京都市民や京都府民だけの問題ではなく，日本国民の問題でもあり，ひいては，日本文化に関心を寄せる世界中の人々の問題でもある．2006年11月に㈳京都モデルフォレスト協会が発足したことにより，古都京都の森に係わる情報を世界に向けて発信していく体制が整いつつある．地球規模での環境問題に関心が集まる中，持続可能な社会の構築に向けた取り組みが各地で始められているが，千年の都でありながら周囲に森林を残してきた京都が，自然や森林と共生する新しい都市のあり方を世界に向けて提言していくことは大変意義深いものと考える．京都議定書が採択された都市として世界的に知られている京都が，住民参加型の環境保全に取り組む「環境の都」として，新たな一歩を踏み出していくことを期待する．本書が，そうした取り組みへのきっかけとなれば大変幸いである．

著者を代表して　田中和博

引用文献

安藤　信・山崎理正・川那辺三郎（1998）「京都市の市街地周辺の森林植生に関する調査研究」『京都市の自然に関する実態調査報告書』，京都市公害防止計画研究会，pp. 1-156.
嵐山学区郷土誌研究会編（1979）『郷土の今昔』，嵐山学区郷土誌研究会.
ボウマン，S.（北川浩之訳）（1998）『年代測定』（大英博物館双書　古代を解き明かす 3），小山修三監修，學藝書林，120pp.
千葉徳爾（1973）『はげ山の文化』，学生社.
遠田暢男（2006）「マツ類の主な病害虫 6」『衰弱木・枯死木・生丸太の害虫（松くい虫）林業と薬剤』，176：1-12.
深町加津枝・奥　敬一・熊谷洋一（1998）「嵐山国有林における昭和初期以降の風致施業の展開」『109 回日本林学会論文集』，pp. 211-214.
Fukamachi, K., Oku, H., Kumagai, Y. and Shimomura, A. (2000) Changes in landscape planning and land management in Arashiyama National Forest in Kyoto. *Landscape and Urban Planning*, 52: 73-87.
樋口清之（1993）『日本木炭史』，講談社.
池田武文（2002）「樹液の上昇」『樹木環境生理学』（永田・佐々木編著），文永堂出版，pp. 181-199.
井上　淳・高原　光・吉川周作・井内美郎（2001）「琵琶湖湖底堆積物の微粒炭分析による過去約 13 万年間の植物燃焼史」『第四紀研究』，40：97-104.
The International Model Forest Network (2006) *Partnerships to Success in Sustainable Forest Management 1995-2005*. International Model Forest Network Secretariat, Ottawa.
岩垣雄一（2007）『天橋立物語：その文化と歴史と保全』，技報堂出版，pp. 257-289.
岩生成一監修（1973）『京都御役所向大概覚書　上巻』，清文堂出版.
川口武雄（1960）『森林物理学（気象編）』，地球出版.
近畿中国森林管理局　京都大阪森林管理事務所（2003）『世界文化遺産（京都）緩衝地帯の森林景観の回復・保全指針作成のための調査報告書』，近畿中国森林管理局　京都大阪森林管理事務所.
小林正秀・上田明良（2005）「カシノナガキクイムシとその共生菌が関与するブナ科樹木の萎凋枯死：被害発生要因の解明を目指して」『日林誌』，87：435-450.
小島道裕（2007）「洛中洛外図屏風（歴博甲本）はなぜ描かれたか」『歴博』，145：2-5.
蔵治光一郎・洲崎燈子・丹羽健司編著（2006）『森の健康診断』，築地書館.
黒川道祐（1686）「擁州府志」.
教育総監部（1900）『測図学教程』，教育総監部.
京都営林署（1971）『嵐山風致林の施業方針について』.
京都営林署（1982）『嵐山国有林の防災・風致対策について』.
京都府（2005）『気象災害に強い森林づくり検討委員会報告書』，京都府.
京都府農村研究所編（1961）『京都府農業発達史』，京都府農村研究所.

引用文献

京都府林務課 HP（http://www.pref.kyoto.jp/forest/index.html）
京都府立総合資料館編（1970）『京都府百年の年表　3 農林水産編』，京都府．
京都府立総合資料館歴史資料課編（1985）『京都府立総合資料館所蔵文書解題』，京都府立総合資料館．
（社）京都モデルフォレスト協会 HP（http://www.kyoto-modelforest.jp/index.php）
京都市（1972）『京都の歴史　第 5 巻』，京都市史編纂所．
京都市（1981）『史料　京都の歴史 4　市街・生業』，平凡社．
Lisiecki, L. E., and M. E. Raymo (2005) A Pliocene-Pleistocene stack of 57 globally distributed benthic δ^{18}O records. *Paleoceanography*, 20: PA1003, doi:10.1029/2004PA001071
町田誠之（1988）『紙と日本文化』（NHK 市民大学），日本放送出版協会．
松枯れ問題研究会編（1981）『松が枯れてゆく：この異常事態への提言』，第一プランニングセンター．
松村和樹・高浜淳一郎（1999）「風倒木地における表層崩壊機構に関する考察」『砂防学会誌』，52(3)：11-17.
松村和樹・片山哲雄（2000）「リモートセンシングを用いた風倒木発生周辺域における斜面安定性評価」『砂防学会誌』，53(2)：5-12.
宮本邦明・岡田　寛・高濱淳一郎・三重野友親・岩男道也・中尾　剛（1992）「1991 年台風 19 号による風倒木に関する調査」『砂防学会誌』，45(3)：18-23.
Miyoshi, N., Fujiki, T. and Morita, Y (1999) Palynology of a 25-m core from Lake Biwa: a 430,000-year record of glacial-interglacial vegetation change in Japan. *Review of Palaeobotany and Palynology*, 104: 267-283.
深泥池団体研究グループ（1976）「深泥池の研究（2）」『地球科学』，30：122-140.
水本邦彦（2003）『草山の語る近世』，山川出版社．
森下和路・安藤　信（2002）「京都市市街地北部森林のマツ枯れに伴う林相変化」『森林研究』，74：35-45.
南雲秀次郎・箕輪光博（1990）『測樹学』，地球社．
中堀謙二（1981）「深泥池の花粉分析」『深泥池の自然と人：深泥池学術調査報告書』，京都市文化観光局，pp. 163-180.
中堀謙二（1994）「リス氷期へ遡る十四万年の歴史／花粉分析から」『京都深泥池：氷期からの自然』（遠藤　彰・藤田　昇編），京都新聞社，pp. 36-37.
中邑　勝・池田武文（2006）「天橋立のマツ枯れ対策とマツ林の保全」『森林防疫』，55：250-254.
直江将司（2006）「京都市におけるマツ材線虫病被害発生地とその環境要因」『京都府立大学農学部卒業論文』．
（社）日本ガス協会（1997）『日本都市ガス産業史』，広研印刷株式会社．
農林省編（1971）『日本林制史資料　第二　江戸時代皇室御料・公家領・社寺領』，臨川書店．
小椋純一（1983）「名所図会に見た江戸後期の京都周辺林」『瓜生』（京都芸術短期大学），5：

18-40.
小椋純一（1986）「洛中洛外図の時代における京都周辺林」『国立歴史民俗博物館研究報告』，11：81-105.
小椋純一（1989）「絵画資料の考察からみた文化年間における京都周辺山地の植生」『造園雑誌』，52(5)：37-42.
小椋純一（1990a）「室町後期における京都近郊山地の植生景観」『木野評論』（京都精華大学），21：109-125.
小椋純一（1990b）「「華洛一覧図」の考察を中心にみた文化年間における京都周辺山地の植生景観」『造園雑誌』，53(5)：37-42.
小椋純一（1992a）「明治中期における京阪神地方の里山の景観」『京都精華大学紀要』，3：157-181.
小椋純一（1992b）『絵図から読み解く人と景観の歴史』，雄山閣出版．
小椋純一（2002a）「深泥池の花粉分析試料に含まれる微粒炭に関する研究」『京都精華大学紀要』，22：267-288.
小椋純一（2002b）「明治中期における京都府南部の里山の植生景観」『京都府レッドデータブック（下）』，pp. 354-371.
小椋純一（2005）「人間活動と植生景観」『景観生態学』，9：3-11.
奥　敬一・深町加津枝（2005）「嵐山の森林景観における地域らしさの評価構造」『ランドスケープ研究』，68(5)747-752.
奥　敬一・香川隆英・田中伸彦編（2007）『魅力ある森林景観づくりガイド：ツーリズム，森林セラピー，環境教育のために』，全国林業改良普及協会．
奥田　賢・美濃羽　靖・高原　光・小椋純一（2007）「京都市東山における過去70年間のシイ林の拡大過程」『森林立地』，49：19-26.
大阪営林局（1933）『嵐山風致施業計画書』．
大阪営林局（1936a）『昭和9年9月台風被害調査書』，大阪出版印刷．
大阪営林局（1936b）『東山国有林風致計画』，三有社．
大阪営林局（1963）『嵐山国有林の植生調査』．
大阪営林局（1965）『嵐山国有林地区観光資源開発調査書』．
大阪営林局・京都営林署（1993）『東山国有林の風致・防災施行』，京都営林署．
大隅眞一編著（1987）『森林計測学講義』，養賢堂．
パリノ・サーベイ株式会社（1991）「平安京右京五条二坊九町・十六町発掘調査　花粉・植物珪酸体分析報告」『平安京右京五条二坊九町・十六町』（京都文化博物館調査研究報告）7：108-116.
パリノ・サーベイ株式会社（1993）「第2節　花粉分析」『宮の口遺跡』（京都文化博物館調査研究報告）10：63-72.
陸地測量部（1900）『地形測図法式』，陸地測量部．
櫻井聖悟・神代主輔・芝原　淳・田中和博（2007）「京都府における自然環境に関する市民活動の現状とモデルフォレストへの展開」『森林応用研究』，16：53-58.

佐々木尚子・高原　光・上嶋雅子（2002）「丹波山地蛇ヶ池周辺の植生変遷　2：過去2500年間の人間活動による変化」『第49回日本生態学会大会講演要旨集』，p. 296.
測量・地図百年史編集委員会（1970）『測量・地図百年史』，日本測量協会.
杉田真哉・高原　光（2001）「四次元生態学としての古生態学が森の動態を画きだす」『科学』．71（No.1）：77-85
杉山雄一・佃　栄吉・徳永重元（1986）「京都府丹後半島地域の更新世後期から完新世の堆積物とその花粉分析」『地質調査書月報』，37：571-600.
高原　光（2002）「京都府における最終氷期以降の植生史」『京都府レッドデータブック　下巻　地形・地質・自然生態系編』（京都府企画環境部環境企画課編），京都府.
Takahara, H. and Kitagawa, H. (2000) Vegetation and climate history since the last interglacial in Kurota Lowland, western Japan. *Palaeogeography, Palaeoclimatology, Palaeoecology*, 155: 123-134.
高原　光・竹岡政治（1986）「京都市八丁平湿原における最終氷期最盛期以降の植生変遷」『日生態会誌』，36：105-116.
高原　光・竹岡政治（1987）「丹後半島乗原周辺における森林変遷：特にスギ林の変遷について」『日林誌』，69：215-220.
高原　光・植村善博・檀原　徹・竹村恵二・西田史朗（1999）「丹後半島大フケ湿原周辺における最終氷期以降における植生変遷」『日本花粉学会会誌』，45：115-129.
Takahara, H., Uemura, Y. and Danhara, T. (2000) The vegetation and climate history during the early and mid last glacial period in Kamiyoshi Basin, Kyoto, Japan. *Jpn. J. Palynology*, 46: 133-146.
高原　光・真鍋智子・佐々木尚子（2002）「丹波山地蛇ヶ池周辺の植生変遷　1：最終氷期以降の気候変動による変化」『第49回日本生態学会大会講演要旨集』，p. 296.
高橋康夫（1988）「史料としての洛中洛外図屏風」『洛中洛外図』，平凡社，pp. 155-208.
武居有恒（1990）『砂防学』，山海堂.
武田恒夫（1964）「初期洛中洛外図における景観構成」『美術史』53：1-15.
竹谷昭彦・奥田素男・細田隆治（1975）「マツの激害型枯損木の発生環境：温量からの解析」『日本林学会誌』57：169-175.
所　三男（1980）『近世林業史の研究』，吉川弘文館.
タットマン, C.（1998）『日本人はどのように森をつくってきたのか』（熊崎実訳），築地書館.
植村善博・松原　久（1997）「長岡京域低地部における完新世の古環境復元」『歴史地理学と地籍図』（桑原公徳編），ナカニシヤ出版，pp. 211-221.
植村善博・露口耕治・川畑大作・竹村恵二・岡田篤正（1998）「亀岡北東部，神吉断層の活動履歴と神吉盆地の形成過程」『史学論集：佛教大学文学部史学科創設三十周年記念』，pp. 1-13.
山本信次（2003）「森林ボランティアとは何か」『森林ボランティア論』（山本信次編），日本林業調査会.
山崎正史（1994）『京の都市意匠：景観形成の伝統（*Kyoto Its Cityscape Traditions and Heritage*）』（Process Architecture, No 116），プロセスアーキテクチュア.

吉田成章 (2006)「研究者が取り組んだマツ枯れ防除：マツ材線虫病防除戦略の提案とその適用事例」『日本森林学会誌』，88：422-428
　（社）全国治水砂防協会 (1981)『日本砂防史』，（社）全国治水砂防協会．
全国森林病虫獣害防除協会 (1997)『松くい虫（マツ材線虫病）：沿革と最近の研究』，全国森林病虫獣害防除協会．
全国手すき和紙連合会 (1998)『和紙の手帖』，わがみ堂．

索　引

[あ行]

始良 Tn 火山灰　41
アオキ　22
アカガシ　17
アカガシ亜属　43, 45
アカシデ　92
アカマツ　5, 10, 14-17, 44, 46, 87, 92-93, 95, 156, 158, 160, 165-166, 199, 206, 209, 213, 215, 223, 228
赤松木　227
アカマツ・ヒノキ林　89
アカマツ林　11, 15-16, 89, 97, 158, 162, 171-172, 198, 200-201, 204, 441
亜社会性　195
アセチル化　262
アセビ　10, 20, 22
阿蘇海　219
愛宕山　51, 172, 205
暖かさの指数　95
アダプティブ・マネジメント　390
圧密化　278, 365
圧密化技術　277
アドホック通信　400, 403
アドホック・マルチホップ通信　412
アドホック・マルチホップネットワーク　402
アベマキ　17, 92
天ヶ岳　171
天橋立　198, 206, 219
阿弥陀ケ峰　65
アラカシ　10, 20, 175, 215
アラカシ炭　328
嵐山　22, 27, 198, 201, 209, 212, 216
嵐山国有林　212, 215
嵐山植林育樹の日　214
嵐山風致施業計画　213
嵐山保勝会　214
粟田神社　155

粟田山　55, 149
アンブロシア菌　17, 181, 194
伊勢湾台風　130
イチイガシ　10, 200
一乗寺　9, 22
萎凋枯死　189
井手町　120
稲荷山　49
イヌシデ　10-11, 92
イネ科　43
異方性　261
今出川通り　8
今道峠　50
異齢林　440
イロハモミジ　209, 215
岩田山　201
石門　57
陰樹　162, 199
宇治上神社　149, 158
宇治川　158
宇治橋　158
ウッドフロークロスセクション　346
ウッドマイルズ　344, 348
ウッドマイルズ研究会　343-344
ウッドマイレージ　343-345
ウッドマイレージ CO_2　344, 348-350
ウッドマイレージ CO_2 認証制度　351
ウッドマイレージ制度　27
鬱閉　457
ウラジロガシ　17
裏割れ　291
衛星リモートセンシング技術　137
液果植物　20
液体浸透機構　248-249
エコ建材　349
餌木　432
絵図　32, 47
エノキ　432
エノキ属　43

501

索　引

エリコイド菌根　10
塩害　224
円形プロット　452
エンジニアードウッド　261, 265
塩風害　127
近江・若狭地震　141, 143
応力　239
応力緩和　242
大堰川　209, 216
大江町　175
大野演習林　401
大原野　81, 84
大フケ湿原　35, 40, 44
小倉山　22
送り火　227
小塩山　22, 171
おみとおし　457
オリフィス　135
音響変換効率　308
温帯性針葉樹林　40
温暖化　459

[か行]

カーボンニュートラル　23
外材　24, 335, 341, 343, 346
外生菌根　10, 15
皆伐　335
回復率　279
外来種　27
外来生物　422
カウント木法　457
拡大形数　459
画伐　213
がけ崩れ　103
花崗岩　8-9, 107, 119, 445
花崗岩帯　10
花崗岩マサ土　15
夏材　233
傘松　219
火山灰　37
カシ　87, 162
カシノナガキクイムシ（カシナガ）　17, 20,
　　148, 175, 177, 178, 181, 189, 193
カシ類　38, 46, 158
カスケード型利用　261
火成岩　8

仮製地形図　32, 71, 73-74, 77
化石花粉　35
化石資源　23
化石燃料　i, 14
価値の共有　387
華頂山　65
桂川　108
滑落崖　123
かつら剥き　269, 279
仮道管　233, 249, 251, 255, 298
カナダ　382
カナメモチ　20
カバノキ属　41
花粉　37
花粉化石　32
花粉分析　32, 47
紙　317
上賀茂　11
紙子　324
紙屋院　317
紙屋川　317
神吉盆地　35, 38
亀山上皇　211
賀茂大橋　8
賀茂川　111
鴨川　107, 111, 117
華洛一覧図　54
苅敷　68
河村文鳳　54
環境と開発に関する国連会議　380
環境保全機能　338
環孔材　237
幹材積　450, 455
完新世　41
含水率　183, 236-237, 241-242, 360
感染源　223
乾熱風害　126
環の公共事業　362
間伐　21, 25, 227, 336, 340, 449-450, 457, 492
ガンピ　319
間氷期　35
乾風害　126
寒風害　127
看聞御記　69
祇園　7
鬼界アカホヤ火山灰　43

気乾含水率　237
気乾状態　237
キクイムシ　194
基準　381
気象観測機器　399
北丹後地震　144
北山　ii, 4, 147-148, 165, 197, 201
北山大橋　8
北山スギ　363
北山林業　27
木津川　119
衣笠　11
機能性和紙　322
木の文化　359
貴船　22
気泡　254, 257
ギャップ　18, 190
キャビテーション　256-257
吸湿性　237
吸着性　298
胸高形数　455
胸高断面積合計　451
胸高直径　449-450
共生　i, 10, 15, 25, 202
京都　31
強度　239-240
協働　216, 382, 474-475
協働の森づくり　26
京都・近江の地震　142
京都議定書　492
京都三山　479
京都式軟化栽培　428
京都地震　141-143
京都・森林バイオマス絵巻　368
京都市　175
京都伝統文化の森推進協議会　98, 437, 441-442
京都伝統文化の森推進事業　440
京都の木の取扱事業体　353
京都府産認証木材　349
京都府産木材認証制度　348, 351
京都府自然環境情報収集・発信システム　416, 421
京都府・市町村共同　統合型地理情報システム　417, 422
京都府地球温暖化防止活動推進センター　352
京都府地誌　75
京都府北西部地震　144
京都府豊かな緑を守る条例　393
京都府立植物園　176
京都盆地　ii, 4, 11, 26, 38, 40, 43-44, 158, 165, 197, 200, 206, 482
京都盆地周辺　486
京都モデルフォレスト運動　394
京都モデルフォレスト協会　28, 385, 396, 492
京都モデルフォレストネットワーク　390
強風　127
極相　199
極相林　14, 25, 162, 201
清水寺　3, 13, 63, 149, 159
清水山　11, 19, 55, 93, 149
キリ　314
金閣　4
銀閣寺　16, 19
銀閣寺山国有林　97
菌根菌　202
菌のう　177, 181, 194
禁伐　218
禁伐風致林　159
禁伐保護林　159
空中写真　149, 152
草肥　14
久世戸の松　223
クヌギ　92, 228, 371
久美浜町　175
雲が畑　22
クライマックス　25
鞍馬　22, 70
鞍馬寺　49, 81
クリ　43-44, 228
クリープ　242
クリープ変形　262
グリーン購入　372
グリオキザール樹脂　263, 264
クリ胴枯れ病　172
グローバル化　339
クロス単板　292
黒竹林　431
黒谷和紙　319
クロバイ　11, 20
クロマツ　166, 223

索　引

群状択伐　214-215
群落　14
蹴上　22
蹴上浄水場　155
景観　14, 19, 25, 89, 96, 98, 147, 209, 437, 484
景観木　432
景観保全　27, 198
景観要素　4
経験の共有　387
形状比　458
形成層　234
頁岩　11
ケヤキ　92, 228
原生林　14
間縄　452
玄武岩　8
合意形成　463
公益的機能　338, 347
公益的な機能　25
工業材料　260
航空写真判読　435
工芸材料　260
後食　168, 204
興聖寺　149, 158
コウゾ　319-320
高台寺山　19-20, 159
高台寺山国有林　149, 162
甲虫　194
孔道　178
合板　269-270
交尾　181
後氷期　41
酵母　188
高木　65, 67-68
高密度気象観測ネットワーク　411
コウヤマキ　38, 40
国際モデルフォレスト・ネットワーク　383
国産材　335, 341
五山の送り火　156, 197
コジイ　10, 18, 92, 95
枯損率　171
古都の森　4-5, 7, 13, 26-27
コナラ　10-11, 17, 92, 175, 200, 202, 228, 371
コナラ亜属　38, 40-41, 43-44, 46
コナラ林　16, 171
コバノミツバツツジ　10-11

ゴウヨウマツ　170
孤立峰　136
コンクリート型枠用合板　273

[さ行]

最終間氷期　31, 35, 38
最終氷期最盛期　41
材積表　450, 455
再撰花洛名勝図会　62
ザイフリボク　10
細胞壁　234-235, 248
サカキ　16, 18, 20
砂岩　11
サクラ　65
砂質泥岩　11
砂州　219, 446
里山　14, 25, 194, 481, 485, 491-492
里山林　4
砂防　85
寒さの指数　95
サル　216
サルスベリ属　38
山河襟帯　442
散孔材　237
三山　ii, 4, 7, 26, 165, 197
山紫水明　442
酸性土壌型　15
残積土　19
シイ　10-11, 17-18, 27, 87, 147, 149, 152, 157-158, 160-162
シイノキ　3, 13, 93, 95-96, 149, 481-482, 485-486
シイ林　16, 20, 149, 153, 156, 202
シカ　22, 216
地掻き　97
時間依存性　242
至近木法　457
嗜好性植物　22
糸状菌　177
市場経済　24
地震災害　101
四神相応　442
地すべり　103, 121-123
自然環境GIS　387
自然景観　5
地蔵山　172

504

索　引

持続可能な社会　23, 25, 31
持続可能な森林経営　381, 463
下草　160
シデ類　46
柴　52, 160
柴草　67
柴草地　65, 68
シバ材　11
シバ草原　77
柴地　68
指標　381
紙布　324
地吹雪　127
資本　490
資本の論理　490
下鴨神社　176
蛇ヶ池　35, 43
若齢幼虫　185
借景林　4, 492
収縮　238
修学院　9, 16, 22
集合フェロモン　179
集成材　265
集中豪雨　102
周辺マツ林　203
住民参加　25
終齢幼虫　185
樹液流　249
樹冠　21, 150, 152, 156, 448
樹幹注入　204, 222
樹高　454
樹高曲線　454
受光伐　432
樹種構成　31
種組成　16
主伐　335
春材　233
生涯の場　380
将棋頭　108, 110
将軍塚　11, 17, 19, 155, 191
蒸散流　297-298
梢端　454
常風害　126
情報発信　469
照葉樹林　32, 41, 43, 45-46, 159, 162
照葉樹林化　147, 197, 485

常落混交林　10
常緑高木　10
常緑広葉樹林　21, 158, 482
常緑樹　165
食害　22
植生景観　47, 67, 72, 77, 151
植生図　151
植生遷移　19, 25, 27, 32, 147, 162, 166, 198-200, 204, 215, 481-482, 485-486, 489, 491
植生復元　41
植生変遷　35
植林　160
諸国山川の令　110
シラカシ　10
白川　9, 107
白河砂　9
自立　24
シロバイ　20
真円　449
薪く炭くKYOTO　368
信玄堤　108, 110
針広混交林　200
人工林　i, 24, 158, 447, 457, 491
深根性　12
心材　187, 233, 298
真社会性　195
真社会性の昆虫　188
尋常荒地　74, 77
侵食　11
薪炭　15, 69-70
薪炭材　17
薪炭林　189
薪炭林施業　182
伸長成長　449
靭皮繊維　323
森林GIS　435
森林景観　4, 26-27, 149, 198, 209, 212, 215, 217, 486, 491
森林原則声明　381
森林生態系　ii, 382
森林整備　438, 484
森林認証制度　382
森林バイオマス　27, 367, 369-370
森林美　89
森林保全活動　425
森林保全政策　487

索　　引

森林ボランティア　465
森林ボランティア活動　463, 468
森林ボランティア団体　473-475
水源涵養機能　101
水土保全機能　25
水分通導　234
水平投影面積　452
水平母孔　180
スギ　10, 21, 27, 38, 40-41, 43, 45-46, 65, 87, 158, 160, 449
スギ圧密化木材　366
スギ圧密単板　278, 284
スギ圧密単板フロア　284
スギ間伐材　269, 277
スギ合板　271
スギ材　252-253, 257, 270, 275, 287
スギ単板　278
スギ炭　331
スギ林　81
ススキ　13
ススキ草原　77, 79, 81
スダジイ　10, 18
ストレッサー　14
砂河川　446
スプルース　313
炭　328, 367
寸法安定性　264, 270
正円気泡　255
清閑寺　155
税金　484
生存努力　13
生態系　26, 102, 481, 484-485
生物資源　23
生物多様性　27, 147, 381, 446
生命体　32, 147, 198, 491
生命地域　379
説明責任　423
絶滅危惧種　419
セルロース　234, 262-263, 303, 324
繊維飽和点　237, 241
千貫松　223
先駆種（パイオニア）　199
浅根性　12
扇状地形　9
穿入孔　179-180
穿入母孔　179-180

穿入生存木　190
雑木林　327
早材　236
相対幹距　458
層理　11
層理構造　9
粗植　450
ソヨゴ　11, 16, 18, 156, 215
ソヨゴ林　16
損失正接　307

[た行]

耐陰性　19
退行遷移　18
醍醐山　171
間人　121
大正池　120
堆積岩　11
大日山　65
大悲閣　211, 213
台風7号　132
台風13号　132
台風19号　131
台風23号　133-135, 137-138, 225, 406
大文字山　7, 10-11, 16-17, 22, 50, 67, 78, 149-150, 227, 386
大文字保存会　207
鷹峯　11
鷹狩り　53
高倉天皇陵　155
高塚山　171
高野川　9
タカノツメ　10, 20
宝ヶ池　149, 156
薪　367, 371
滝谷山　171
択伐　159
タケ　65
竹炭　331-332
タケ繊維　325
多節型　170
糺ノ森　176
タッピング　307
田上山　106-107
タマミズキ　92
たまり　446

506

暖温帯性落葉広葉樹林　　43
団塊の世代　　474
丹後半島　　137, 139
丹後和紙　　319
弾性率　　239-240
単節型　　170
炭素含有係数　　459
炭素重量　　459
丹波帯　　8
丹波帯中古生層　　10
単板積層材　　265
地域環境創造機能　　348
地域材　　343, 346
地域生態系　　5, 14, 16, 22
地域生命圏　　380
知恵の松　　223
知恩院　　149, 155
智恩寺　　219
地球温暖化　　i, 23
地球サミット　　380
地球の温暖化　　102
竹材　　288
蓄積　　450, 454-455
竹板積層化LVL　　290
竹林　　27, 81, 327, 428
竹林整備　　430
地形図　　32
地材地建　　259
治山　　22, 214
治山治水　　26
地産地消　　24, 27, 259, 339, 342
知識の共有　　387
チャート　　11
チャート帯　　10
チャート礫　　15
中山間地域　　342
中質繊維板　　266
中芯板　　273
長治谷湿原　　35, 44
調湿材料　　328
チョウセンゴヨウ　　41
直径分布　　455
通気性　　10
通水機能　　178, 189
通直　　449
ツガ属　　38, 40-41

ツキノワグマ　　413, 422
ツクバネガシ　　10
土人形　　448
ツツジ科低木　　14
定角測定法　　456
低質未利用樹種　　297
泥炭地　　35
帝都雅景一覧　　54
適地適木　　440
デジタル・オルソ・フォト　　150-152
手白山　　51
デ・レーケ, J.　　115, 117
天ヶ森　　171
天上川　　119
天神川　　111, 120
天然更新　　16, 440
天然林　　i
天龍寺　　211
道管　　234, 298
トウヒ属　　38, 41
東福寺　　7
洞爺丸台風　　130
同齢単純林　　449-450, 454
同齢林　　440
渡月橋　　209, 211, 213
都市近郊林　　4, 218, 492
年越し枯れ　　170
土砂災害　　101, 103
土砂流出防備保安林　　214
土壌雨量指数　　105
土壌の肥沃化　　224
土石流　　103, 412
塗装　　264
トランスポンダー　　453-454
トレーサビリティ　　350

[な行]

内発的な地域力　　25
長池湿原　　44
長岡京市　　427
流し漉き　　320
ナツツバキ　　10
生材　　239
ナラ枯れ　　148, 176, 189, 193, 195, 197, 489, 491
ナラ菌　　177
ナラ・クヌギ林　　78, 81, 84

双ケ丘　81
南禅寺　19
南禅寺山　11, 17, 22
二酸化炭素（CO_2）　243, 460
二酸化炭素削減効果　355
西山　ii, 4, 28, 147, 165, 197, 201, 427
西山森林整備構想　429
西山森林整備推進協議会　429
二次林　46, 161
二段林　87
如意ヶ岳　7, 11
如意ヶ嶽　50, 227
如意ケ嶽の滝　53
ニレ立枯れ病　172
認証機関　352
仁和寺　81
ぬれ　252-255, 257
根返り　127-128
ネジキ　11
ネズミモチ　18
ネットワーク　475
熱ロールプレス　280
エネルギー革命　201
ネムノキ　92
燃材　339
粘弾性　242
燃料革命　160, 182, 189, 367, 489
年輪　233, 237
ノリウツギ　321
糊芯板　273, 277
乗原　35

[は行]

パーティクルボード　265
パートナーシップ　463, 475
バイオマス資源　360
バイオマスエネルギー　339
バイオリージョン　28, 379, 391, 490
背景林　4, 13, 197, 492
ハイブリッド合板　273-274
バーテックス Ⅲ　453-454
パオ・ブラジル　312
禿山　14-15, 20, 67, 77, 79, 81, 84, 158, 162, 200
発芽床　13
八丁平　22
八丁平湿原　35

伐倒駆除　203, 221-222
伐倒薬剤処理　190
パブリックコメント　429
バルキング効果　263
バルサ　236
晩材　233, 236
繁殖分業　188
ピーター・バーグ　380
柊野えん堤　120
柊野砂防えん堤　117
火入れ　85
比叡山　7, 11, 22, 50, 59, 63, 78, 171
比較円柱　455-456
比較優位　336
比較優位説　337
東山　ii, 3-5, 7, 10-11, 15, 17-18, 21, 25, 28, 55, 62-63, 89, 96, 147-149, 153, 156, 165, 197, 201, 437
東山国有林　26, 87, 160, 175, 190, 193
東山国有林風致計画　153
東山国有林風致計画書　32, 87
東山三十六峯　7
東山風致計画書　95
東山風景林　440
ヒサカキ　11
比重　236, 241
肥大成長　449
ビッターリッヒ法　456
ヒノキ　3, 10-11, 16, 21-22, 27, 87, 92-93, 158, 160, 449
ヒノキ科　38, 40
ヒノキ材　252-253, 257
ヒノキ林　89, 92
非木質系材料　346
比ヤング率　307
費用　24
氷期　35
表層地質　7
平等院　158
標本調査法　451
日吉町森林組合　340-341
微粒炭　37, 43-44
広沢池　56, 81
琵琶湖疏水工事写真帖　76
貧栄養型　16
ファイバーボード　266

風化　　7, 9, 11-12
風景林　　176
風雪害　　224
風致計画　　89
風致施業　　213
風倒被害　　159
風倒木　　125, 134, 136-138, 411
風倒木災害　　101
フードマイルズ　　344
フードマイレージ　　344
富栄養化　　97
富栄養型　　15
フェーン（乾風）現象　　126
フェーン風害　　126
伏見稲荷　　63
伏見地震　　141-142
腐植層　　202
不動川　　117
ブナ　　38, 41, 43-44
府内産スギ材　　274
ブナ科　　17, 148
ブナ科樹木　　175, 189
船越の松　　223
府民　　294
府民参加　　393
府民の森ひよし　　445
フラス　　180
プラネット・ドラム財団　　380
不連続風化　　9
プロット　　451-452
平均樹高　　456
ベイマツ材　　252, 257
ベニヤナイフ　　272
ヘミセルロース　　234, 303
ペレタイザー　　340
ペレット　　266
ペレットストーブ　　340
便益　　24
辺材　　187, 233, 298
ヘンリックセン曲線　　454
萌芽　　17
方形プロット　　452
方向性　　236
放射性炭素　　44
膨潤　　238
崩積土　　19

放置　　14
放置竹林　　433
放置林　　446, 448
法然院　　19
暴風害　　126
匍行土　　19
保水性　　10
保全すべきマツ林　　203
保津川　　71
保津川下り　　216
ホツツジ　　10
ポリゴン　　151
ポリゴン化　　151
ポリフェノール類　　233
ホルマール化　　309-310
ホルンフェルス　　10
ポンポン山　　171

[ま行]

毎年の支払い意思額　　486
毎木調査法　　451
曲がり　　127-128
薪　　367, 371
曲げ強さ　　282
曲げヤング率　　282
マサ　　107
マサ化　　9
マサ土　　9
マスアタック　　178
マツ　　65, 67, 148, 197
松尾大社　　149
松尾山　　22
松ヶ崎　　11
マツ科針葉樹　　41
マツ枯れ　　27, 96, 148, 162, 166-167, 169, 171, 173, 197-198, 200, 203, 219, 221, 481, 485, 489, 491
マツ枯れ低質林　　156-157
マツ枯れハザードマップ　　204, 206
松くい虫　　15, 166-167
マツ材線虫病　　148, 162, 166, 168-170, 189, 198, 201, 203-204, 207, 221
マツ属　　38, 40-41, 44-45
マツタケ　　202
マツノザイセンチュウ　　5, 15, 17, 167-168, 170, 172, 203, 222

索　引

マツノマダラカミキリ　　15, 167-168, 172, 203, 222
マツ林　　27, 32, 43, 67, 78, 80-82, 149
マテバジイ　　17
マルチホップ接続　　403
丸棒加工　　362
幹折れ　　127-128
磨き丸太　　365
御蔭神社　　111
ミクロフィブリル　　234, 303
実生　　13, 20, 156
ミズナラ　　17, 43, 175, 180
深泥池　　35, 43, 149, 156
三頭山　　172
密植仕立　　449
ミツバツツジ　　228
ミツマタ　　320
緑の公共事業　　362
『緑の循環』認証会議　　382
南山城災害　　119
南山城村　　120
都林泉名勝図絵　　55
宮津湾　　219
妙法の送り火　　156
ムクノキ　　10
ムクノキ属　　43
夢窓国師　　211
室戸台風　　18, 32, 87-88, 95, 129, 159
室町後期　　48
明治中期　　72
夫婦松　　223
メタノール　　329
メッシュ気候値2000　　205
毛管　　247
モウソウチク炭　　328
燃える　　262
木材　　231
木材生産機能　　101
木材認証制度　　348
木材の乾燥技術　　361
木材の自給率　　24
木材の地産地消　　343, 490
木材の膨張・収縮　　361
木材ラベリング制度　　382
木質系材料　　27, 231
木質材料　　260

木質ペレット　　367
木製ガードレール　　287
木製品　　359
木炭　　332
木部　　233
モチノキ　　10
モデルフォレスト　　382, 391, 463
モデルフォレスト運動　　28, 393, 396, 471, 473, 475, 490
元口浸漬法　　298
モミ　　10-11, 87
モミジ　　432
モミジ類　　10
モミ属　　41
森の健康診断　　445, 447
諸紙布　　324
文珠　　219
モントリオール・プロセス　　381

[や行]

薬剤散布　　221-222
八坂　　7
矢森協　　447
八瀬　　70
ヤニ　　169
矢作川　　445
矢作川水系森林ボランティア協議会　　447
矢作川方式　　446
ヤブニッケイ　　22
山火事　　37
ヤマザクラ　　92, 209, 211, 213, 215, 432
山科　　155
山城町　　120
ヤマモモ　　228, 432
ヤング率　　239
由良川　　133
養菌性キクイムシ　　194
用材　　340
洋紙　　318
陽樹　　162, 166, 199
容積密度　　459
養浜　　224
葉文　　458
横川　　50
横山華山　　55
淀川　　115

510

鎧積みえん堤　117

[ら行]

洛外図　67
洛中洛外図　48
落葉広葉樹人工林　18
落葉広葉樹林　46, 158
落葉落枝　15
ラミナ　265
嵐山峡　217
リアルタイム気象観測システム　404
リインハビテーション　380, 490
リカード　336
利害関係者　25, 382, 392, 394, 423, 463
リグナムバイタ　236
リグニン　235, 263, 303
リスク　337
立地　14, 16
リモートセンシング　414
流域　463
流域圏　448
リュウキュウマツ　166
立木染色法　297
立木本数密度　450
流路工　117
リョウブ　11, 20, 22, 156
利用放棄　14
林冠　21
林冠層　157
林冠木　18
輪尺　453
林床　5
林相　198
林相改良　214-215
林相図　435
林相変化　93
林分形状比　459
林分形数　456
林分断面積　450, 455-456
林分表　455

林齢　459
冷温帯性落葉広葉樹林　38
歴史的景観　215
「レクリエーションの森」サポーター制度　438
レラスコープ　457
連携　475
連続風化　9, 12
労働生産性　336
鹿苑寺　4

[わ行]

矮生雑木地　77, 79, 82
和紙　318, 320
和束町　120
湾曲集成材　265

[A-Z]

ACTR-MF　390
B/C　24
CO_2　244
CSR　429
FSC　382
GIS　28, 150, 152, 190-191, 205, 388
GPS　190-191
IMFN　383, 385
LVL　288
MB 指数　205
MDF　266, 321
NDVI　137-139
PDCA サイクル　390
Raffaelea quercivora　177
SFM　381
SGEC　382
SPOT-5　137
struggle for existence　13
Web-GIS　98
WFCS　346-347
WM　343, 347
WPC　266

■著者一覧（執筆順）

田中　和博	京都府立大学大学院生命環境科学研究科	教授
高田　研一	NPO 法人　森林再生支援センター	理事
高原　光	京都府立大学大学院生命環境科学研究科	教授
小椋　純一	京都精華大学人文学部	教授
村上幸一郎	林野庁森林整備課	課長補佐
松村　和樹	京都府立大学大学院生命環境科学研究科	教授
奥田　賢	京都府立大学大学院農学研究科	博士後期課程
池田　武文	京都府立大学大学院生命環境科学研究科	教授
小林　正秀	京都府立大学大学院生命環境科学研究科	特別講師
深町加津枝	京都府立大学大学院生命環境科学研究科	准教授
長谷川絢二	NPO 法人　大文字保存会	副理事長
石丸　優	京都府立大学	名誉教授
飯田　生穂	元京都府立大学大学院農学研究科	助教授
湊　和也	京都府立大学大学院生命環境科学研究科	教授
古田　裕三	京都府立大学大学院生命環境科学研究科	准教授
川添　正伸	元京都府林業試験場	技師
白石　秀知	京都府南丹広域振興局農林商工部	副室長
渕上　佑樹	京都府地球温暖化防止活動推進センター	
成田　真澄	薪く炭く KYOTO	代表
今尾　隆幸	京都モデルフォレスト協会	事務局長
藤下　光伸	長岡京市環境経済部農政課	主幹
高橋　武博	京都市産業観光局農林振興室林業振興課	課長
櫻井　聖悟	京都府立大学大学院農学研究科	博士後期課程
西村　辰也	森なかま	元副代表

《編者略歴》

田中和博（たなか かずひろ）

昭和 28 年（1953）生まれ．名古屋大学大学院農学研究科林学専攻満了．
東京大学助手，三重大学講師，助教授，京都府立大学農学研究科教授を経て，平成 20 年 4 月より京都府立大学大学院生命環境科学研究科教授．
専門　森林計画学．GIS（地理情報システム）を応用した森林ゾーニング．

主な著書・論文

田中和博（1996）森林計画学入門．森林計画学会出版局，192pp
田中和博（2000）バイオリージョン研究と GIS．システム農学 16：109～116．

古都の森を守り活かす ── モデルフォレスト京都
©Kazuhiro TANAKA 2008

2008 年 10 月 30 日　初版第一刷発行

編者　田中和博
発行人　加藤重樹

発行所　京都大学学術出版会
京都市左京区吉田河原町 15-9
京大会館内（〒606-8305）
電話（075）761-6182
FAX（075）761-6190
Home Page http://www.kyoto-up.or.jp
振替 01000-8-64677

ISBN 978-4-87698-756-6
Printed in Japan

印刷・製本　㈱クイックス東京
定価はカバーに表示してあります